U0648588

"十二五"普通高等教育本科国家级规划教材

清华大学
机械工程系列教材

机械制图（非机类）
（第4版）

冯涓 杨惠英 王玉坤 主编

清华大学出版社
北京

内 容 简 介

本书是在 2015 年第 3 版的基础上，结合非机类"机械制图"课程教学的基本要求，以及截至 2020 年颁布的相关国家标准修订而成的。本书第 1 版曾获"北京市教育教学成果（高等教育）二等奖"，第 2 版入选普通高等教育"十一五"国家级规划教材，第 3 版入选"十二五"普通高等教育本科国家级规划教材。

本书根据教育部《高等院校工程图学课程教学基本要求》编写。全书划分为 3 篇，共 15 章。第 1 篇侧重机械制图的基本理论和基本知识，内容包括：国家标准的基本规定；正投影法的基本原理，点、直线、平面的投影及其相对位置关系；基本体的投影；形体表面的交线；组合体的画图和读图方法；机件图样的画法；尺寸标注基础知识；轴测图等。第 2 篇侧重将基本理论和基础知识应用于机械设计表达中，内容包括：螺纹紧固件及常用件；零件图；装配图等。第 3 篇侧重提高图形的表达基本技能，内容包括：尺规作图和徒手绘图；计算机辅助绘图及三维建模。与本书配套的《机械制图习题集（非机类）》（第 4 版）同时出版。主教材和配套习题集均采用 AR 技术，提供大量配套的课程微视频和 3D 虚拟模型，以供读者更加直观、便捷地实现自主学习。

本书可作为高等工科院校 32～64 学时非机类各专业机械制图课程的教材，也可作为继续教育同类专业的教材及供有关工程技术人员参考。

图书在版编目（CIP）数据

机械制图：非机类 / 冯涓，杨惠英，王玉坤主编. -- 4 版. -- 北京：清华大学出版社，2025.9. --（清华大学机械工程系列教材）. -- ISBN 978-7-302-70299-3

Ⅰ. TH126

中国国家版本馆 CIP 数据核字第 2025T6W939 号

责任编辑：苗庆波
封面设计：傅瑞学
责任校对：欧　洋
责任印制：沈　露

出版发行：清华大学出版社
　　　　网　　　址：https://www.tup.com.cn，https://www.wqxuetang.com
　　　　地　　　址：北京清华大学学研大厦 A 座　　　邮　　编：100084
　　　　社 总 机：010-83470000　　　　　　　　　邮　　购：010-62786544
　　　　投稿与读者服务：010-62776969，c-service@tup.tsinghua.edu.cn
　　　　质量反馈：010-62772015，zhiliang@tup.tsinghua.edu.cn
印 装 者：三河市龙大印装有限公司
经　　销：全国新华书店
开　　本：185mm×260mm　　印　张：19.75　　　字　　数：476 千字
版　　次：2002 年 8 月第 1 版　2025 年 9 月第 4 版　印　次：2025 年 9 月第 1 次印刷
定　　价：65.00 元

产品编号：089739-01

前言

FOREWORD

本教材是在杨惠英、冯涓、王玉坤主编的《机械制图》(非机类)前3版的基础上,根据教育部高等学校工程图学课程教学指导分委员会制定的《高等学校工程图学课程教学基本要求》,吸取读者意见进行修订而成。

本教材立足于机械制图课程的基本理论、基础知识和基本技能,反映了高等院校人才培养对机械制图课程的新要求,体现了清华大学多年来在本课程中的丰富积累。先后于2004—2015年出版了教材的前版。自出版以来,被全国许多高等院校所采用,受到同行专家和使用者的广泛好评。2004年获"北京市教育教学成果(高等教育)二等奖",2003年获"中国工程图学学会优秀教材奖",2004年、2020年两次获"清华大学优秀教材一等奖"。第2版和第3版分别入选普通高等教育"十一五""十二五"国家级规划教材。

本次修订,除保留前3版的特色外,根据机械制图课程内容特点,以及图学技术的发展,特别针对通识教育的要求,将教材进行进一步调整和充实。沿用第3版的篇章式组织形式,并充实教材内容。教材共分3篇:第1篇"制图基础"侧重制图的基本理论和基础知识;第2篇"机械图样的画法"侧重将基本理论和基础知识应用于机械设计的表达中;第3篇"制图的基本技能"则从手工绘图、计算机辅助绘图与建模方面提高读者的图形表达能力。第1篇和第2篇可基本按照教材顺序进行教学,第3篇内容可以穿插在前两篇的教学过程中进行。

针对学生"听课易、做题难"的常见现象,并针对线上线下融合式教学的新要求,在内容阐述上突出重点,抓住难点,通过丰富的典型例题,采用三维模型图与二维视图相对照,运用双色印刷,详细演绎空间分析及投影分析的基本方法和绘图步骤,直观而形象,更有利于绘图与读图能力和空间想象、空间思维能力的培养。同时,大量增加了课程短视频、动画、3D模型等数字化新媒体的表现形式,拓展了教材形式,大大提高了教材的可读性,为读者的自主学习创造有利条件。

全书采用最新颁布的《机械制图》《技术制图》国家标准。

与主教材配套使用的《机械制图习题集(非机类)》(第4版)和多媒体教案同时进行修订,并提供习题集的三维模型文件和参考答案供授课教师和读者选用。

本教材适用于高等院校非机类32~64学时的机械制图课程教学,也可作为继续教育同类专业的教材。

　　本次修订获清华大学本科优秀教材建设项目资助,由冯涓、杨惠英、王玉坤主编,由冯涓负责统稿。由于编者水平有限,书中不足及错误之处在所难免,敬请读者不吝指正。

编　者

2025 年 6 月于清华园

目录

CONTENTS

第 3 篇 制图的基本技能

二维码目录

绪论

1. 课程的性质和作用

工程图样是工程与产品信息的载体,在工程与产品信息的表达、交流和传递过程中发挥重要的作用,被称为"工程界的语言"。在机械、建筑、水利等领域的工程构思、设计、制造、维护等过程中,工程图样是工程与产品信息的定义、表达和传递的主要媒介;在科学研究中,图形常常可以直观表达实验数据,帮助研究者发现科学规律、掌握事物的内在联系;在形象思维的过程中,图形的形象、直观等特点,有利于人们认识规律,启发创造性思维。

工程图是工程技术部门的一项重要技术文件。它可以用二维图形表达,也可以用三维图形表达;可以用手工绘制,也可以由计算机生成。

本课程以机械领域的产品设计制造为应用背景,以提高空间分析能力、形体构造能力、图形表达能力为应用目标。课程的理论严谨,实践性强,与工程实践联系密切,对培养学生掌握科学思维方法、增强工程和创新意识有重要作用,是本科学生的一门重要的技术基础课。工程技术人员必须掌握绘制工程图样的基本理论和基本方法,具有较强的绘图和读图能力,以适应现在及将来生产发展的需要。

2. 课程的任务和内容

本课程的主要任务包括:

(1) 学习投影法(主要是正投影法)的基本理论及应用。

(2) 培养基本的绘图能力、三维造型能力以及阅读简单机械图样的能力。

(3) 培养对空间形体的形象思维能力。

(4) 培养严谨细致的工作作风和认真负责的工作态度。

本课程的主要内容包括:

第 1 篇 制图基础。侧重于投影的基本理论和基本方法。主要介绍机械制图的基本知识,点、线、面等几何元素的投影及相对位置关系,从简单的基本体到复杂的组合体的形体构成方式,以及形体的投影表达的各种方法和尺寸标注方法。

第 2 篇 机械图样的画法。侧重于制图基础在工程上的应用。以工程图样在机械领域的应用为背景,以机械零部件的表达方法为核心,介绍工程图样在工程中的典型应用及相关的国家标准。

第 3 篇 制图的基本技能。侧重于提高图形的绘制技能。介绍尺规作图、徒手绘图的基本方法,利用典型的计算机绘图与造型软件,交互地绘制平面图、三维造型及投影生成工程图。

3．课程的特点及学习方法

本课程的特点是既有理论又偏重于实践。因此,学习时应注意以下问题。

(1) 理论联系实际,提高两个能力。本课程以图示、图解贯穿始终。对于投影理论的学习,要紧紧抓住"图形"不放,理论联系实际,多想、多看、多画,不断地"由物画图,由图想物",将投影分析与空间分析相结合,逐步提高空间想象能力和投影分析能力。

(2) 重视实践。完成一定数量的习题和作业,是巩固基本理论和培养绘图、读图能力的基本保证。因此,对习题和作业应高度重视,认真、按时、优质地完成。

(3) 掌握正确的画图步骤和分析解决问题的方法。在学习中,一般对理论的理解并不难,难的是在画图与看图的实际应用上。因此,必须注意掌握正确的画图步骤和分析解决问题的方法,以便准确、快速地画出图形。

(4) 严格遵循国家标准。国家标准是评价机械图样是否合格的重要依据,因此,要认真学习国家标准的相关内容并严格遵守。

第1篇 制图基础

主要内容

本篇学习机械制图的基础知识,主要包括:国家标准的基本规定和投影法的基本理论;点、线、面的投影特性及其相对位置关系;从简单的基本体,到经过平面切割立体、立体间相交等多种方式构成复杂的组合体,讲解各种形体的构成方式及其三视图的表达方法;针对复杂形体,研究多视图、剖视图、断面图、轴测图等多种表达方法及尺寸标注方法。

学习方法提示

本篇是课程学习的核心基础内容。学习时应注意抓住重点,注意提高空间思维能力,同时特别加强投影分析,注意点、线、面的投影特性在形体视图分析中的应用。

第1章

制图的基本知识

1.1 国家标准的基本规定

工程图是产品在设计、制造、检验和使用过程中不可缺少的技术文件,是工程技术人员进行技术交流的重要工具,因此绘制和阅读工程图样时必须严格遵守我国有关制图的一些标准规定。

本节主要介绍国家标准中的一些基本规定,如图纸中的图线、字体、图纸的幅面和格式、绘图比例等。

1.1.1 图线

1. 图线的线型

国家标准 GB/T 4457.4—2002《机械制图 图样画法 图线》对基本线型的结构、尺寸、绘制规则等都作了详细规定(见表 1-1)。

表 1-1 图线的基本线型与应用

图线名称	图线型式及代号	图线宽度	一般应用举例
粗实线	——————	d	可见轮廓线 螺纹牙顶线和螺纹长度终止线 齿顶圆(线)
细实线	——————	约 $d/2$	尺寸线及尺寸界线 指引线 剖面线及重合断面的轮廓线 过渡线 螺纹牙底线 表示平面的对角线 不连续同一表面连线 成规律分布的相同要素连线 投影线

续表

图线名称	图线型式及代号	图线宽度	一般应用举例
粗虚线	▬ ▬ ▬ ▬ ▬	d	允许表面处理的表示线
细虚线	- - - - - -	约 $d/2$	不可见轮廓线
粗点画线	▬▬ ・ ▬ ▬ ・ ▬▬	d	限定范围表示线
细点画线	—— · —— · ——	约 $d/2$	轴线 对称中心线 分度圆(线)
细双点画线	—— ·· —— ·· ——	约 $d/2$	相邻辅助零件的轮廓线 可动零件的极限位置的轮廓线 中断线 轨迹线
波浪线	～～～	约 $d/2$	断裂处边界线 视图和剖视图的分界线 注：同一幅图上只能采用其中的一种线型
双折线	——/⌐\——⌐\——		

说明：如不特别指明,本书中的点画线和虚线均指细点画线和细虚线。

2. 图线的宽度

机械工程图样中采用两种图线宽度,称为粗线与细线。粗线的宽度为 d,细线的宽度约为 $d/2$。图线宽度 d 应根据图样的复杂程度、尺寸大小、绘图比例和缩微复制的要求在下列数系中选取：$0.25\text{mm},0.35\text{mm},0.5\text{mm},0.7\text{mm},1\text{mm},1.4\text{mm},2\text{mm}$。优先选用 0.5mm 和 0.7mm。

3. 注意事项

(1) 在同一图样中,同类图线的宽度应一致。

(2) 虚线、点画线、双点画线的线段长度和间隔应各自大致相等。

(3) 绘制圆的对称中心线时,圆心应为线段与线段的交点；点画线应超出圆的轮廓线外 2～5mm,且轮廓线外不能出现点画线中的点(图 1-1(a))。当所绘制的圆的直径较小(例如小于 12mm),画点画线有困难时,中心线可用细实线代替(图 1 1(b))。

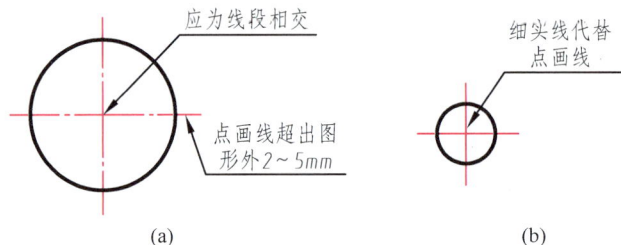

图 1-1　圆的中心线的画法

(4) 虚线、点画线与其他图线相交时,都应交到线段处。当虚线位于粗实线的延长线上时,虚线与粗实线间应留有间隙(图 1-2)。

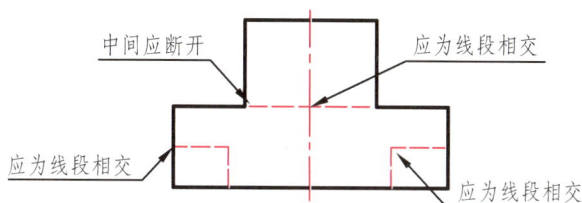

图 1-2 点画线、虚线、实线交接画法

图 1-3 所示为线型应用示例。

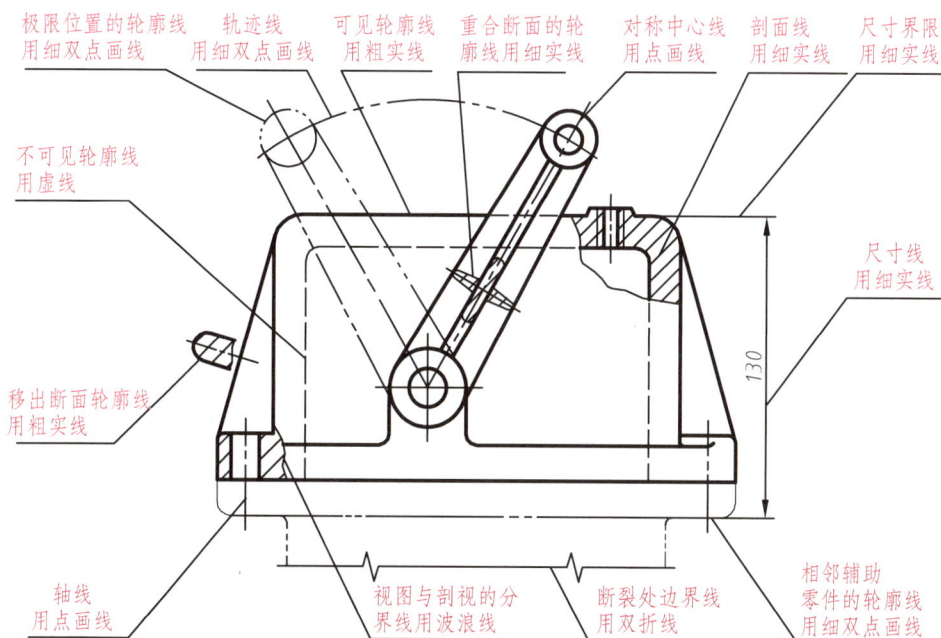

图 1-3 线型应用示例

1.1.2 字体

国家标准 GB/T 14691—1993《技术制图 字体》规定了图样上汉字、字母、数字的结构形式及基本尺寸。

书写字体必须做到：字体工整、笔画清楚、间隔均匀、排列整齐。

具体规定如下所述。

1. 字高

字体高度（用 h 表示）代表了字体的号数，如 3.5 号字的字高为 3.5mm。字体高度 h 的公称尺寸（单位为 mm）系列为：1.8，2.5，3.5，5，7，10，14，20。当还需要书写更大的字时，其字体高度应按 $\sqrt{2}$ 的比率递增。

2. 汉字

汉字应写成长仿宋体,并采用国家正式公布的简化字。汉字的高度不应小于 3.5mm,其字宽一般为 $h/\sqrt{2}$。图 1-4 所示为长仿宋体汉字示例。

10 号字:

字体工整 笔画清楚 间隔均匀 排列整齐

7 号字:

横平竖直 注意起落 结构均匀 填满方格

5 号字:

技术制图 机械电子 汽车航空船舶土木建筑矿山港口纺织

3.5 号字:

螺纹齿轮轴承键弹簧端子设备阀施工引水棉麻化工自动化

图 1-4 长仿宋体汉字示例

3. 字母与数字

(1) 字母和数字可写成直体或斜体。斜体字字头向右倾斜,与水平基准线成 75°。字母和数字分 A 型和 B 型。A 型字体的笔画宽度(d)为字高(h)的 1/14,B 型字体的笔画宽度(d)为字高(h)的 1/10。

(2) 在同一图样上只允许选用一种型式的字体。

(3) 用于指数、分数、极限偏差、注脚等的数字及字母,一般应采用小一号的字体。

下面是部分型式的字母和数字的书写示例。

A 型大写斜体拉丁字母和希腊字母 Φ

ABCDEFGHIJKLMNOP

QRSTUVWXYZ Φ

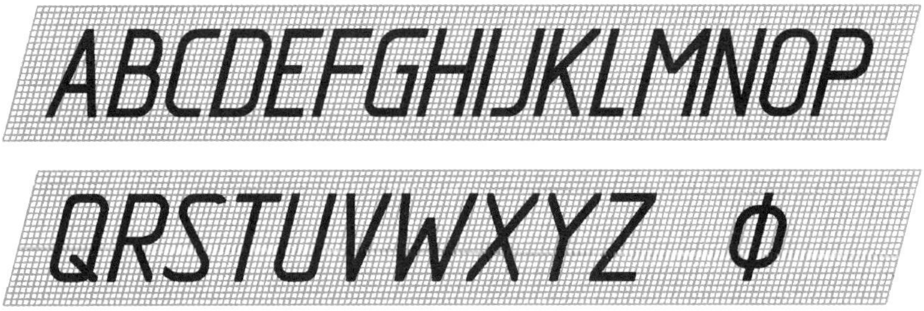

A 型小写斜体拉丁字母和希腊字母 φ

abcdefghijklmnopq

rstuvwxyz φ

B 型大写斜体拉丁字母和希腊字母 Φ

ABCDEFGHIJKLMNOP

QRSTUVWXYZ ϕ

B 型小写斜体拉丁字母和希腊字母 ϕ

abcdefghijklmnopq

rstuvwxyz ϕ

B 型大写直体拉丁字母和希腊字母 Φ

ABCDEFGHIJKLMNOP

QRSTUVWXYZ ϕ

B 型小写直体拉丁字母和希腊字母 ϕ

abcdefghijklmnopq

rstuvwxyz ϕ

A 型斜体阿拉伯数字

0123456789

B 型斜体阿拉伯数字

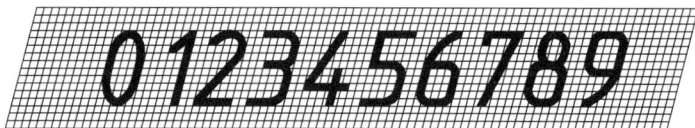

0123456789

B 型直体阿拉伯数字

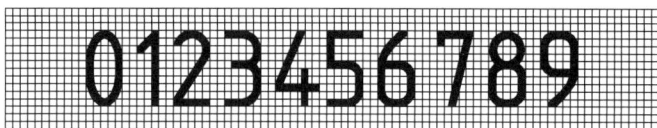

0123456789

1.1.3 图纸幅面和格式

1. 图纸幅面

国家标准 GB/T 14689—2008《技术制图 图纸幅面和格式》对图纸幅面和图框尺寸作了具体规定(见表 1-2、表 1-3)。

表 1-2 基本幅面及图框尺寸   mm

幅面代号	A0	A1	A2	A3	A4
$B \times L$	841×1189	594×841	420×594	297×420	210×297
e	20			10	
c	10			5	
a	25				

表 1-3 加长幅面(第二选择)   mm

幅面代号	A3×3	A3×4	A4×3	A4×4	A4×5
$B \times L$	420×891	420×1189	297×630	297×841	297×1051

必要时,允许采用加长幅面,其尺寸是由基本幅面的短边成整数倍增加后得出(图 1-5)。

图 1-5 中粗实线所示为基本幅面,应优先选用;细实线所示为加长幅面(第二选择);虚线所示为加长幅面 A0×2、A0×3、A1×3、…、A4×9 共 14 种(第三选择)。

加长幅面的图框尺寸按所选用的基本幅面大一号的图框尺寸确定,例如 A3×4 的图框尺寸,按 A2 的图框尺寸确定。

2. 图框格式

(1) 图框格式分为不留装订边(图 1-6)和留装订边(图 1-7)两种,但同一产品图样只能采用一种格式。

(2) "纸边界线"由图纸幅面的尺寸确定。

(3) 无论哪种格式的图纸,其图框线均应采用粗实线绘制。

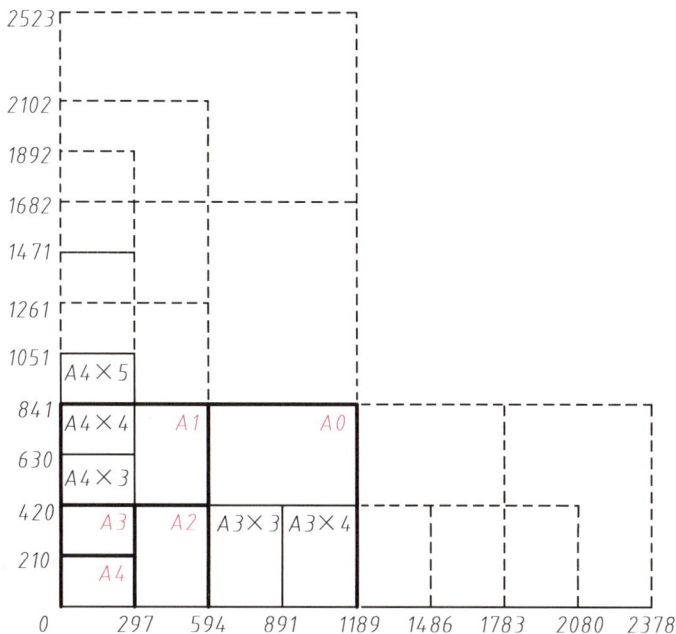

图 1-5 图纸幅面

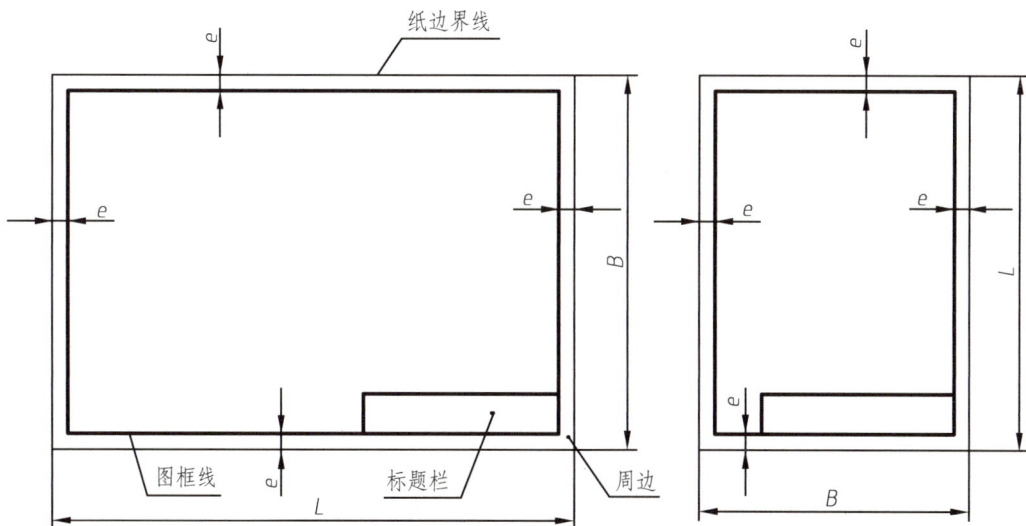

图 1-6 不留装订边的图框格式

1.1.4 标题栏与明细栏

1. 标题栏

每张零件图或装配图中都必须画出标题栏。它表达了零部件及其管理等多方面的信息,是机械图纸上不可缺少的一项内容。标题栏通常包含零件或部件的名称及代号区、签

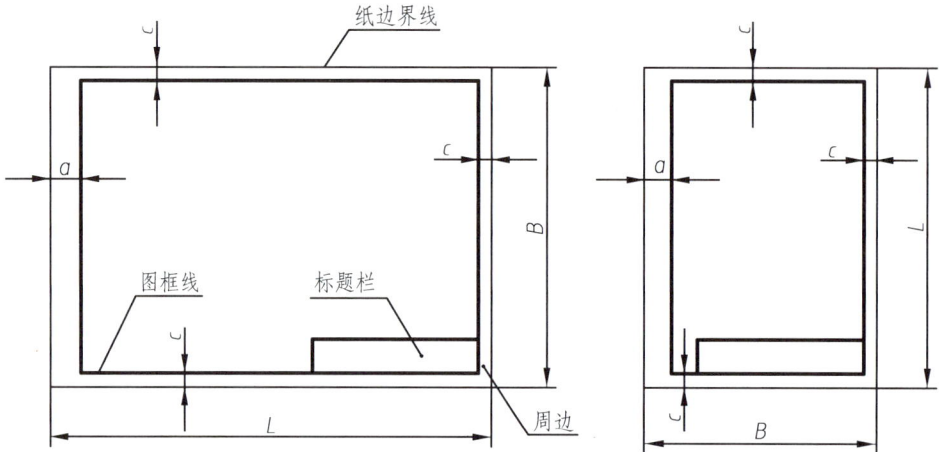

图 1-7　留装订边的图框格式

字区、更改区等部分。国家标准 GB/T 10609.1—2008《技术制图　标题栏》规定了标题栏的格式和尺寸。

（1）标题栏一般位于图纸的右下角，底边与下图框线重合，右边与右图框线重合（图 1-6、图 1-7）。

（2）标题栏中的文字方向通常为看图方向，字体应符合 GB/T 14691—1993 的规定（责任签名除外）。

本书作业中零件图的标题栏建议采用图 1-8 的样式（非国家标准）。

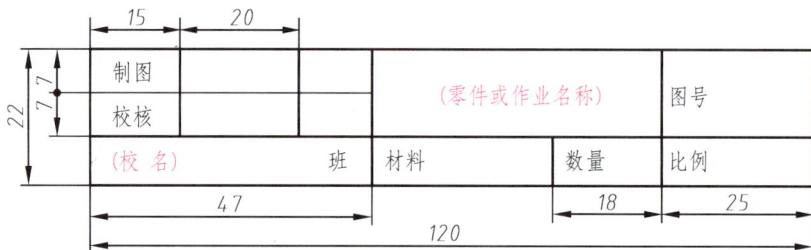

图 1-8　零件图的标题栏

2. 明细栏

在装配图上，除了标题栏外，通常还有明细栏（或附有明细表）。明细栏描述了组成装配体的各种零、部件的名称、数量、材料等信息。国家标准 GB/T 10609.2—2009《技术制图　明细栏》规定了明细栏的格式和尺寸。明细栏配置在标题栏的上方，按照由下至上的顺序书写。

本书作业中装配图的标题栏及明细栏建议采用图 1-9 的样式（非国家标准）。

1.1.5　绘图比例

图样中图形与其实物相应要素的线性尺寸之比称为比例。

比例有三种类型：原值比例（比值为 1）、放大比例（比值大于 1）与缩小比例（比值小于 1）。

图 1-9 中标题栏与明细栏尺寸如下：

上方尺寸：(140)，15　50　15　30　30

序 号	零 件 名 称	数 量	材 料	附注及标准
2				
1				
	（装配体或作业名称）		比例	
			共　张　第　张	
制图		（校名、班名）	图号	
审核				

下方尺寸：15　25　25　45　30

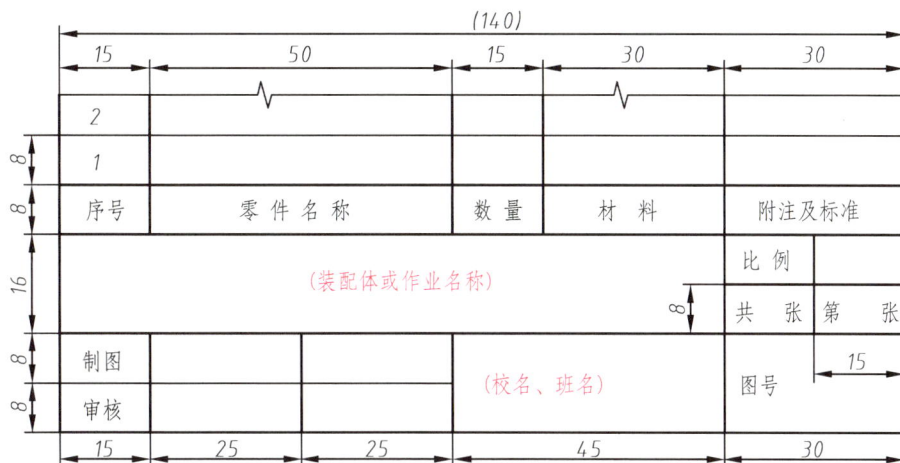

图 1-9　装配图的标题栏与明细栏

国家标准 GB/T 14690—1993《技术制图　比例》规定了上述各种比例的比例系列，见表 1-4、表 1-5。绘制图样时，优先选用表 1-4 中的比例。

表 1-4　优先选用比例

种　　类	比　　　　例		
原值比例	1：1		
放大比例	5：1	2：1	
	$5 \times 10^n：1$	$2 \times 10^n：1$	$1 \times 10^n：1$
缩小比例	1：2	1：5	1：10
	$1：2 \times 10^n$	$1：5 \times 10^n$	$1：1 \times 10^n$

表 1-5　可选用比例

种　　类	比　　　　例				
放大比例	4：1	2.5：1			
	$4 \times 10^n：1$	$2.5 \times 10^n：1$			
缩小比例	1：1.5	1：2.5	1：3	1：4	1：6
	$1：1.5 \times 10^n$	$1：2.5 \times 10^n$	$1：3 \times 10^n$	$1：4 \times 10^n$	$1：6 \times 10^n$

注：表中 n 为正整数。

选用比例时应遵守以下规定：

(1) 在表达清晰、布局合理的条件下，尽量选用原值比例，以便直观地了解机件的形貌；在绘制同一机件的各个视图时，尽量采用相同的比例，并将其标注在标题栏的比例栏内。

(2) 当图样中的个别视图采用了与标题栏中不相同的比例时，可在该视图名称的下方或右侧标注比例。

1.2　投影法及其分类

1.2.1　投影法

如图 1-10 所示,投射线通过物体,向选定的平面进行投射,并在该面上得到图形的方法叫作投影法,所得到的图形叫作投影,选定的平面叫作投影面。

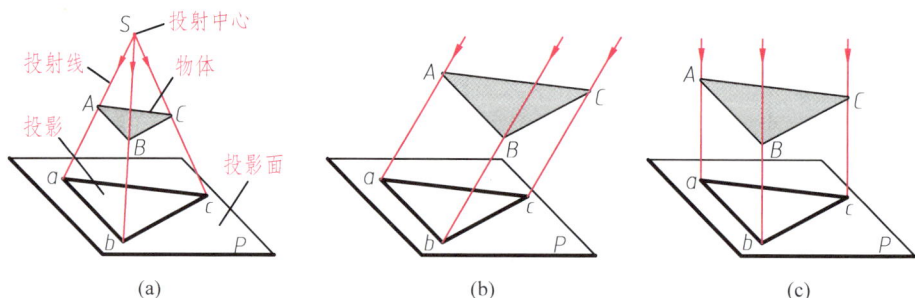

图 1-10　投影法及其分类

1.2.2　投影法的分类

根据投射线的类型(平行或汇交),投影法可分为中心投影法和平行投影法两类。

1. 中心投影法

投射线汇交于一点的投影法叫作中心投影法(图 1-10(a))。其中,投射线的交点 S 称为投射中心,用中心投影法得到的图形叫作中心投影图。

由于中心投影图一般不反映物体各部分的真实形状和大小,且投影的大小随投射中心、物体和投影面之间的相对位置的改变而改变,度量性较差。但中心投影图立体感较好,多用于绘制建筑物的直观图(透视图)。

2. 平行投影法

投射线互相平行的投影法叫作平行投影法(图 1-10(b)、(c))。其中,投射线与投影面倾斜的叫作斜投影法(图 1-10(b));投射线与投影面垂直的叫作正投影法(图 1-10(c))。用正投影法得到的图形叫作正投影图。

正投影图的直观性虽不及中心投影图好,但由于正投影图一般能真实地表达空间物体的形状和大小,作图也比较简便,因此,国家标准 GB/T 14692—2008《技术制图　投影法》中明确规定,机件的图样采用正投影法绘制。

在本书的后续章节中,如无特别说明,所谈到的投影都是指正投影。

1.2.3　三投影面体系

以相互垂直的 3 个平面作为投影面,便组成了三投影面体系,如图 1-11 所示。正立放置的投影面称为正立投影面,用 V 表示;水平放置的投影面称为水平投影面,用 H 表示;侧立放置的投影面称为侧立投影面,用 W 表示。

相互垂直的 3 个投影面的交线称为投影轴,分别用 OX、OY、OZ 表示。

相互垂直的水平投影面 H 与正立投影面 V 将空间分成 4 个区域,称为 4 个分角 (图 1-11)。将物体置于第一分角内,并使其处于观察者与投影面之间而得到正投影的方法叫作第一角画法。将物体置于第三分角内,并使投影面处于物体与观察者之间而得到正投影的方法叫作第三角画法。我国国家标准规定工程图样采用第一角画法,即采用图 1-12 所示的三投影面体系。

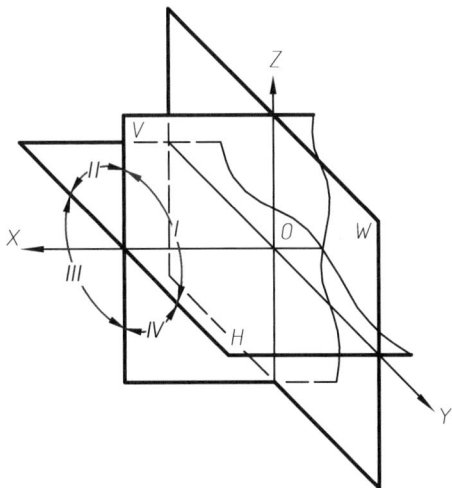

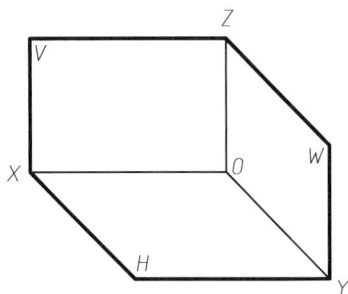

图 1-11　4 个分角　　　　　　　　　图 1-12　三投影面体系

小结

本章介绍的国家标准的一些基本规定都应掌握,并在绘图时严格遵守,才能绘出合格、规范的工程图样。

投影法是绘制各种工程图样的基本方法,应掌握投影的形成、分类及各自的用途。

投影法的分类和用途如下所述。

1. 中心投影法

主要用于绘制建筑直观图(各种透视图)。

2. 平行投影法

(1)平行正投影法:用于绘制立体的各种视图、剖视图等二维图及正轴测图,是本课程必须重点掌握的基本内容。

(2)平行斜投影法:用于绘制立体的斜轴测图。

第2章

点、直线、平面的投影

2.1 点的投影

2.1.1 点的单面投影

如图 2-1(a)所示,过空间点 A 的投射线与投影面 P 的交点 a 叫作点 A 在投影面 P 上的投影。

点的空间位置确定后,它在一个投影面上的投影是唯一确定的。但是,若只有点的一个投影,则不能唯一确定点的空间位置(图 2-1(b)),因此工程上多采用多面正投影。

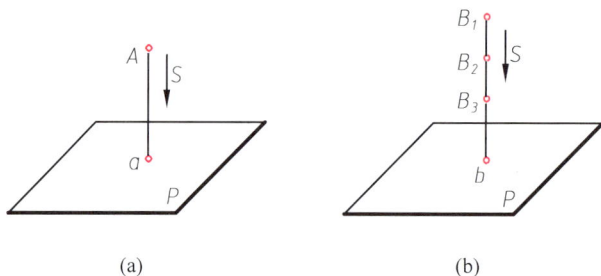

(a)   (b)

图 2-1　点的单面投影

2.1.2 点的三面投影及投影特性

1. 点的三面投影的形成

如图 2-2(a)所示,将空间点 A 分别向 H、V、W 3 个投影面投射,得到点 A 的 3 个投影 a、a'、a'',分别称为点 A 的水平投影、正面投影和侧面投影。

为了使点的 3 个投影画在同一图面上,规定 V 面不动,将 H 面绕 OX 轴向下旋转 $90°$,将 W 面绕 OZ 轴向右旋转 $90°$,使 H、V、W 3 个投影面共面,得到点的三面投影图。画图时,则不必画出投影面的边框(图 2-2(b))。

2. 点的三面投影的投影特性

由图 2-2 不难证明,点的三面投影具有下列特性。

(1) 点的正面投影与水平投影的连线垂直于 OX 轴,即 $a'a \perp OX$;点的正面投影与

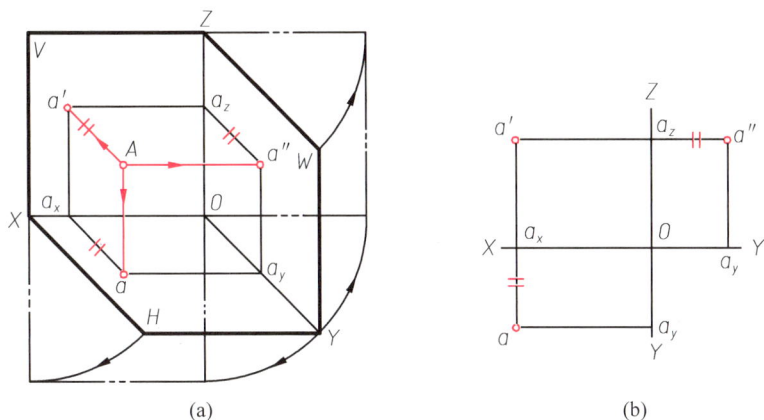

图 2-2　点的三面投影

侧面投影的连线垂直于 OZ 轴,即 $a'a''\perp OZ$。

（2）点的水平投影到 OX 轴的距离等于点的侧面投影到 OZ 轴的距离。即

$$aa_x = a''a_z$$

另外请注意：

$$a'a_x = a''a_y = 点 A 到 H 面的距离$$

$$aa_x = a''a_z = 点 A 到 V 面的距离$$

$$aa_y = a'a_z = 点 A 到 W 面的距离$$

根据上述投影特性,在点的三面投影中,只要知道其中任意两个面的投影,就可以很方便地求出第三面的投影。

例 2-1　如图 2-3(a)所示,已知点 A 的正面投影和水平投影,求其侧面投影。

分析：由点的投影特性可知,$a'a''\perp OZ$,$a''a_z = aa_x$。

作图：过 a' 作直线垂直于 OZ 轴,交 OZ 轴于 a_z,在 $a'a_z$ 的延长线上量取 $a''a_z = aa_x$（图 2-3(b)）。也可以采用作 45°斜线的方法（图 2-3(c)）。

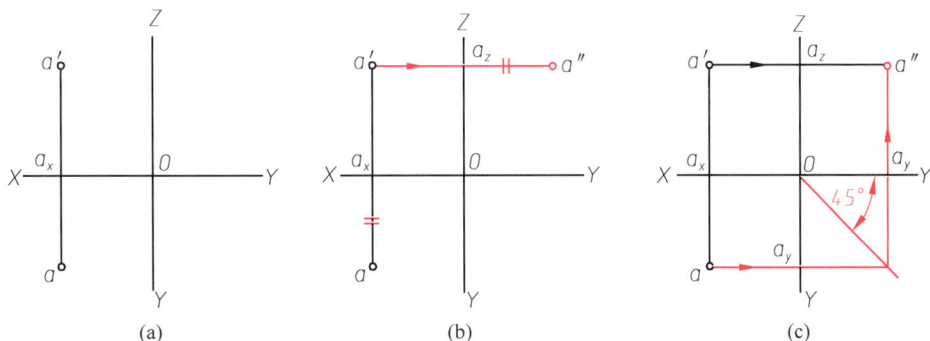

图 2-3　已知点的两个投影求第三投影

3. 点的投影与坐标之间的关系

如图 2-4 所示,在三投影面体系中,3 根投影轴可以构成一个空间直角坐标系,空间

点 A 的位置可以用 3 个坐标值 (x_A, y_A, z_A) 表示,则点的投影与坐标之间的关系为

$$aa_y = a'a_z = x_A, \quad aa_x = a''a_z = y_A, \quad a'a_x = a''a_y = z_A$$

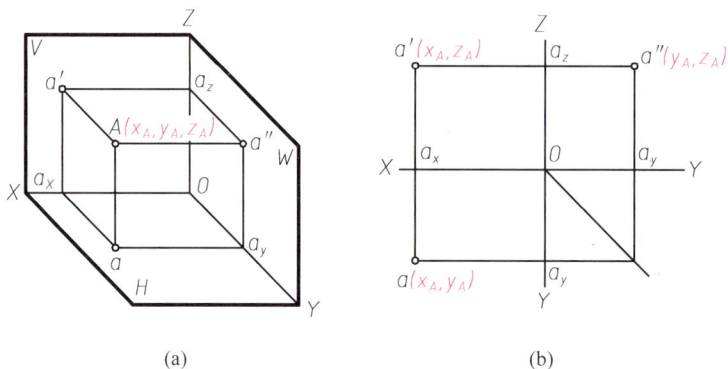

图 2-4　点的投影与坐标之间的关系

2.1.3　两点的相对位置与重影点

1. 两点的相对位置

两点的相对位置指空间两点的上下、前后、左右位置关系。这种位置关系可以通过两点的同名投影(在同一个投影面上的投影)的相对位置或坐标的大小来判断,即 x 坐标大的在左; y 坐标大的在前; z 坐标大的在上。

如图 2-5 所示,由于 $x_A > x_B$,故点 A 在点 B 的左方,同理可判断出点 A 在点 B 的上方、后方。

2. 重影点及其投影的可见性

如图 2-6 所示,点 C 与点 D 位于垂直于 H 面的同一条投射线上,它们的水平投影重合。若空间两点在某一投影面上的投影重合,则称此两点为对该投影面的重影点。

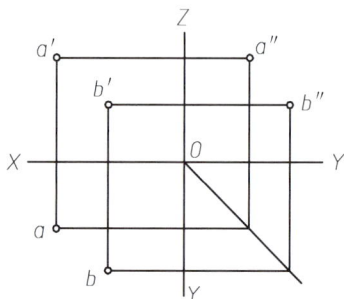

图 2-5　两点的相对位置

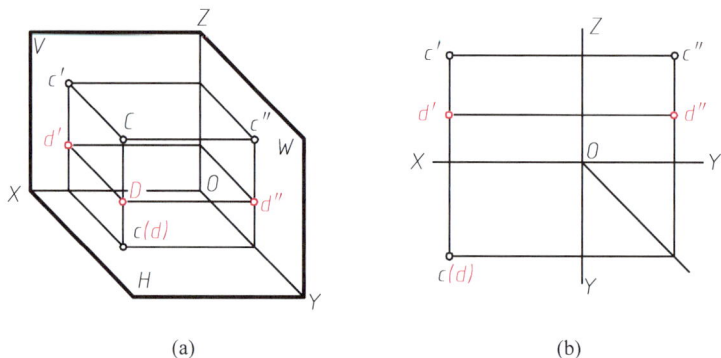

图 2-6　重影点

重影点的两对同名坐标相等。在图 2-6 中，点 C 与点 D 是对 H 面的重影点，$x_C = x_D$，$y_C = y_D$。由于 $z_C > z_D$，故点 C 在点 D 的上方。若沿投射线方向进行观察，看到者为可见，被遮挡者为不可见，为了表示点的可见性，被挡住的点的投影加括号(图 2-6(b))。

2.2　直线的投影

2.2.1　直线的投影

由平面几何得知，两点确定一条直线，故直线的投影可由直线上两点的投影确定。如图 2-7 所示，用直线分别连接 A、B 两点的同名投影，则得到直线 AB 的三面投影。

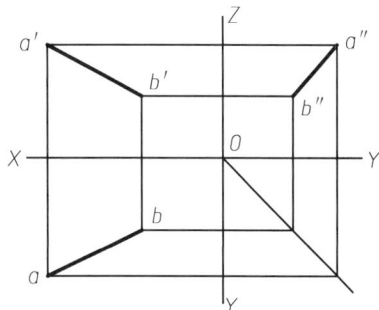

2.2.2　直线的投影特性

1. 直线对单一投影面的投影特性

直线对单一投影面的投影特性取决于直线与投影面的相对位置，如图 2-8 所示。

(1) 直线垂直于投影面(图 2-8(a))。直线垂直于投影面，其投影重合为一个点，且位于直线上的所有点的投影都重合于该点($a(m,b)$)上。投影的这种特性称为积聚性。

(2) 直线平行于投影面(图 2-8(b))。直线平行于投影面，其投影的长度反映空间线段的实际长度，即 $ab = AB$。投影的这种特性称为实长性。

(3) 直线倾斜于投影面(图 2-8(c))。直线倾斜于投影面，其投影仍为直线，但投影的长度比空间线段的实际长度缩短了，即 $ab = AB\cos\alpha$。

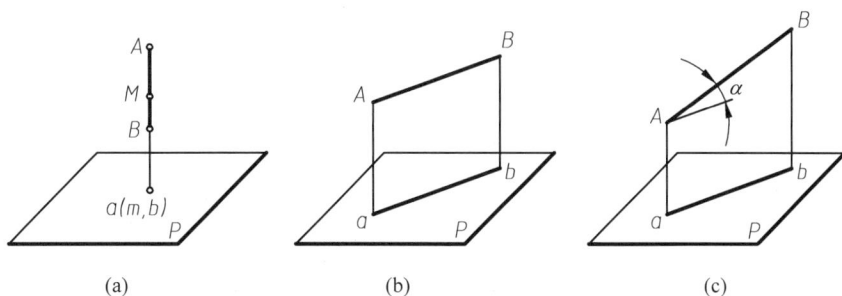

图 2-7　直线的投影

图 2-8　直线对单一投影面的投影特性

2. 直线在三投影面体系中的投影特性

直线在三投影面体系中的投影特性取决于直线与 3 个投影面之间的相对位置。根据直线与 3 个投影面之间的相对位置的不同可将直线分为 3 类：投影面平行线、投影面垂直线和一般位置直线。投影面平行线和投影面垂直线又称为特殊位置直线。

1）投影面平行线

平行于某一投影面而与其余两投影面倾斜的直线叫作投影面平行线。其中,平行于 H 面的直线叫作水平线,平行于 V 面的直线叫作正平线,平行于 W 面的直线叫作侧平线。它们的投影特性列于表 2-1。

表 2-1　投影面平行线的投影特性

名　　称	水　平　线	正　平　线	侧　平　线
立体图	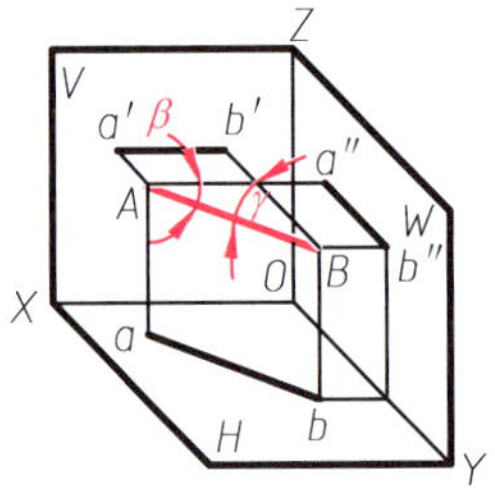	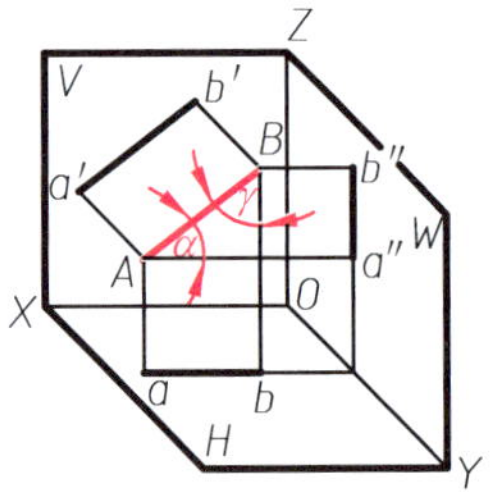	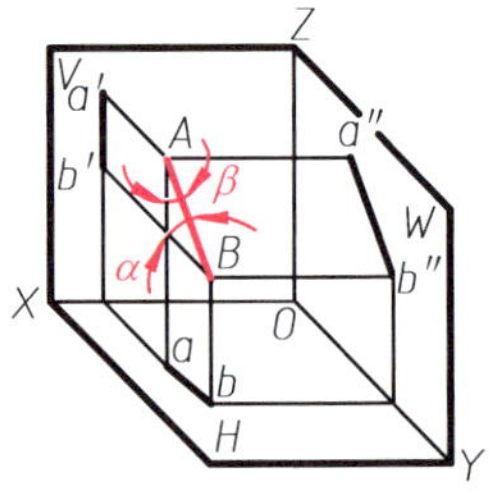
投影图	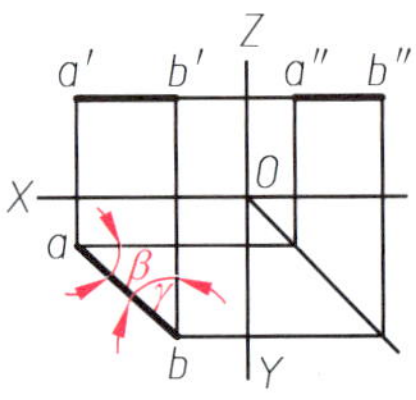	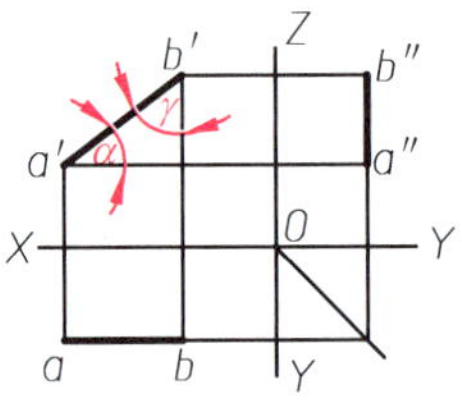	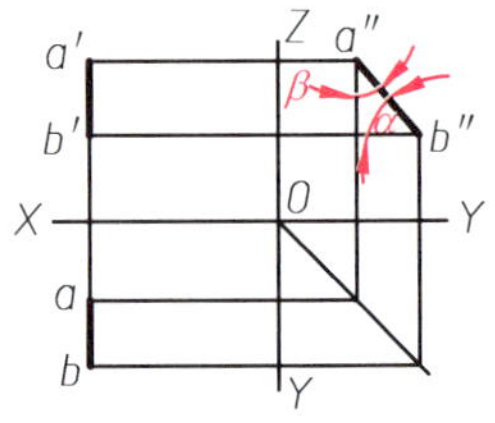
投影特性	$ab=AB$,反映实长 ab 与 OX 轴的夹角反映 AB 对 V 面的倾角 β;ab 与 OY 轴的夹角反映 AB 对 W 面的倾角 γ $a'b'//OX$,$a''b''//OY$	$a'b'=AB$,反映实长 $a'b'$ 与 OX 轴的夹角反映 AB 对 H 面的倾角 α;$a'b'$ 与 OZ 轴的夹角反映 AB 对 W 面的倾角 γ $ab//OX$,$a''b''//OZ$	$a''b''=AB$,反映实长 $a''b''$ 与 OY 轴的夹角反映 AB 对 H 面的倾角 α;$a''b''$ 与 OZ 轴的夹角反映 AB 对 V 面的倾角 β $ab//OY$,$a'b'//OZ$

由表 2-1 可将投影面平行线的投影特性归纳为:

（1）在其平行的投影面上的投影反映实长;投影与投影轴的夹角分别反映直线对另外两个投影面的倾角的实际大小。

（2）另外两个投影面上的投影分别平行于不同的投影轴,且长度比空间线段短。

2）投影面垂直线

垂直于某一投影面,从而与其余两个投影面平行的直线叫作投影面垂直线。其中,垂直于 H 面的直线叫作铅垂线,垂直于 V 面的直线叫作正垂线,垂直于 W 面的直线叫作侧垂线。它们的投影特性列于表 2-2。

由表 2-2 可将投影面垂直线的投影特性归纳为:

（1）在其垂直的投影面上的投影积聚为一点。

（2）另外两个投影面上的投影反映空间线段的实长,且分别垂直于不同的投影轴。

表 2-2 投影面垂直线的投影特性

名 称	铅 垂 线	正 垂 线	侧 垂 线
立体图			
投影图			
投影特性	水平投影积聚为一点 $a'b'=a''b''=AB$，反映实长 $a'b'\perp OX,a''b''\perp OY$	正面投影积聚为一点 $ab=a''b''=AB$，反映实长 $ab\perp OX,a''b''\perp OZ$	侧面投影积聚为一点 $ab=a'b'=AB$，反映实长 $ab\perp OY,a'b'\perp OZ$

3）一般位置直线

与 3 个投影面都倾斜的直线叫作一般位置直线（图 2-9（a））。

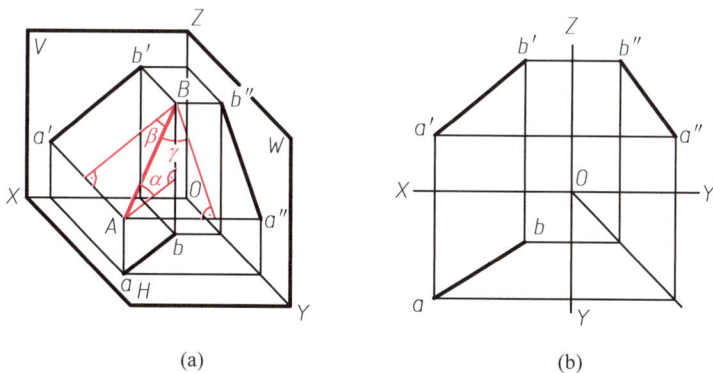

(a)　　　　　　　　　　　　(b)

图 2-9　一般位置直线

如图 2-9（b）所示，一般位置直线的投影特性为：3 个投影都倾斜于投影轴，其与投影轴的夹角并不反映空间线段对投影面的夹角，且 3 个投影的长度均比空间线段短，即都不反映空间线段的实长。

2.2.3　直线上的点

如图 2-10 所示，直线与其上的点有如下关系：

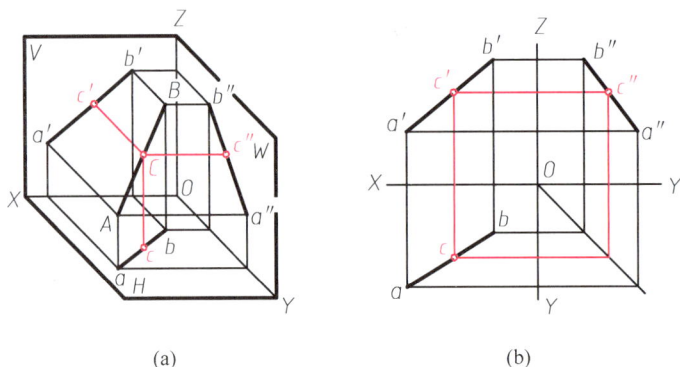

(a)　　　　　　　　　　　　　(b)

图 2-10　直线上的点

（1）若点在直线上，则点的投影一定在直线的同名投影上；反之亦然。

（2）若点在直线上，则点的投影将线段的同名投影分割成与空间线段相同的比例（定比定理）；反之亦然。即

$$ac \colon cb = a'c' \colon c'b' = a''c'' \colon c''b'' = AC \colon CB$$

1．求直线上点的投影

例 2-2　如图 2-11(a)所示，已知点 K 在直线 AB 上，求点 K 的其余两投影。

分析：由于点 K 在直线 AB 上，所以点 K 的各投影一定在直线 AB 的同名投影上。

作图：如图 2-11(b)所示，求出直线 AB 的侧面投影 $a''b''$ 后，即可在 ab 和 $a''b''$ 上确定点 K 的水平投影 k 和侧面投影 k''。

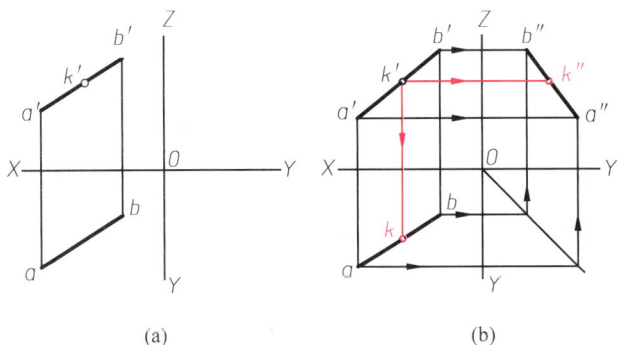

(a)　　　　　　　　　　　　　(b)

图 2-11　求直线上点的投影(一)

例 2-3　如图 2-12(a)所示，已知点 K 在直线 CD 上，求点 K 的正面投影。

分析：点 K 的正面投影 k' 一定在 $c'd'$ 上，本例中 CD 是一条侧平线，确定 k' 在 $c'd'$ 上的位置可采用两种方法：一是求出它们的侧面投影（作图略）；二是采用分割线段成定比的方法。

作图：如图 2-12(b)所示，采用作相似三角形的方法使 $c'k' \colon k'd' = ck \colon kd$，从而确定 k' 在 $c'd'$ 上的位置。

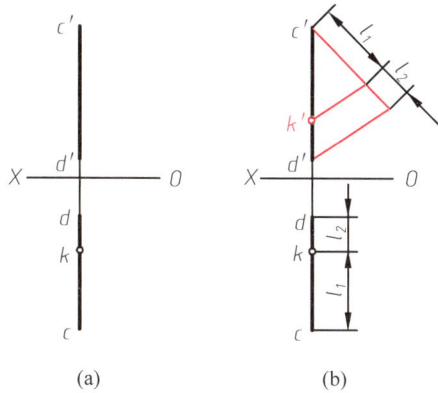

(a)　　　　(b)

图 2-12　求直线上点的投影(二)

2. 判断点是否在直线上

判断点是否在直线上,一般只需判断两个投影面上的投影即可。如图 2-13 所示,点 C 在直线 AB 上,而点 D 不在直线 AB 上(因 d 不在 ab 上)。但是当直线为投影面平行线,且给出的两个投影又都平行于投影轴时,则还需求出第三个投影进行判断,或用点分线段成定比的方法判断。

例 2-4　如图 2-14(a)所示,已知侧平线 AB 及点 M 的正面投影和水平投影,判断点 M 是否在直线 AB 上。

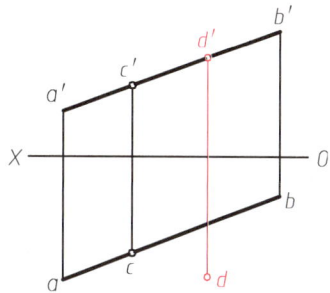

图 2-13　判断点是否在直线上(一)

解　判断方法有两种:

(1) 求出它们的侧面投影。如图 2-14(b)所示,由于 m'' 不在 $a''b''$ 上,故点 M 不在直线 AB 上。

(2) 用点分线段成定比的方法判断。由于 $am:mb\neq a'm':m'b'$,故点 M 不在直线 AB 上。

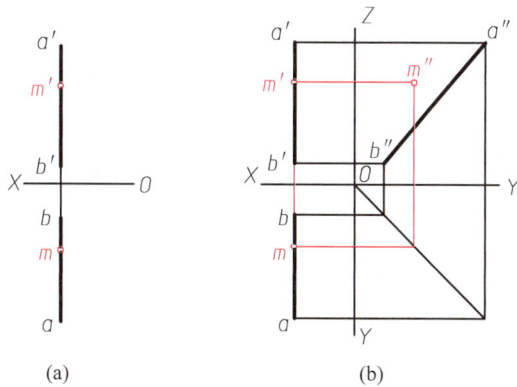

(a)　　　　　(b)

图 2-14　判断点是否在直线上(二)

2.2.4 两直线的相对位置

空间两直线的相对位置有 3 种：平行、相交和交叉(异面)。

1. 两直线平行

若空间两直线相互平行,则其同名投影必相互平行;若两直线的 3 个同名投影分别相互平行,则空间两直线必相互平行(图 2-15)。

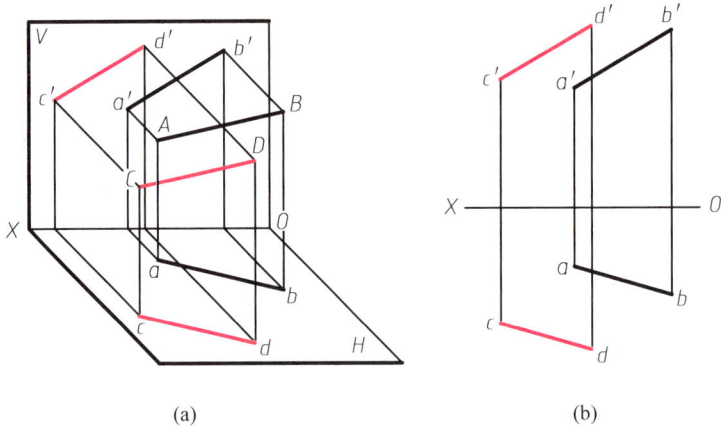

图 2-15　两直线平行

判断空间两直线是否平行,一般情况下,只需判断两直线的任意两对同名投影是否分别平行即可,如图 2-15(b)所示。但是当两直线均平行于某一投影面时,若只有两对同名投影分别平行,空间两直线不一定平行。如图 2-16(a)所示(CD、EF 为侧平线),虽然 $cd /\!/ ef$,$c'd' /\!/ e'f'$,但求出侧面投影(图 2-16(b))后,由于 $c''d''$ 不平行于 $e''f''$,故 CD、EF 不平行。

思考：有无其他方法可判断图 2-16 中的直线 CD、EF 是否平行？

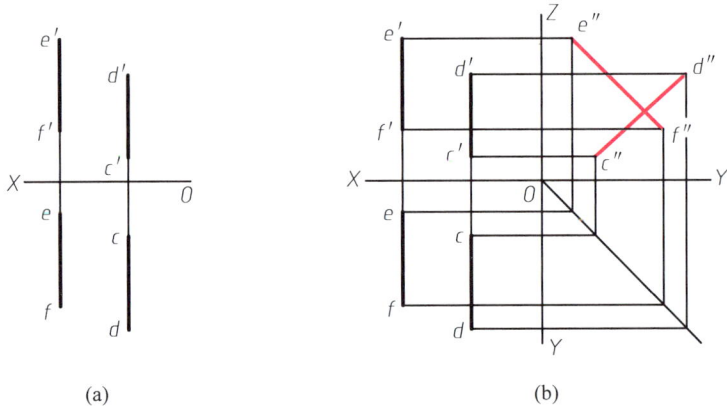

图 2-16　判断两直线是否平行

2. 两直线相交

若空间两直线相交,则其同名投影必相交,且其交点必符合空间一个点的投影特性;反之亦然。

如图 2-17 所示，直线 AB、CD 相交于点 K，其投影 ab 与 cd、$a'b'$ 与 $c'd'$ 分别相交于 k、k'，且 $kk' \perp OX$ 轴。

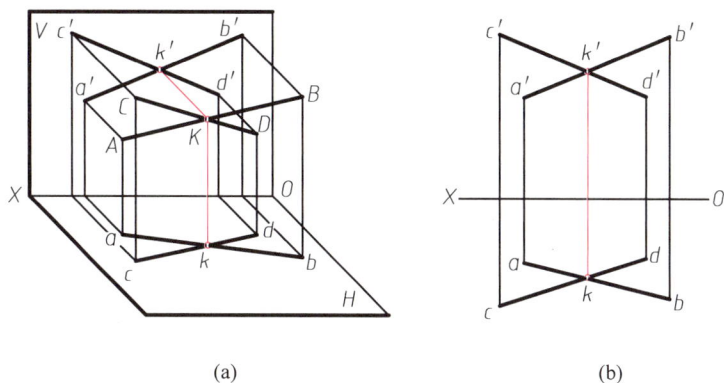

(a)　(b)

图 2-17　两直线相交

两相交直线的交点是两直线的共有点，因此交点也应满足直线上点的投影特性。

判断空间两直线是否相交，一般情况下，只需判断两组同名投影相交，且交点符合直线上一个点的投影特性即可。但是，若两条直线中至少有一条为特殊位置直线时，即使有两组同名投影相交，空间两直线也不一定相交。

例 2-5　判断直线 AB、CD 是否相交（图 2-18(a)）。

解　由于 AB 是一条侧平线，虽然两组同名投影相交，但直线 AB、CD 不一定相交。可用两种方法判断：

(1) 求出侧面投影。如图 2-18(b)所示，虽然 $a''b''$、$c''d''$ 也相交，但对于位于 CD 直线上的 K 点，其侧面投影 k'' 并不位于 $a''b''$ 上，即说明 K 点不在直线 AB 上，亦即点 K 不是两直线的共有点，故 AB、CD 不相交。

(2) 利用点分线段成定比的方法判断。很明显，$ak : kb \neq a'k' : k'b'$，故点 K 不在直线 AB 上，因此点 K 不是两直线的共有点，故 AB、CD 不相交。

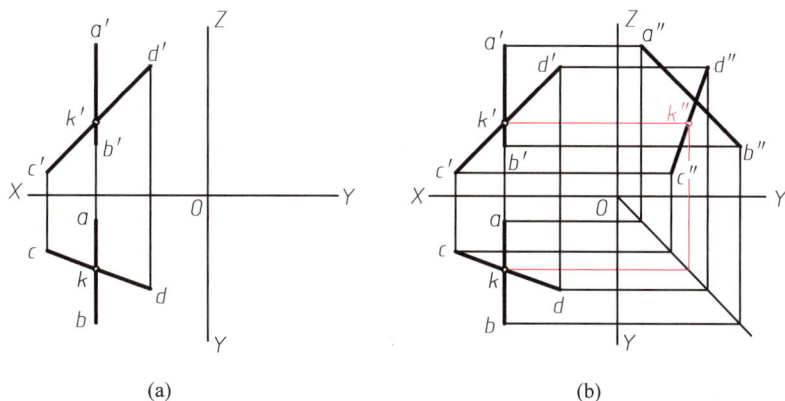

(a)　(b)

图 2-18　判断两直线是否相交

3. 两直线交叉

既不平行又不相交的两条直线称为两交叉直线。

如图 2-19 所示,直线 AB 和 CD 为两交叉直线,虽然它们的同名投影也相交了,但"交点"不符合一个点的投影特性。

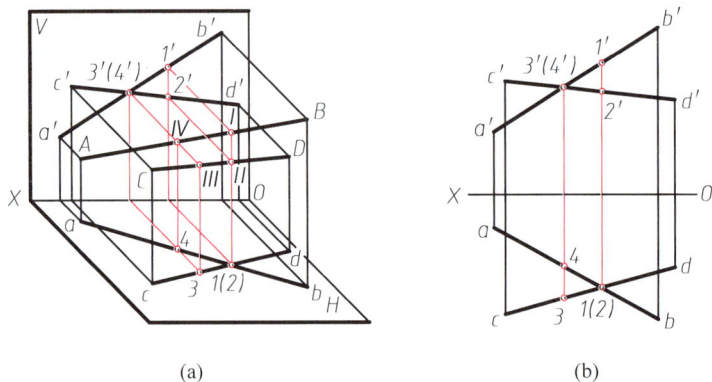

(a)   (b)

图 2-19 两直线交叉

两交叉直线同名投影的交点是两直线上一对重影点的投影,用它可以判断空间两直线的相对位置。

在图 2-19 中,直线 AB 和 CD 的水平投影的交点 1(2) 是直线 AB 上的点 Ⅰ 和 CD 上的点 Ⅱ(对 H 面的重影点)的水平投影,由正面投影可知,点 Ⅰ 在上,点 Ⅱ 在下,故在该处 AB 在 CD 的上方。同理,AB 和 CD 的正面投影的交点 3′(4′) 是直线 AB 上的点 Ⅳ 和 CD 上的点 Ⅲ(对 V 面的重影点)的正面投影,由水平投影可知,点 Ⅲ 在前,点 Ⅳ 在后,故在该处 CD 在 AB 的前方。

2.3 平面的投影

2.3.1 平面的表示法

在投影图上,通常用图 2-20 所示的 5 组几何要素中的任意一组表示一个平面的投影。

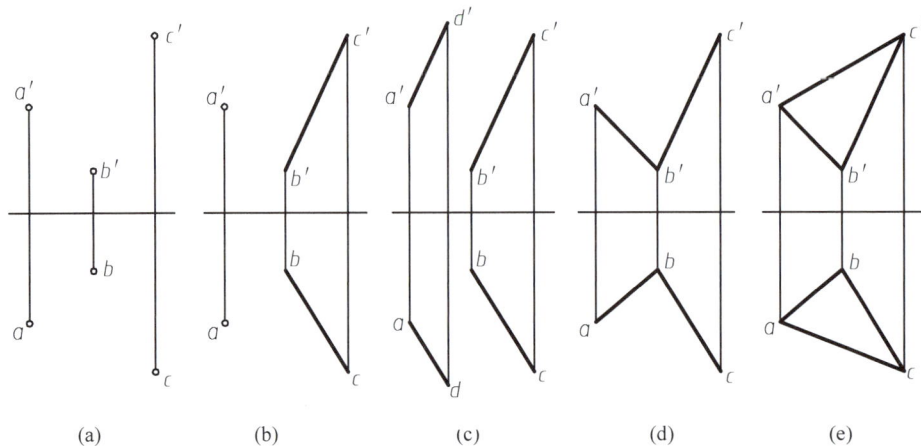

(a)   (b)   (c)   (d)   (e)

图 2-20 平面的 5 种表示法

（1）不在同一直线上的 3 个点(图 2-20(a))；

（2）一直线及线外一点(图 2-20(b))；

（3）两平行直线(图 2-20(c))；

（4）两相交直线(图 2-20(d))；

（5）平面几何图形,如三角形(图 2-20(e))、四边形、圆等。

以上用几何元素表示平面的 5 种形式彼此之间是可以互相转化的。实际上,第一种表示法是基础,后几种都由它转化而来。

2.3.2　平面的投影特性

1. 平面对单一投影面的投影特性

平面对单一投影面的投影特性取决于平面与投影面的相对位置。

（1）平面垂直于投影面。如图 2-21(a)所示,$\triangle ABC$ 垂直于投影面 P,它在 P 面上的投影积聚成一条直线,平面内的所有几何元素在 P 面上的投影都重合在这条直线上,这种投影特性称为积聚性。

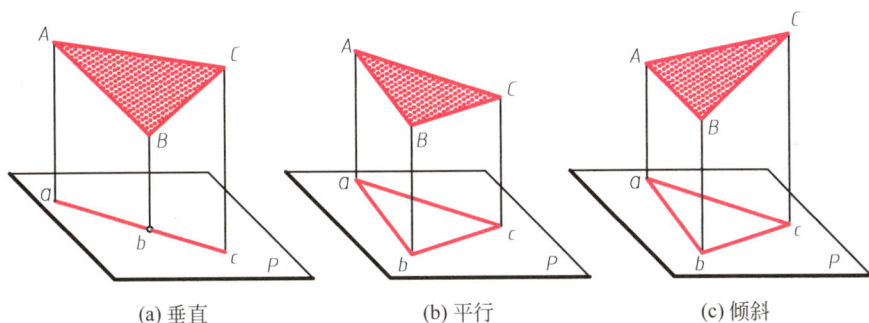

(a) 垂直　　　　　(b) 平行　　　　　(c) 倾斜

图 2-21　平面对一个投影面的投影特性

（2）平面平行于投影面。如图 2-21(b)所示,$\triangle ABC$ 平行于投影面 P,它在 P 面上的投影反映$\triangle ABC$ 的实形,这种投影特性称为实形性。

（3）平面倾斜于投影面。如图 2-21(c)所示,$\triangle ABC$ 倾斜于投影面 P,它在 P 面上的投影并不反映$\triangle ABC$ 的实形,但形状与$\triangle ABC$ 是类似的,这种投影特性称为类似性。

2. 平面在三投影面体系中的投影特性

平面在三投影面体系中的投影特性取决于平面对 3 个投影面的相对位置。

根据平面与 3 个投影面的相对位置不同可将平面分为 3 类:投影面垂直面、投影面平行面和一般位置平面。投影面垂直面和投影面平行面又统称特殊位置平面。

1）投影面垂直面

垂直于某一投影面而与其余两投影面都倾斜的平面称为投影面垂直面。其中,垂直于 V 面的叫作正垂面,垂直于 H 面的叫作铅垂面,垂直于 W 面的叫作侧垂面。它们的投影特性见表 2-3。

表 2-3　投影面垂直面的投影特性

名　称	正　垂　面	铅　垂　面	侧　垂　面
立体图			
投影图			
投影特性	正面投影积聚为直线,它与 OX、OZ 轴的夹角分别反映平面对 H 面、W 面的夹角 α_1、γ_1　水平投影与侧面投影为类似形	水平投影积聚为直线,它与 OX、OY 轴的夹角分别反映平面对 V 面、W 面的夹角 β_1、γ_1　正面投影与侧面投影为类似形	侧面投影积聚为直线,它与 OY、OZ 轴的夹角分别反映平面对 H 面、V 面的夹角 α_1、β_1　水平投影与正面投影为类似形

由表 2-3 可归纳出投影面垂直面的投影特性为:

(1) 在其垂直的投影面上的投影积聚成与该投影面内的两根投影轴都倾斜的直线,该直线与投影轴的夹角反映空间平面与另两个投影面的夹角的实际大小。

(2) 在另两个投影面上的投影形状相类似。

2) 投影面平行面

平行于某一投影面从而垂直于其余两个投影面的平面称为投影面平行面。其中,平行于 V 面的叫作正平面,平行于 H 面的叫作水平面,平行于 W 面的叫作侧平面。它们的投影特性见表 2-4。

由表 2-4 可归纳出投影面平行面的投影特性为:

(1) 在其平行的投影面上的投影反映平面的实形;

(2) 另外两个投影面上的投影均积聚成直线,且平行于不同的投影轴。

表 2-4 投影面平行面的投影特性

名　称	正　平　面	水　平　面	侧　平　面
立体图			
投影图			
投影特性	正面投影反映实形 水平投影和侧面投影积聚成直线,并分别平行于 OX、OZ 轴	水平投影反映实形 正面投影和侧面投影积聚成直线,并分别平行于 OX、OY 轴	侧面投影反映实形 正面投影和水平投影积聚成直线,并分别平行于 OZ、OY 轴

3) 一般位置平面

与 3 个投影面都倾斜的平面叫作一般位置平面。

一般位置平面的投影特性为:3 个投影的形状相类似。

如图 2-22 所示,△ABC 与 3 个投影面都倾斜,它的 3 个投影的形状相类似,但都不反映△ABC 的实形。

(a)   (b)

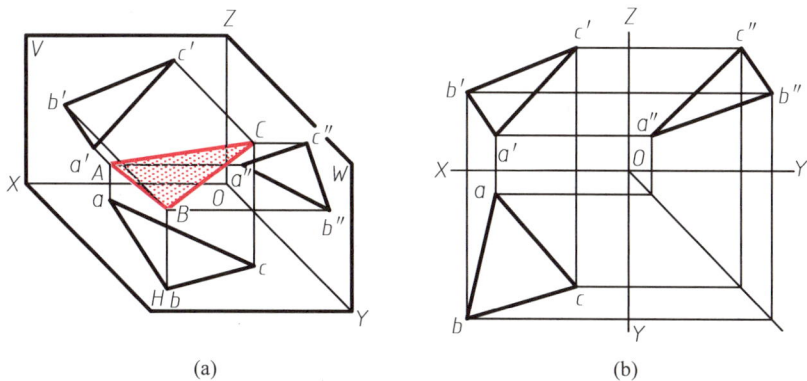

图 2-22　一般位置平面

例 2-6 △ABC 为一正垂面,已知其水平投影及顶点 B 的正面投影,且△ABC 对 H 面的倾角 $\alpha_1 = 45°$,求△ABC 的正面投影及侧面投影(图 2-23(a))。

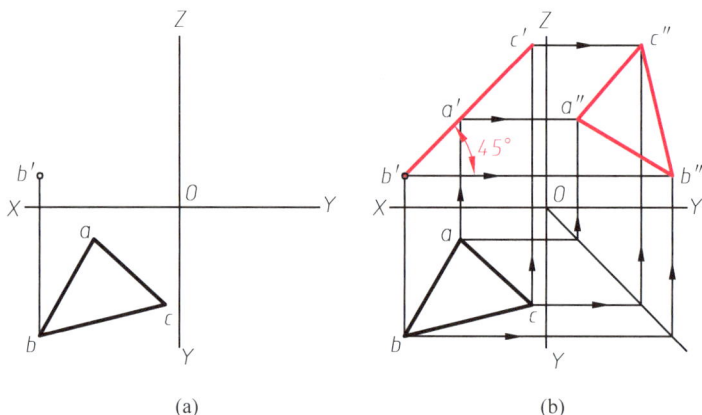

(a)   (b)

图 2-23 求作正垂面

分析:△ABC 为一正垂面,由投影面垂直面的投影特性可知,它的正面投影应积聚成直线,且该直线与 OX 轴的夹角为 45°。

作图:如图 2-23(b)所示,过 b' 作与 OX 轴成 45°的直线,再分别过 a、c 作 OX 轴的垂线与其相交于 a'、c',则得△ABC 的正面投影。分别求出各顶点的侧面投影并连接,便得△ABC 的侧面投影。

2.3.3 平面内的直线与点

1. 平面内取直线

具备下列条件之一的直线必位于给定的平面内:

(1) 通过平面内的两个点。如图 2-24(a)所示,直线 AB 通过平面 P 内的两点 A、B,则直线 AB 在平面 P 内。

(2) 通过平面内的一个点且平行于平面内的某条直线。如图 2-24(b)所示,直线 CD 通过平面 P 内的点 C,并平行于平面 P 内的直线 AB,则直线 CD 在平面 P 内。

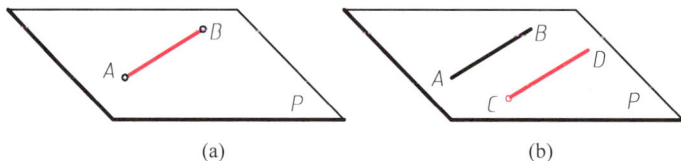

(a)   (b)

图 2-24 平面内的直线

例 2-7 已知平面由相交两直线 AB、AC 给出,在平面内任意作一条直线(图 2-25(a))。

分析:根据直线位于平面内的条件,可用下面两种作图方法:

(1) 在平面内任找两个点连线。

(2) 过平面上一点作平面上已知直线的平行线。

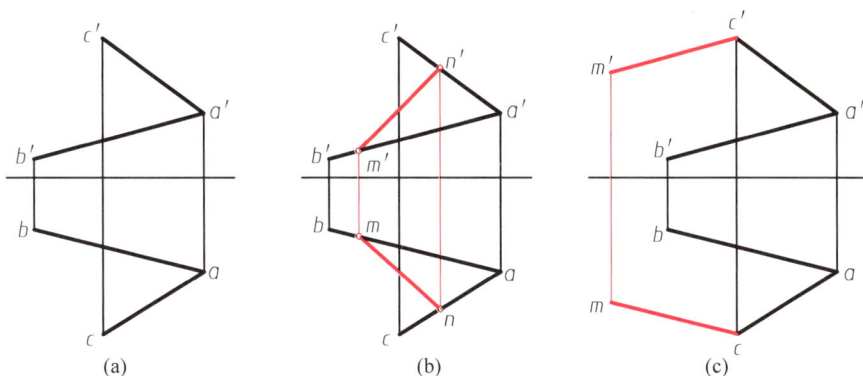

图 2-25　平面内取任意直线

作图：(1) 如图 2-25(b)所示，在直线 AB 上任取一点 $M(m,m')$，在直线 AC 上任取一点 $N(n,n')$，用直线连接 M、N 的同名投影，直线 $MN(mn,m'n')$ 即为所求。

(2) 如图 2-25(c)所示，过点 C 作直线 $CM/\!/AB(cm/\!/ab,c'm'/\!/a'b')$，直线 $CM(cm,c'm')$ 为所求。

例 2-8　已知平面由 $\triangle ABC$ 给出，在平面内作一条正平线，并使其到 V 面的距离为 10mm（图 2-26(a)）。

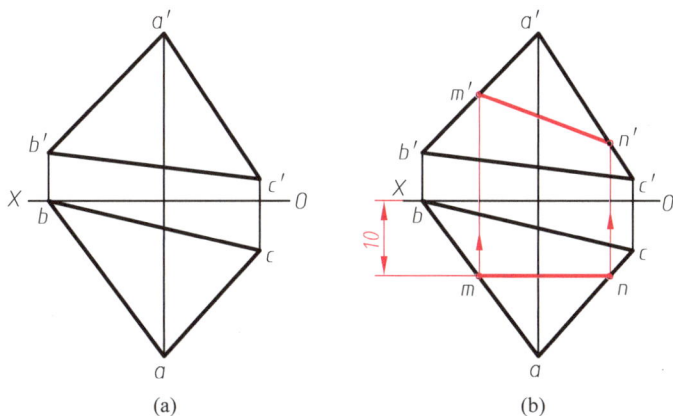

图 2-26　在平面内取正平线

分析：平面内的投影面平行线应同时具有投影面平行线和平面内的直线的投影特性。因此，所求直线的水平投影应平行于 OX 轴，且到 OX 轴的距离为 10mm，同时该直线还必须在 $\triangle ABC$ 内。

作图：如图 2-26(b)所示，在 H 面上作与 OX 轴平行且相距为 10mm 的直线，其与直线 ab、ac 分别交于 m 和 n。过 m、n 分别作 OX 轴的垂线与 $a'b'$、$a'c'$ 交于 m' 和 n'，连接 mn、$m'n'$，直线 $MN(mn,m'n')$ 即为所求。

2. 平面内取点

点位于平面内的几何条件是点位于平面内的某条直线上，因此点的投影也必须位于平面内的某条直线的同名投影上。所以在平面上取点应首先在平面内取直线,然后再在该直线上取符合要求的点。

例 2-9 已知点 K 位于△ABC 上,求点 K 的水平投影(图 2-27(a))。

分析:在平面内过点 K 任意作一条辅助直线,点 K 的投影必在该直线的同名投影上。

作图:如图 2-27(b)所示,连接 $b'k'$ 与 $a'c'$ 交于 d',求出直线 AC 上点 D 的水平投影 d,则直线 BD 位于△ABC 上,点 K 位于直线 BD 上,按投影关系在 bd 上求得点 K 的水平投影 k。

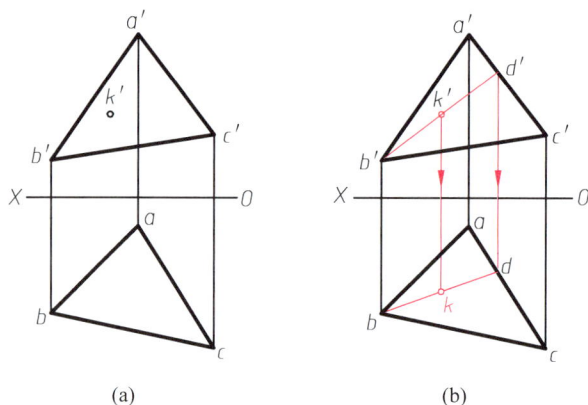

(a)   (b)

图 2-27 平面上取点

例 2-10 已知△ABC 的两面投影,在△ABC 内取一点 M,并使其到 H 面和 V 面的距离均为 10mm(图 2-28(a))。

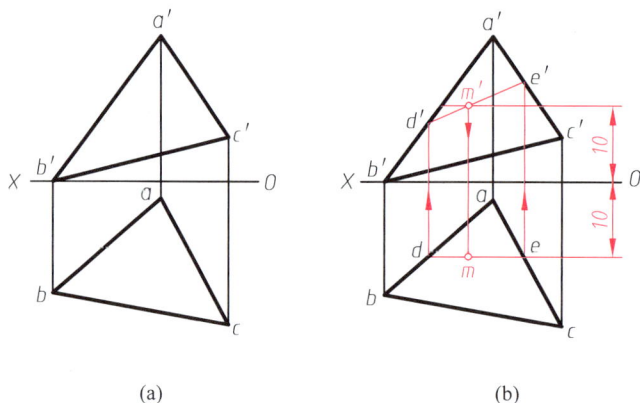

(a)   (b)

图 2-28 平面内取点

分析:平面内的正平线是平面内与 V 面等距离的点的轨迹,故点 M 位于平面内距 V 面为 10mm 的正平线上。点的正面投影到 OX 轴的距离反映点到 H 面的距离(10mm)。

作图:如图 2-28(b)所示,在△ABC 内取距 V 面 10mm 的正平线 DE(作图方法见图 2-26(b)),在正面投影面上作与 OX 轴相距为 10mm 的直线与 $d'e'$ 交于 m',即得点 M

的正面投影，按投影关系在 de 上确定点 M 的水平投影 m。

思考：此题是否还有其他作图方法？

2.4　直线与平面及两平面间的相对位置

2.4.1　平行

1. 直线与平面平行

由初等几何知，若平面外的一条直线与平面内的某条直线平行，则该直线与该平面平行。

在图 2-29 中，直线 DE 的正面投影 $d'e'\,/\!/\,m'n'$，水平投影 $de\,/\!/\,mn$，而直线 MN 位于 $\triangle ABC$ 所确定的平面内，故 $DE\,/\!/\,\triangle ABC$。

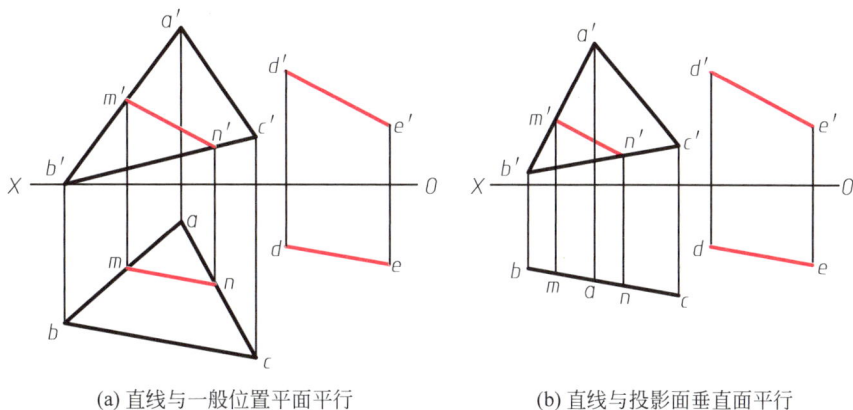

(a) 直线与一般位置平面平行　　　　　(b) 直线与投影面垂直面平行

图 2-29　直线与平面平行

例 2-11　已知 $\triangle ABC$ 所确定的平面及平面外一点 M 的投影（图 2-30(a)），过点 M 作正平线 MN 与 $\triangle ABC$ 平行。

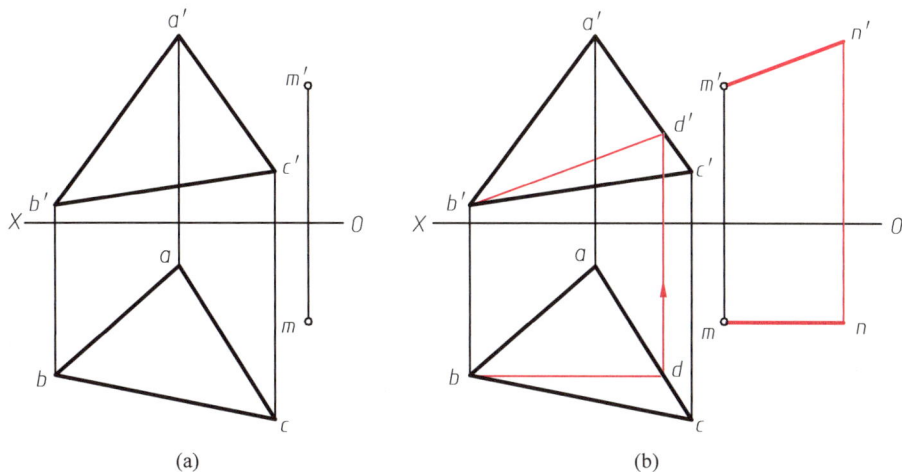

(a)　　　　　　　　　　　　　(b)

图 2-30　过点作直线与平面平行

分析：因为所求为正平线，根据直线与平面平行的投影特性，应首先在△ABC内取一条正平线，然后过点M作该直线的平行线即为所求。

作图：如图 2-30(b)所示，过b作直线bd平行于OX轴并与ac交于d，按投影关系在$a'c'$上确定d'，则BD为△ABC内的正平线。作$mn \parallel bd$，$m'n' \parallel b'd'$，则直线$MN(mn，m'n')$为所求。

2. 两平面平行

由初等几何知，若一平面内的两条相交直线分别平行于另一平面内的两条相交直线，则两平面相互平行。

例 2-12　过点K作平面与△ABC平行(图 2-31(a))。

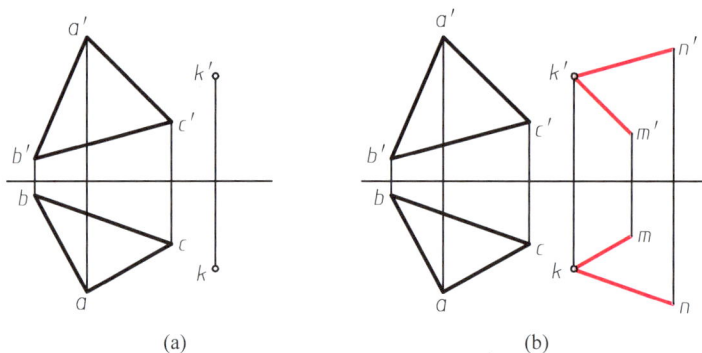

图 2-31　两一般位置平面平行

分析：根据两平面平行的几何条件，可以把两平面平行的作图问题转化为两直线平行的作图问题来解决。

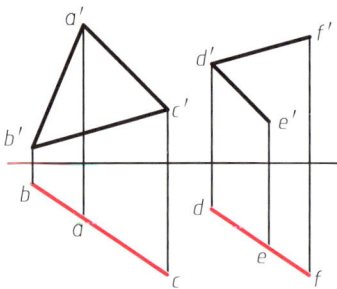

图 2-32　两铅垂面平行

作图：作$km \parallel ac$、$k'm' \parallel a'c'$，则直线$KM \parallel AC$。作$kn \parallel bc$、$k'n' \parallel b'c'$，则直线$KN \parallel BC$。平面MKN为所求(图 2-31(b))。

若两投影面垂直面相互平行，则它们具有积聚性的那组投影必相互平行(图 2-32)。

例 2-13　判断平面$ABDC$与平面$EFMN$是否平行。已知$AB \parallel CD \parallel EF \parallel MN$(图 2-33(a))。

分析：两平面平行的条件是分别位于两平面内的一对相交直线对应平行。该题只要再判断平面$ABDC$内与AB(或CD)相交的某条直线是否平行于平面$EFMN$内与EF(或MN)相交的一条直线即可。

作图：如图 2-33(b)所示，连接ac及$a'c'$，则直线AC在平面$ABDC$内。过e'作$e'k'$平行于$a'c'$并与$m'n'$交于k'，求出直线MN上点K的水平投影k，连接ek，则直线EK在平面$EFMN$内。由于ek不平行于ac，故两平面不平行。

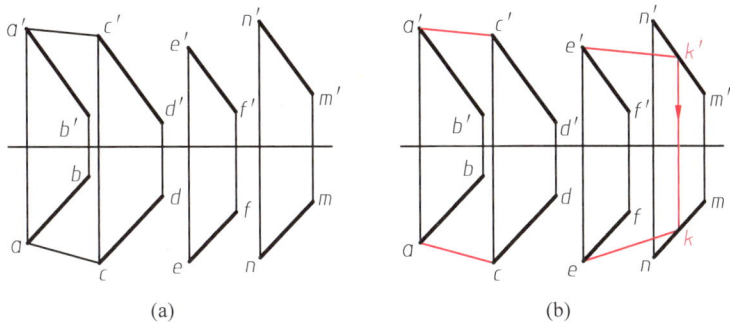

图 2-33 判断两平面是否平行

2.4.2 相交

1. 直线与平面相交

直线与平面相交,其交点是直线与平面的共有点。因此交点的投影既满足直线上点的投影特性,又满足平面内点的投影特性。

当直线或平面处于特殊位置,特别是当其中某一投影具有积聚性时,交点的投影也必定位于有积聚性的投影上,利用这一特性可以较简单地求出交点的投影。

这里只讨论直线与平面中至少有一个处于特殊位置时的情况。

由于直线与平面相对位置不同,从某个方向投射时,平面可能会对直线的某些部分产生遮挡(图 2-34),且交点是直线的可见段与不可见段的分界点。因此,求出交点后,还应判别可见性。

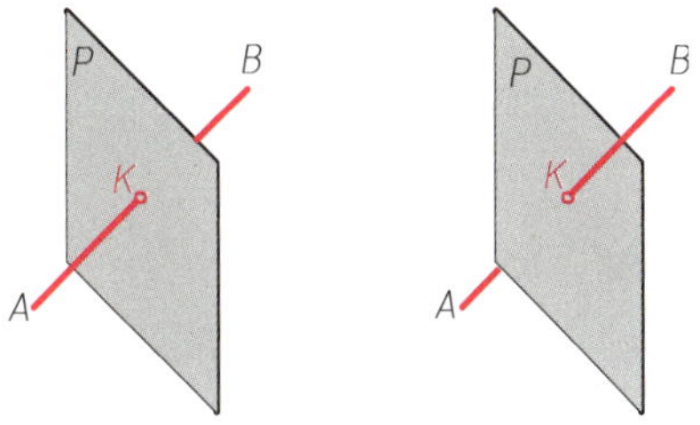

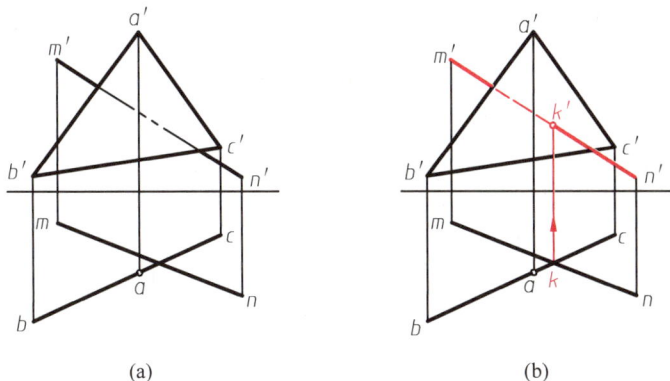

图 2-34 平面对直线产生遮挡

例 2-14 求直线 MN 与 $\triangle ABC$ 的交点 K 并判别可见性(图 2-35(a))。

图 2-35 一般位置直线与投影面垂直面相交

解 如图 2-35(b)所示。

(1) 求交点。△ABC 的水平投影有积聚性,根据交点的共有性可确定交点 K 的水平投影 k,再利用点 K 位于直线 MN 上的投影特性,采用线上找点的方法求出交点 K 的正面投影 k'。

(2) 判别可见性。由水平投影可知,KN 在平面之前,故正面投影 k'n' 可见,而 k'm' 与 △a'b'c' 的重叠部分不可见,用虚线表示。

例 2-15 求铅垂线 EF 与 △ABC 的交点 K 并判别可见性(图 2-36(a))。

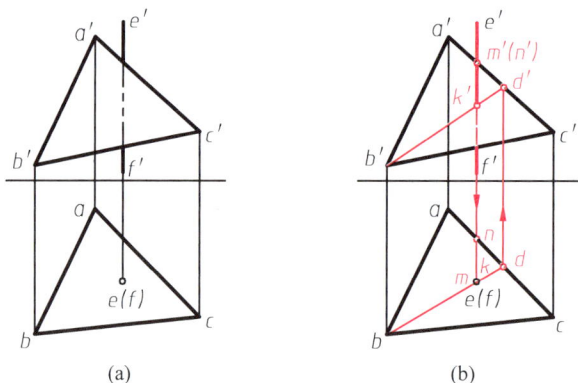

图 2-36 特殊位置直线与一般位置平面相交

解 如图 2-36(b)所示。

(1) 求交点。因为 EF 的水平投影有积聚性,故交点 K 的水平投影与直线 EF 的水平投影重合。根据交点的共有性,利用交点 K 位于 △ABC 内的投影特性,采用面上找点的方法求出交点 K 的正面投影 k'。

(2) 判别可见性。选择重影点判别。其方法是判别哪个投影面上的可见性就利用哪个投影面的重影点。本例需判别正面投影的可见性,因此利用 V 面的重影点 M、N 来判别。假设点 M 在 EF 上,点 N 在 AC 上,由水平投影可知,点 M 在前,点 N 在后,故 e'k' 可见。

2. 两平面相交

两平面相交,其交线为一条直线,它是两平面的共有线。所以,只要确定两平面的两个共有点,或一个共有点及交线的方向,就可确定两平面的交线。

两平面相交时,有可能产生相互的遮挡,而两平面的交线则是平面可见与不可见区域的分界。因此,在求出交线之后,还需对平面的可见性进行判断。

这里只讨论两个相交的平面中至少有一个处于特殊位置时的情况。

例 2-16 求 △ABC 和 △DEF 的交线 MN 并判别可见性(图 2-37(a))。

解 如图 2-37(b)所示。

(1) 求交线。因两平面都垂直于 V 面,其交线 MN 应为正垂线。两平面的正面投影的交点即为交线的正面投影(m'(n'))。交线的水平投影应垂直于 OX 轴,由此可求得交线 MN 的水平投影 mn。

2-14

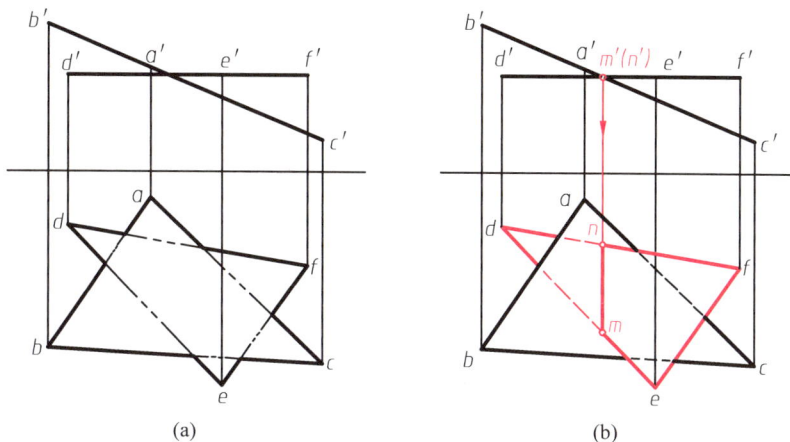

图 2-37 两个特殊位置平面相交

（2）判别可见性。由正面投影可知，△DEF 在交线 MN 的左侧部分位于△ABC 的下方，其水平投影与△ABC 的水平投影相重叠的部分为不可见。

例 2-17 求△ABC 和平面 DEFH（铅垂面）的交线 KM 并判别可见性（图 2-38(a)）。

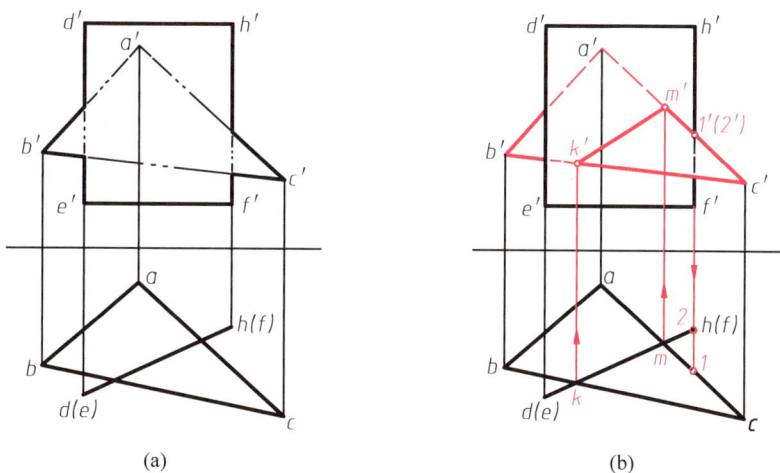

图 2-38 特殊位置平面与一般位置平面相交

解 如图 2-38(b)所示。

（1）求交线。平面 DEFH 的水平投影有积聚性，其水平投影与 bc 的交点 k、与 ac 的交点 m 即为两平面的两个共有点的水平投影，分别在 b'c' 和 a'c' 上求出其正面投影 k'、m'，连接 k'm' 即为交线 KM 的正面投影。

（2）判别可见性。选择重影点 Ⅰ、Ⅱ 判别。假设点 Ⅰ 在 AC 上，点 Ⅱ 在 FH 上，由于点 Ⅰ 在前，点 Ⅱ 在后，故 c'm' 可见。同理可判别其余部分的可见性。利用水平投影也可直观地判别。由水平投影可知，△ABC 的 CKM 部分在平面 DEFH 的前面，其正面投影为可见。

例 2-18 求△ABC 与△DEF(铅垂面)的交线并判别可见性(图 2-39(a))。

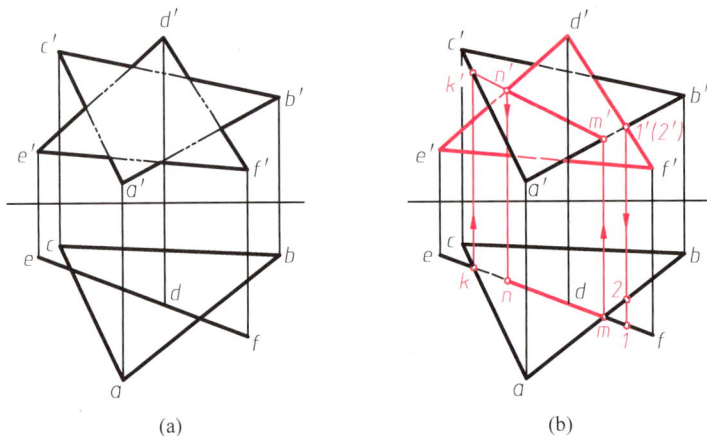

(a)　　　　　　　　　(b)

图 2-39　两平面互交

解　如图 2-39(b)所示。

(1)求交线。因△DEF 的水平投影有积聚性,在水平投影上,ab 与 edf 的交点 m、ac 与 edf 的交点 k 即为两平面的两个共有点的水平投影,在 a'b' 与 a'c' 上分别确定 m'、k',直线 KM 即为两平面的共有线。

在本例中,点 K 的正面投影位于△d'e'f'的外面,这说明点 K(k,k')位于△DEF 所确定的平面内,但不位于△DEF 这个图形内。所以,△ABC 与△DEF 的交线应为 MN (N 为 MK 与 DE 的交点)。

(2)判别可见性。利用 H 面和 V 面的重影点可以分别判别出两平面的水平投影和正面投影的可见性(请读者自行分析)。

从图 2-39(b)可看出,△ABC 的一条边 AB 穿过△DEF,其交点为 M,△DEF 的一条边 DE 穿过△ABC,其交点为 N,这种情况称为"互交"。

小结

通过对本章的学习,应重点掌握以下内容:

1. 点的投影

(1)点的三面投影之间的对应关系。

(2)点的投影与点的坐标,以及点到投影面之间的距离的关系。

(3)重影点的概念以及如何判断两点在空间的相对位置关系。

2. 直线的投影

(1)各种位置直线,尤其是特殊位置直线的投影特性,以及由直线的投影想象出它的空间位置的方法。

(2)直线上点的投影特性,由投影图判断点与直线的相对位置(直线为一般位置时,直线为特殊位置时)的方法。

（3）两直线相交、平行、交叉时的投影特性，由投影图判断两直线的相对位置的方法。用重影点判断两交叉直线的相对位置的方法。

3．平面的投影

（1）各种位置平面，尤其是特殊位置平面的投影特性，以及由平面的投影想象出它的空间位置的方法。

（2）在平面内作直线和找点的作图方法。

4．直线与平面及两平面的相对位置

学习时要特别注意如何运用立体几何中直线与平面及两平面的相对位置关系的几何原理来作图。

（1）由点作直线平行于已知平面的作图方法。

（2）由点作平面平行于已知平面的作图方法。

（3）求直线与平面的交点及判别可见性的方法。

① 一般位置直线与特殊位置平面相交。

② 特殊位置直线与一般位置平面相交。

（4）求两平面的交线及判别可见性的方法。

① 一般位置平面与特殊位置平面相交。

② 两个特殊位置平面相交。

第3章

基本体的投影

尽管工程中立体的形状是千变万化的,但通常都是根据设计要求,从基本的形状构形出发,通过各种构形手段,逐步构造出符合要求的立体形状。按照立体表面的几何形状不同,可将立体分为两类:表面全部为平面的立体叫作平面体;表面为曲面或既有曲面又有平面的立体叫作曲面体,当曲面为回转面时又叫作回转体。

单一的几何体称为基本体。常用的基本体有棱柱、棱锥、圆柱、圆锥、圆球、圆环等。

本章主要介绍基本体的投影及其表面上取点的方法。

3.1 体的三面投影——三视图

3.1.1 三视图的形成

体的投影实质上是构成该体的所有面的投影的总和,如图 3-1 所示。

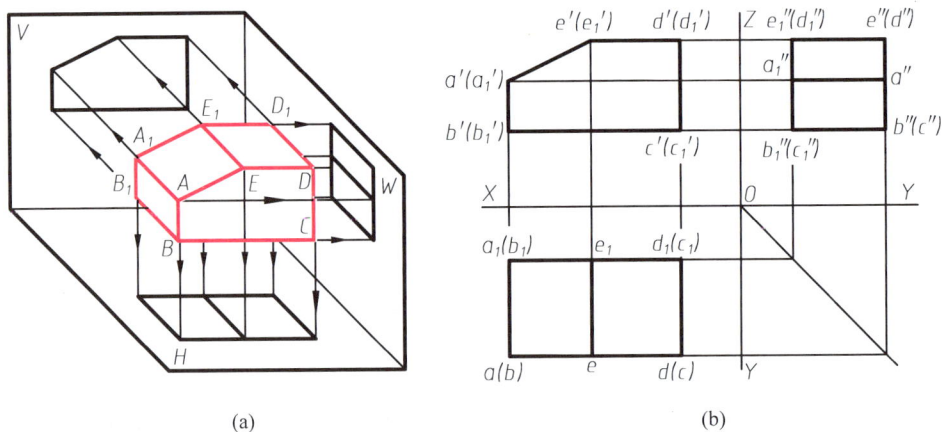

(a)   (b)

图 3-1 体的投影

国家标准规定,用正投影法绘制的物体的投影图又称为视图,并且规定,可见的轮廓线用粗实线表示,不可见的轮廓线用虚线表示,所以物体的投影与视图在本质上是相同的。因此,体的三面投影又叫作三视图。其中:

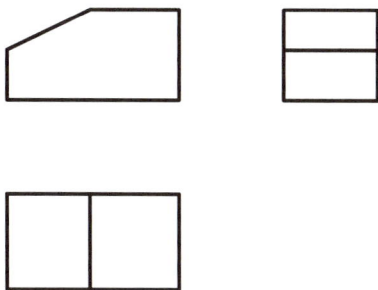

图 3-2　体的三视图

主视图——由前向后投射所得的视图,即物体在正立投影面 V 上的投影。

俯视图——由上向下投射所得的视图,即物体在水平投影面 H 上的投影。

左视图——由左向右投射所得的视图,即物体在侧立投影面 W 上的投影。

画图时,投影轴省略不画(图 3-2),俯视图配置在主视图的正下方,左视图配置在主视图的正右方。

3.1.2　三视图之间的对应关系

1. 度量对应关系

物体有长、宽、高 3 个方向的尺寸,约定 X 轴方向的尺寸为长度,Y 轴方向的尺寸为宽度,Z 轴方向的尺寸为高度。

由图 3-3 可以看出,当将物体的主要表面分别平行于投影面放置时,主视图反映物体的长度和高度,俯视图反映物体的长度和宽度,左视图反映物体的高度和宽度,故三视图间的度量对应关系为:

主视图和俯视图长度相等且对正;

主视图和左视图高度相等且平齐;

左视图和俯视图宽度相等且对应。

画图时,应特别注意三视图之间"长对正、高平齐、宽相等"的"三等"对应关系。

2. 方位对应关系

物体有上、下、左、右、前、后 6 个方位,由图 3-3 可以看出:

主视图反映物体的上、下和左、右方位;

俯视图反映物体的前、后和左、右方位;

左视图反映物体的上、下和前、后方位。

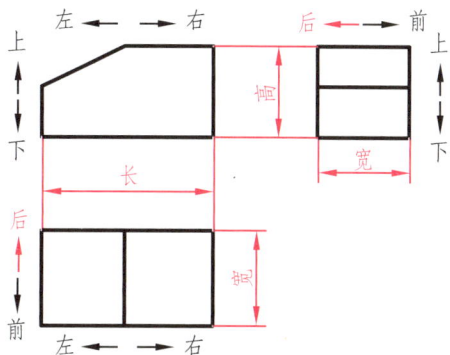

图 3-3　三视图之间的对应关系

若以主视图为中心来看俯视图和左视图,则靠近主视图的一侧表示物体的后面,远离主视图的一侧表示物体的前面。

3.2　基本体的三视图

3.2.1　平面基本体

1. 棱柱

1)棱柱的组成

棱柱由两个底面和若干个侧棱面组成,侧棱面与侧棱面的交线称为侧棱线,侧棱线互相平行。侧棱线与底面垂直的叫作直棱柱,侧棱线与底面倾斜的叫作斜棱柱。本节只讨论直棱柱的投影。

2）棱柱的三视图

以六棱柱为例。当六棱柱与投影面处于图 3-4(a)所示的位置时,六棱柱的两底面与 H 面平行,在俯视图上反映实形。前后两侧棱面为正平面,在主视图上反映实形。其余 4 个侧棱面为铅垂面,6 个侧棱面在俯视图上都积聚成与六边形的边相重合的直线。

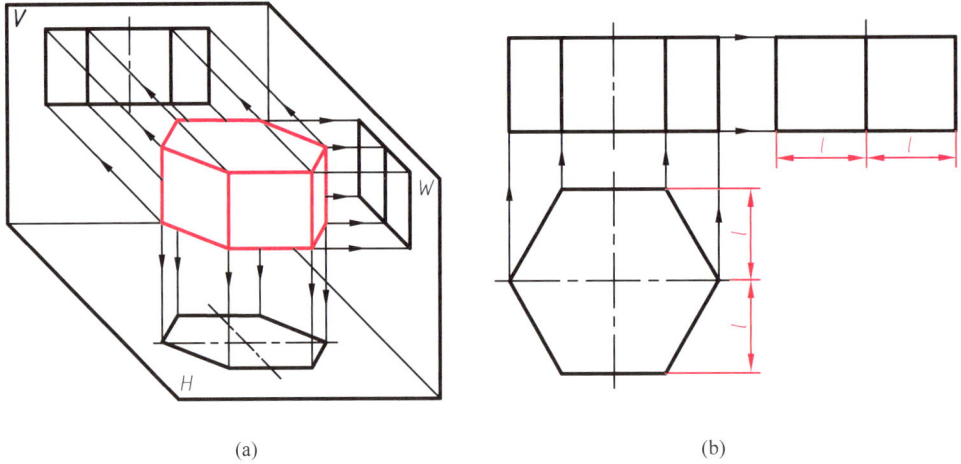

| (a) | (b) |

图 3-4   六棱柱的三视图

作图过程(图 3-4(b)):

(1) 画出反映两底面实形(正六边形)的水平投影。

(2) 由侧棱线的高度按三视图间的对应关系画出其余两个视图。

注意:在视图图形对称时,还应画出对称中心线(点画线),而且往往是首先画出对称中心线以确定 3 个视图的位置。

3）棱柱体表面上取点

由于棱柱体的表面都是平面,所以在棱柱体表面上取点的方法与在第 2 章中介绍的平面上取点的方法相同。

例 3-1   如图 3-5(a)所示,已知棱柱体表面上 A、B 两点的正面投影,求其另两个投影并判别可见性。

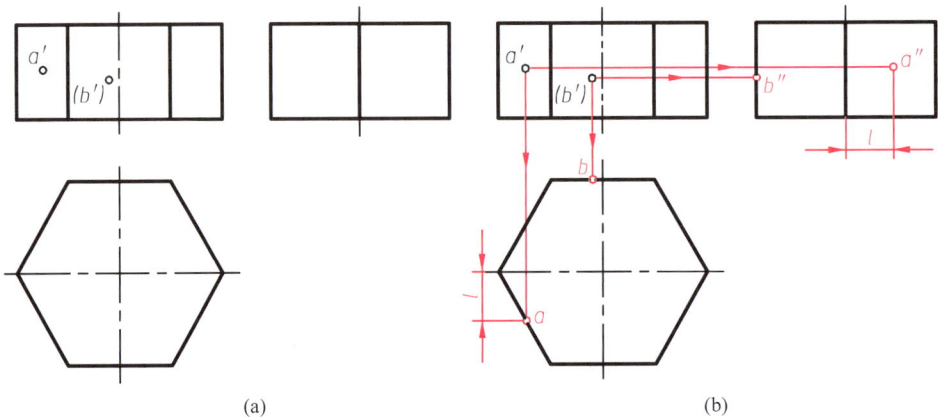

| (a) | (b) |

图 3-5   棱柱体表面上取点

分析：点在面上，点的投影一定在面的投影上。同时，若点所在的面的投影可见（或有积聚性），则点的投影亦可见。因此应首先根据点的已知投影，分析点位于体的哪个面上以及点所在面的投影特性。

由图 3-5(a)可知，点 A 位于左前棱面上，点 B 位于后棱面上。两棱面在俯视图上均积聚成直线（六边形的边），同时后棱面的侧面投影亦积聚成直线。

作图：如图 3-5(b)所示，由 a'、b' 向 H 面作投影连线，分别在左前棱面和后棱面的水平投影上求得 a、b。再由 a'、b' 向 W 面作投影连线，在后棱面的侧面投影上求得 b''，并按"三等"对应关系求得 a''。

判别可见性：

根据点 A、B 所在棱面的投影特性可知，a、a''、b、b'' 均为可见。

2．棱锥

1）棱锥的组成

棱锥与棱柱的区别是侧棱线交于一点——锥顶。

2）棱锥的三视图

如图 3-6(a)所示，正三棱锥的底面 ABC 为水平面，俯视图反映实形。后侧面 SAC 是侧垂面，在左视图上有积聚性。左、右两侧面 SAB、SBC 为一般位置平面。

作图过程（图 3-6(b)）：

(1) 画出反映底面 ABC 实形的水平投影及有积聚性的正面、侧面投影。

(2) 确定顶点 S 的三面投影（先确定 s、s'，由 s、s' 求得 s''）。

(3) 分别连接顶点 S 与底面各顶点的同名投影从而画出各侧棱线的投影。

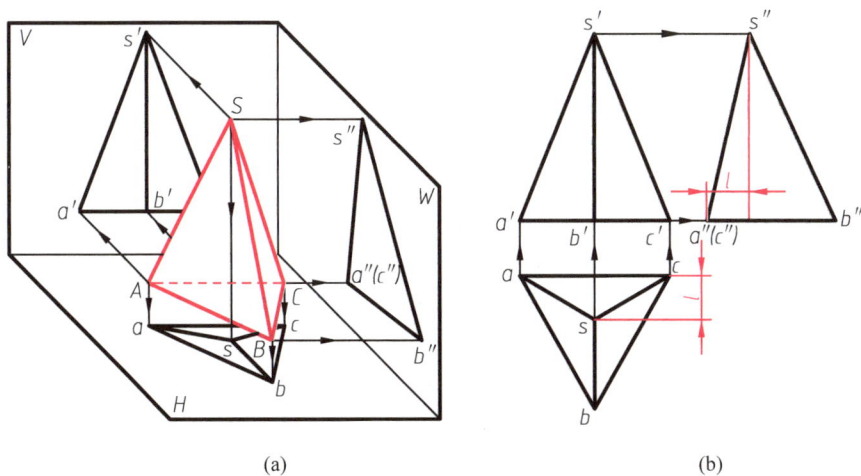

(a)　　　　　　　　　　　　　(b)

图 3-6 棱锥的三视图

3）棱锥表面上取点

例 3-2 如图 3-7 所示，已知棱锥表面上点 K 与点 N 的正面投影，求其余两投影。

分析：由图 3-7 可知，点 K 与点 N 分别位于处于一般位置的侧棱面 SAB、SBC 上，需要在平面内过已知点作一辅助线，然后再在辅助线的投影上确定点的未知投影。

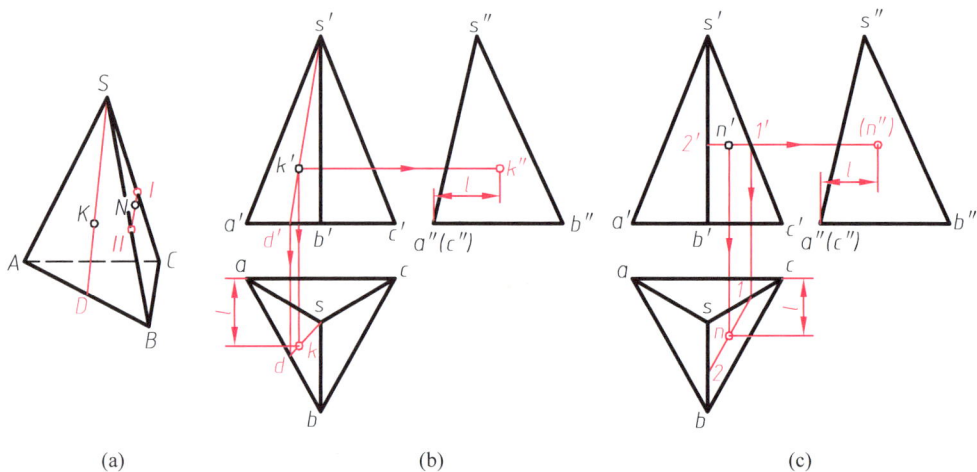

图 3-7　棱锥表面上取点

可采用两种方法作辅助线(图 3-7(a)):

(1) 过平面内两点作直线。

(2) 过平面内一点作平面内已知直线的平行线。

作图：如图 3-7(b)所示，过点 K 的正面投影 k' 作辅助线 SD 的正面投影，求出 SD 的水平投影，并在其上确定点 K 的水平投影 k，按"三等"对应关系由 k'、k 求得 k''。

如图 3-7(c)所示，过点 N 的正面投影作 BC 的平行线 $I\,II$ 的正面投影，从而求出点 N 的另两个投影。

判别可见性：由于侧棱面 SAB 的水平投影和侧面投影均是可见的，故 k、k'' 均可见。而侧棱面 SBC 的水平投影可见，侧面投影不可见，故 n 可见，n'' 不可见。

例 3-3　根据图 3-8(a)所给的两个视图，想象出物体的形状，画出左视图，并标出线段 AB 的其余投影。

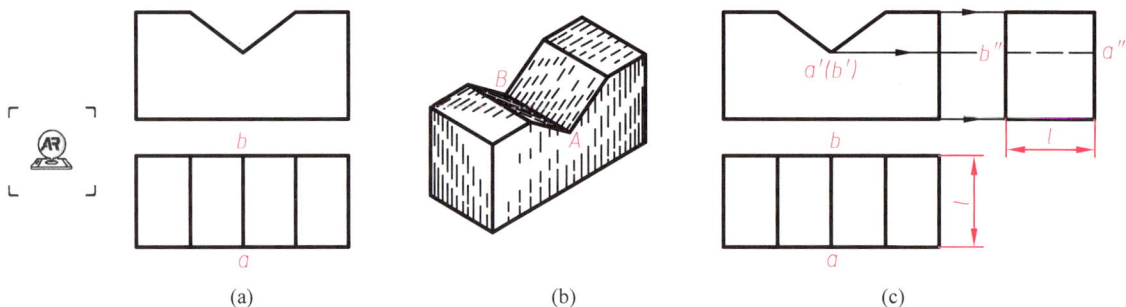

图 3-8　已知两视图，求作第三视图

分析：由第 2 章可知，一个面的投影，要么是一条线段(平面垂直于投影面时)，要么是一个封闭的平面图形(平面与投影面平行或倾斜时)。该题的主视图是一个封闭的七边形，表示一个面的投影。根据主、俯视图"长对正"的对应关系，它对应俯视图上前后两条直线，说明该物体前后两个表面的形状是相同的七边形，并且主视图反映了它的实形。而俯视图上的其余线段在主视图上均积聚成点,因此,这是一个棱线与 V 面垂直的正七棱柱,AB 是它的一条棱线,如图 3-8(b)所示。

作图:如图 3-8(c)所示,根据主、左视图"高平齐",俯、左视图"宽相等"的对应关系,画出左视图。

按"三等"对应关系,确定棱线 AB 的其余两个投影。由于点 A 在前,点 B 在后,主视图上的 b' 应加括号。沿着由左向右投射线的方向观察物体时,棱线 AB 不可见,在左视图上用虚线表示。

3.2.2 回转体

1. 圆柱体

1) 圆柱体的形成

圆柱体由圆柱面和两个底面组成。如图 3-9(a)所示,圆柱面可看成由一条直线 AA_1 绕与它平行的轴线 OO_1 旋转而成。运动的直线 AA_1 称为母线。圆柱面上与轴线平行的直线称为圆柱面的素线。

3-4

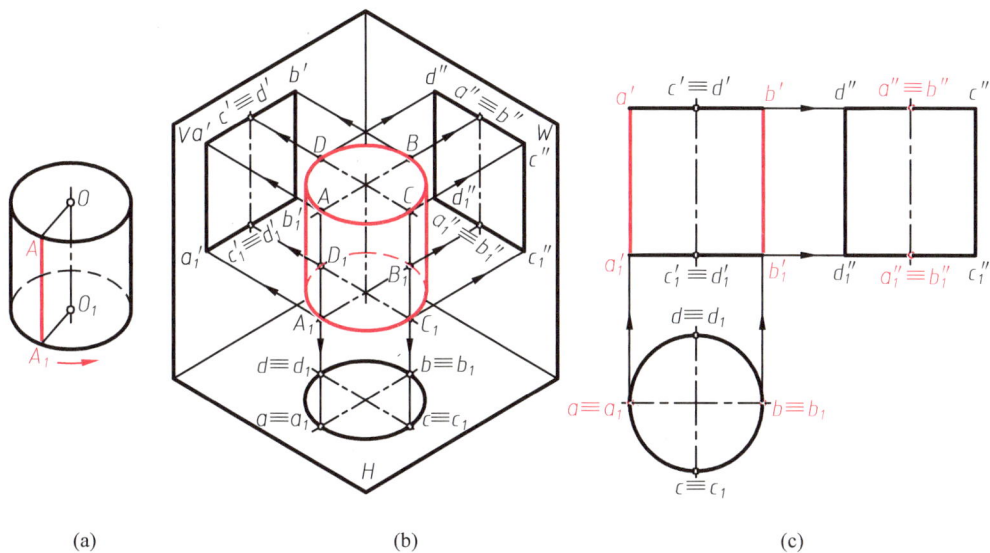

(a)   (b)   (c)

图 3-9 圆柱体的形成及三视图

2) 圆柱体的三视图

如图 3-9(b)所示,当圆柱体的轴线垂直于 H 面时,圆柱面在俯视图上积聚为一个圆,其主视图和左视图上的轮廓线为圆柱面上最左、最右、最前、最后轮廓素线的投影。圆柱体的上、下底面为水平面,水平投影为圆(反映实形),另两个投影积聚为直线。

作图过程(图 3-9(c)):

(1) 画俯视图的中心线及轴线的正面和侧面投影(细点画线)。

(2) 画投影为圆的俯视图。

(3) 按圆柱体的高根据"三等"对应关系画出另两个视图(矩形)。

3) 投影分析及可见性判断

由图 3-9(b)、(c)可见,主视图上的轮廓线 $a'a_1'$ 和 $b'b_1'$ 是圆柱面上最左、最右两条素线 AA_1、BB_1 的投影,在左视图上,AA_1 和 BB_1 的投影与轴线的投影重合(注意:图中不画出)。AA_1 和 BB_1 又是圆柱面前半部分与后半部分的分界线,因此在主视图上,以 AA_1 和 BB_1 为界,前半个圆柱面可见,后半个圆柱面不可见。

左视图的轮廓线 $c''c_1''$、$d''d_1''$ 是圆柱面最前、最后两条素线 CC_1、DD_1 的投影,CC_1、DD_1 的正面投影也与轴线的投影重合。CC_1 和 DD_1 又是圆柱面左半部分与右半部分的分界线,因此在左视图上,以 CC_1 和 DD_1 为界,左半个圆柱面可见,右半个圆柱面不可见。

4) 圆柱面上取点

例 3-4 如图 3-10(a)所示,已知圆柱面上点 M 的正面投影 m' 和点 N 的侧面投影 (n''),求点 M、N 的其余两投影。

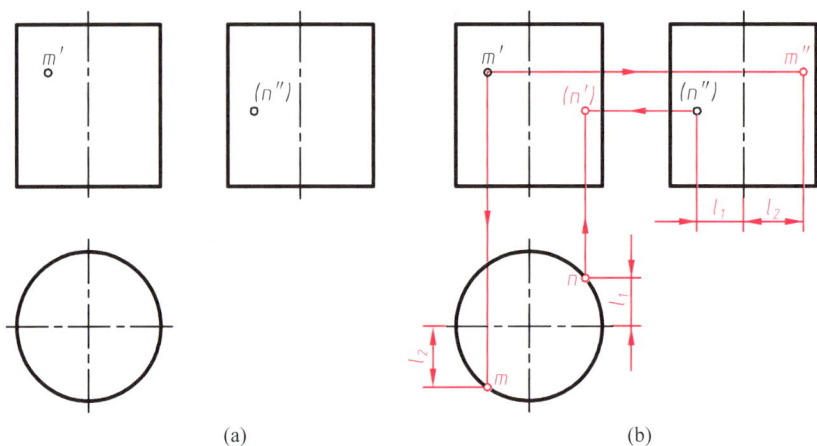

图 3-10 圆柱面上取点

分析:由点 M 的正面投影的位置及可见性可知,点 M 位于前半个圆柱面的左侧。由点 N 的侧面投影的位置及可见性可知,点 N 位于后半个圆柱面的右侧。

作图:如图 3-10(b)所示,利用圆柱面的水平投影的积聚性由 m' 求出 m,再利用"三等"对应关系求得 m''。利用积聚性和"三等"关系由 n'' 求出 n,再由 n、n'' 求得 n'。

判别可见性:由点 M 和点 N 的位置可判断出,n' 不可见,m、m''、n 可见。

2. 圆锥体

1) 圆锥体的形成

圆锥体由圆锥面和一个底面组成。如图 3-11(a)所示,圆锥面可看成是直线 SA 绕与它相交的轴线 OO_1 旋转而成。运动的直线 SA 叫作母线,圆锥面上过锥顶 S 的任一直线称为圆锥面的素线。(思考:圆锥面上存在不过锥顶的直线吗?)

2) 圆锥体的三视图

如图 3-11(b)所示,当圆锥体的轴线垂直于 H 面时,其俯视图为圆,主视图及左视图为两个全等的等腰三角形,三角形的底边为圆锥底面的投影,两个等腰三角形的腰分别为圆锥面的轮廓素线的投影。圆锥面的 3 个投影都没有积聚性。

3-5

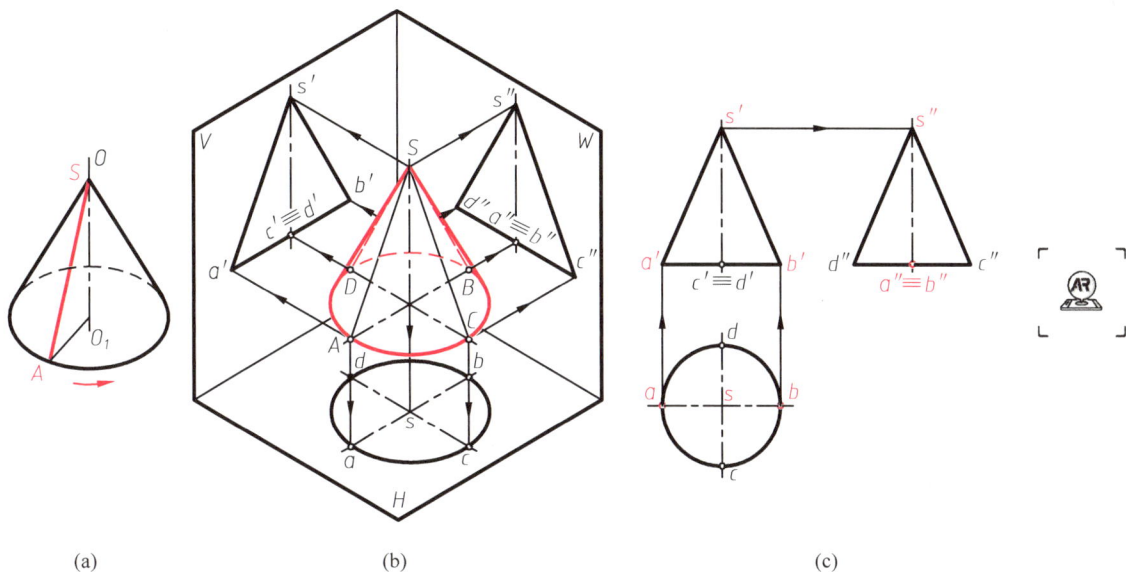

(a)　　　　　　　　　　(b)　　　　　　　　　　(c)

图 3-11　圆锥体的形成及三视图

作图过程(图 3-11(c))：

(1) 画俯视图的中心线及轴线的正面、侧面投影(细点画线)。

(2) 画圆锥底面的 3 个投影(先画俯视图)。

(3) 按圆锥体的高确定顶点 S 的投影 s'、s''，并画出圆锥轮廓线的投影，完成主、左视图(等腰三角形)。

3) 投影分析及可见性判断

轮廓线的投影及圆锥面可见性的判断问题与圆柱面的分析方法相同，请参看图 3-11(b)、(c)自行分析。

4) 圆锥面上取点

可利用作辅助线(直线或圆)的方法在圆锥面上取点。

例 3-5　已知圆锥面上点 K 的正面投影 k'，求点 K 的其余两投影(图 3-12(a))。

方法一：辅助直线法

分析：如图 3-12(b)所示，过锥顶 S 和点 K 在圆锥面上作一条素线 SA，以 SA 作为辅助线求点 K 的另两个投影。

作图：如图 3-12(c)所示。

(1) 在主视图上，连接 $s'k'$ 与底边交于 a'。

(2) 求 SA 的水平投影 sa，并在其上确定点 K 的水平投影 k。

(3) 利用"三等"对应关系求得 k''。

方法二：辅助圆法

分析：如图 3-12(b)所示，过 K 在圆锥面上作一与底面平行的圆，该圆的水平投影为底面投影的同心圆，正面投影和水平投影积聚为直线。

作图：如图 3-12(d)所示。

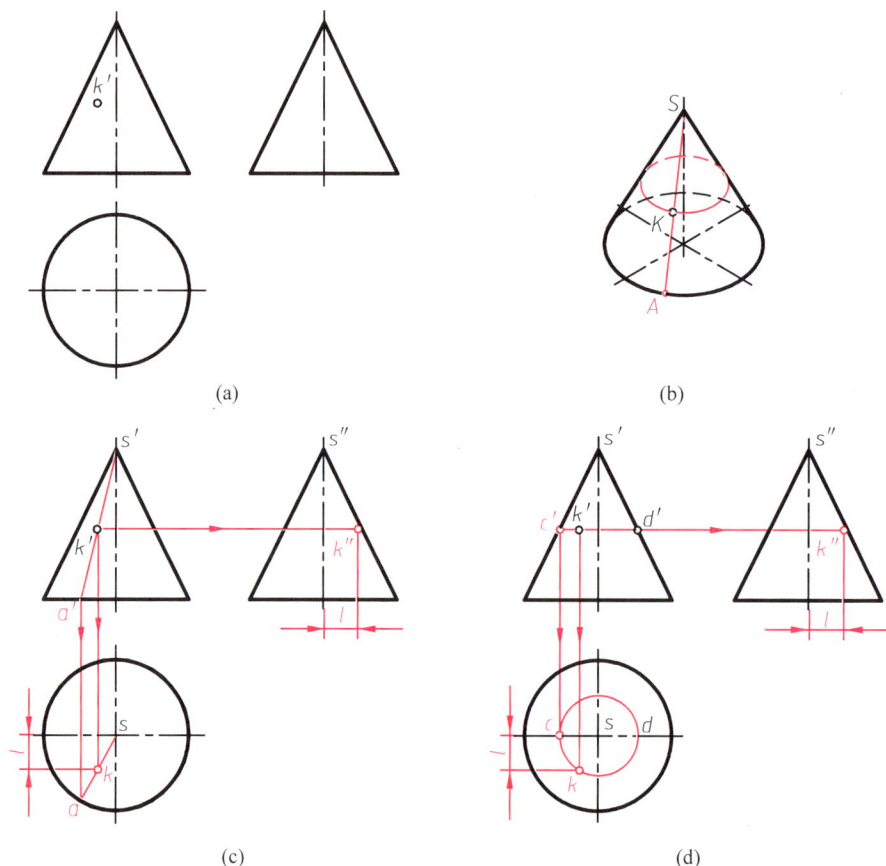

图 3-12　圆锥面上取点

（1）过 k' 作直线 $c'd'$（辅助圆的正面投影）。

（2）作辅助圆的水平投影（圆），并在其上确定点 K 的水平投影 k。

（3）利用"三等"对应关系求得 k''。

判别可见性：由于点 K 位于前半个圆锥面的左半部分，故 k、k'' 均可见。

3．圆球

1）圆球的形成

如图 3-13（a）所示，圆球可看成是半圆形的母线绕其直径 OO_1 旋转而成。

2）圆球的三视图

如图 3-13（b）、（c）所示，圆球的 3 个视图均为大小相等的圆（圆的直径和球的直径相等），它们分别是球的 3 个方向的轮廓圆的投影。例如球面上的轮廓圆 A 在主视图上的投影为轮廓线圆 a'，而在俯视图和左视图上的投影 a、a'' 都与中心线重合（不画出）。轮廓圆 A 又是前半个球面与后半个球面的分界线，据此可以在主视图上判别球面的可见性。

3）圆球面上取点

在圆球面上取点只能采用辅助圆法。

例 3-6　如图 3-14（a）所示，已知球面上点 D 的正面投影 d'，求点 D 的其余两投影。

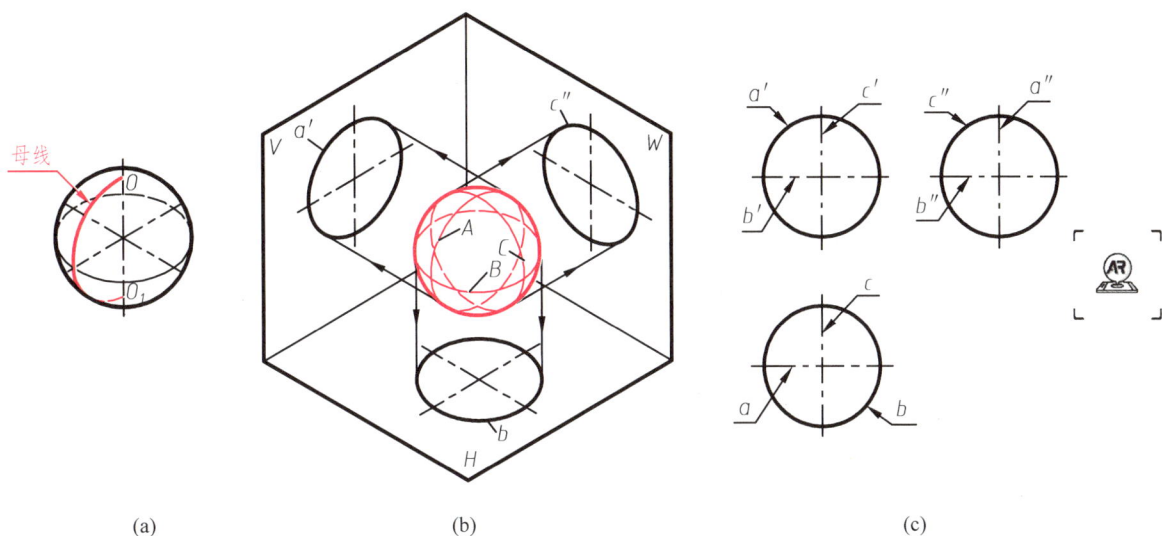

图 3-13 圆球的形成及三视图

分析：过点 D 在球面上作一水平圆，该圆的水平投影为圆，正面投影和侧面投影积聚成直线，求出圆的 3 个投影后，即可用线上找点的方法求得 d、d''。

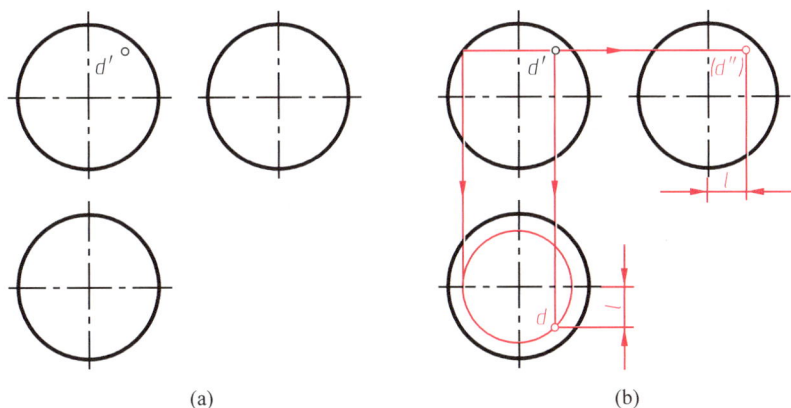

图 3-14 圆球面上取点

作图：其作图过程如图 3-14(b)所示。

判别可见性：由已知投影 d' 的位置及可见性可判断出点 D 位于上半球的前方及右方，故 d 可见，d'' 不可见。

图 3-15 所示是一些常见的不完整的回转体的三视图，熟悉它们的投影对今后的学习很有帮助。

例 3-7 画图 3-16(a)所示立体的三视图。

作图：该立体由一个六棱柱和一个圆柱体组合后中间打了一个圆柱孔。为了快速正确地画出图形，应画完一个基本体的投影后再画另一个基本体的投影，而且应从最能反映体的形状特征的那个视图开始画起。画图步骤如下(图 3-16(b))。

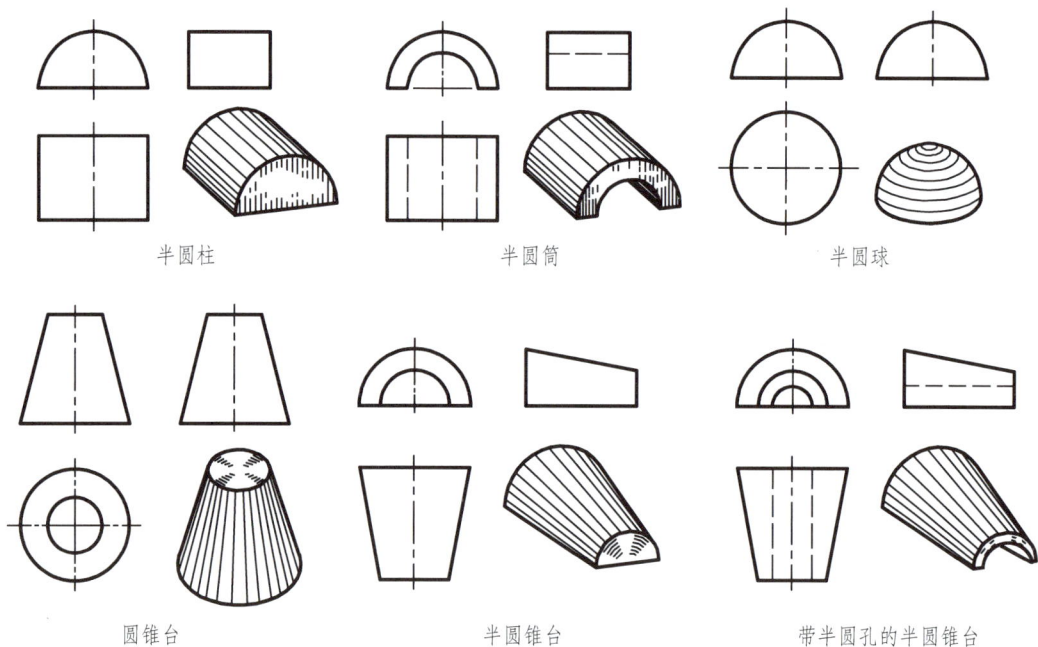

半圆柱　　　　　　　　　半圆筒　　　　　　　　　半圆球

圆锥台　　　　　　　　　半圆锥台　　　　　　带半圆孔的半圆锥台

图 3-15　不完整的回转体

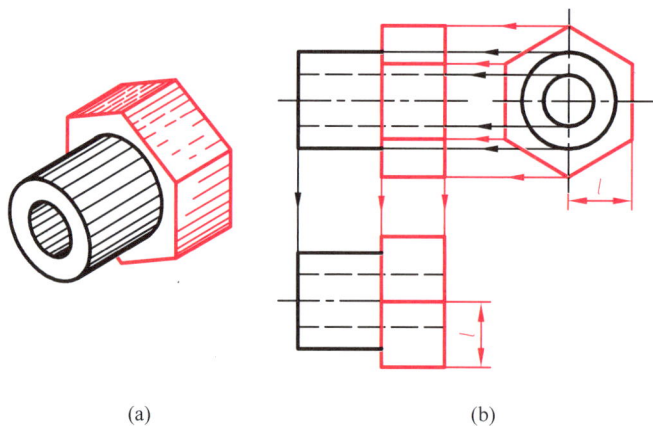

(a)　　　　　　　　　　　　(b)

图 3-16　例 3-7 图

（1）画各视图的对称中心线。

（2）画六棱柱的三视图，先画最能反映六棱柱形状特征的左视图，然后再画主视图和俯视图，要特别注意俯视图和左视图之间"宽相等"的对应关系。

（3）画圆柱体的三视图，先画投影为圆的视图，再画其他视图。要注意圆柱体与棱柱体之间的相对位置关系。

（4）画圆柱孔的三视图，在主视图和俯视图上，圆柱孔的轮廓线为不可见，应画成虚线。

小结

本章介绍了基本体的形成及三视图的绘图方法,应重点掌握以下内容:

1. 体的三视图之间的对应关系

体的视图间的"三等"对应关系及方位对应关系是体的投影部分最重要的概念之一,它贯穿于本课程的始终。其中的难点是俯、左视图的宽相等以及它们的前后对应关系,绘图时容易出错,应从空间到投影都想清楚,以便更好地掌握。

2. 回转体三视图的画法

回转体都是由一条母线绕轴线旋转而成,所不同的是母线的形状和母线与轴线的相对位置,应把它们的区别搞清楚。

回转体视图上的轮廓线是回转体轮廓素线的投影,又是回转面在该视图上的可见与不可见部分的分界线。一个视图上的轮廓线,在其他视图上对应的投影不是那个视图的轮廓线,而一般是与回转体轴线的投影或圆的中心线相重合。

画回转体的视图时,一定画出回转体轴线的投影以及圆的一对垂直的中心线(细点画线)。

3. 体表面上取点的方法

平面体表面上取点,与第 2 章学习的平面上取点的方法相同,即采用辅助直线法。回转面上取点则不能都采用辅助直线法,一般情况下,若回转体的母线是直线,则可采用辅助直线法,如圆锥面上取点,但辅助直线必须是回转面的素线。回转面上取点的共同方法是辅助圆法,即过点的已知投影在回转面上作一垂直于回转体轴线的辅助圆,求出该圆的投影,点的投影即落在该辅助圆的投影上。所以,应重点掌握回转面上取点的辅助圆法。

回转体轮廓素线的投影特性和体表面上取点的方法是学习第 4 章和第 5 章的重要基础,应熟练掌握。

第4章

平面与立体相交

工程上经常可以看到机件的某些部分是由平面与立体相交形成的,这样在立体表面就会产生交线。为了清楚地表达物体的形状,画图时应当正确地画出这些交线的投影。最常见的是用平面截去立体的一部分(图 4-1),称之为截切,所产生的交线也叫作截交线。与立体相交的平面又叫作截平面,截交线围成的平面叫作截断面。本章重点学习求截交线的作图方法。

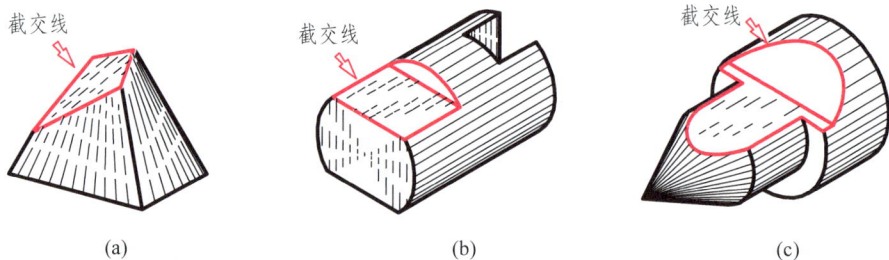

图 4-1 立体表面的交线

1. 截交线的性质

(1)截交线为封闭的平面多边形,由首尾相连的直线或平面曲线围成。

(2)截交线的空间形状取决于被截立体的形状及截平面与立体的相对位置。截交线的投影特性,取决于截平面与投影面的相对位置。

(3)截交线是截平面与立体表面的共有线,截交线上的点都是截平面与立体表面的共有点,即既在截平面上,又在立体表面上。

2. 求截交线的方法与步骤

(1)空间及投影分析。分析被截立体的形状及截平面与被截立体的相对位置,以确定截交线的空间形状;分析截平面及立体与投影面的相对位置,以确定截交线的投影特性(类似性、积聚性等)。从而找到截交线的已知投影,预见未知投影,使作图更具针对性。

(2)作图。求出截平面与立体表面的一系列共有点,依次连接成截交线。

4.1　平面与平面体相交

平面截切平面体,其截交线是由直线围成的平面多边形,多边形的边是截平面与平面体表面的交线,多边形的顶点是截平面与平面体棱线的交点。因此,求平面体的截交线可采用两种方法:

(1)求截平面与平面体表面的交线(实质为求两平面的交线),称为棱面法。

(2)求截平面与平面体棱线的交点(实质为求直线与平面的交点),然后连接成截交线,称为棱线法。

实际作图时,可视具体情况灵活选用。

例 4-1　求正四棱锥被平面 P 截切后的三视图(图 4-2(a)、(b))。

解　1)空间及投影分析

截平面 P 与四棱锥的四个侧棱面相交,故截交线的形状为四边形,它的 4 个顶点为截平面 P 与 4 条侧棱线的交点。

因截平面 P 是正垂面,故截交线的投影在主视图上积聚在 p' 上,在俯视图和左视图上为类似形(四边形)。

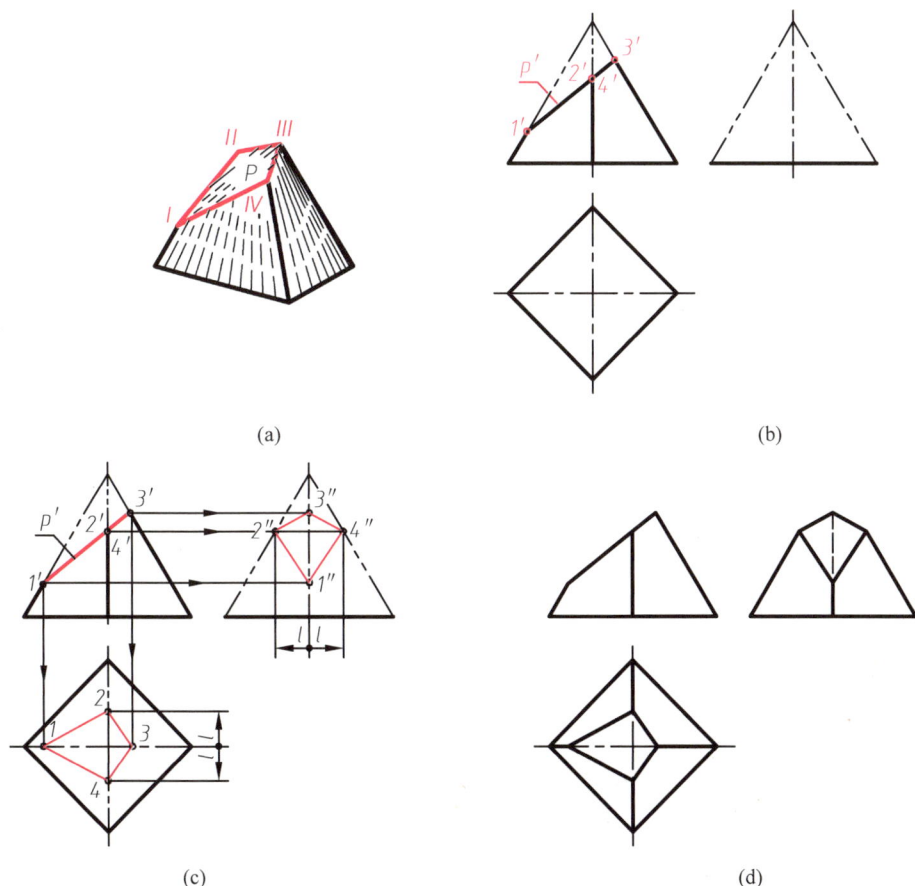

(a)　　　　(b)

(c)　　　　(d)

图 4-2　正四棱锥被一个平面截切

2) 作图(图 4-2(c))

(1) 由于截平面 P 在主视图上有积聚性,故截交线的顶点的正面投影 1′、2′、3′、4′可直接得出,据此可在 4 条侧棱线上分别求得截交线各顶点的水平投影 1、2、3、4 和侧面投影 1″、2″、3″、4″,将 4 个顶点的同名投影依次连接可得截交线的投影。

(2) 分析 4 条侧棱线的投影(哪一段被截去了,哪一段被保留下来了),并检查截交线的投影特性(在俯视图和左视图上的投影是否为类似形),最后完成三视图(图 4-2(d))。

例 4-2 已知六棱柱被平面 P 截切后的主视图和左视图,求作俯视图(图 4-3(a)、(b))。

解 1) 空间及投影分析

截平面与棱柱的 6 个棱面相交,故截交线为六边形。

由于截平面是正垂面,故截交线的投影在主视图上有积聚性(积聚在 $p′$ 上),在俯视图和左视图上为类似形(六边形)。棱柱的 6 个棱面均垂直于侧立投影面 W,它们在左视图上的投影均有积聚性,根据截交线的共有性,截交线在主视图和左视图上的投影为已知(图 4-3(b))。

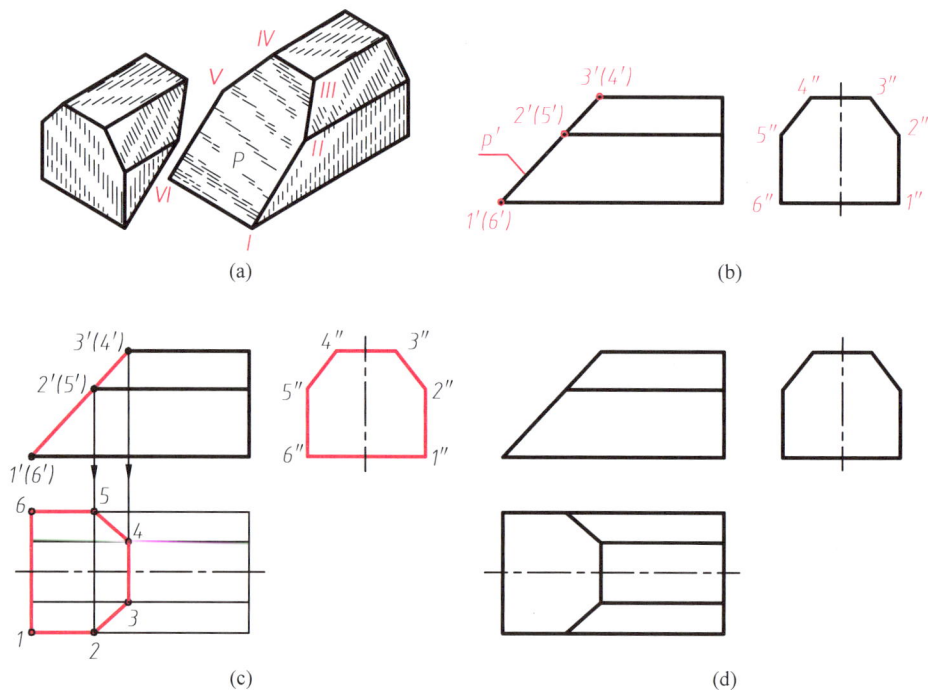

图 4-3   六棱柱被一个平面截切

2) 作图

(1) 画出完整的六棱柱的俯视图,求出截交线 6 个顶点的水平投影并依次连接成六边形(图 4-3(c))。

(2) 分析棱线的投影(擦去被截去的部分),检查截交线的投影特性(类似性),最后完成俯视图(图 4-3(d))。

例 4-3 求四棱锥被两个平面截切后的三视图(图 4-4(a)、(b))。

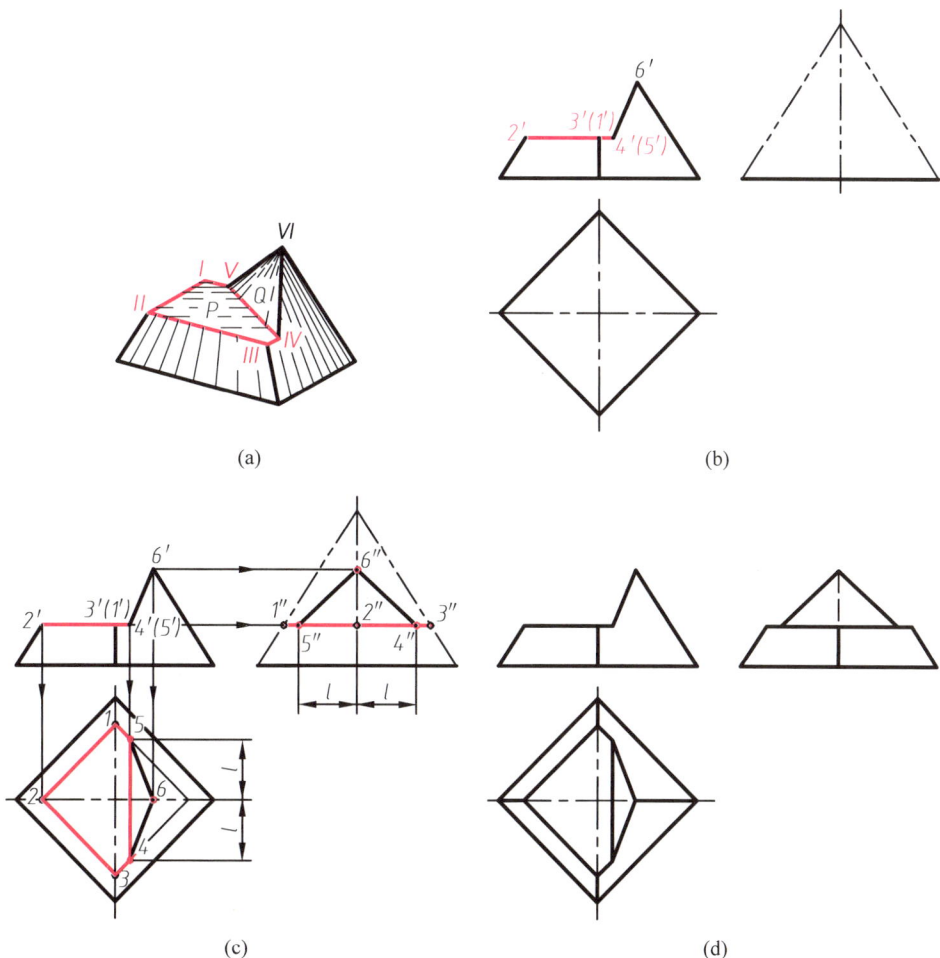

图 4-4 四棱锥被两个平面截切

解 当一个立体被多个平面截切时,一般应逐个对截平面进行截交线的分析和作图。其分析方法与前面介绍的立体被一个平面截切时的分析方法相同。

1)空间及投影分析

截平面 P 为水平面,与四棱锥的底面平行,故它与四棱锥 4 个侧棱面的交线和四棱锥底面的对应边平行。截平面 Q 为正垂面,与四棱锥的两个侧棱面相交。另外,截平面 P 与 Q 亦相交,故截断面 P 的形状为五边形,截断面 Q 的形状为三角形。

2)作图

(1)如图 4-4(c)所示,首先求截平面 P 与四棱锥的截交线(当立体局部被截切时,可假想立体整体被截切,求出截交线后再取局部)。

点Ⅳ、Ⅴ既在截平面 P 上,又在截平面 Q 和四棱锥的棱面上(三面共点),因此它们也是截平面 Q 和四棱锥表面的交线上的点。同时直线ⅣⅤ又是 P 与 Q 的交线。

按"三等"对应关系求出 $4''$、$5''$、$6''$。

（2）分析侧棱线的投影以及各部分的可见性，完成主视图和左视图（图 4-4(d)）。

例 4-4 求四棱柱被平面 P 与 Q 截切后的俯视图（图 4-5(a)、(b)）。

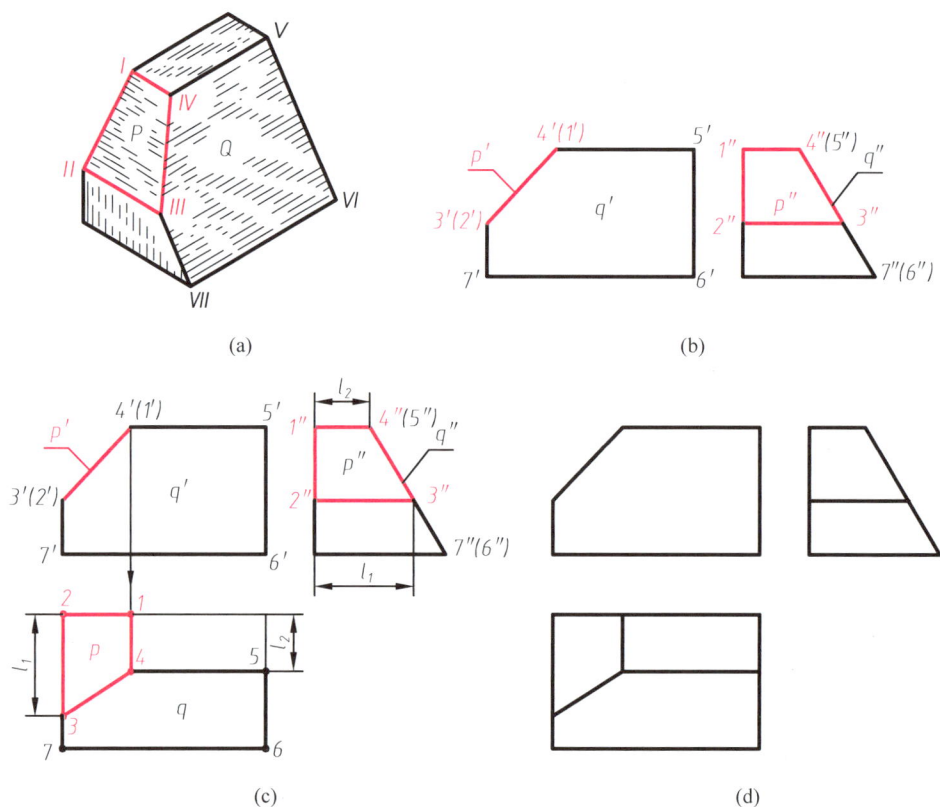

图 4-5 四棱柱被两个平面截切

解 1）空间及投影分析

因为截平面 P 为正垂面，故截交线的投影在主视图上有积聚性（积聚在 p' 上），在左视图和俯视图上为类似形。截平面 Q 为侧垂面，故截交线的投影在左视图上积聚为直线（即 q''），在主视图和俯视图上为类似形。按投影对应关系在已知的两个视图上找出上述两截交线的已知投影（图 4-5(b)）。

2）作图

先画出完整的四棱柱的俯视图，按"三等"关系求出截交线各顶点的投影（图 4-5(c)），检查无误后完成俯视图（图 4-5(d)）。

4.2 平面与回转体相交

平面与回转体相交时，平面可能只与其回转面相交（交线通常为平面曲线，特殊情况下为直线），也可能既与其回转面相交又与其平面（端面）相交（交线为直线）。故回转体的截交线由直线、曲线或直线和曲线组成。当交线为非圆曲线时,应先求出能确定交线的形状和范围的特殊点,如最高、最低、最前、最后、最左、最右点,可见与不可见部分的分界点等,然后再求出若干中间点,最后光滑地连接成曲线。

4.2.1 平面与圆柱体相交

由于平面与圆柱面的轴线的相对位置不同,平面与圆柱面的交线有直线、圆和椭圆3种形状,见表 4-1。

表 4-1 平面与圆柱面交线的 3 种形状

截平面的位置	平行于轴线	垂直于轴线	倾斜于轴线
交线的形状	两平行直线	圆	椭圆
立体图	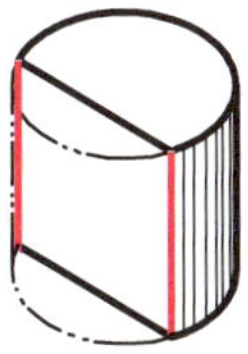	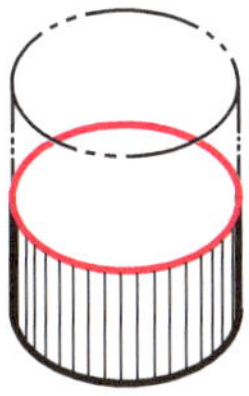	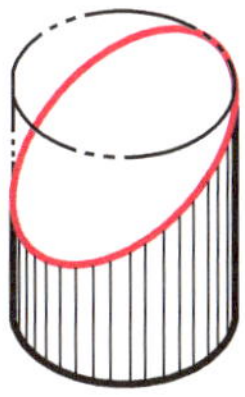
投影图	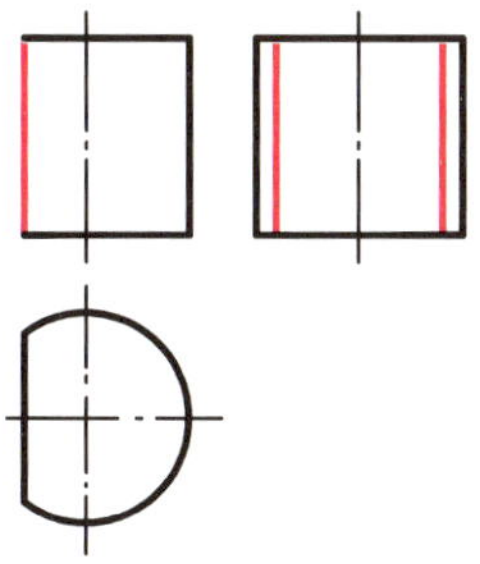	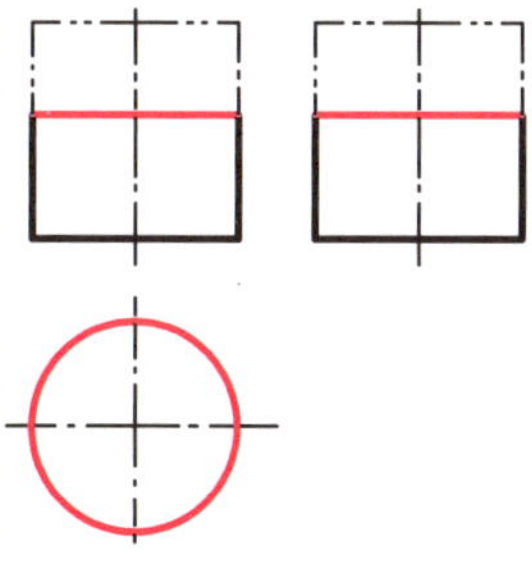	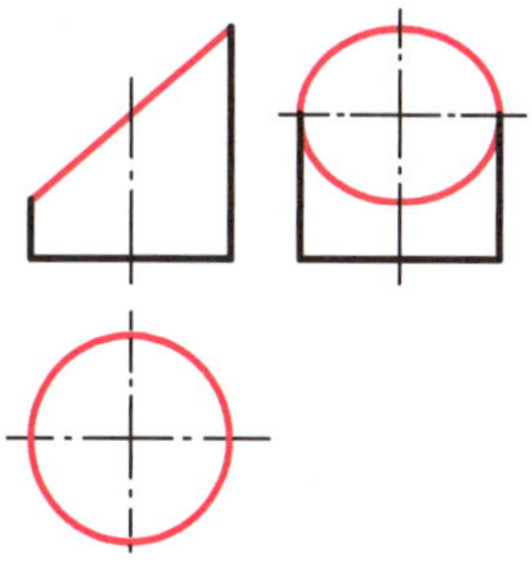

例 4-5 如图 4-6(a)所示,已知圆柱体被截切后的主视图和俯视图,求作左视图。

解 1)空间及投影分析

由图 4-6(a)可知,圆柱体被侧平面 P 和水平面 Q 截切。截平面 P 与圆柱的轴线平行,其与圆柱面的交线为平行于圆柱轴线的两条直线 AB、CD,其正面投影 $a'b'$、$c'd'$ 积聚在 p' 上。由于截平面 P 与圆柱面的水平投影都有积聚性,根据交线的共有性,交线的水平投影 ab、cd 为 p 与圆的共有点。截平面 Q 与圆柱的轴线垂直,其与圆柱面的交线的形状为一段圆弧 BED,其正面投影积聚在 q' 上,水平投影为圆弧 bed。截平面 P 与 Q 的交线为 BD(图 4-6(b))。

2)作图

(1)如图 4-6(c)所示,首先画出完整的圆柱体的左视图,按"三等"关系求出截交线的侧面投影。

(2)分析圆柱轮廓线的投影。左视图上圆柱的轮廓线在主视图上的投影与主视图上的轴线重合,由视图间的"三等"关系可知,这两条轮廓线在左视图上应是完整的。结果如图 4-6(d)所示。

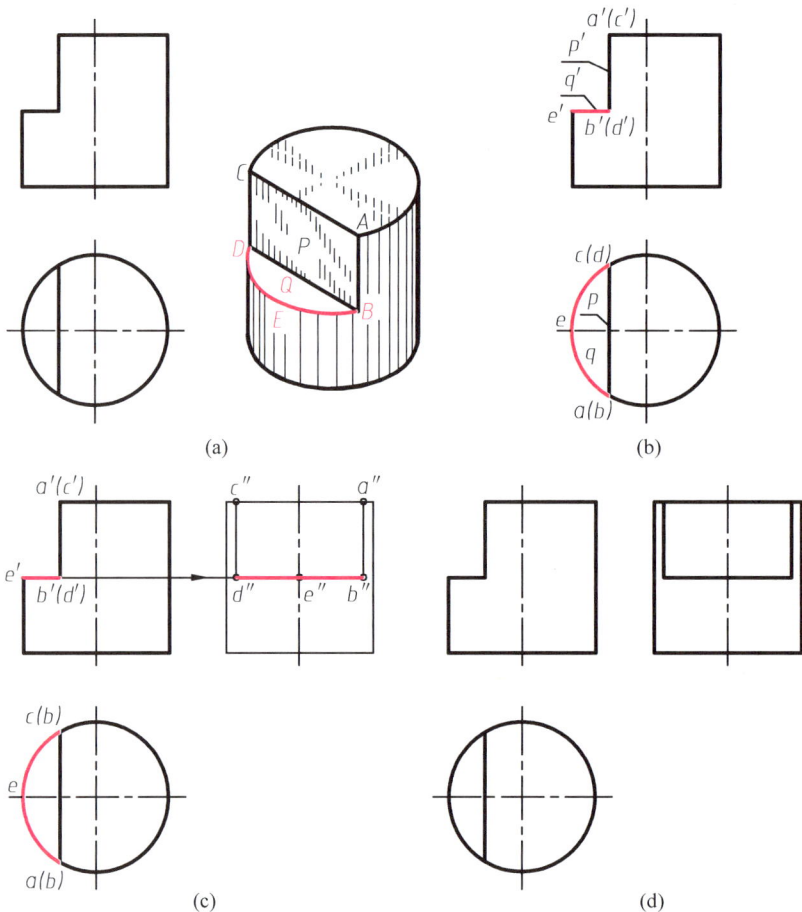

图 4-6　圆柱体左侧切去一块

例 4-6　如图 4-7(a)所示,在圆柱体上开一方槽,已知主视图和左视图,求作俯视图。

解　1) 空间及投影分析

方槽是由与圆柱轴线平行的两个水平面 P、Q 和与轴线垂直的侧平面 T 切出的。P、Q 与圆柱面的交线均为与圆柱轴线平行的直线,其正面投影分别积聚在 p' 和 q' 上,侧面投影积聚在圆上。T 与圆柱面的交线为两段圆弧,其正面投影积聚在 t' 上,侧面投影积聚在圆上(图 4-7(b))。

2) 作图

(1) 先画出完整圆柱体的俯视图,按投影关系求出截交线的水平投影,画出截平面 P 与 T、Q 与 T 的交线(两者在俯视图上的投影重合)(图 4-7(b))。

(2) 分析圆柱轮廓线的投影。从主视图上看,圆柱体的最前、最后轮廓线左边 GE 一段被截去了,俯视图上不应有该段轮廓线的投影。结果如图 4-7(c)所示。

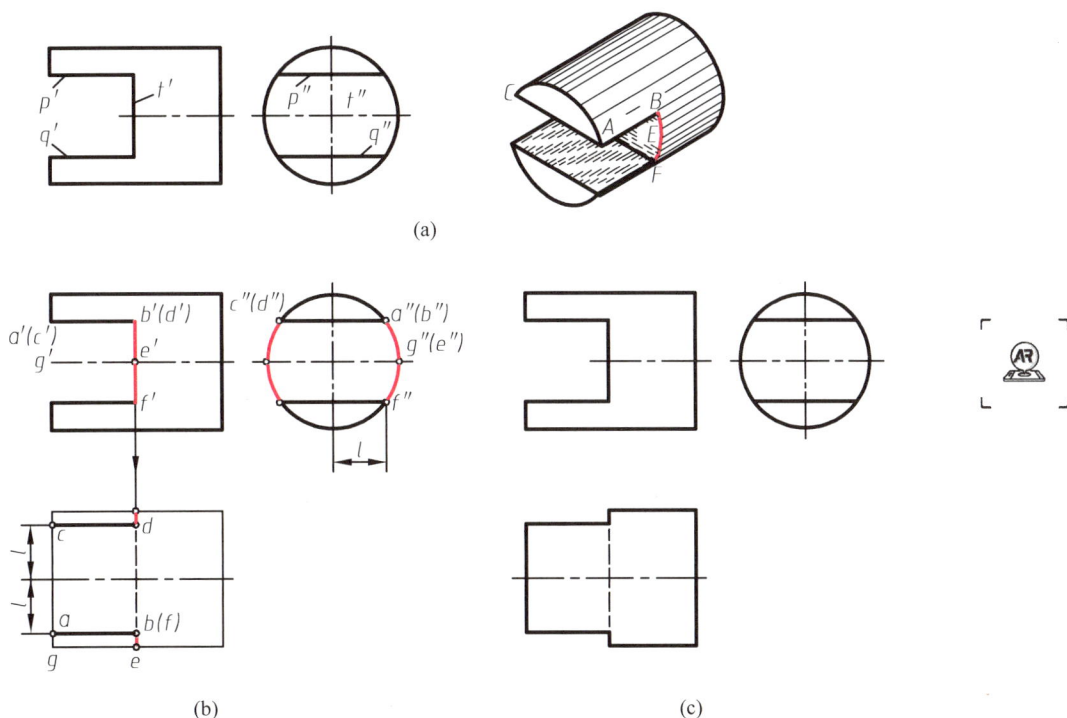

图 4-7 圆柱体上开一方槽

例 4-7 如图 4-8(a)所示,在圆筒上开一方槽,已知主视图和左视图,求作俯视图。

解 1) 空间及投影分析

本例与例 4-6 相似,只不过把圆柱改成了圆筒,这时截平面 P、Q、T 不仅与外表面相交,而且与内表面相交,因此产生了内、外两层交线。

2) 作图

首先画出完整圆筒的俯视图,然后依次求出内、外表面的截交线(图 4-8(b))。

外表面上截交线的投影与上例完全相同。内表面的截交线的画法也与上例相似,分别求出截平面 P、Q、T 与内、外表面的交线,画出截平面 P 与 T、Q 与 T 的交线。

内、外圆柱面的前、后轮廓线都有一段被切掉了,其结果如图 4-8(c)所示。

例 4-8 圆柱被一正垂面 P 所截,已知主视图和俯视图,求作左视图(图 4-9(a))。

解 1) 空间及投影分析

截平面 P 与圆柱的轴线倾斜,截交线为椭圆。由于截平面 P 为正垂面,故截交线的正面投影积聚在 p' 上;因圆柱面的水平投影有积聚性,故截交线的水平投影积聚在圆上。而截交线的侧面投影一般情况下仍为椭圆,但不反映实形。

2) 作图

(1) 先求出椭圆长、短轴的端点,再适当补充一些中间点,然后光滑地连接成椭圆。

空间椭圆的长、短轴 AB、CD 互相垂直平分,A、B 两点分别位于圆柱最右、最左两条轮廓线上,C、D 两点的正面投影重合为一点且位于 $a'b'$ 的中点处,同时也是圆柱最前、最后轮廓线上的点,据此可求出 A、B、C、D 的侧面投影。用圆柱面上找点的方法补充一些中间点,最后光滑地连接成椭圆(图 4-9(a))。

4-5

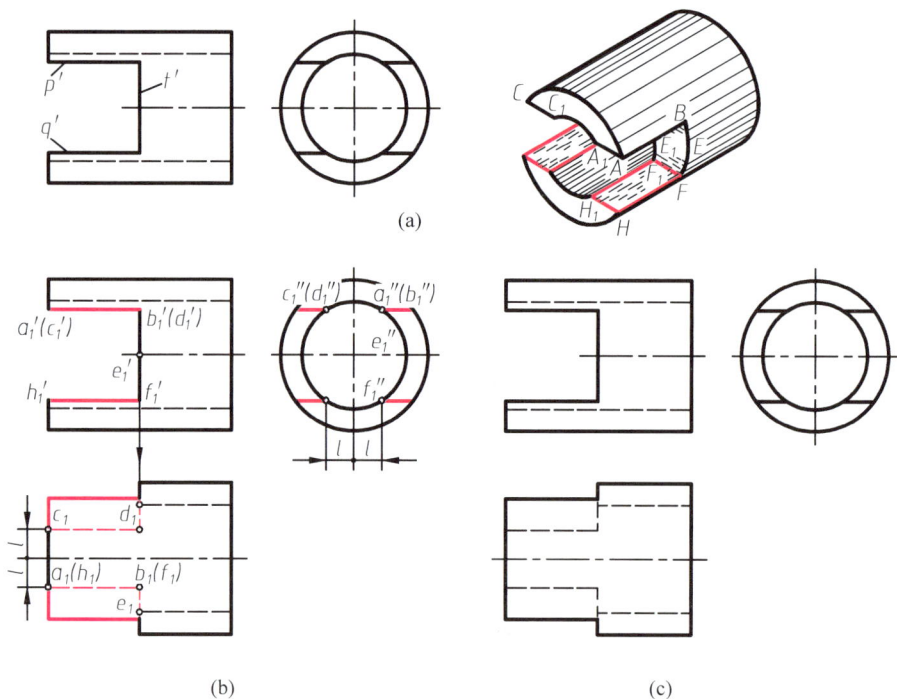

图 4-8   圆筒上开一方槽

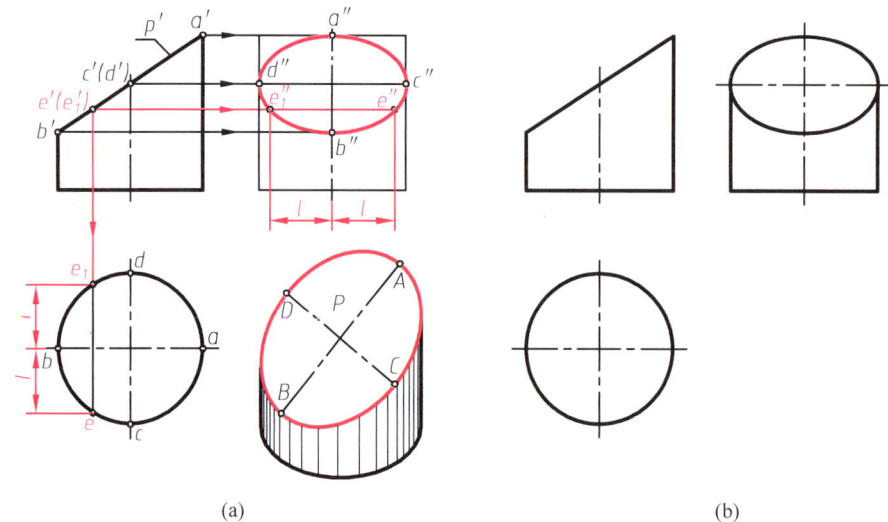

图 4-9   圆柱被正垂面截切

（2）分析圆柱轮廓线的投影。在左视图上，圆柱的轮廓线在 c''、d'' 处与椭圆相切。结果如图 4-9(b)所示。

讨论：

由例 4-8 不难看出，随着截平面 P 与圆柱轴线夹角的变化，椭圆的长、短轴也会发生变化(图 4-10(a)),当截平面 P 与圆柱轴线的夹角为 45°时,交线的空间形状仍为椭圆,但由于长、短轴的侧面投影长度相等,故其投影为与圆柱直径相等的圆(图 4-10(b))。

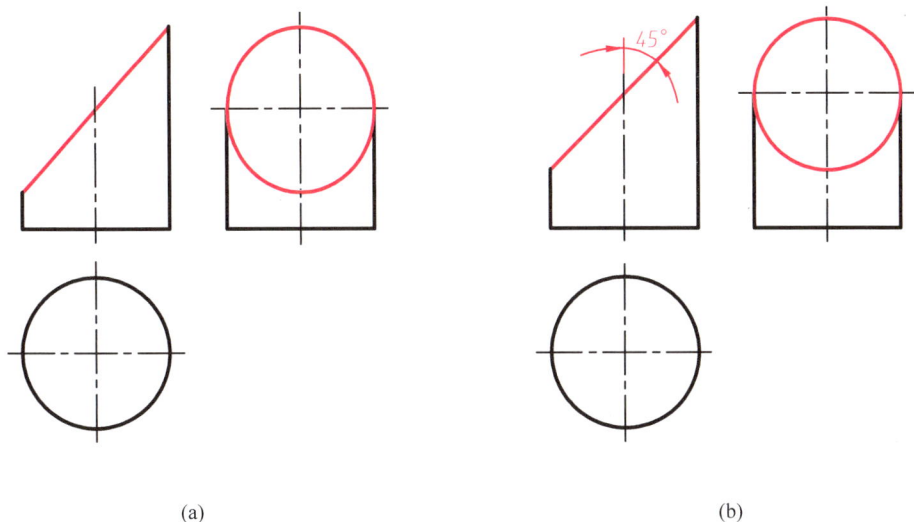

(a)   (b)

图 4-10   圆柱被正垂面截切的两种情况

例 4-9   如图 4-11 所示,圆柱体被两个截平面 P、Q 截切,已知主视图和俯视图,求左视图。

解   1)空间及投影分析

截平面 P 为侧平面,与圆柱面的轴线平行,交线为两条与圆柱轴线平行的直线,其正面投影积聚在 p' 上,水平投影积聚在圆上。截平面 Q 为正垂面,与圆柱面的轴线倾斜,交线为一段椭圆弧,其正面投影积聚在 q' 上,水平投影积聚在圆上。同时,P 与 Q 的交线为一条正垂线 AB。

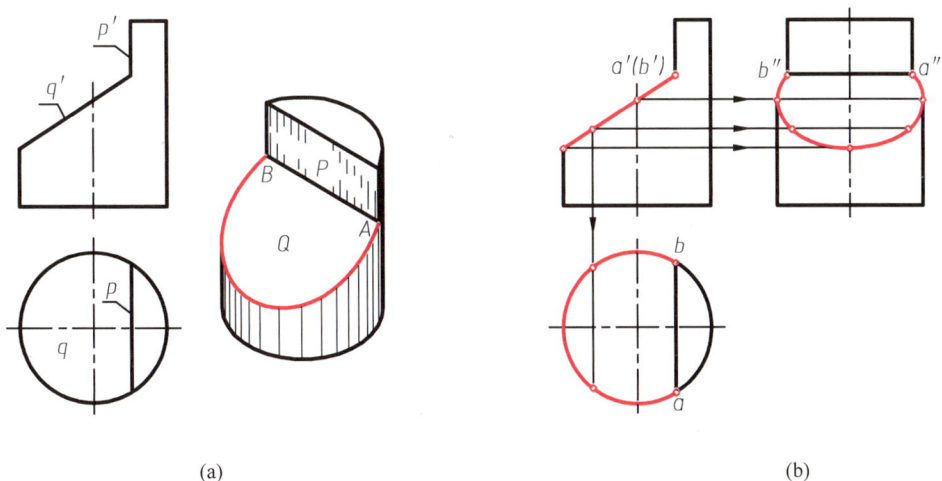

(a)   (b)

图 4-11   圆柱体被两个平面截切

2）作图（图 4-11(b)）

分别求出两个截平面与圆柱的截交线即可（作图过程略）。注意：不要漏画两截平面交线的侧面投影 $a''b''$。

4.2.2 平面与圆锥体相交

由于平面与圆锥面的轴线的相对位置不同,其交线有 5 种情况,见表 4-2。

表 4-2 平面与圆锥面交线的 5 种情况

截平面的位置	过锥顶	与轴线垂直 $\theta=90°$	与轴线倾斜 $\alpha<\theta<90°$	与一条素线平行 $\theta=\alpha$	与轴线平行或倾斜 $0°\leqslant\theta<\alpha$
交线的形状	两直线	圆	椭圆	抛物线	双曲线
立体图					
投影图					

例 4-10 圆锥被一正平面 Q 截切,补全主视图上截交线的投影（图 4-12(a)）。

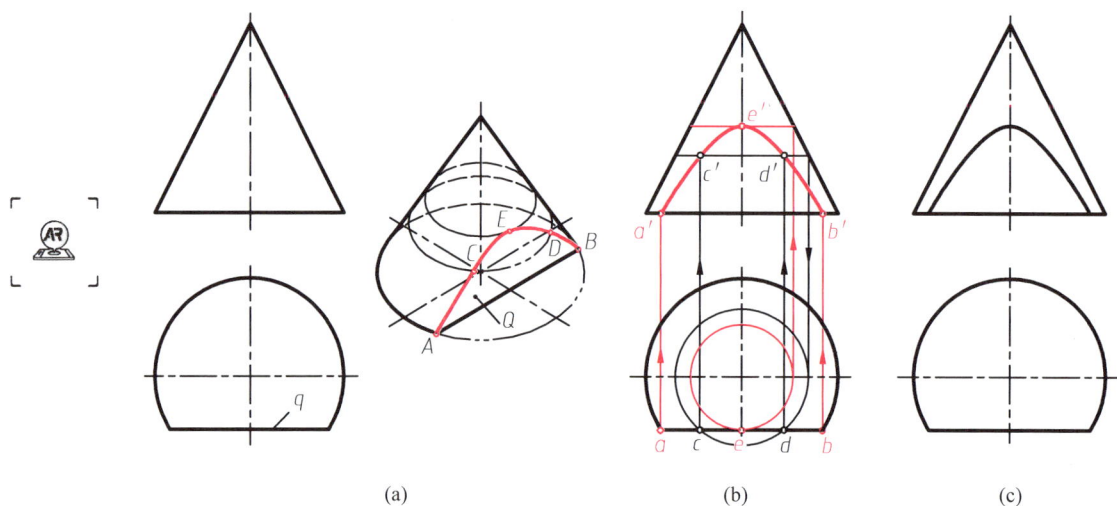

(a)　　　　　　　　(b)　　　　　　　　(c)

图 4-12 圆锥被正平面截切

解　1) 空间及投影分析

因为截平面 Q 与圆锥面的轴线平行,故与圆锥面的交线为双曲线的一叶,其水平投影积聚在 q 上,正面投影反映实形。

2) 作图(图 4-12(b))

双曲线的最低点 A、B 在俯视图上的投影为截平面的投影与圆锥底面圆的投影的共有点 a、b,正面投影为 a′、b′。A、B 同时又是双曲线的最左、最右。

双曲线的最高点 E 在俯视图上的投影为 ab 的中点 e,利用辅助圆法求得其正面投影 e′。采用同样的方法可求得中间点 C、D 的投影。

光滑连接上述各点的正面投影即为双曲线的正面投影,结果如图 4-12(c)所示。

例 4-11　圆锥被正垂面 Q 所截,已知主视图,完成俯视图并求左视图(图 4-13(a))。

4-7

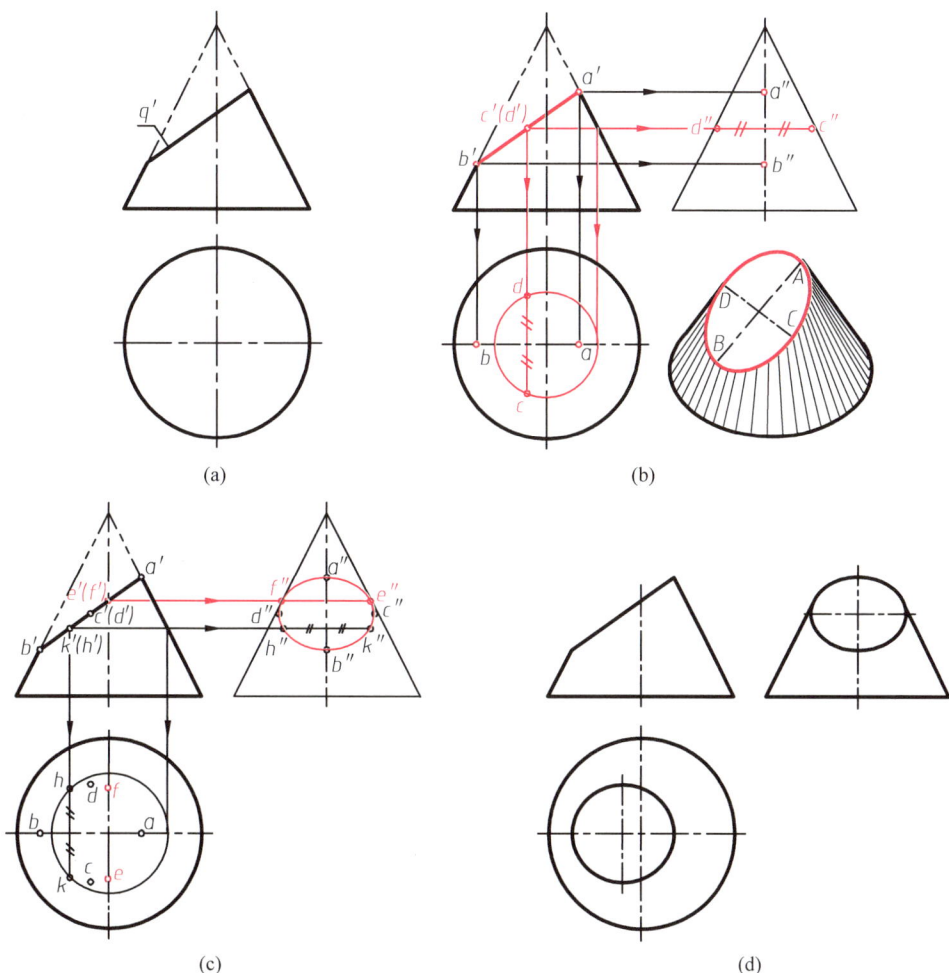

(a)　　　　　　　　(b)

(c)　　　　　　　　(d)

图 4-13　圆锥被正垂面截切

解　1) 空间及投影分析

根据截平面 Q 与圆锥轴线的相对位置可知,其截交线为椭圆。由于截平面为正垂面,故截交线的正面投影积聚在 q′ 上,水平投影与侧面投影为椭圆。

2）作图

先求出椭圆长、短轴的端点，再补充一些中间点，然后光滑连接成椭圆。

如图 4-13(b)所示，截平面与圆锥最右、最左轮廓素线的交点 A、B 是椭圆的一根轴的两个端点，其正面投影 a'、b' 位于圆锥的正面投影的轮廓线上，据此可求得 a、b 及 a''、b''。椭圆另一轴的两个端点 C、D 的正面投影 c'、d' 对应 $a'b'$ 的中点（两点重合），可用圆锥面上找点的方法（辅助圆法）求得它们的水平投影和侧面投影 c、d、c''、d''。

如图 4-13(c)所示，在主视图上，$a'b'$ 与圆锥轴线的交点 e'、f'（两点重合）为圆锥最前、最后两条轮廓素线上的点，按投影关系求得它们的其余两投影。在左视图上，e''、f'' 又是圆锥侧面投影的轮廓线与椭圆的切点。

同样，用圆锥面上找点的方法可求得一些中间点（点 K、点 H）的投影。

光滑连接上述各点的同名投影，去掉被截去的轮廓线的投影，结果如图 4-13(d)所示。

4.2.3 平面与圆球相交

平面与圆球相交，其截交线的形状为圆。但由于截平面与投影面的位置不同，截交线的投影可能为圆、椭圆或直线。

例 4-12 完成图 4-14(a)所示开槽半圆球的俯视图并画出左视图。

解 1）空间及投影分析

半圆球上方的槽是由一个水平面和两个侧平面截切圆球而成，其交线的空间形状均为圆弧。水平面与圆球的交线的水平投影反映实形，正面投影和侧面投影积聚成直线。两个侧平面与圆球的交线的侧面投影反映实形，正面投影和水平投影积聚成直线。

2）作图

（1）假设水平面将半圆球整体截切，求出截交线的水平投影后取局部（图 4-14(b)）。

（2）求出侧平面截圆球的截交线的侧面投影和水平投影（图 4-14(c)）。

（3）求截平面间的交线（左视图上为虚线），结果如图 4-14(d)所示。

注意：半圆球的侧面投影的轮廓线是不完整的，上面一段被切去。

例 4-13 求图 4-15(a)所示立体的俯视图。

解 1）空间及投影分析

该立体由同轴的一个圆锥体和两个直径不等的圆柱体组成。左边的圆锥和圆柱同时被水平面 P 截切，而右边的大圆柱不仅被 P 截切，还被正垂面 Q 截切。P 与圆锥面的交线为双曲线的一叶，其水平投影反映实形，正面投影和侧面投影积聚成直线。P 面与两个圆柱面的交线均为直线，其正面投影积聚在 p' 上，侧面投影分别积聚在圆上。Q 面与大圆柱面的交线为椭圆的一部分，其正面投影积聚在 q' 上，侧面投影积聚在大圆上，水平投影为一段椭圆弧。

2）作图

当一个平面截切多个形体时，基本绘图方法是逐个形体分析和绘制截交线。

如图 4-15(a)所示，依次求出各个截平面与基本体的交线，求中间点 A、B、C、D 时，先求侧面投影，然后再按"三等"对应关系求水平投影，结果如图 4-15(b)所示。注意：不要漏画俯视图上的虚线。

4-8

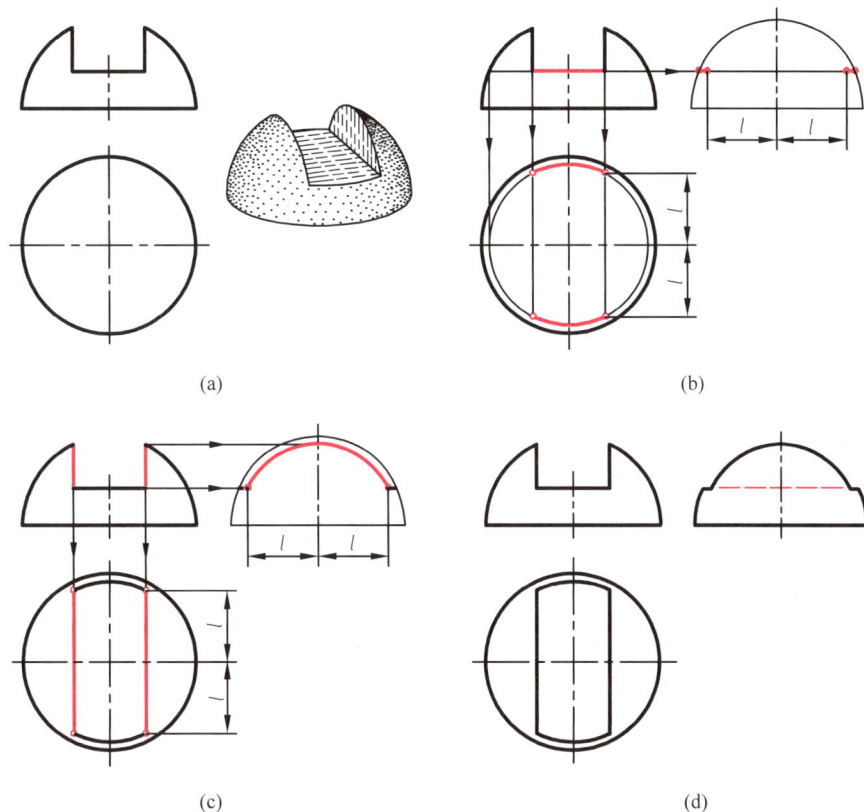

(a)

(b)

(c)

(d)

图 4-14　开槽半圆球

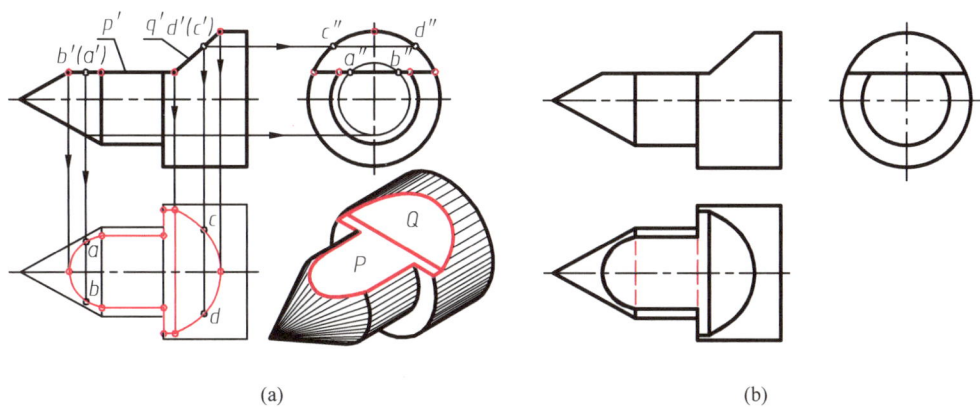

(a)

(b)

图 4-15　组合回转体的截切

小结

本章的学习重点：截交线的分析与作图。

1. 截交线的特性

（1）截交线是封闭的平面多边形。

（2）截交线是截平面与被截立体的共有线，即截交线既位于截平面上又位于被截立体的表面上。画图时一定要抓住截交线的共有性这一特性。

2．求截交线的方法与步骤

1）空间分析与投影分析

（1）分析截平面与被截立体的相对位置，以确定截交线的空间形状。

当被截立体为平面体时，分析截平面与立体的几个棱面相交；当被截立体为回转体时，分析截平面与回转体轴线的相对位置，从而确定截交线的空间形状。为此，应熟练掌握棱柱、棱锥、圆柱、圆锥、圆球等被各种特殊位置平面截切所产生的截交线的空间形状。

（2）分析截平面及被截立体与投影面的相对位置，以确定截平面与立体表面的投影特性，从而找出截交线的已知投影，预见未知投影，使解题更有针对性。

由于截交线是平面多边形，又是截平面与体表面的共有线，因此截交线的已知投影主要根据截平面与体表面有积聚性的投影来判断。

2）求截交线的未知投影

求截交线的未知投影，关键是要求出截平面与立体表面的交线。若交线的投影为直线，则求出直线的两个端点的投影后连线；若交线的投影为圆或圆弧，则确定圆心和半径后直接作图；若交线的投影为非圆曲线，则先求出曲线上特殊点的投影，再适当补充一些中间点的投影，然后依次光滑连接成曲线。

所谓特殊点是指限定截交线投影范围的最上、最下、最前、最后、最左、最右点以及椭圆的长短轴的端点。除此之外，要特别注意求出落在回转体轮廓线上的点，它往往是截交线投影的可见与不可见部分的分界点，以及轮廓线被截去部分与保留部分的分界点。

求中间点的目的是使截交线的投影画得更光滑、更准确。

为了正确求出上述特殊点和中间点的投影，应熟练掌握第 3 章所学的各种立体表面上找点的方法。

3）检查

主要检查以下内容：

（1）查截交线。检查截交线的形状是否和分析预见的一致，尤其要注意检查截交线投影的类似性，以及投影之间的"三等"对应关系。

（2）查形体。检查截切后形体的投影是否正确，尤其要注意检查平面体的棱线及回转体轮廓线的投影，弄清哪部分被截去了，哪部分被保留下来了，保留部分的投影一定画全。为此，应熟练掌握第 3 章所学的回转体轮廓线的投影特性。

3．一个基本体被多个截平面截切、多个基本体的组合被一个截平面截切时的作图方法

（1）一个基本体被多个截平面截切时，应逐个对截平面进行分析和绘制截交线，如例 4-3～例 4-7、例 4-9、例 4-12。注意不要漏画两截平面的交线。

（2）多个基本体的组合被一个截平面截切时，应逐个对基本体进行分析和绘制截交线，如例 4-13。注意相邻基本体的截交线连接处点的投影（三面共点）。

（3）当出现局部截切时，首先假想成整体被截切进行截交线的分析与作图，然后按投影关系取局部，如例 4-3、例 4-12。

第5章

立体与立体相交

工程中常以两个或多个基本体相交的形式构造所需立体。两立体相交又叫作相贯，其表面产生的交线也叫作相贯线(图 5-1)。

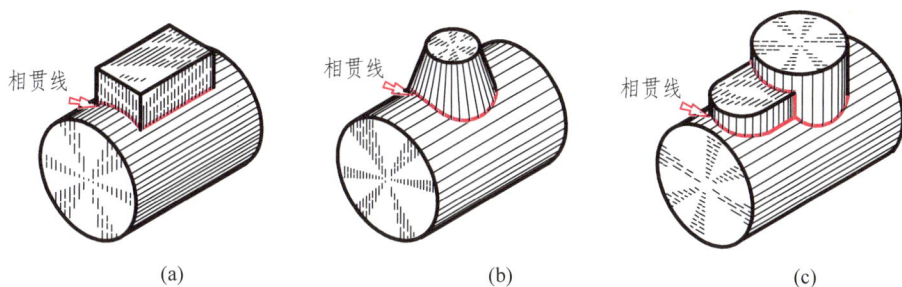

图 5-1　立体与立体相交

相贯线具有下列性质：

（1）表面性。相贯线位于两立体的表面上。

（2）封闭性。相贯线一般为封闭的空间折线（由直线和曲线组成）或光滑的空间曲线。

（3）共有性。相贯线是两立体表面的共有线，相贯线上的点是两立体表面的共有点。所以，求相贯线的实质是求两立体表面的共有点。

5.1　平面体与回转体相贯

平面体与回转体相贯，相贯线为封闭的空间折线，折线的每一段为平面体的侧棱面与回转体表面的交线。所以，求相贯线的实质是求平面体的棱面与回转体表面的交线。

例 5-1　正四棱柱与圆柱体相交，已知俯视图和左视图，求作主视图（图 5-2(a)）。

解　1）空间及投影分析

相贯线由正四棱柱的 4 个侧棱面与圆柱面的交线组成，其中，前、后两个棱面与圆柱的轴线平行，交线为两段与圆柱轴线平行的直线；左、右两个棱面与圆柱的轴线垂直，交线为两段圆弧。

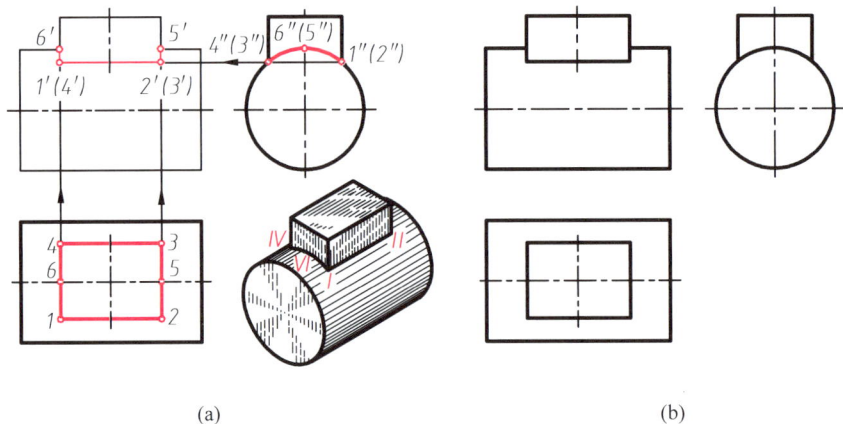

图 5-2　正四棱柱与圆柱体相交

四棱柱的 4 个侧棱面的水平投影有积聚性,圆柱面的侧面投影有积聚性,根据相贯线的共有特性,相贯线的投影在左视图上积聚在圆柱面的侧面投影上,为棱柱面和圆柱面投影共有的圆弧 4″6″1″和 3″5″2″。在俯视图上积聚在棱柱的水平投影上(四边形 1-2-3-4)。

2) 作图

利用点的投影规律分别求出各点的正面投影,依次连接成相贯线的投影,结果如图 5-2(b)所示。

注意:在主视图上,两体相交的区域不应有圆柱面的视图轮廓线。

例 5-2　三棱柱与圆柱体相交,已知俯视图和左视图,求作主视图(图 5-3(a))。

解　1) 空间及投影分析

相贯线由三棱柱的 3 个侧棱面与圆柱面的交线组成。其中,后侧棱面与圆柱面的交线为直线,左侧棱面与圆柱面的交线为椭圆弧,右侧棱面与圆柱面的交线为一段圆弧。

三棱柱的 3 个侧棱面的水平投影有积聚性,圆柱面的侧面投影有积聚性,根据相贯线的共有特性可知,相贯线的投影在左视图上积聚在圆上,为三棱柱与圆柱面的投影共有的一段圆弧 1″5″2″,在俯视图上积聚在三角形 1-2-3 上。

2) 作图

(1) 如图 5-3(b)所示,求出棱柱的后侧棱面和右侧棱面与圆柱面的交线(直线Ⅱ、Ⅲ和圆弧Ⅰ、Ⅴ、Ⅱ)。

(2) 如图 5-3(c)所示,求左侧棱面与圆柱面的交线。其中点Ⅳ为椭圆弧的最高点,也是主视图上椭圆弧的可见与不可见部分的分界点,同时在主视图上圆柱面左边的一段轮廓线也应画到此处。结果如图 5-3(d)所示。

注意:作此类题时,必须检查棱线和曲面轮廓线的投影,即棱线的投影必须和其与曲面的交点的投影(如 1′、2′、3′)连上,曲面的视图轮廓线必须和其上的特殊点(如 4′)连上。

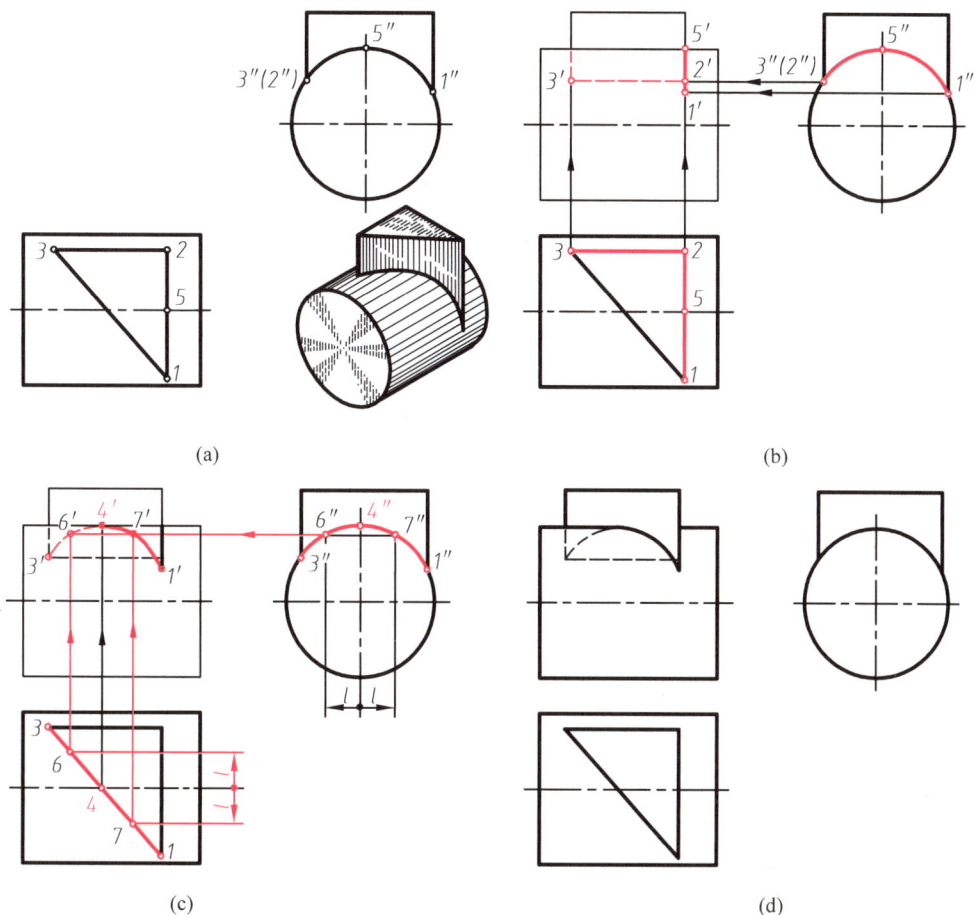

图 5-3　三棱柱与圆柱体相交

5.2　回转体与回转体相贯

两回转体相贯,其相贯线的形状取决于两回转体各自的形状、大小和相对位置,一般情况下为封闭的、光滑的空间曲线。

求相贯线的方法有两种:表面取点法和辅助平面法。

当相贯线的投影为非圆曲线时,一般应先求出决定相贯线的投影范围的界限点(最上、最下、最前、最后、最左、最右点)及一些特殊点(如可见部分与不可见部分的分界点等),再适当补充一些中间点,最后光滑连接成曲线。

5.2.1　表面取点法

表面取点法也叫作积聚性法,就是利用投影具有积聚性的特点,确定两回转体表面上若干共有点的已知投影,然后采用回转体表面上找点的方法求出它们的未知投影,从而画出相贯线的投影。

例 5-3   如图 5-4(a)所示,已知两圆柱的轴线垂直相交,补全主视图上相贯线的投影。

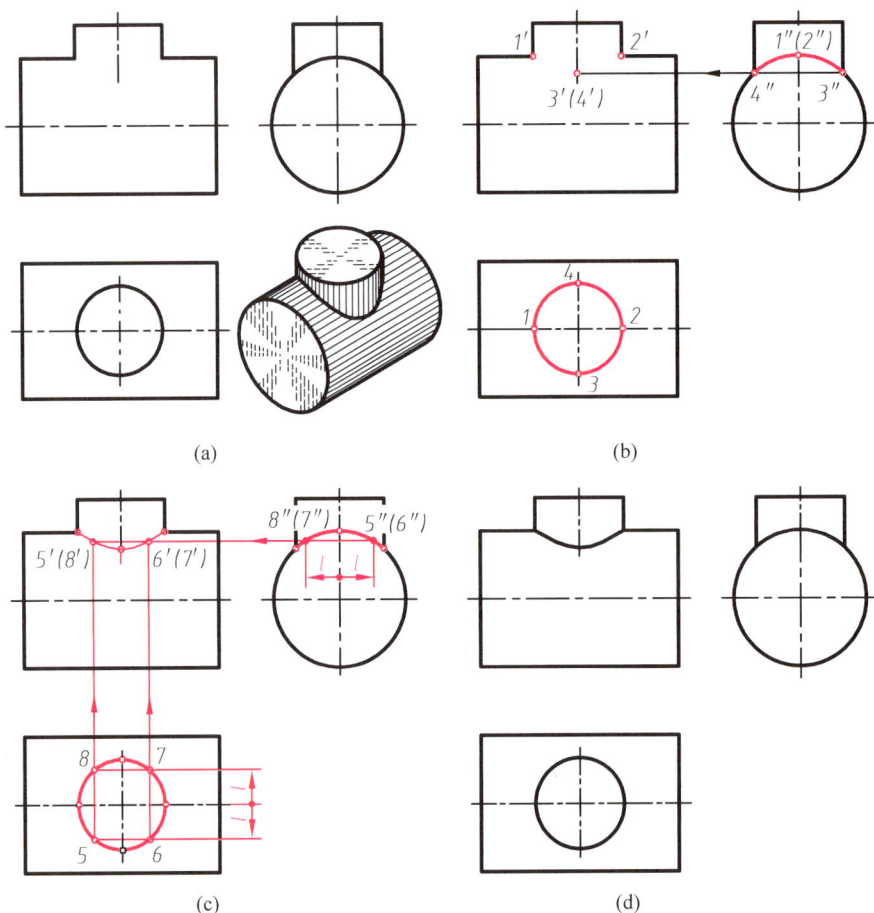

图 5-4   两圆柱轴线垂直相交

解   1) 空间及投影分析

由图 5-4(a)可知,相贯线为一前后、左右对称的封闭的空间曲线。小圆柱面的轴线垂直于 H 面,其水平投影有积聚性;大圆柱面的轴线垂直于 W 面,其侧面投影有积聚性。根据相贯线的共有特性,相贯线的水平投影积聚在小圆柱面的水平投影上,侧面投影积聚在大圆柱面的侧面投影上,为两圆柱面侧面投影共有部分的一段圆弧。

2) 作图

(1) 求确定相贯线的投影范围的界限点 Ⅰ、Ⅱ、Ⅲ、Ⅳ(图 5-4(b))。

(2) 利用投影的积聚性采用圆柱面上找点的方法求出相贯线上的中间点 Ⅴ、Ⅵ、Ⅶ、Ⅷ(图 5-4(c))。

(3) 光滑连接各点画出主视图上的相贯线,结果如图 5-4(d)所示。

注意:在主视图上两圆柱相贯区域不应有圆柱面的视图轮廓线。

1. 两圆柱轴线垂直相交时相贯线随两圆柱直径大小的变化

图 5-5 表明了两圆柱的轴线垂直相交时,两圆柱直径大小的变化对相贯线形状的影响。

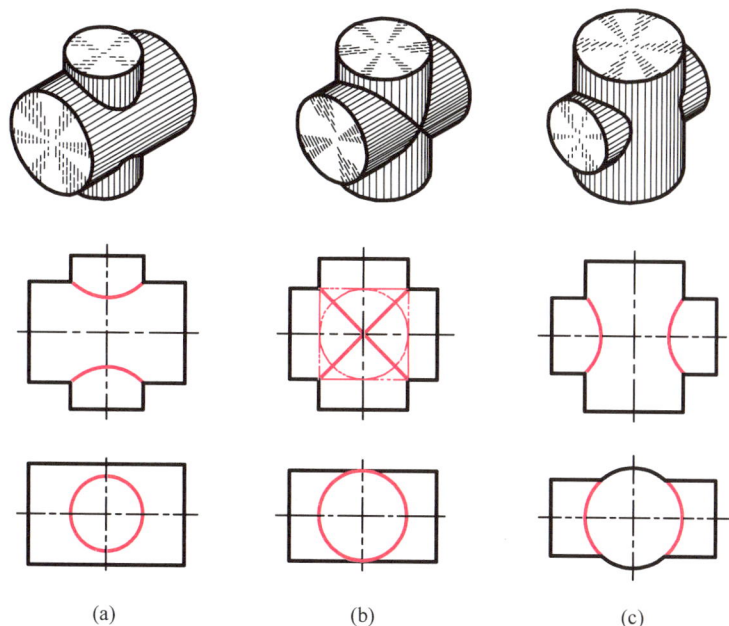

图 5-5　两圆柱直径变化时相贯线的变化

从图 5-5 中可以看出,在相贯线的非积聚性投影上,相贯线的弯曲方向总是朝向较大的圆柱的轴线(图 5-5(a)、(c)),即向大圆柱里面弯。当两圆柱的直径相等时(即公切于一个球面时),相贯线变为两条平面曲线(椭圆),其投影变为两条相交直线(图 5-5(b))。

2. 相贯线的形成

相贯线通常可由 3 种形式形成,即两立体的外表面相交(图 5-6(a));一内表面和一外表面相交(图 5-6(b));两内表面相交(图 5-6(c))。但不管哪种形成方式,其相贯线的分析和作图方法都是相同的。

例 5-4　如图 5-7(a)所示,已知俯视图和左视图,求作主视图。

解　1)空间及投影分析

由立体图可知,该立体为一个圆筒和一个半圆筒相交,外表面与外表面相交,内表面与内表面相交。

外表面为两个直径相等的圆柱面相交,相贯线为两条平面曲线(椭圆),由于圆筒和半圆筒的轴线分别为铅垂线和侧垂线方向,故相贯线的水平投影积聚在圆筒外表面的水平投影(大圆)上,侧面投影积聚在半圆筒的侧面投影(半个大圆)上,正面投影应为两段直线。

内表面的相贯线为两段空间曲线,其水平投影积聚在圆筒内表面的水平投影(小圆)上,为半圆筒内表面水平投影轮廓线之间的两段圆弧,侧面投影积聚在半圆筒内表面的侧面投影(半个小圆)上,正面投影应为曲线(没有积聚性),而且应该弯向直立的大圆筒的轴线方向。

2)作图

如图 5-7(b)所示,按上述分析及投影关系,分别求出内、外交线(注意各点的投影对应关系)。

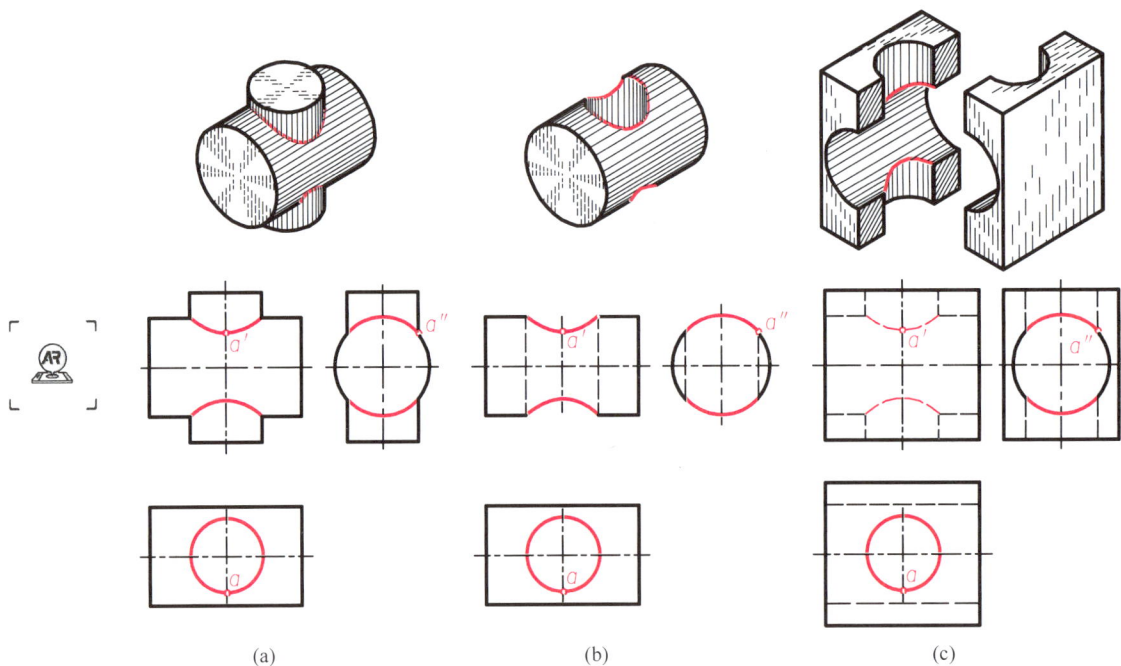

(a)   (b)   (c)

图 5-6 相贯线的形成

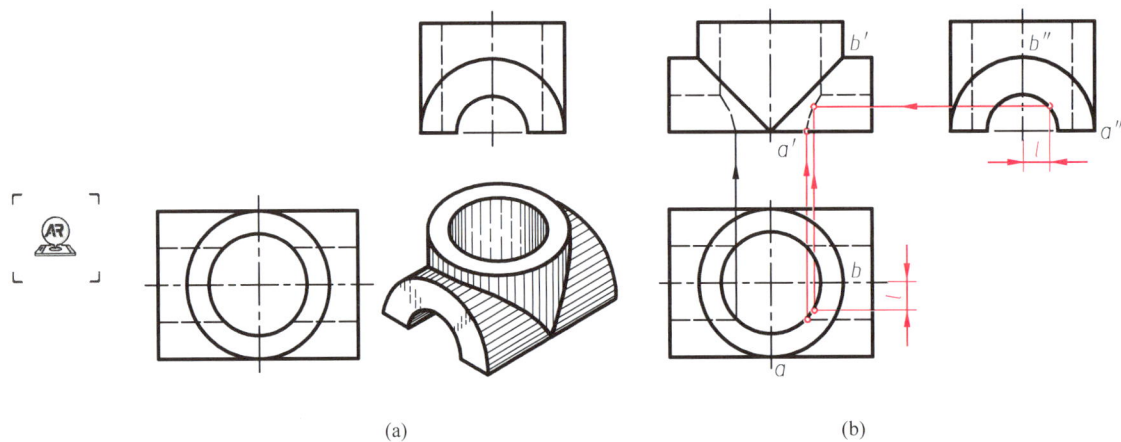

(a)   (b)

图 5-7 两体相贯

例 5-5 求作图 5-8(a)的主视图。

解 (1)空间及投影分析

由立体图可知,该立体的外表面与外表面相交,内表面与内表面相交。

外表面的左边为两个直径相等的半圆柱面相交,交线的空间形状为半个椭圆。由于两圆柱面的轴线分别垂直于水平面和侧面,故交线的水平投影积聚在俯视图的半个大圆上,侧面投影积聚在左视图的上半个大圆上,正面投影应为一段直线。右边可看作平面体与圆柱体相交,其中最右侧的棱面为一侧平面,与圆柱面的轴线垂直,交线的空间形状为半个圆,其水平投影积聚在该表面的水平投影上,侧面投影与左视图的上半个大圆重合。

5-4

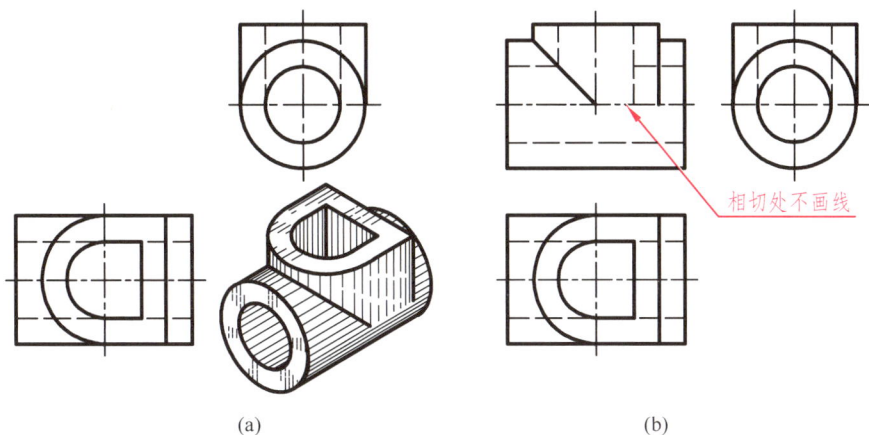

图 5-8　求作主视图

前后两个棱面为正平面,从立体图和左视图可以看出,这两个棱面与圆柱面相切,即两面光滑过渡,相切处不应画线。

内表面的交线形状与外表面完全相同,请读者自行分析。

（2）作图

在上面分析的基础上,运用前面已学的知识,不难画出主视图,请读者自行练习,结果如图 5-8（b）所示。

5.2.2　辅助平面法

所谓辅助平面法就是根据三面共点的原理,利用辅助平面求出两曲面体表面上若干共有点,从而画出相贯线的投影的方法。

辅助平面法的作图步骤：

（1）作辅助平面与两相贯的立体相交。

为了作图简便,一般取特殊位置平面为辅助平面（通常为投影面平行面）,并使辅助平面与立体表面的交线的投影简单易画（圆或直线）。

（2）分别求出辅助平面与相贯的两个立体表面的交线。

（3）求出交线的交点即得相贯线上的点。

例 5-6　已知圆柱与圆锥台的轴线垂直相交,补画俯视图和主视图上相贯线的投影（图 5-9（a））。

解　1）空间及投影分析

相贯线为一封闭的空间曲线。由于圆柱面的轴线垂直于 W 面,它的侧面投影积聚成圆,因此,相贯线的侧面投影也积聚在该圆上,为圆锥台侧面投影两条轮廓线之间的一段圆弧。但无法直接利用积聚性找到相贯线的正面投影和水平投影,故应分别作出。

2）作图

（1）求特殊点：如图 5-9（b）所示,Ⅰ、Ⅱ两点为相贯线上的最高点,也是最左、最右点。Ⅲ、Ⅳ两点为最低点,也是最前、最后点。根据点的投影规律求出它们的投影。

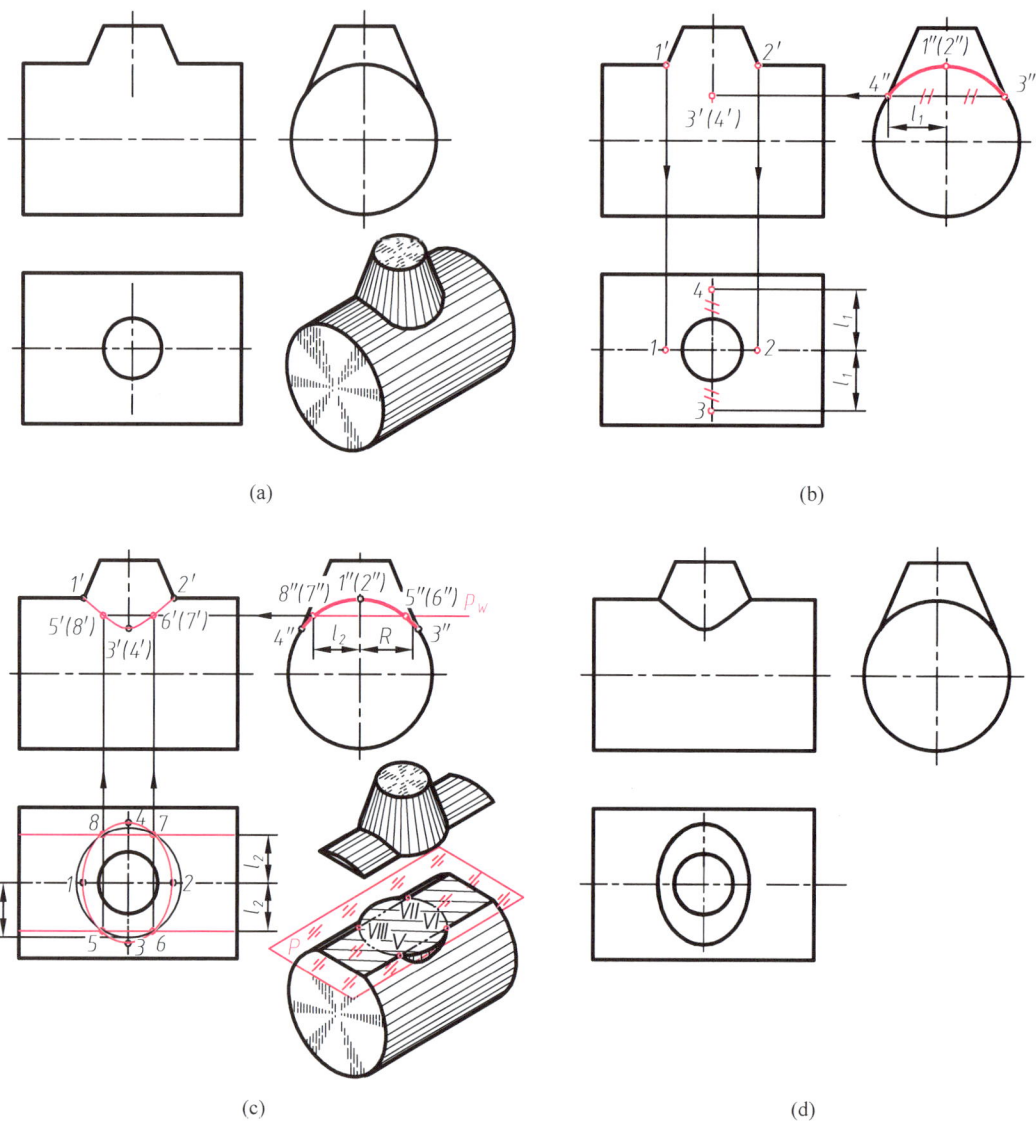

图 5-9　圆柱与圆锥台相交

（2）求中间点：采用辅助平面法。如图 5-9(c)所示，用水平面 P 作为辅助平面，它与圆锥面的交线为圆，与圆柱面的交线为两平行直线。两直线与圆交于 4 个点 Ⅴ、Ⅵ、Ⅶ、Ⅷ，先求出它们的水平投影，然后再求其正面投影。

（3）分别将主、俯视图上的特殊点和中间点光滑地连接起来，即得相贯线的投影，结果如图 5-9(d)所示。

辅助平面法是求两回转体相贯线的通用方法，用表面取点法求解的问题都可以采用辅助平面法求解，在解决实际问题时可视具体情况灵活采用。

5.3　多形体相交

机件上常常会出现多体相交的情况,其交线也就相对复杂一些,但是每段交线都是由两个基本体的表面相交而得。因此,在求交线时,应首先分析它是由哪些基本体构成以及这些基本体间的相对位置关系,判断出哪些基本体两两相交了,其交线的形状如何,然后分别求出这些交线。在画图过程中,要注意交线之间的连接点(三面共点)。

例 5-7　求作图 5-10(a)所示立体主视图上的相贯线。

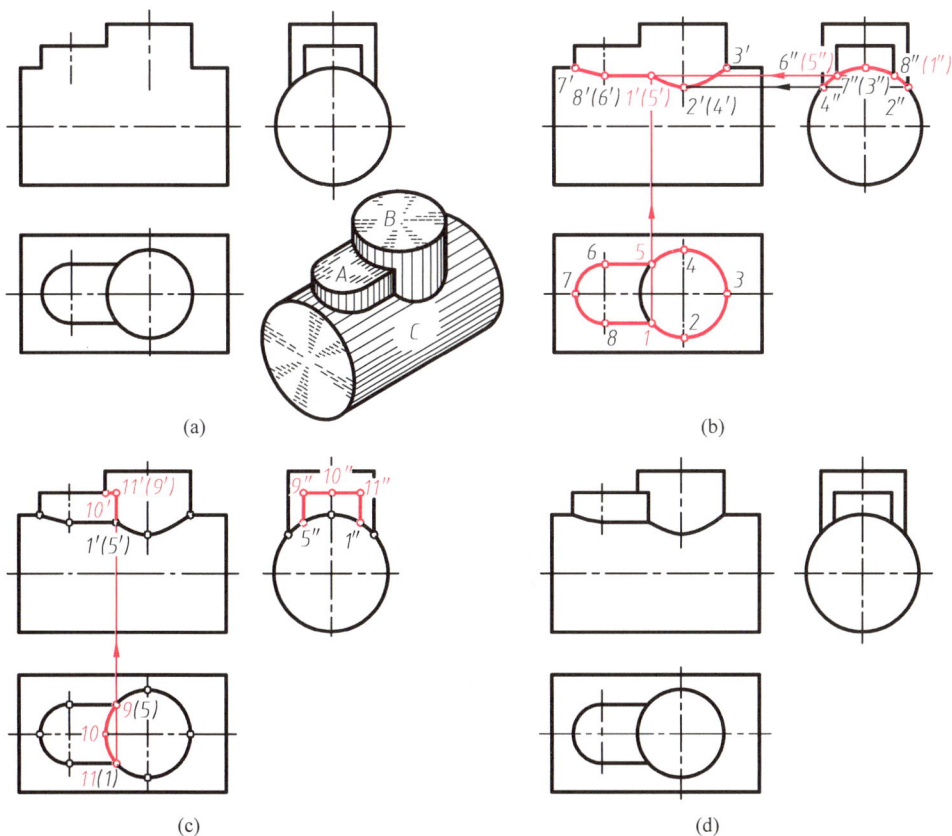

图 5-10　三体相贯

解　1)空间及投影分析

由图 5-10(a)可以看出,该立体由 A、B、C 3 部分组成。其中 B 与 C、A 与 C、A 与 B 两两相交。A 与 B 的侧面垂直于 H 面,水平投影有积聚性,交线的水平投影皆积聚其上。圆柱 C 的轴线垂直于 W 面,侧面投影有积聚性,A 与 C、B 与 C 的交线的侧面投影皆积聚其上。由于 A 的前后两个侧面及顶面的侧面投影分别积聚成直线,故 A 与 B 的交线的侧面投影也分别积聚在这些直线上。

2)作图

(1)如图 5-10(b)所示,分别求 B 与 C 及 A 与 C 两体表面的交线。

（2）如图 5-10(c)所示,求 A 与 B 两体表面的交线。其中,A 的前后两个侧面与 B 的交线为两段直线,A 的顶面与 B 的交线为一段圆弧。

Ⅰ、Ⅴ两点同时位于 A、B、C 3 个体的表面上,交线交于此点。结果如图 5-10(d)所示。

小结

本章的学习重点:相贯线的分析与作图。

1. 相贯线的特性

（1）相贯线是封闭的空间折线或空间曲线。

（2）相贯线位于相交的两立体表面上,是相交的两立体表面的共有线。

2. 求相贯线的作图方法

平面体与回转体相交,求相贯线的作图本质是求平面与回转体表面的交线。

回转体与回转体相交,求相贯线的作图本质是求相交两立体表面的共有点,其方法可视相贯线的具体情况采用表面取点法或辅助平面法。

（1）若相贯线已有两个投影为已知,可采用由点的两个投影求作第三个投影的方法或回转体表面上取点的方法求作共有点的未知投影。

（2）若相贯线有一个投影为已知（一个回转体的投影有积聚性时）,可采用回转体表面取点的方法或辅助平面法求共有点的未知投影。

（3）若相贯线没有已知投影,则只能采用辅助平面法求共有点的未知投影。

当采用辅助平面法时一定注意辅助平面的选择原则。

3. 求相贯线的步骤

1）空间及投影分析

这一步非常重要。由于相贯线是相交两立体表面的共有线,因此要重点分析相交两立体的空间位置和投影特性以及表面在何处相交。通过分析,可以定性地得知相贯线的空间形状,找出已知投影,从而预见未知投影,选择方便快捷的作图方法,使作图更有针对性。同时也可以更好地培养空间想象能力及空间思维能力。

2）作图

（1）求特殊点。特殊点在限定相贯线的范围和大致形状、正确画出轮廓线、判断可见性时起着非常重要的作用,应首先求出。特殊点主要包括相贯体轮廓线上的点、相贯线上的极限位置（上、下、左、右、前、后）点、相贯线各线段间的分界点。

（2）求中间点。当相贯线的投影为非圆曲线时,适当补充一些中间点可使曲线画得更加光滑准确。

（3）连接各共有点,画出相贯线。

（4）分析和处理平面体的棱线和回转体视图轮廓线的投影。平面体的棱线必须和该棱线与回转面的交点相连接,回转体的视图轮廓线必须和该轮廓线上的特殊点相连接。

3）检查

（1）检查平面体的棱线和回转体的视图轮廓线的投影是否正确。

（2）检查可见性。既要检查相贯线的可见性,又要检查平面体的棱线和回转体视图

轮廓线的可见性。判断相贯线可见性的原则是：只有同时位于两体可见表面上的部分才
是可见的。

4. 多体相贯

求多体相贯的相贯线时要注意以下几点：

(1) 两个形体、两个形体地分析和绘制相贯线，同时注意相贯线各段之间的连接点
(三面共点)的投影。为此，应首先分析清楚哪两个形体相交了；相交两立体的形状以及
在什么位置相交；相贯线的空间形状和投影特性。

(2) 多个形体表面相交时，每两个相交的形体表面通常为局部相交。作图时，可首先
把局部相交想象成完整相交，分析和绘制其交线后按投影关系取其局部。

第6章

组 合 体

任何复杂的机器零件,从几何形体的角度看,都是由一些简单的平面体和曲面体组成的,将其称为组合体。

画、读组合体的视图经常采用形体分析法和面形分析法。

1. 形体分析法

假想将组合体分解成若干简单形体,弄清它们的形状、组合方式和相对位置,分析它们的表面过渡关系及投影特性,进行画图和读图的方法叫作形体分析法。

2. 面形分析法

一个平面在各个投影面上的投影,除了有积聚性的投影外,其他投影都表现为一个封闭线框,特别是当平面为投影面垂直面时,除了有积聚性的投影外,另外两个投影均为与该平面的空间形状相类似的封闭线框。利用这个规律,对体表面的投影进行分析和检查,可以快速、正确地画出图形或想象出物体的形状,这种方法叫作面形分析法。

6.1 组合体的组合方式及表面过渡关系

组合体的组合方式主要分为叠加和挖切两种,如图 6-1(a)中的轴承座(叠加)和图 6-1(b)中的导向块(挖切)。

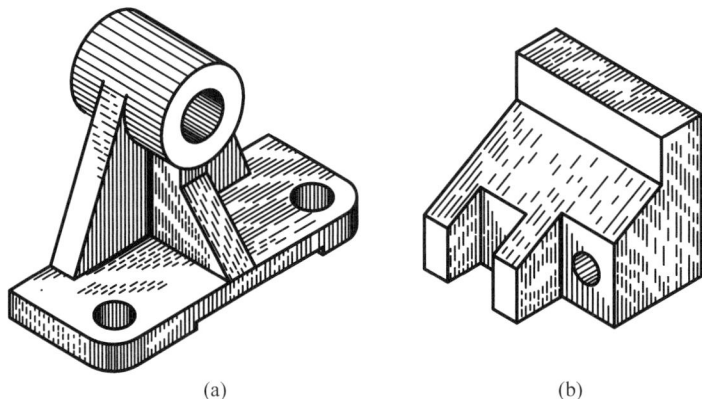

(a)   (b)

图 6-1 组合体

6.1.1　叠加

1. 堆叠

两个或多个基本体或简单体堆叠在一起的叠加方式,如图 6-2 和图 6-3 所示。体与体之间以平面分界,在与该平面垂直的投影面上的投影积聚成直线,如图 6-2,图 6-3(a)、(b)、(c)所示;当两体表面共面时,分界处无线,如图 6-3(c)、(d)所示。

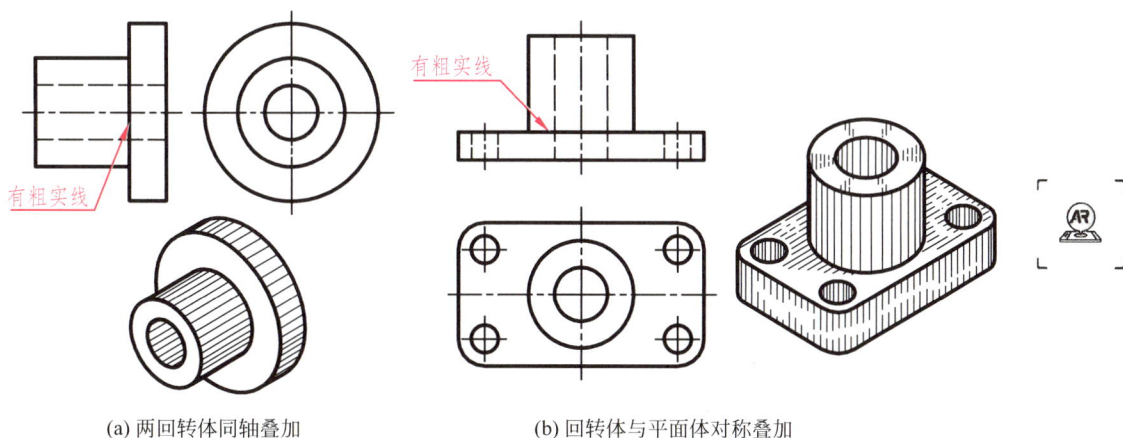

(a) 两回转体同轴叠加　　　　　　　(b) 回转体与平面体对称叠加

图 6-2　两体叠加

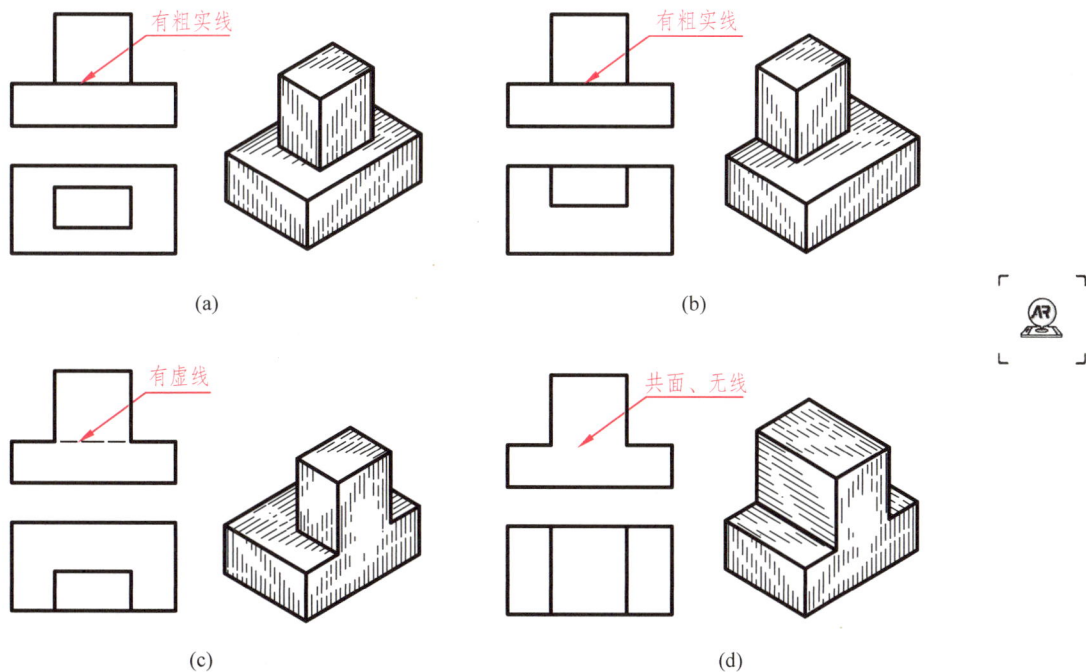

(a)　　　　　　　　　　　　　　　　(b)

(c)　　　　　　　　　　　　　　　　(d)

图 6-3　平面体与平面体叠加

2. 相交

如第 5 章所述,两立体相贯时,其表面产生相贯线(图6-4)。

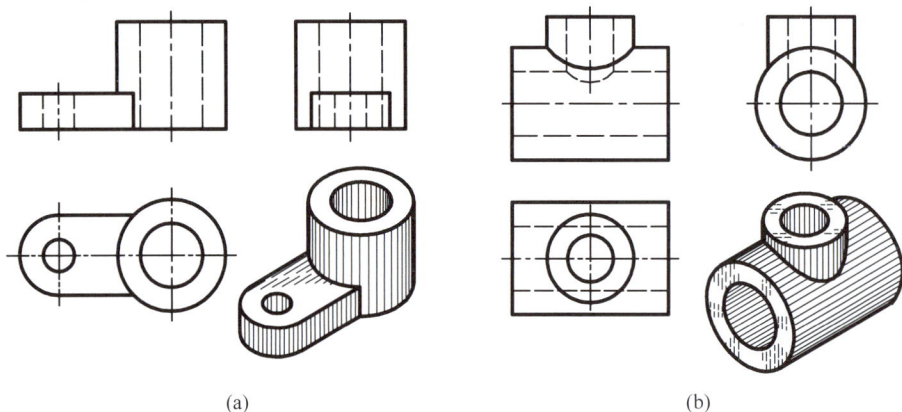

(a)   (b)

图 6-4   两体相交

3. 表面光滑过渡

两个基本体堆叠或相交时,体的表面(平面与曲面或曲面与曲面)相切,如图 6-5~图 6-7 所示。这时,两体表面在相切处光滑过渡,故不画分界线。在画图 6-7 时,应准确找出相切的位置。

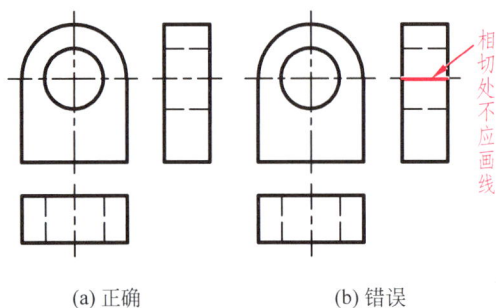

(a) 正确   (b) 错误

图 6-5   平面与圆柱面相切(一)

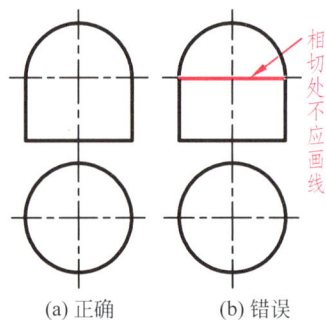

(a) 正确   (b) 错误

图 6-6   圆柱面与球面相切

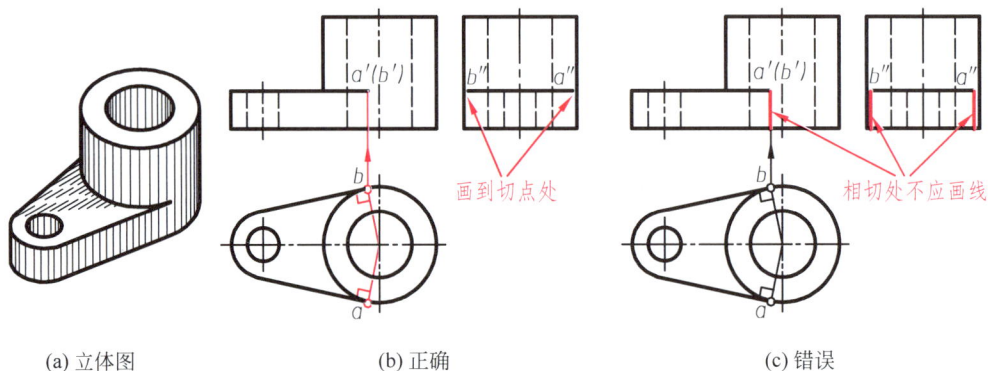

(a) 立体图   (b) 正确   (c) 错误

图 6-7   平面与圆柱面相切(二)

6.1.2 挖切

如第 4 章所述,用平面截切立体,切去或挖掉体的一部分,体表面产生截交线。由此可构成挖切式组合体(图 6-8)。

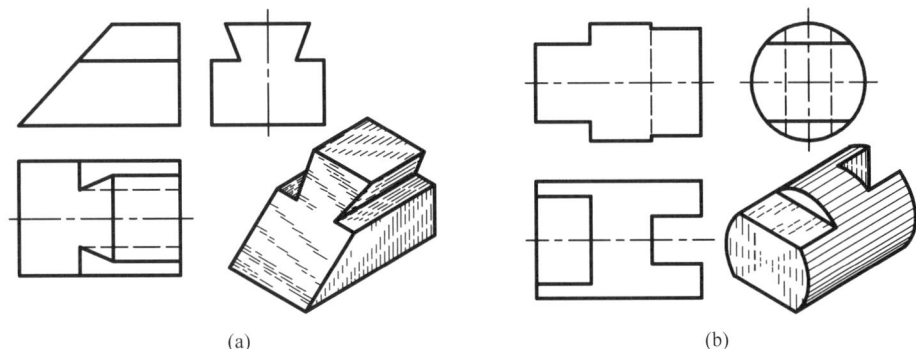

(a)　　　　　　　　　　　(b)

图 6-8　挖切

又如第 5 章所述,以立体相贯方式,亦可形成挖切式组合体。

6.2　组合体的画图方法

为便于画图,常需先将组合体划分为叠加式或挖切式,再依据其不同的构形特点画图。

6.2.1　叠加式组合体的画图方法

画叠加式组合体的视图主要采用形体分析法,现以图 6-1(a)所示的轴承座为例说明其绘图过程。

1. 形体分析

假想将轴承座分解为 4 部分:套筒、底板、支撑板和肋板(图 6-9)。它们均左、右对称叠加在一起。支撑板与底板后面共面;支撑板与套筒、肋板与套筒相交,表面应有交线,其中支撑板的左、右两个侧面与套筒表面相切。

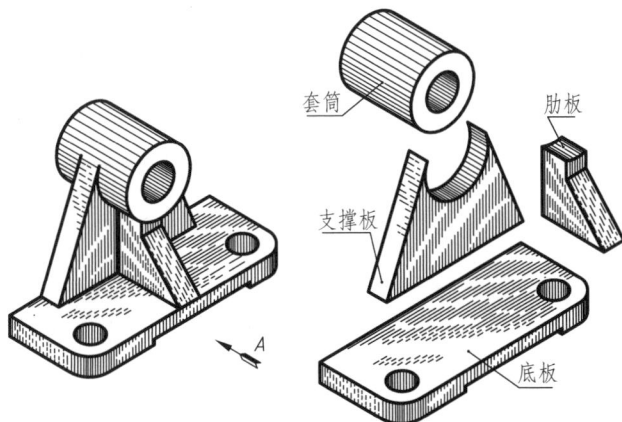

图 6-9　轴承座分解图

6-1

6-2

2. 选择主视图

主视图主要由组合体的安放状态和投射方向两个因素来确定。

(1) 安放状态。主要考虑画图方便和组合体放置稳定。

(2) 投射方向。使主视图能够较多地表达出组合体的形状特征及各部分间的相对位置关系,并使视图中的虚线为最少。

本例选用图 6-9 中所示的安放状态,并选用箭头 A 的方向为主视图的投射方向。

主视图确定后,其他视图也就确定了。

3. 布置视图

根据各视图的最大轮廓尺寸,在图纸上均匀地布置这些视图,为此,应首先画出确定各视图位置的基准线、对称线以及主要形体的轴线和中心线,如图 6-10(a)所示。

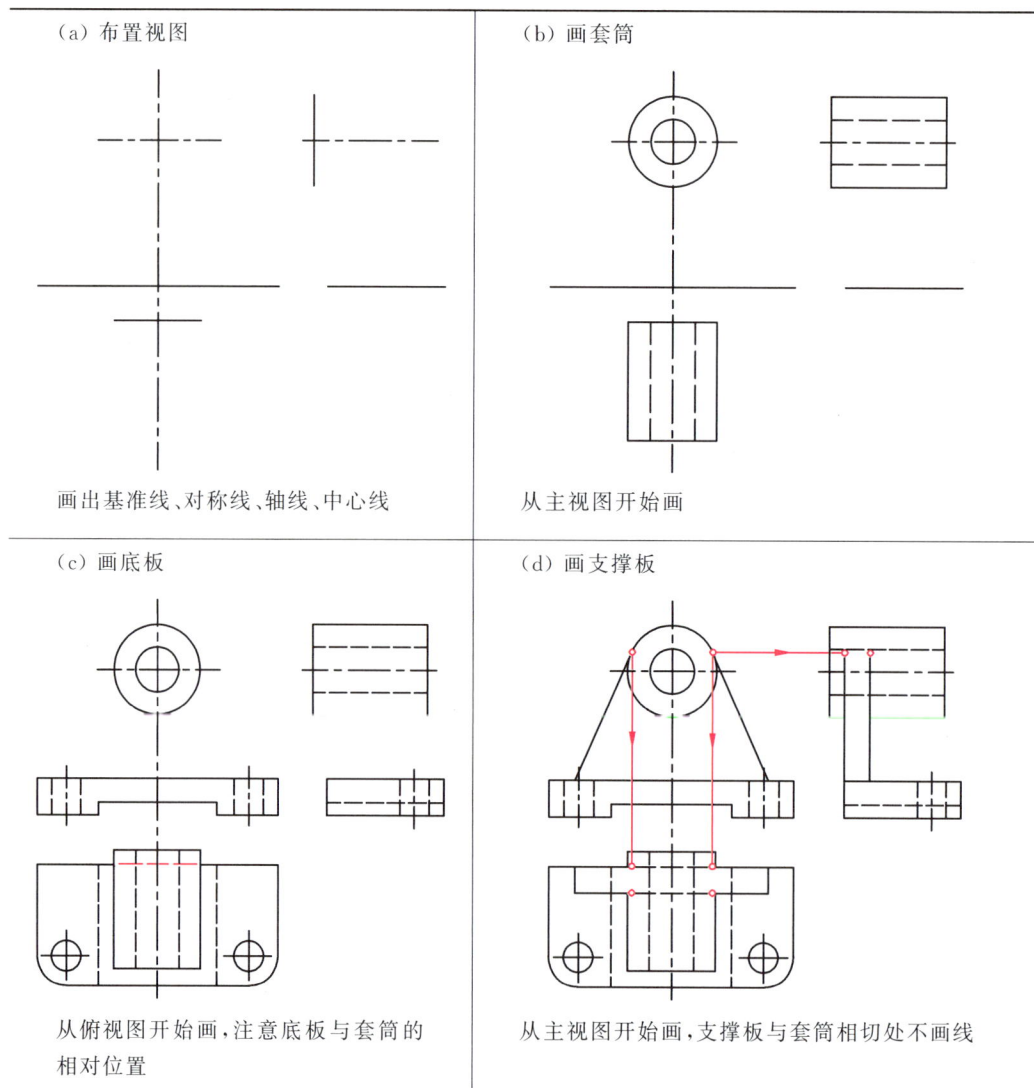

(a) 布置视图	(b) 画套筒
画出基准线、对称线、轴线、中心线	从主视图开始画
(c) 画底板	(d) 画支撑板
从俯视图开始画,注意底板与套筒的相对位置	从主视图开始画,支撑板与套筒相切处不画线

图 6-10　轴承座的画图步骤

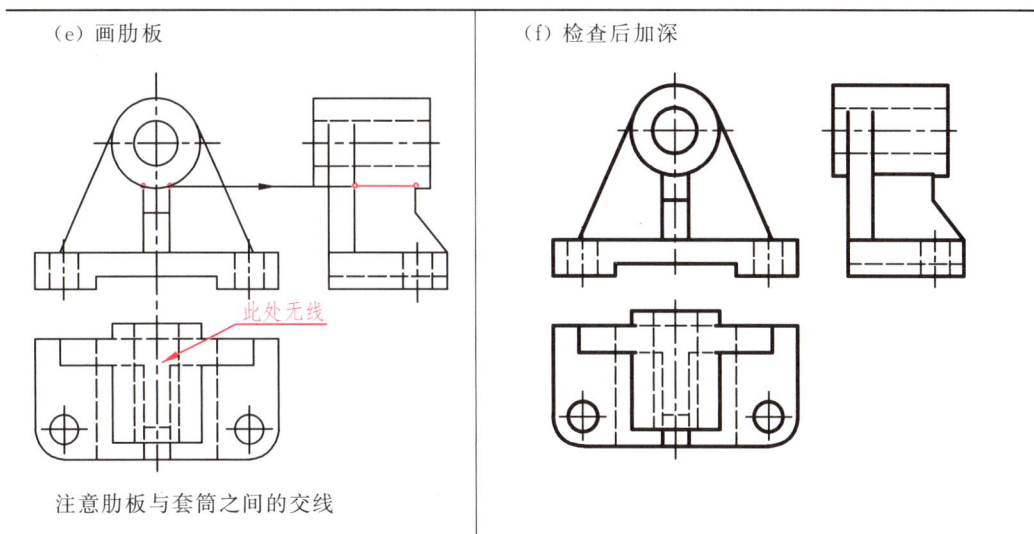

(e) 画肋板

(f) 检查后加深

此处无线

注意肋板与套筒之间的交线

图 6-10(续)

4. 画底稿

从反映每一形体形状特征的视图开始,用细线逐个画出各形体的三视图,要注意各形体间的表面过渡关系,如图 6-10(b)～(e)所示。

画图的一般步骤为:先画主要部分,后画次要部分;先定位置,后定形状;先画整体形状,后画细节形状。

5. 检查、加深

底稿画完后,要仔细检查有无错误,确认正确无误后,擦去多余的线,用规定的线型进行加深(图 6-10(f))。

画图时应注意以下几个问题:

(1) 要 3 个视图配合起来画。画图时,不要画完一个视图再画另一个视图,而要 3 个视图配合起来画,以便利用投影间的对应关系,使作图既快又准确。

(2) 形体之间的相对位置要正确。例如,画底稿时,要注意底板与套筒后端面的前后位置关系(图 6-10(c))。

(3) 形体间的表面过渡关系要正确。例如,支撑板的左右侧面与套筒表面相切,相切处应不画线(图 6-10(d))。肋板与套筒是相交的,应正确地画出交线(图 6-10(e))。由于套筒、支撑板、肋板组合成一个整体,原来的轮廓线也发生了变化,如图 6-10(d)中俯视图和左视图上套筒的轮廓线,图 6-10(e)中左视图上套筒的轮廓线和俯视图上肋板与支撑板间的分界线的变化。

6.2.2 挖切式组合体的画图方法

图 6-1(b)所示的导向块可以看成是由长方体 I 依次切去 II、III、IV 3 个形体,并挖去形体 V(圆柱孔)而形成的(图 6-11),可以按挖切顺序依次画出切去每一部分后的三视图。画图步骤如图 6-12 所示。

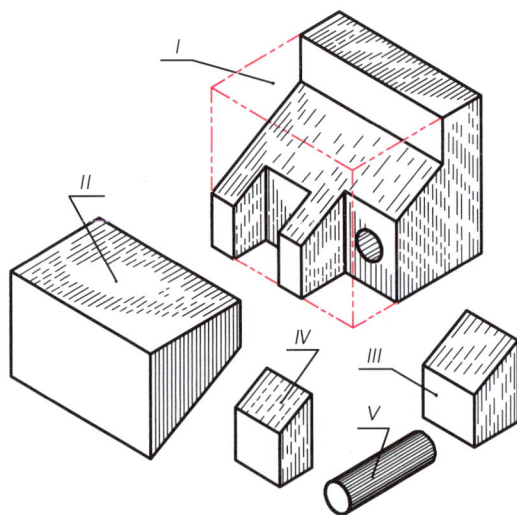

图 6-11　导向块的形体分析

画图时应注意以下几个问题：

（1）对于被切的形体,应先画出反映其形状特征的视图。例如,切去形体Ⅱ,应先画主视图。

（2）挖切式组合体的特点是斜面比较多,画图时,除了对物体进行形体分析外,还应对一些主要的斜面进行面形分析。例如图 6-12(d)中的 Q 面是一个正垂面,其在主视图上的投影积聚成直线,在俯视图和左视图上应为类似形。

（a）画长方体 Ⅰ	（b）切去形体 Ⅱ
	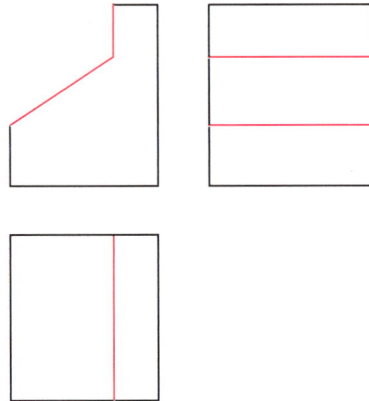
	从主视图开始画

图 6-12　导向块的画图步骤

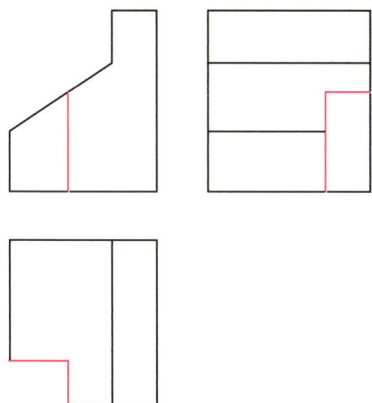

（c）切去形体Ⅲ

从俯视图开始画

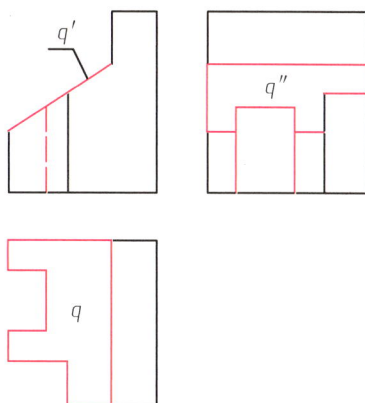

（d）切去形体Ⅳ

从俯视图开始画。注意 Q 面俯视图与左视图的类似性

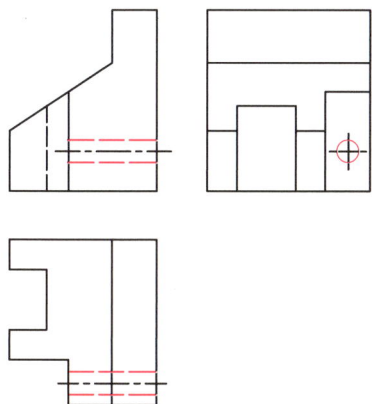

（e）钻孔Ⅴ

从左视图开始画

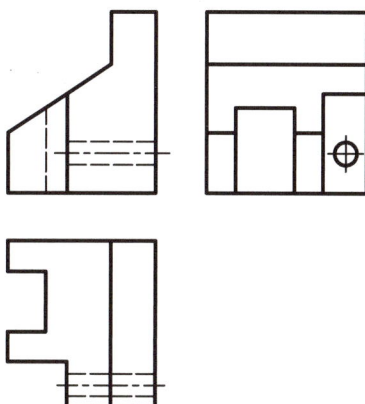

（f）检查后加深

图 6-12（续）

6.3 组合体视图的阅读方法

读图就是根据物体的已给视图，想象出物体的空间形状。

6.3.1 读图时应注意的几个问题

1. 弄清视图中图线的意义

视图是由图线组成的，视图中的点画线一般是对称中心线或回转体的轴线，而图中的实线与虚线有 3 种意义（图 6-13）：

（1）体表面有积聚性的投影；

（2）体表面交线的投影；

（3）回转面（圆柱面、圆锥面等）轮廓素线的投影。

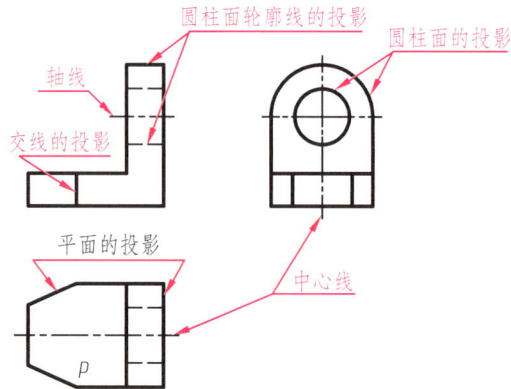

图 6-13 　 图线的意义

2．利用线框分析体表面的相对位置关系

如果一个面的投影在某视图中不积聚，则其边界一般将形成一个封闭的线框，如图 6-13 中的 p。因此，一般情况下视图中的一个封闭线框表示一个面的投影。线框里面再出现线框，通常表示两个面凹凸不平或具有打通的孔（图 6-14）。若两线框相邻，通常表示两个相邻的面高低不一或相交（图 6-15）。

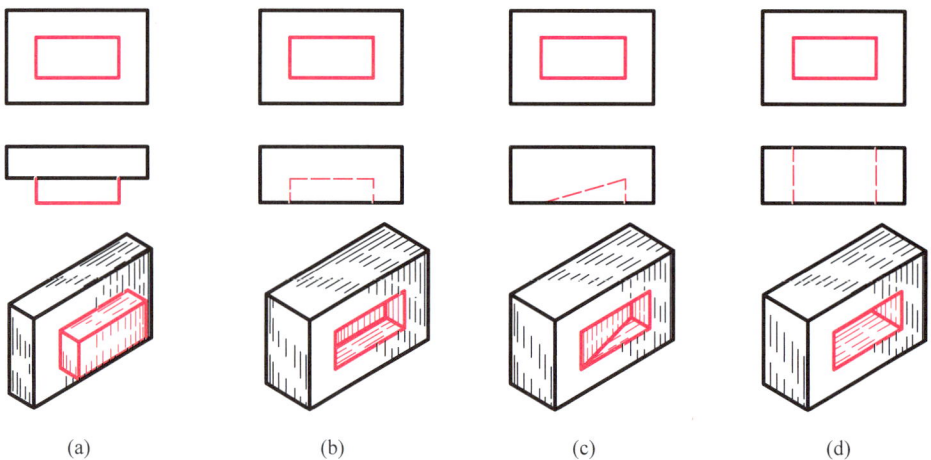

|（a）|（b）|（c）|（d）|

图 6-14 　 线框套线框

3．利用虚、实线区分各部分的相对位置关系（图 6-16）

4．几个视图对照分析确定物体的形状

一个视图不能唯一确定物体的形状，必须两个或两个以上的视图才能唯一确定物体

的形状,因此要几个视图联系起来进行分析。如图 6-17(a)、(b)所示,虽然二者的主视图、左视图相同,但俯视图不同,二者形状也不同。

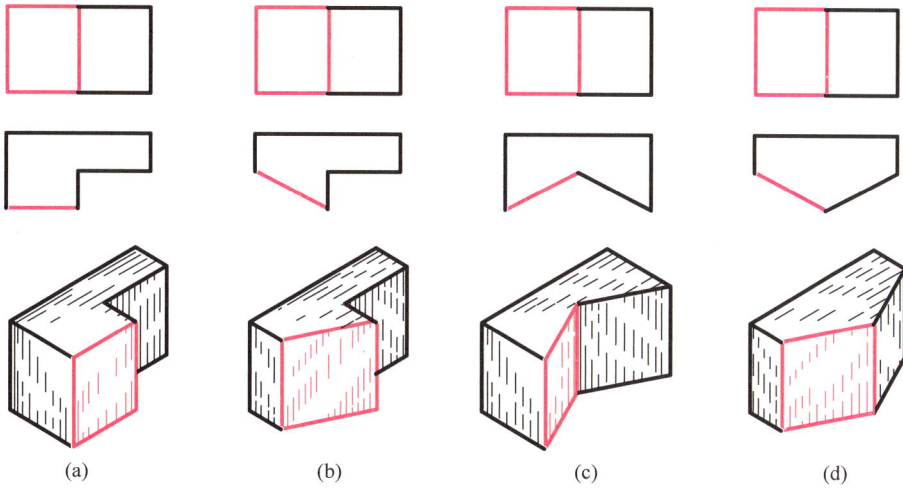

图 6-15 两线框相邻

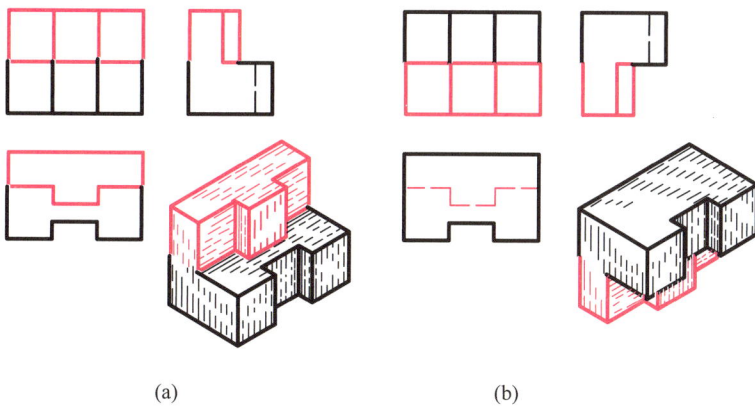

图 6-16 虚、实线改变,形体改变

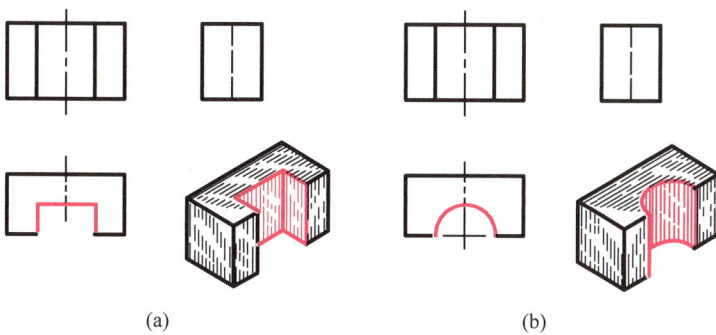

图 6-17 3 个视图对照分析确定物体的形状

5．注意抓特征视图

特征视图包括形状特征视图和位置特征视图。

（1）形状特征视图。能清晰地表达物体的形状特征的视图，如图 6-18 中的俯视图。

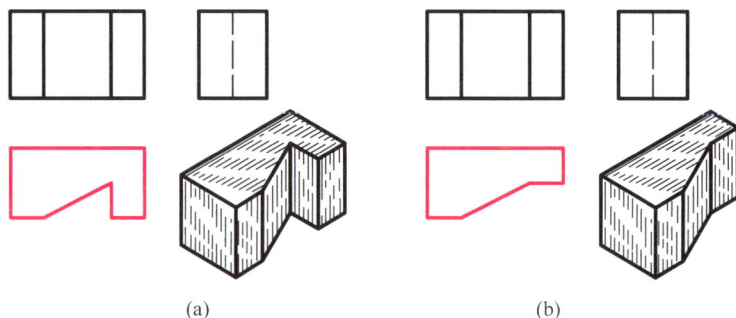

图 6-18　俯视图为形状特征视图

（2）位置特征视图。能清晰地表达构成组合体的各形体之间的相互位置关系的视图。如图 6-19 所示，从主视图看，封闭线框 I 内有两个封闭线框 II 和 III，而且它们的形状特征比较明显。根据前面的分析，线框内套线框，表面一定凹凸不平。从俯视图看，两者一个是凸出的，一个是孔，但并不能确定哪个形体是凸出的，哪个形体是孔。若从图 6-19(a) 的左视图看，很明显形体 II 是凸出的，形体 III 是孔。若从图 6-19(b) 的左视图看，形体 III 是凸出的，形体 II 是孔。故左视图清晰地表达了形体间的位置特征。

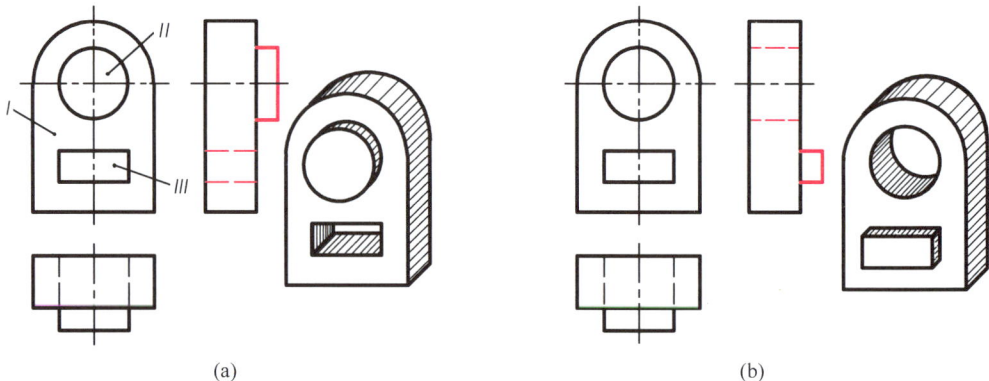

图 6-19　左视图为位置特征视图

由以上分析可以看出，抓住特征视图，再配合其他视图，就能比较快地想象出物体的形状。但要注意，物体的形状特征和位置特征并非完全集中在一个视图上，可能每个视图上都有一些。如图 6-20 中的轴承座由四部分组成，其中主视图上表达了 I、III、IV 的形状特征，左视图上表达了 II 的主要形状特征，俯视图上表达了形体 II 上孔的形状特征。形体间的相互位置关系则在 3 个视图上都有表达。因此看图时要抓住反映特征较多的视图，同时还必须配合其他视图一起分析。

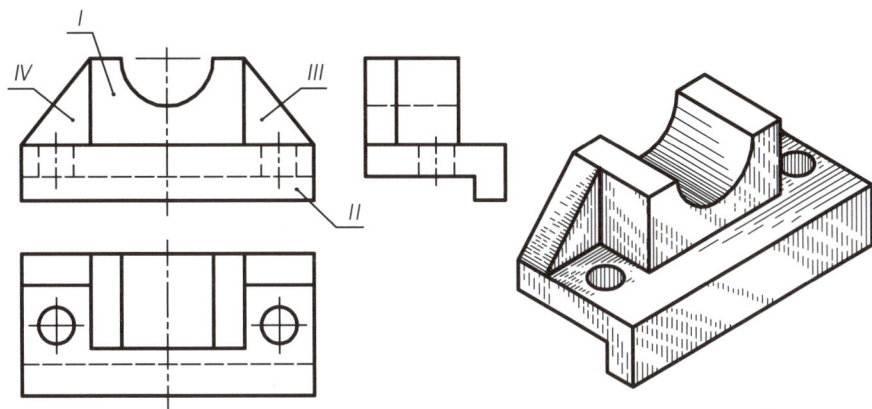

图 6-20　轴承座

6. 要注意视图中反映形体之间过渡关系的图线

构成组合体的形体之间表面过渡关系的变化会引起视图中图线的变化。如图 6-21(a)中的三角形肋板与底板及侧板间的连接线在主视图上是实线,说明它们的前面不共面,因此肋板在底板中间。图 6-21(b)中的三角形肋板与底板及侧板间的连接线在主视图上均为虚线,说明它们的前面共面,根据俯视图可确定,前后各有一块肋板。

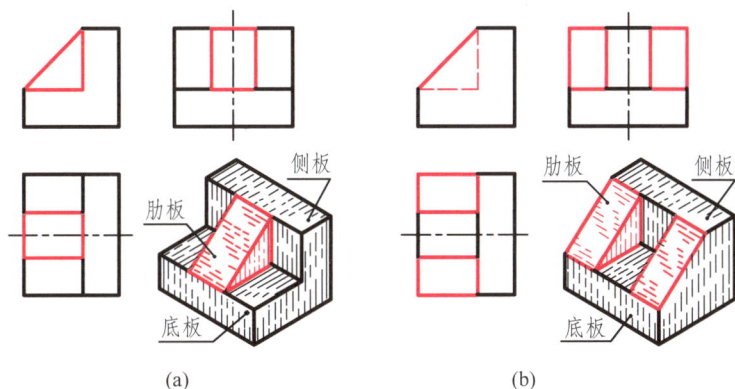

图 6-21　虚、实线变化,形体变化

又如图 6-22(a)中,由主视图上两形体的交线是两条直线,可以确定是两个直径相等的圆柱相交。而图 6-22(b)中,主视图上两形体在过渡处没有线,可以确定它是由一个平面体(棱柱)的前后两个侧面与圆柱体表面相切形成的。

7. 要反复构思物体的空间形状

要想正确而迅速地想象出视图所表达的物体的空间形状,就必须多看、多构思。读图的过程是不断地把想象中的物体与给定的视图进行对照的过程,也是不断地修正想象中的物体的形状的思维过程,要始终把空间想象和投影分析结合起来进行。首先根据所给视图构思物体的空间形状,默想出想象中的物体的视图,再与所给视图相对照,根据视图的差异修正想象中的物体,直至两者完全符合。

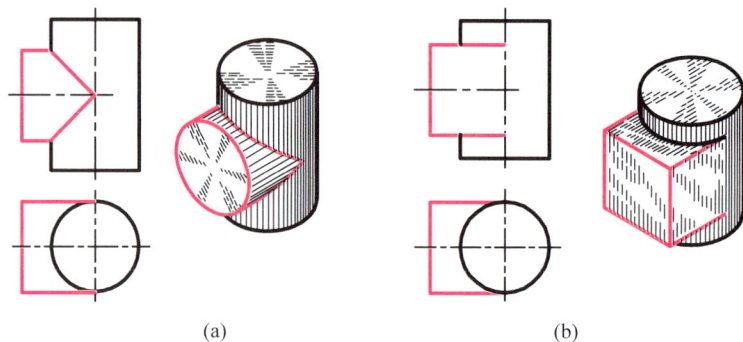

(a)　　　　　　　　　　　　　　　　(b)

图 6-22　根据物体表面的过渡线确定物体的形状

6.3.2　读图的基本方法和步骤

1. 读图的基本方法

读组合体视图的基本方法是形体分析法和面形分析法。

（1）形体分析法。对以叠加为主的组合体视图的阅读，主要采用形体分析法。首先用分线框、对投影的方法分析出构成组合体的基本形体有几个，找出每个形体的形状特征视图，对照其他视图，从而想象出各基本形体的形状。然后分析各形体间的相对位置、组合方式、表面过渡关系，最后综合想象出整体形状。

（2）面形分析法。对以挖切为主的组合体视图的阅读，主要采用面形分析法。首先用分线框、对投影的方法分析出挖切前的基本形体的形状，是用什么位置的平面切割的，找出切割后断面的特征视图，从而分析出形体的表面形状特征，最后综合想象出整体形状。

2. 读图的基本步骤

读图的基本步骤是：先主后次，先易后难，先局部后整体。

先主后次：先看主视图，后看其他视图；先找特征视图，后对照其他视图；先确定形体的主要结构，后确定次要结构。

先易后难：把构成组合体的各形体中，形体结构比较容易确定的先读出来，形体结构比较难读的部分放在后边。

先局部后整体：先想象组成叠加式组合体的各基本形体的形状，后想象整体的形状；先分析挖切式组合体的表面形状特征，后想象出整体的形状。

例 6-1　已知一轴承座的三视图，想象出它的空间形状（图 6-23）。

解　1）抓特征分解形体

以主视图为主，配合其他视图，找出反映各组成形体特征较多的视图，从图上对物体进行形体分析，将其分解成几部分。

对于图 6-23 中的轴承座，对照分析 3 个视图，从反映其特征较多的主视图可知，它由 3 部分组成，即Ⅰ：凸台，Ⅱ：支撑座，Ⅲ：底板。

2）对投影确定形体

根据投影的"三等"对应关系，在视图上划分出每一部分的 3 个投影，想象出它们的形状。

如图 6-24(a)所示，根据"三等"对应关系，划分出凸台的 3 个投影，俯视图反映了它的形状特征，可以想象出它是一个圆筒。

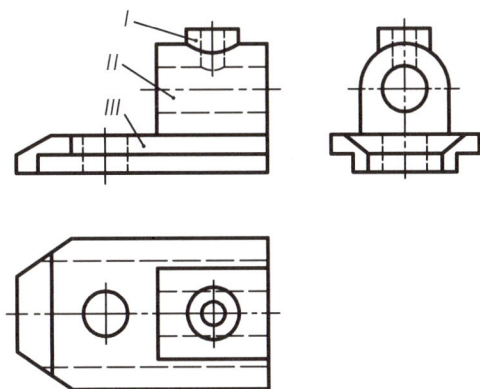

图 6-23　轴承座的三视图

　　用同样的方法划分出支承座的 3 个投影(图 6-24(b)),左视图反映了它的形状特征。由三个投影可以想象出它的空间形状。

　　如图 6-24(c)所示,根据"三等"对应关系,划分出底板的 3 个投影。对照 3 个投影进行分析,底板是由一个长方体经过多次切割而成。从主视图上看,左上角被切去一块;从俯视图上看,左端前后各被切去一块;从左视图上看,下部前后部位均被切去一块。

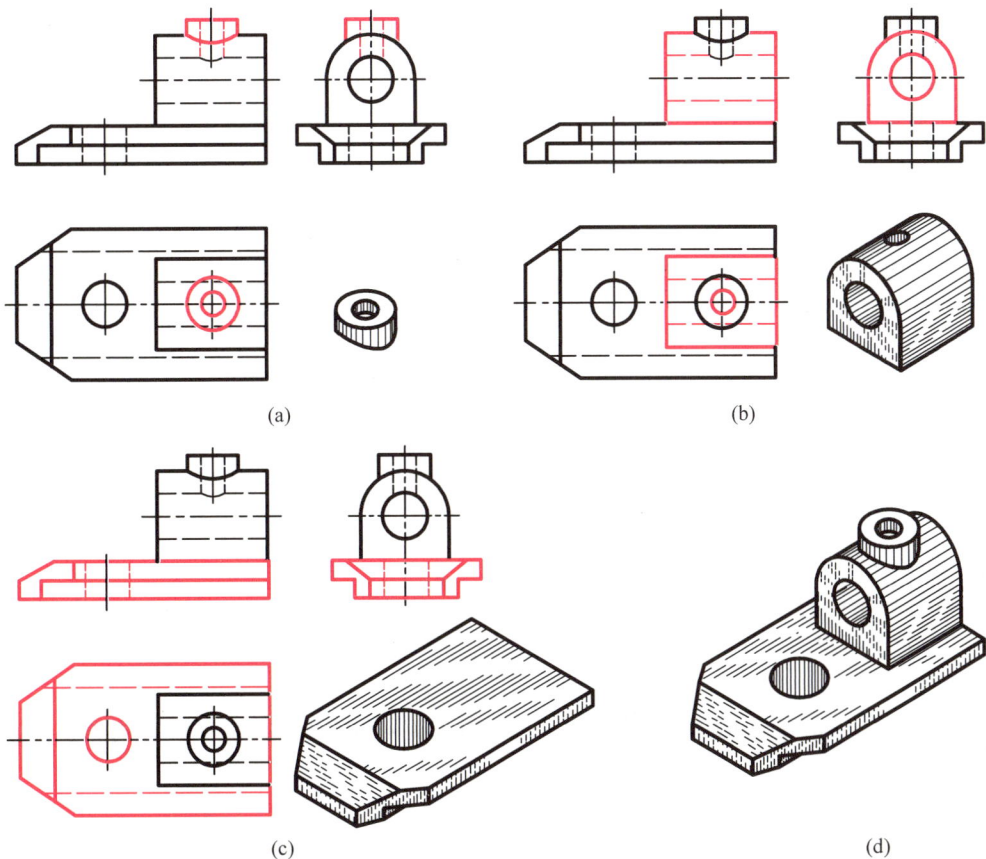

(a)

(b)

(c)

(d)

图 6-24　轴承座的读图过程

从形体分析角度看,对底板的形状只是有了一个大概的了解,要想象出它的形状还需进行面形分析。

3) 面形分析攻难点

为了便于分析,现将底板的 3 个投影从原视图中分离出来(图 6-25)。

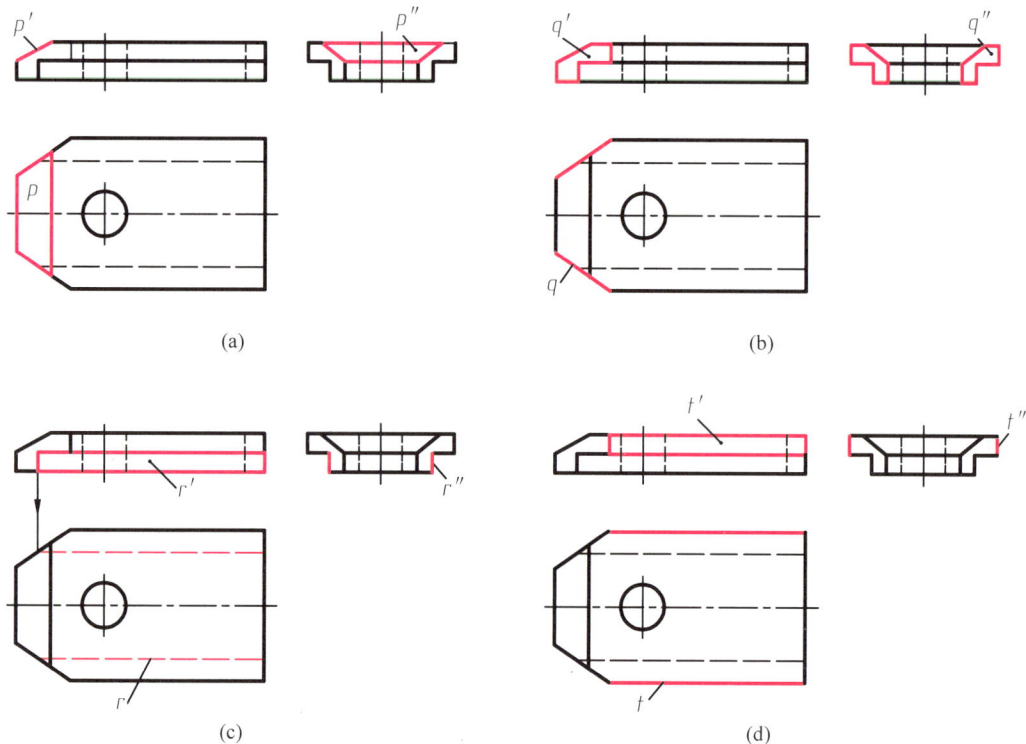

图 6-25　底板的读图过程

利用视图上面形的投影规律,对底板的表面进行面形分析。视图上的一个封闭线框一般情况下代表一个面的投影,它在其他视图上对应的投影不是积聚成直线,就是类似形。用此投影特性划分出每个表面的 3 个投影,看懂它们的形状。

如图 6-25(a)所示,封闭线框 p 在主视图上对应的投影只能是直线 p',因此 P 为正垂面,它的水平投影和侧面投影形状类似,是一个梯形,虽不反映 P 的实形,但也说明 P 面的空间形状为梯形。

如图 6-25(b)所示,封闭线框 q' 在俯视图上对应的投影只能是直线 q,因此 Q 面为铅垂面,它的正面投影和侧面投影为形状类似的七边形,说明底板左端前后两个面的形状为七边形。

用同样的方法可以看出平面 R 与平面 T 均为正平面,正面投影反映它们的实形,底板上的这两个表面为矩形(图 6-25(c)、(d))。

请读者自行分析其他表面的形状。

从形体和面形两方面对底板进行投影分析后,可以想象出它的空间形状如图 6-24(c)的立体图所示。

4）综合起来想整体

在看懂每部分形体的基础上,抓住位置特征视图,分析各部分间的相对位置及表面过渡关系,最后综合起来想象出物体的整体形状。

从轴承座的俯视图看,支撑座与底板右端共面,前后对称叠加在一起。凸台与支撑座相交,中间钻了一个与轴承孔相通的圆孔。综合起来可以想象出轴承座的空间形状如图 6-24(d)所示。

由例 6-1 的读图过程可知,用形体分析法和面形分析法读图的步骤虽然相似,但形体分析法是从体的角度出发,"分线框、对投影"所得的 3 个投影是一个形体的 3 个投影。而面形分析法是从面的角度出发,"分线框、对投影"所得的 3 个投影是一个面的投影。

组合体的组合方式往往既有叠加又有挖切,读图时,一般也不是孤立地采用某种方法,而是两种方法综合使用,互相配合,互相补充。

6.3.3 已知物体的两视图,求作第三视图

已知物体的两个视图,求第三视图是一种读图和画图相结合的训练方法。首先根据物体的已知视图想象出物体的形状,在完全读懂已知视图的基础上,再利用投影的"三等"对应关系画出第三视图。

例 6-2 已知物体的主视图和左视图,求作俯视图(图 6-26)。

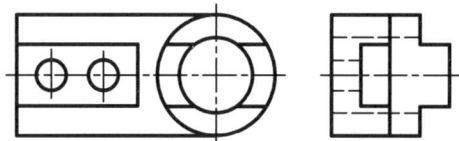

图 6-26 已知物体的两个视图,求第三视图

解 1）读懂已知视图,想象出物体的形状

由主视图和左视图可以看出,该物体主要由Ⅰ、Ⅱ两个形体组成(图 6-27(a))。

由于Ⅰ、Ⅱ两个形体的高度相等,为了准确地划分出它们在左视图上的投影,可以利用各个形体上局部的孔和槽。如图 6-27(b)所示,利用形体Ⅰ上圆孔的投影来帮助确定它在左视图上对应的投影。从划分出的形体Ⅰ的两个视图可以看出,它是由一个圆筒前端上下对称各切去了一块形成的,如立体图所示。

形体Ⅱ在两个视图上的对应投影如图 6-27(c)所示。它的整体形状类似于一块矩形板。主视图的大线框内有一个矩形线框,矩形线框内有两个小圆,对照左视图分析可以看出,矩形板的左端中间由前向后挖了一个方槽,槽底钻了两个圆孔,其形状如立体图所示。

从主视图上看,形体Ⅱ的上下表面与圆筒Ⅰ相切,组合体的整体形状如图 6-27(d)所示。

2）画俯视图

画图时,一般先画整体形状,后画局部形状;先画形体,后画交线。即首先画出Ⅰ、Ⅱ的轮廓投影(图 6-28(a)),然后再分别画出圆筒上下部位被切去两块后产生的截交线的投影和形体Ⅱ的切槽及小圆孔的投影(图 6-28(b))。

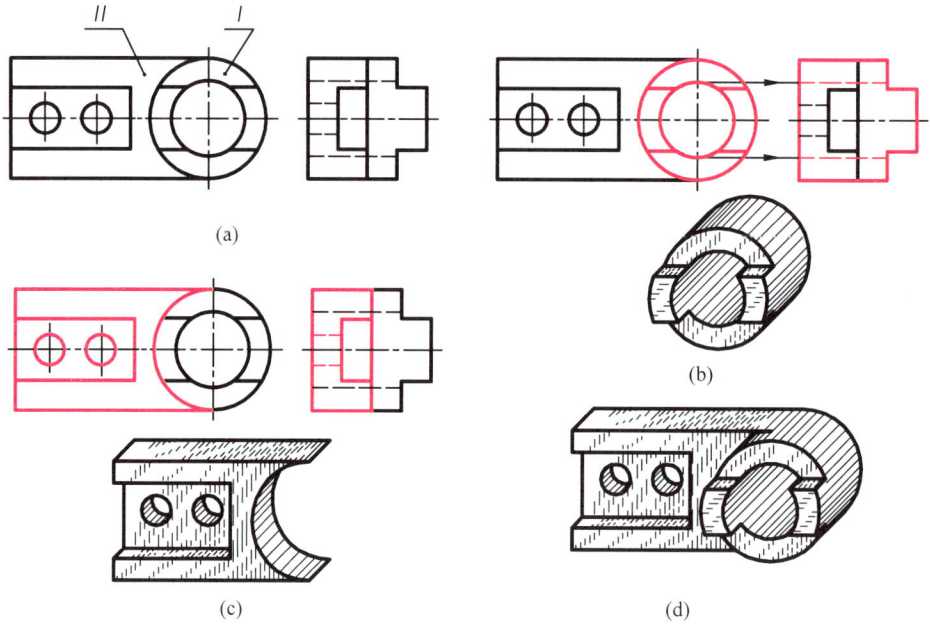

(a)

(b)

(c)

(d)

图 6-27　读图过程(例 6-2)

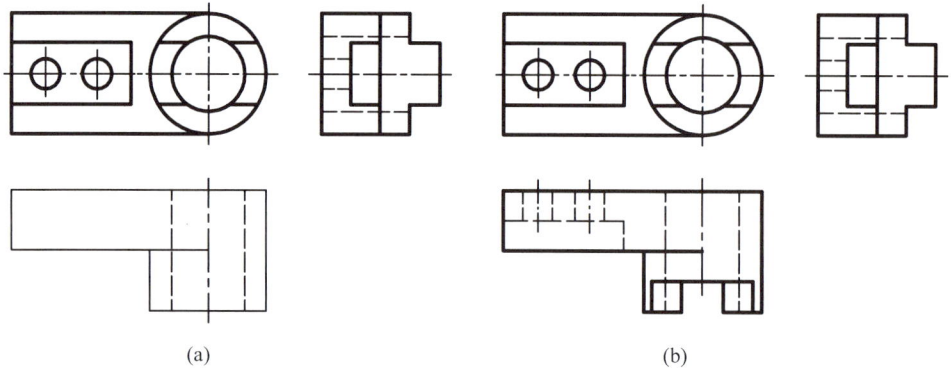

(a)

(b)

图 6-28　求作俯视图

例 6-3　已知支座的主视图和俯视图,求作左视图(图 6-29(a))。

解　1) 读懂已知视图,想象出物体的形状

主视图上有 3 个长度相等的实线框 1′、2′、3′(图 6-29(a)),在俯视图上没有类似形和它们成对应关系,所以它们的水平投影应积聚成直线。又因主视图上这 3 个线框相邻,它们不可能对应俯视图上的同一直线,而是分别与 3 条直线相对应。由于 3 个线框的正面投影都是可见的,且俯视图上 1、2、3 均为实线,所以Ⅰ面在前;线框 2′上有一个小圆,对照俯视图分析可知,Ⅱ面在中间,Ⅲ面在后。看懂 3 个线框的层次关系后,再用形体分析法对构成支座的各个形体进行分析(分析过程见图 6-30)。根据各部分的相对位置关系,可想象出支座的形状如图 6-29(b)所示。

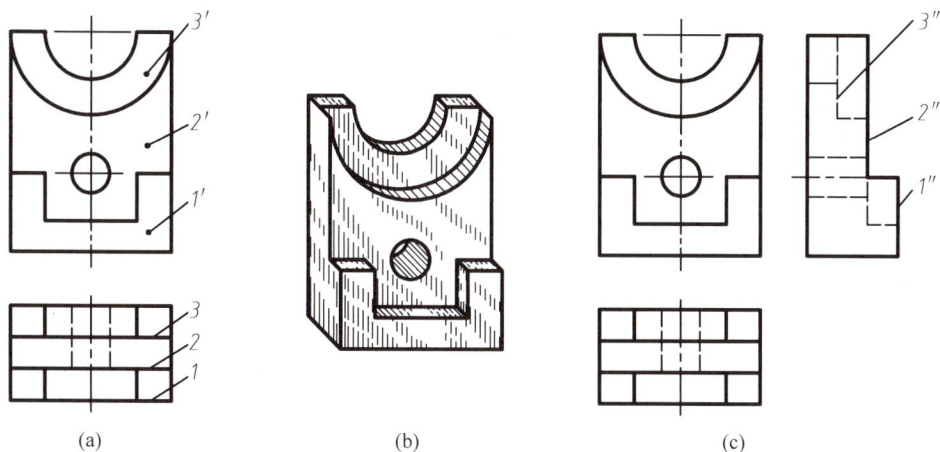

图 6-29 已知支座的两视图,求第三视图

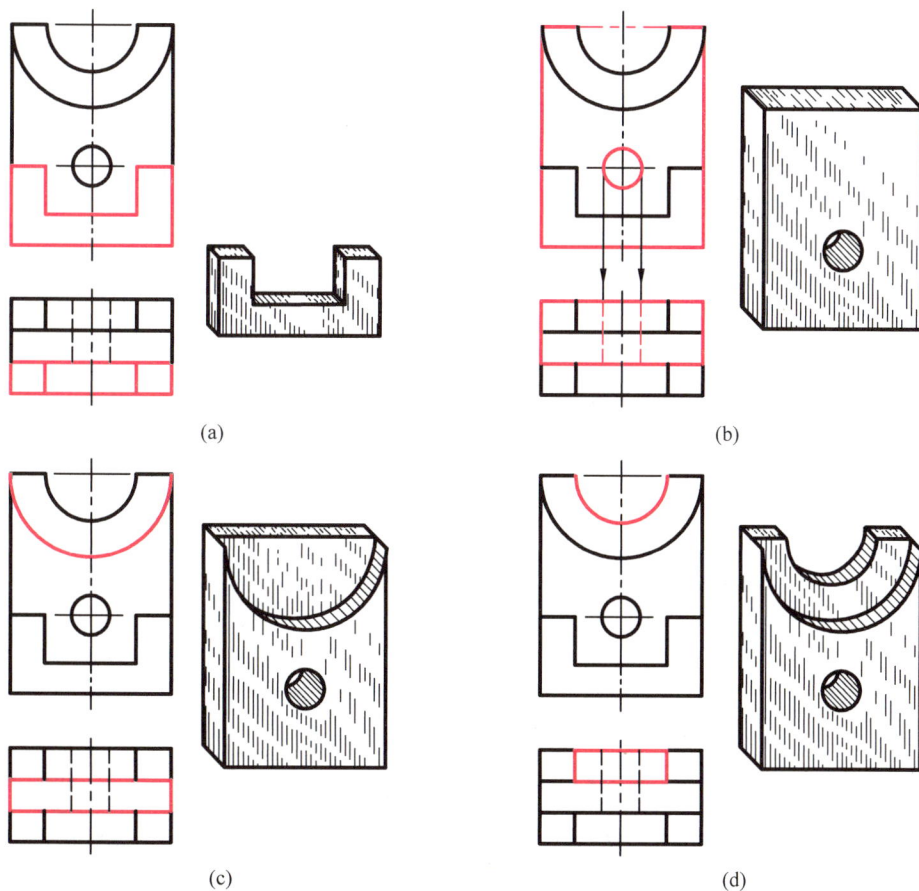

图 6-30 支座的读图过程

2）画左视图

在看懂支座形状的基础上，不难画出它的左视图(图 6-29(c))。

请读者自己练习画一次，看是否与所给答案相同。

例 6-4　已知物体的主视图和俯视图，求作左视图(图 6-31)。

解　1）读懂已知视图，想象出物体的形状

从主视图和俯视图的外部轮廓可知，该物体是由一个长方体经挖切而成。俯视图上的线框 n(矩形线框)在主视图上的对应投影是直线 n′(图 6-32(a))，说明长方体的左上角被正垂面 N 切去了一部分。

俯视图后面有一个方形缺口(图 6-32(b))，对应主视图上的两条虚线分析，说明后面挖了一个方槽。

主视图上的封闭线框 p′在俯视图上没有类似形与其对应(图 6-32(c))，说明它的水平投影有积聚性，根据"三等"对应关系，可找出它的水平投影为直线 p，可见它是一个正平面，由于它的正面投影可见，说明长方体的右前方挖去了一个棱柱体。

图 6-31　求第三视图

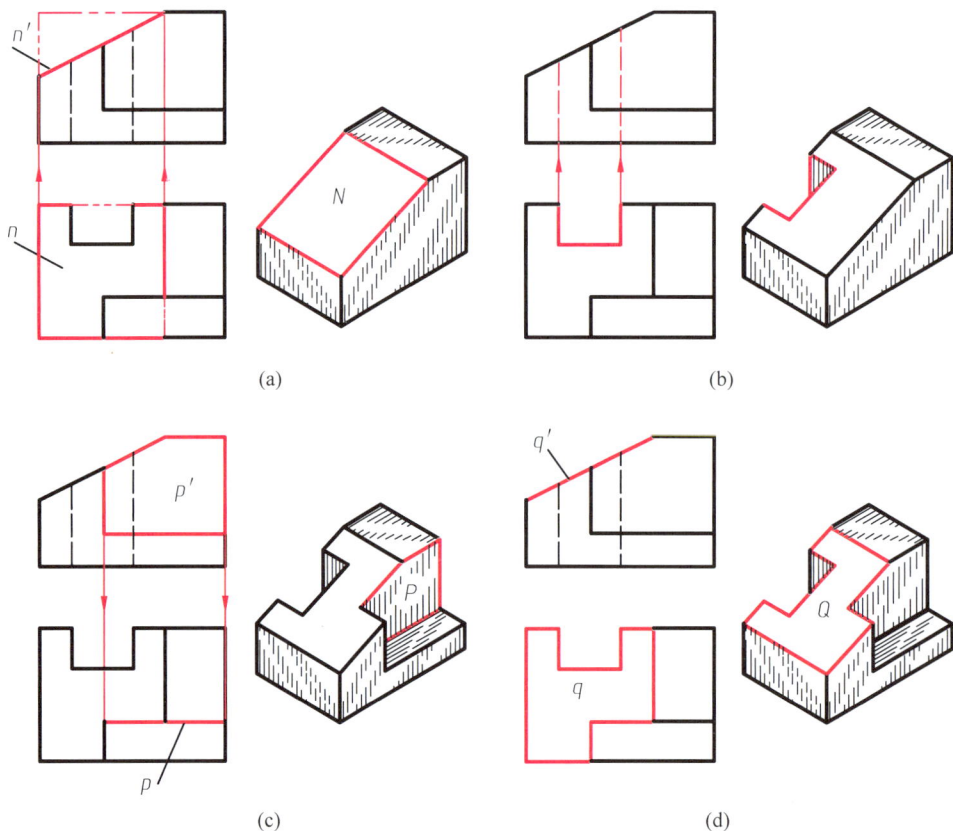

进一步分析 Q 面的投影可知它是一个正垂面(图 6-32(d))，水平投影与侧面投影的形状应类似，由此可预见 Q 面在左视图上的形状，做到画图时心中有数。

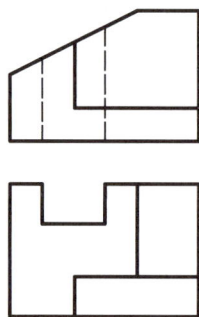

(a)

(b)

(c)

(d)

图 6-32　读图过程(例 6-4)

2）画左视图

按顺序分别画出长方体被切去各块后的左视图（图 6-33（a）～（c）），并分析 Q 面的投影特性，着重检查 q 与 q'' 的形状是否相类似。其结果如图 6-33（d）所示。

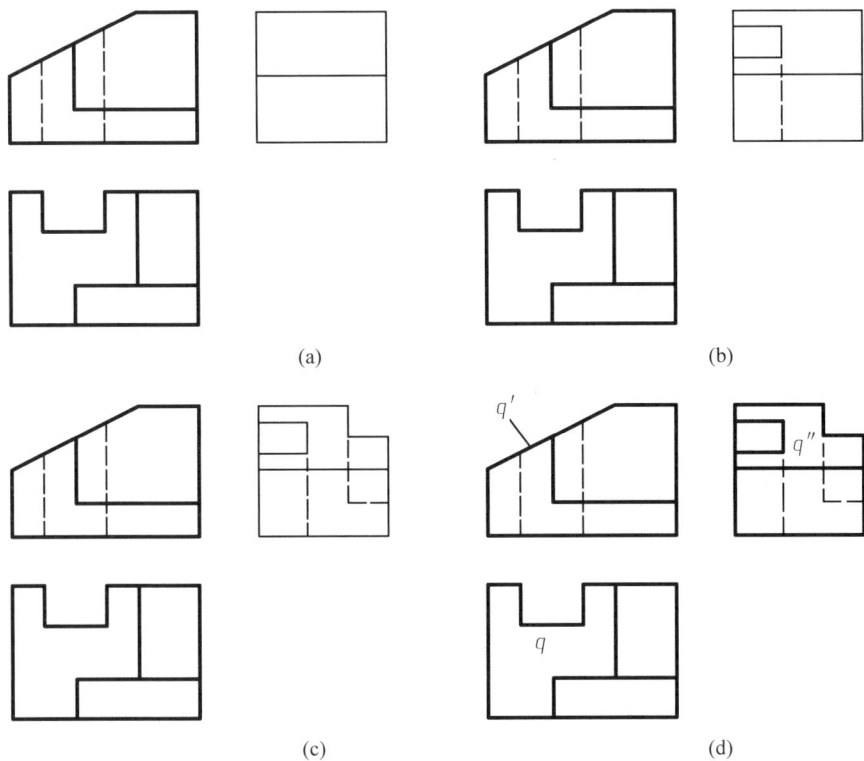

(a)　　　　　　　　　　　(b)

(c)　　　　　　　　　　　(d)

图 6-33　绘图过程（例 6-4）

小结

本章重点是用形体分析法和面形分析法绘制和阅读组合体的视图。

1. 组合体的绘图

对以叠加为主的组合体，主要采用形体分析法。首先，假想将组合体分解成若干简单形体，弄清它们的形状、组合方式和相对位置，分析它们的表面过渡关系及投影特性，然后逐个形体绘图。绘图时，先画主要形体，后画次要形体；先定位置（画出对称中心线和轴线以及主要基准线），后画形状；先画形体，后画交线。从特征视图入手，三个视图对照画，边画边分析形体之间的表面过渡关系，以避免多线、漏线和视图间的"三等"对应关系出错。

对于挖切式组合体，除了采用形体分析法外，还要辅以面形分析法。挖切式组合体的特点是体表面斜面比较多，画图时，应对一些主要的斜面进行面形分析。它们在各个投影面上的投影，除了有积聚性的投影外，其他投影都表现为一个封闭线框，特别是当斜面为投影面垂直面时,除了有积聚性的投影外,另外两个投影均为与该斜面的形状相类似的封闭线框,利用这个规律,对斜面的投影进行分析、检查,可以快速、正确地画出图形。

2. 组合体的读图

对以叠加为主的组合体视图的阅读 ,主要采用形体分析法。首先用"分线框、对投影"的方法分析出构成组合体的基本形体有几个,找出每个形体的形状特征视图,对照其他视图,从而想象出各基本形体的形状。然后抓住位置特征视图,分析各形体间的相对位置、组合方式、表面过渡关系,最后综合想象出组合体的整体形状。

对以挖切为主的组合体视图的阅读,主要采用面形分析法。首先用"分线框、对投影"的方法分析出挖切前的基本形体的形状,是用什么位置的平面挖切的,找出挖切后断面的形状特征视图,从而分析出形体的表面形状特征,最后综合想象出组合体的整体形状。

组合体的组合方式往往既有叠加又有挖切,读图时,一般也不是孤立地采用某种方法,而是两种方法综合使用,互相配合,互相补充。对于既有叠加又有挖切的较复杂的组合体,读图时主要用形体分析法,面形分析法攻难点。

读图时,一般从特征视图入手,先粗(读)后细(读)、先易后难、先假想后验证,直至所想物体的形状与所给视图完全吻合。

组合体的读、画图能力只能通过一定量的练习才能提高,并且应采用正确的方法与步骤。不用上述介绍的方法去分析,仅凭自己的直观想象来读、画图,势必造成一定的困难。而有效地运用形体分析法和面形分析法,必须熟练掌握以下基本内容:

(1) 基本体的三视图。

(2) 面的投影特性和作图。

(3) 基本体叠加时,其表面的过渡关系。

(4) 基本体的截交线和相贯线的画法。

第7章

机件图样的画法

在生产实际中，机件的形状多种多样，为了使图样能够正确、完整、清晰地表达机件的内、外结构和形状，用 3 个视图往往不能完全满足表达要求，因此，国家标准《技术制图》中规定了各种表达方法。本章主要介绍一些常用的表达方法。

7.1 视图

视图主要用来表达机件的外部结构和形状，一般只画出机件的可见部分，必要时才用虚线表达其不可见部分。视图分为基本视图、向视图、局部视图和斜视图 4 种。

7.1.1 基本视图

基本视图是机件向基本投影面投射所得的视图。

7-1

如图 7-1 所示，在原有 3 个投影面的基础上再增加 3 个投影面，构成一个正六面体。正六面体的 6 个面为 6 个基本投影面。将机件置于六面体中间，按 6 个基本投射方向分别向 6 个基本投影面作正投影，得到机件的 6 个基本视图。除第 3 章介绍的 3 个基本视图(主视图、俯视图、左视图)外，新增加的 3 个基本视图是：

右视图——从右向左投射所得的视图；

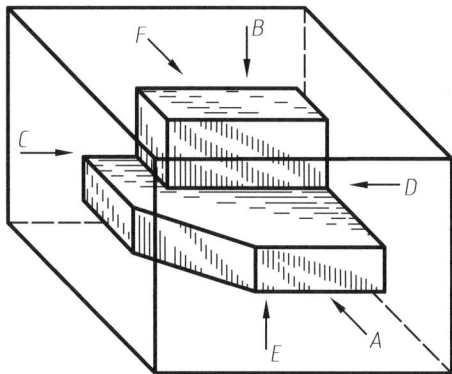

图 7-1　6 个基本投影面和 6 个基本投射方向

仰视图——从下向上投射所得的视图；

后视图——从后向前投射所得的视图。

按图 7-2 所示的方法将 6 个基本投影面展开,展开后的 6 个基本视图的配置和度量、方位对应关系如图 7-3 所示。

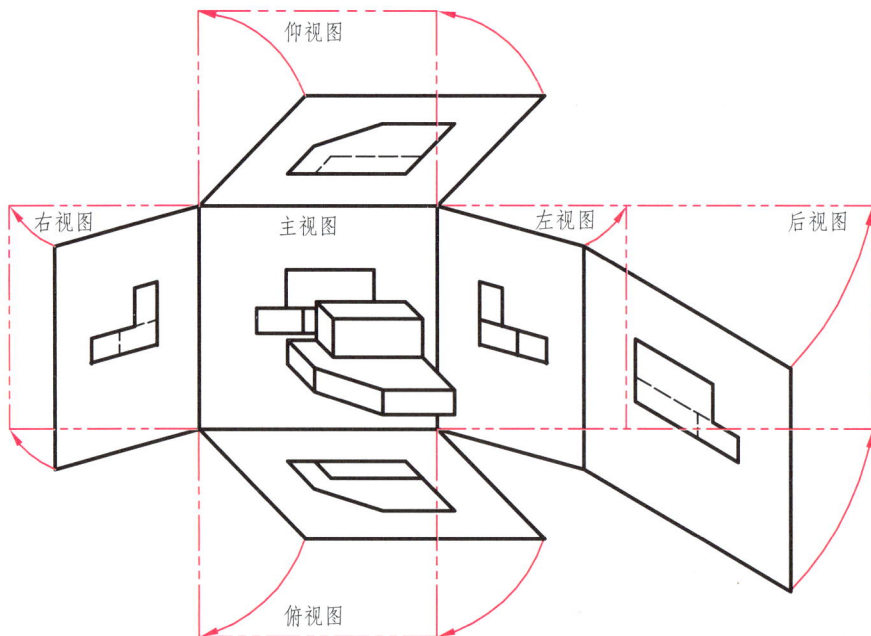

图 7-2 6 个基本投影面的展开

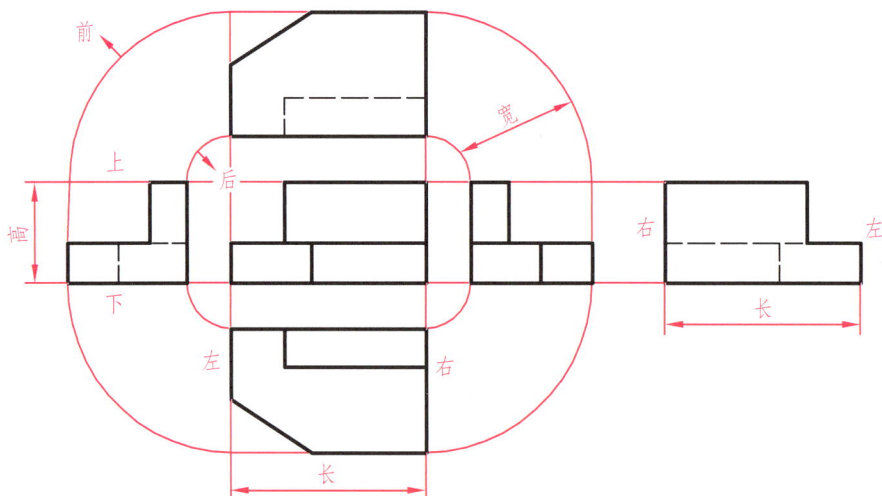

图 7-3 6 个基本视图的配置和度量、方位对应关系

度量对应关系:仍然符合"三等"关系,即主视图、俯视图、仰视图、后视图的长度相等,主视图、左视图、右视图、后视图的高度相等,俯视图、左视图、仰视图、右视图的宽度相等。

方位关系:俯视图、左视图、仰视图、右视图 4 个视图的靠近主视图的一侧,为物体的后侧,远离主视图的一侧为物体的前侧。特别需要注意的是,后视图的左侧实为物体的右侧,后视图的右侧实为物体的左侧。

7.1.2 向视图

向视图是可以自由配置的视图。

在同一张图纸上,基本视图按图 7-3 所示的位置配置时,一律不标注视图的名称。但在实际绘图过程中,为了合理地利用图纸,可以自由地配置视图(图 7-4),这种可自由配置的视图称为向视图。

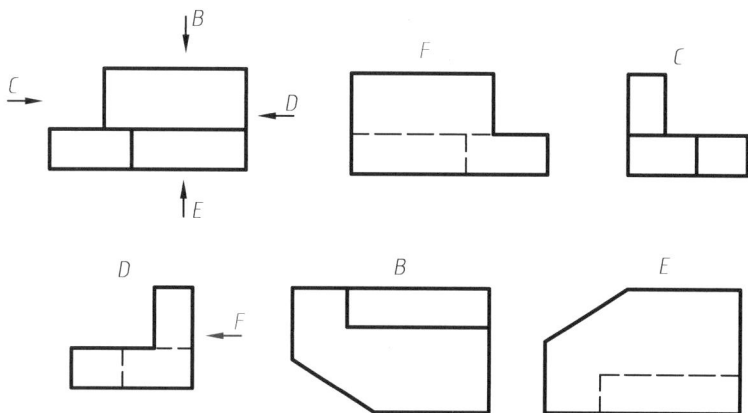

图 7-4 向视图及其标注

1. 向视图的标注

如图 7-4 所示,在向视图的上方标注大写拉丁字母,在相应的视图附近用箭头指明投射方向,并标注相同的字母。

2. 画向视图时应注意的问题

(1)向视图是基本视图的一种表达形式,其主要差别在于视图的配置。

(2)表示投射方向的箭头应尽可能配置在主视图上,只是表示后视图的投射方向的箭头才配置在其他视图上,如图 7-4 中的 F 向视图。

7.1.3 局部视图

局部视图是将物体的某一部分向基本投影面投射所得的视图。

1. 局部视图的表达形式

(1)局部视图的断裂边界通常用波浪线或双折线表示,如图 7-5 的 A 向局部视图。

(2)当所表示的机件的局部结构是完整的,且外形轮廓又是封闭状态时,可省略波浪线或双折线,如图 7-5 中的 B 向局部视图。

(3)为了节省时间和图纸,对称机件的视图可只画一半或 1/4,并在对称中心线两端画出两条与其垂直的平行细实线,如图 7-6 所示。

2. 局部视图的配置与标注

(1)可按基本视图的配置方式配置,如图 7-8(b)的俯视图,这时可省略标注。

(2)可按向视图的配置方式配置并标注,如图 7-5 所示。

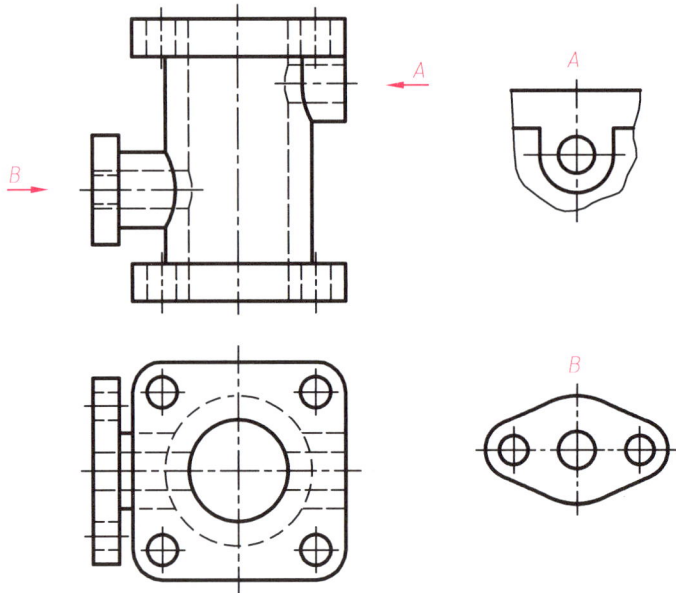

图 7-5　局部视图

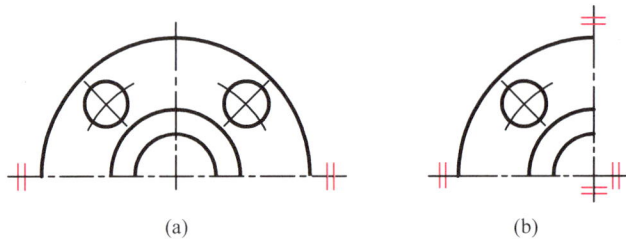

(a)　　　　　　　　　　　　　(b)

图 7-6　对称机件的局部视图

（3）按第三角画法(详见 7.5 节)配置在视图上所需表示物体局部结构的附近，并用细点画线将两者相连，如图 7-7 所示。

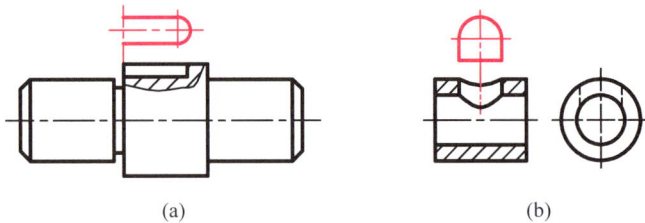

(a)　　　　　　　　　　　　　(b)

图 7-7　按第三角画法配置的局部视图

7.1.4　斜视图

斜视图是物体向不平行于基本投影面的平面投射所得的视图。

如图 7-8 所示,当机件上某部分的结构不平行于任何基本投影面,在基本视图上不能反映该部分的实形时,可选一个新的辅助投影面,使它与机件上倾斜部分的主要平面平行,并且垂直于一个基本投影面,然后将机件的倾斜部分向该辅助投影面投射,就可获得反映倾斜部分实形的视图,即斜视图。

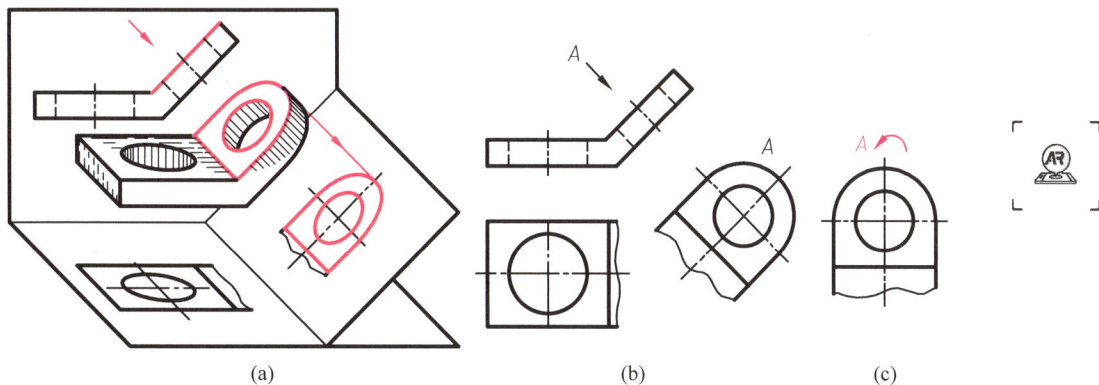

图 7-8 斜视图

1. 画斜视图时应注意的问题

当机件倾斜部分投射后,必须将辅助投影面旋转到与基本投影面重合,以便将斜视图与其他基本视图画在同一图面上。

斜视图只反映机件倾斜部分的实形,因此原来平行于基本投影面的一些结构可省略不画,其断裂边界用波浪线或双折线表示。

2. 斜视图的配置与标注

斜视图通常按投射方向配置并标注,如图 7-8(b)的斜视图 A。

必要时可将斜视图旋转配置并标注,如图 7-8(c)所示。表示视图名称的字母应靠近旋转符号的箭头端,也允许将旋转角度值标注在字母后。旋转符号的方向应与实际旋转方向相一致。旋转符号的画法如图 7-9 所示。

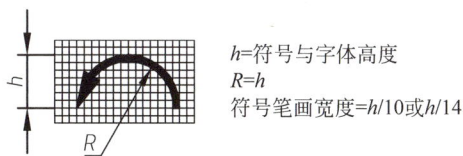

h=符号与字体高度
$R=h$
符号笔画宽度=$h/10$或$h/14$

图 7-9 旋转符号的画法

7.2 剖视图

如图 7-10 所示,当机件的内部结构比较复杂时,在视图中就会出现许多虚线,这些虚线与其他图线重叠往往会影响图形的清晰,给读图和标注尺寸带来不便。为了清晰地表达机件的内部结构,常采用剖视图的画法。

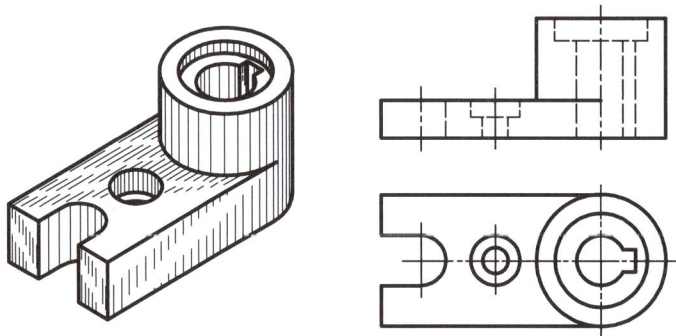

图 7-10　未剖开的机件

7.2.1　剖视图的概念

1. 剖视图的形成

如图 7-11 所示,假想用剖切平面剖开机件,将处在观察者与剖切面之间的部分移去,而将其余部分向投影面投射,并在剖面区域内画上剖面符号,所得到的图形叫作剖视图,简称剖视。

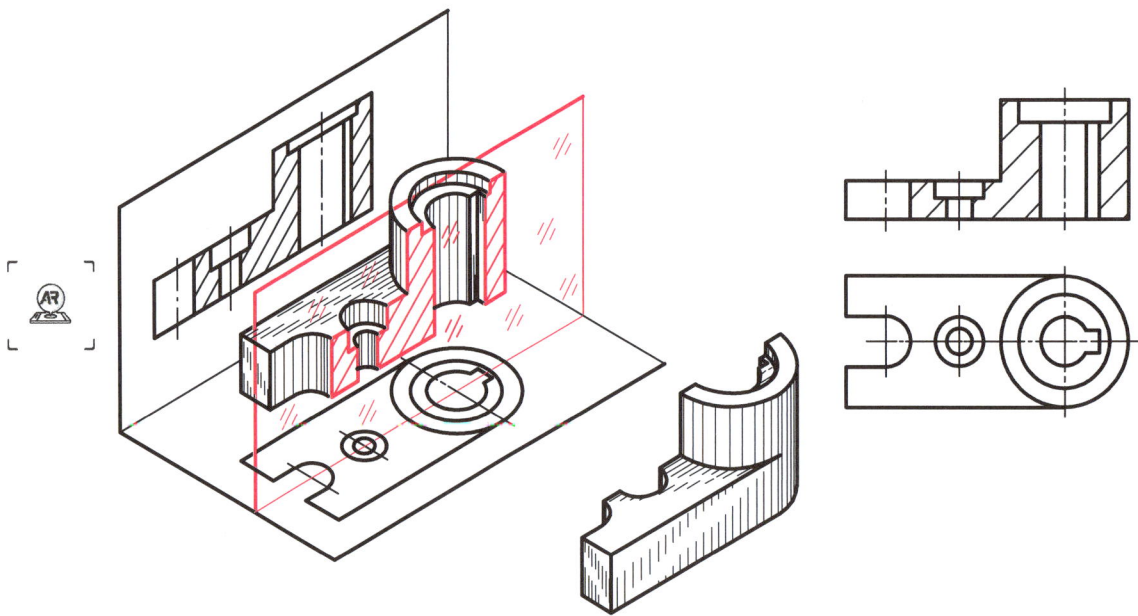

图 7-11　剖视图的形成及画法

所谓剖面区域是指剖切平面与被剖机件相接触的部分。

2. 剖视图的画图步骤

1) 确定剖切面的位置

一般用平面作剖切面(也可用柱面)。为了能够清楚地表达机件内部结构的真实形状,避免剖切后产生不完整的结构要素,剖切平面通常平行于投影面,且通过机件上孔、槽的轴线或对称面。

2)想象剖切后的情况

想象清楚剖切后哪部分移走了,哪部分留下了,剩余部分与剖切面接触部分(剖面区域)的形状,剖切面后面的结构还有哪些是可见的? 画图时要把剖面区域和剖切面后面的可见轮廓线画全。

3)在剖面区域内画上剖面符号

剖面符号一般与机件的材料有关,常用材料名称和剖面符号见表 7-1。

表 7-1 常用材料名称和剖面符号

材 料 名 称	剖 面 符 号	材 料 名 称	剖 面 符 号
金属材料 通用剖面符号		玻璃及供观察用的其他透明材料	
塑料、橡胶、油毡等非金属材料 (已有规定剖面符号者除外)		基础周围的泥土	
型砂、填砂、砂轮、粉末冶金、陶瓷刀片、硬质合金刀片等		混凝土	
线圈绕组元件		钢筋混凝土	
转子、电枢、变压器和电抗器等的叠钢片		砖	
木质胶合板(不分层数)		格网(筛网、过滤网等)	
木材	纵断面	液体	
	横断面		

当零件的材料为金属或不需要在剖面区域中表示材料的类别时,可采用通用剖面线表示。通用剖面线为一组互相平行且间距相等的细实线,其方向一般与剖面区域的主要轮廓线或对称线成 45°。必要时,剖面线也可与主要轮廓线成适当角度,如图 7-12 所示。剖面线的间距可视剖面区域的大小而定,但同一零件的各个剖面区域应采用相同的剖面线。

3. 剖视图的标注

标注剖视图的目的是看图方便。一般需标注下列内容(图 7-13):

(1)剖视图的名称。在剖视图上方标注剖视图的名称"×—×"(×为大写拉丁字母)。

(2)剖切符号。在相应的视图上用剖切符号表示剖切面的起、止和转折位置(粗实

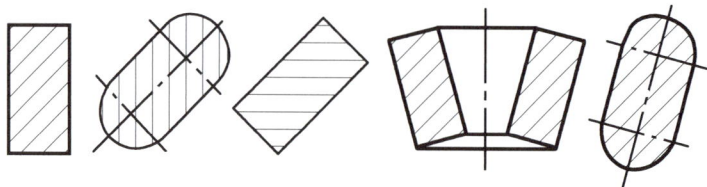

图 7-12   通用剖面线的画法

线)及投射方向(箭头),并标注相同的字母。

(3) 剖切线。表示剖切面的位置的线用细点画线表示,通常省略不画。

下列情况可省略标注:

(1) 剖视图按基本视图关系配置时,可省略箭头。

(2) 单一剖切面通过机件的对称平面或基本对称的平面,且剖视图按基本视图关系配置时,可不标注。

4. 画剖视图时应注意的问题

(1) 剖视图只是假想把机件剖开,因此除剖视图外,其他视图仍应按完整的机件画出。

(2) 剖切面后面的可见部分应全部画出,不能遗漏(图 7-14)。

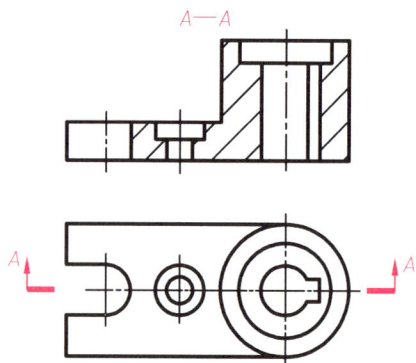

图 7-13   剖视图的标注

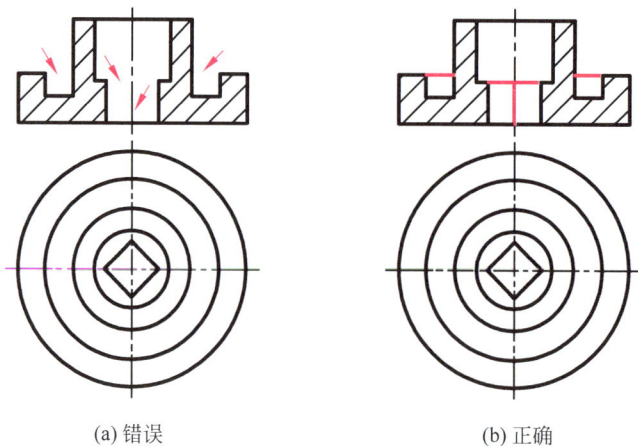

(a)错误   (b)正确

图 7-14   剖切面后面的可见部分应画出

(3) 对于剖视或视图上已表达清楚的结构形状,在剖视或其他视图上这部分结构的投影为虚线时,一般不再画出,如图 7-15 所示。但没有表示清楚的结构,允许画少量虚线,如图 7-16 所示。

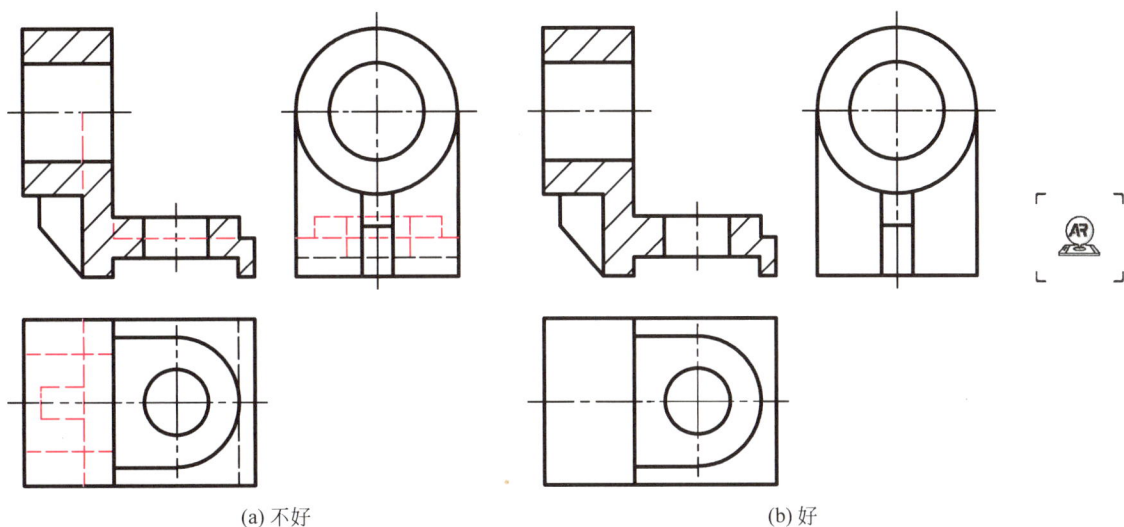

(a) 不好   (b) 好

图 7-15   剖视图中的虚线问题(一)

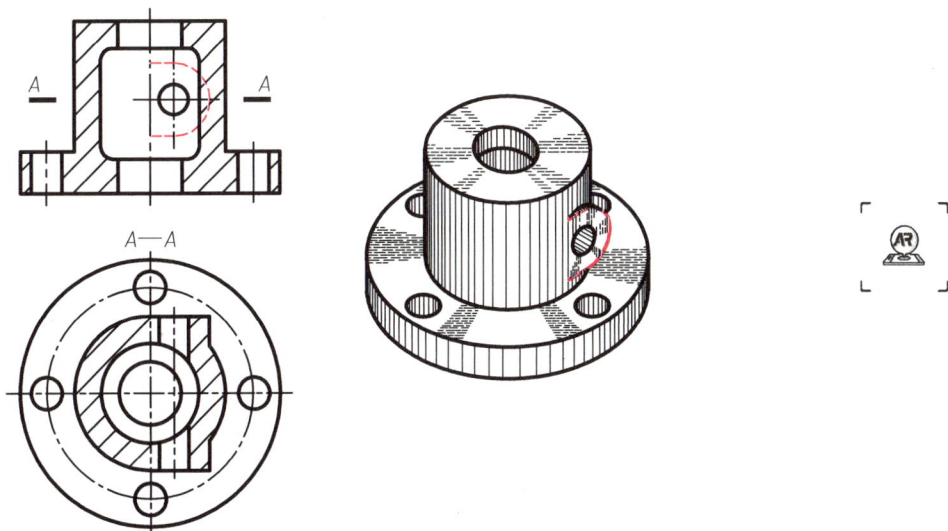

图 7-16   剖视图中的虚线问题(二)

7.2.2   剖视图的种类及适用条件

按剖切范围的大小,剖视图分为全剖视图、半剖视图、局部剖视图 3 类。

1. 全剖视图

用剖切面完全地剖开机件所得的剖视图叫作全剖视图,如图 7-11～图 7-16 所示。

全剖视图适用于外形简单、内形比较复杂的不对称机件或不需表达外形的对称机件。

2. 半剖视图

当机件具有对称平面时,在垂直于对称平面的投影面上的投影可以以对称中心线为界,一半画成剖视,一半画成视图,这样得到的图形叫作半剖视图,如图 7-17、图 7-18 所示。

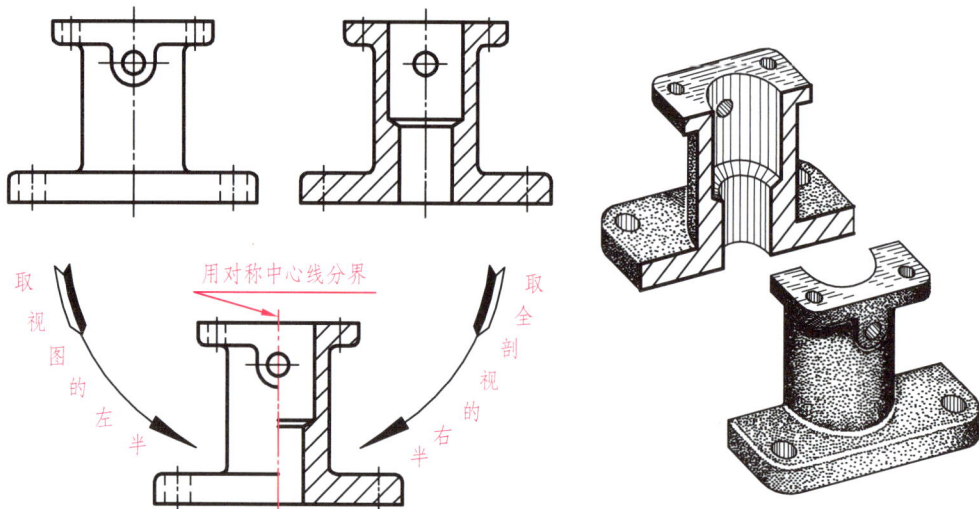

图 7-17　半剖视图的形成

半剖视图适用于内、外形状都需要表达的对称机件(图 7-17)。当机件的形状接近于对称,且不对称部分已另有图形表达清楚时,也可画成半剖视(图 7-19)。

半剖视图的标注规则与全剖视图相同。

画半剖视图应注意以下两个问题。

(1)在半个剖视图上已表达清楚的内部结构,在不剖的半个视图上,表示该部分结构的虚线不画。

(2)半个剖视与半个视图的分界线为点画线。

半剖视图中剖视部分的位置通常按以下原则配置:

(1)主视图和左视图中位于对称线右侧(图 7-19)。

(2)俯视图中位于对称线下方(图 7-18)。

3. 局部剖视图

用剖切面局部地剖开机件所得的剖视图叫作局部剖视图(图 7-20)。

局部剖视图存在一个被剖部分与未剖部分的分界线,这个分界线用波浪线(图 7-20)或双折线(图 7-21)表示。

局部剖视是一种比较灵活的表达方法,不受图形是否对称的限制,剖在什么位置和剖切范围多大可视需要决定。

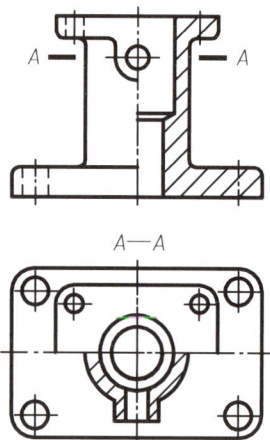

图 7-18　半剖视图

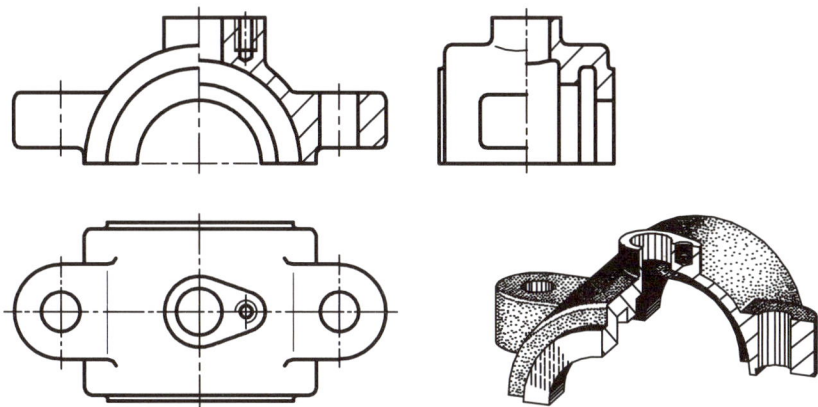

图 7-19 用半剖视图表示形状基本对称的机件

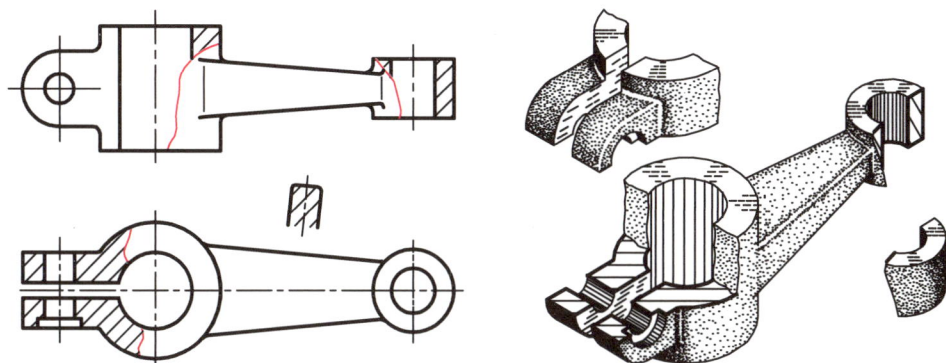

图 7-20 局部剖视图

局部剖视一般用于下列几种情况：

（1）当机件只有局部内形需要剖切表示，而又不宜采用全剖视时（图 7-20）。

（2）当实心件如轴、杆、手柄等上的孔、槽等内部结构需剖开表达时（图 7-22）。

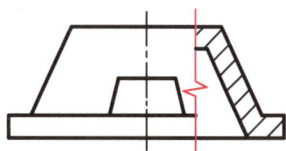

图 7-21 局部剖视的分界线

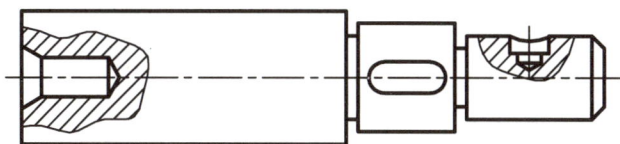

图 7-22 局部剖视表达实心件上的孔或槽

（3）当不对称机件的内、外形都需要表达时（图 7-23）。

（4）当对称机件的轮廓线与中心线重合，不宜采用半剖视时（图 7-24）。

对于剖切位置比较明显的局部结构，一般不用标注，如图 7-20～图 7-24 所示。若剖切位置不够明显时，则应进行标注。

画局部剖视图应注意以下几个问题。

（1）表示剖切范围的波浪线或双折线不能与图形上其他图线重合，也不能用其他图线代替(图 7-25)。当被剖切结构为回转体时,允许将该结构的中心线作为局部剖视与视图的分界线(图 7-26)。

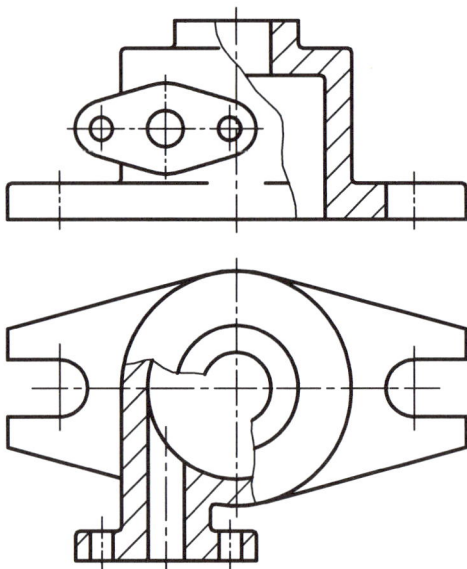

图 7-23　局部剖视表示不对称的机件

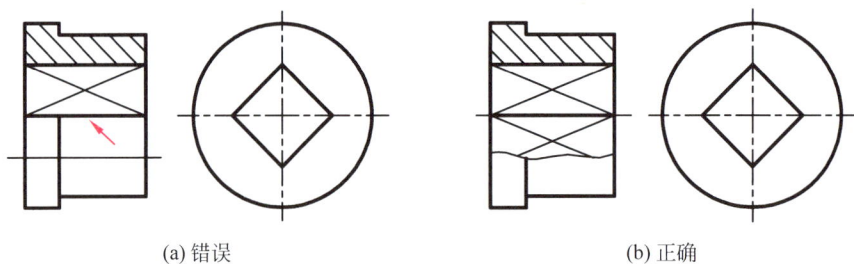

(a) 错误　　　　　　　　　　　　　　　(b) 正确

图 7-24　局部剖视表示对称机件

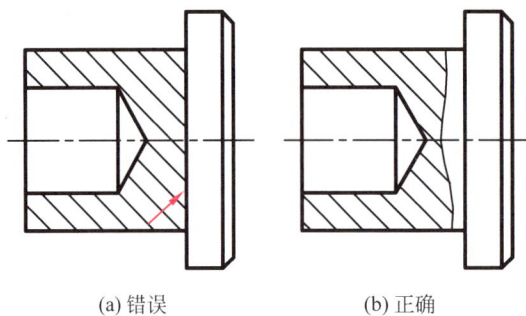

(a) 错误　　　(b) 正确

图 7-25　波浪线不应与轮廓线重合

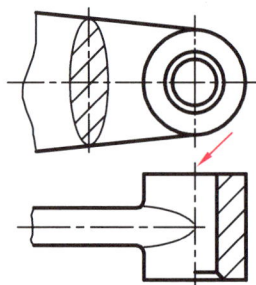

图 7-26　中心线作为分界线

（2）如遇孔、槽，波浪线不能穿空而过，也不能超出视图的轮廓线（图7-27）。当用双折线表示被剖部分与未剖部分的分界线时，则没有此限制，且双折线应超出视图的轮廓线（图7-28）。

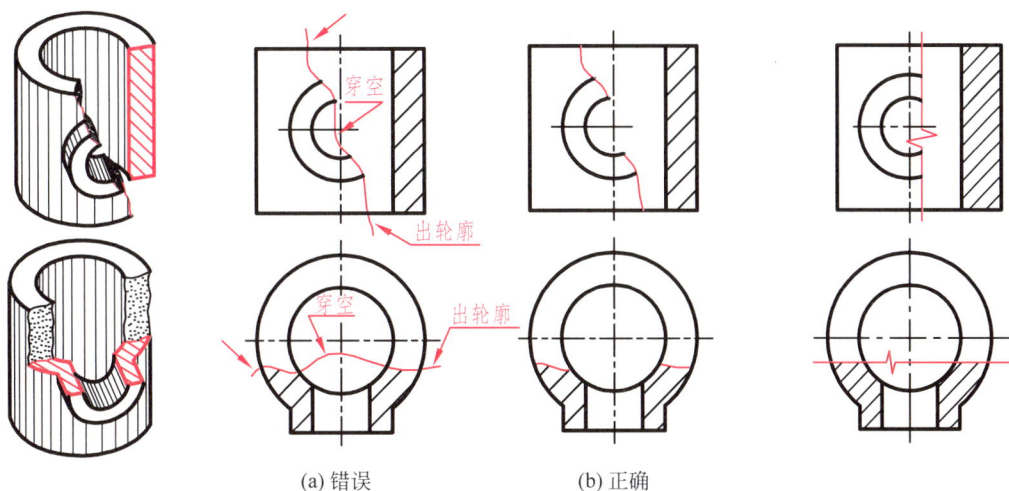

<table>
<tr><td>(a) 错误</td><td>(b) 正确</td></tr>
</table>

(a) 错误	(b) 正确

图7-27　波浪线的画法　　　　　　　　　　图7-28　双折线的画法

（3）同一个视图上，采用局部剖视的数量不宜过多，以免使图形支离破碎，影响图形清晰。

7.2.3　剖切面的种类

根据机件结构的特点，可以选择下面3种剖切面剖开机件。

1. 单一剖切平面

（1）平行于某一基本投影面的剖切平面。在前面介绍的各种剖视图例中，所选用的剖切平面都是这种剖切平面。

（2）不平行于任何基本投影面的剖切平面。如图7-29(a)所示，当机件上倾斜部分的内部结构在基本视图上不能反映实形时，用一个与倾斜部分的主要平面平行，并且垂直于某一基本投影面的平面剖切，再投射到与剖切平面平行的投影面上，即可得到该部分内部结构的实形，如图7-29(b)中的 A—A 剖视图。所得剖视图一般放置在箭头所指方向，并与基本视图保持对应的投影关系。也可放置在其他位置（图7-29(c)）。必要时允许旋转，但要在剖视图的上方用旋转符号指明旋转方向并标注字母（图7-29(d)），也可以将旋转角度值标注在字母之后。

2. 一组相互平行的剖切平面

如图7-30所示，当机件上的孔、槽的轴线或对称面位于几个相互平行的平面上时，可以用几个与基本投影面平行的剖切平面剖切机件，再向基本投影面进行投射。

如图7-30所示，在剖切平面的起、止和转折处画上剖切符号（转折处必须是直角），并标注相同的拉丁字母。在剖视图的上方注出剖视名称"×—×"。

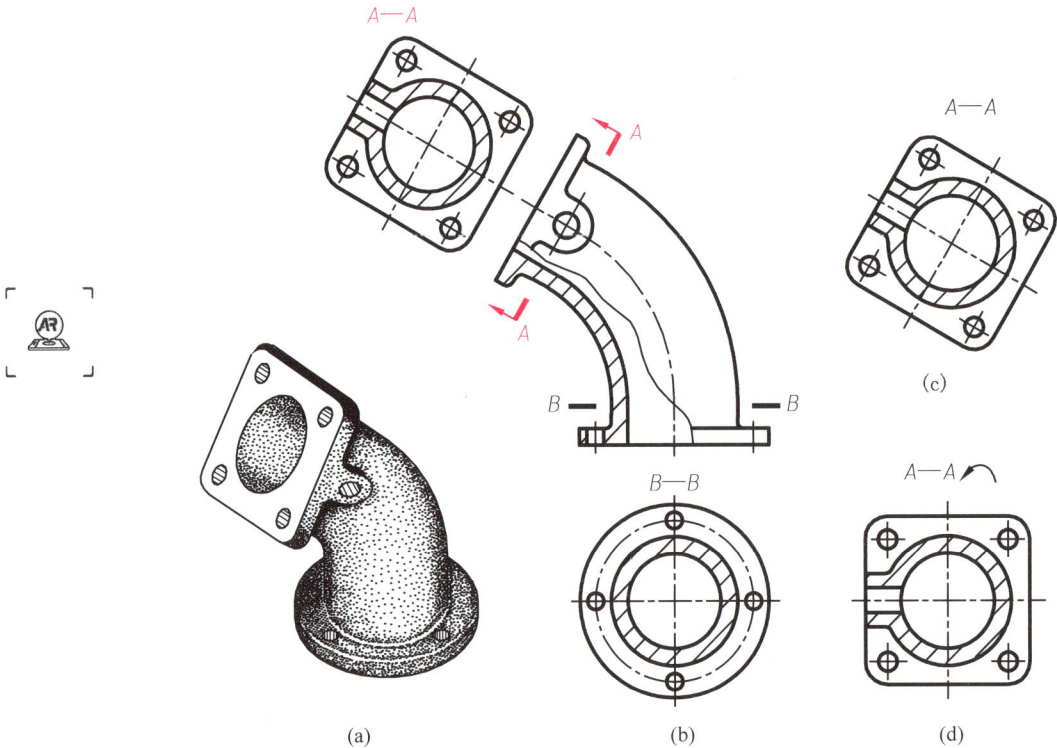

图 7-29   用不平行于任何基本投影面的单一剖切面剖切

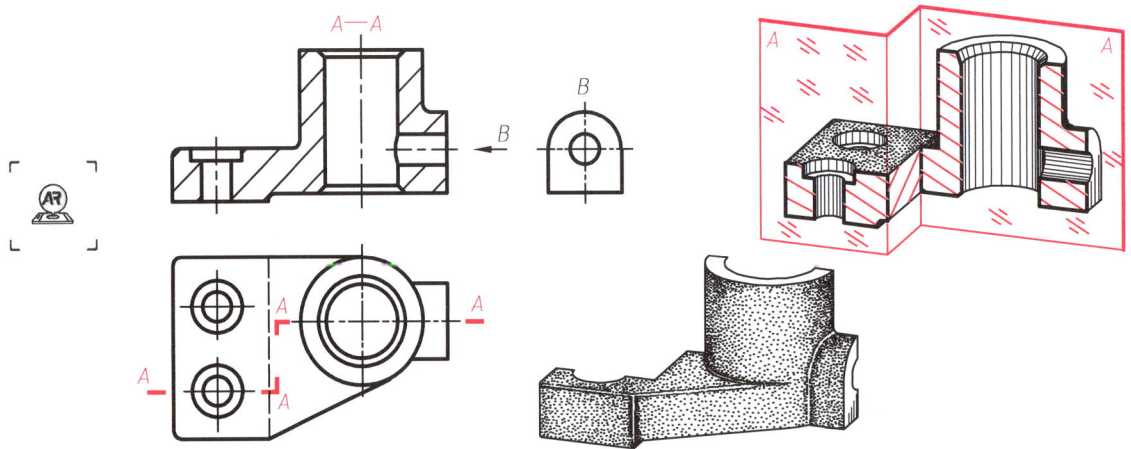

图 7-30   用一组相互平行的剖切平面剖切

画一组相互平行的剖切平面剖切的剖视图时应注意以下几个问题。

（1）在剖视图上不要画出两个剖切平面转折处的投影(图 7-31(a)中的主视图)。

（2）剖切符号的转折处不应与图上的轮廓线重合(图 7-31(b)中的俯视图)。

（3）要正确选择剖切平面的位置，在剖视图上不应出现不完整要素(图 7-32)。

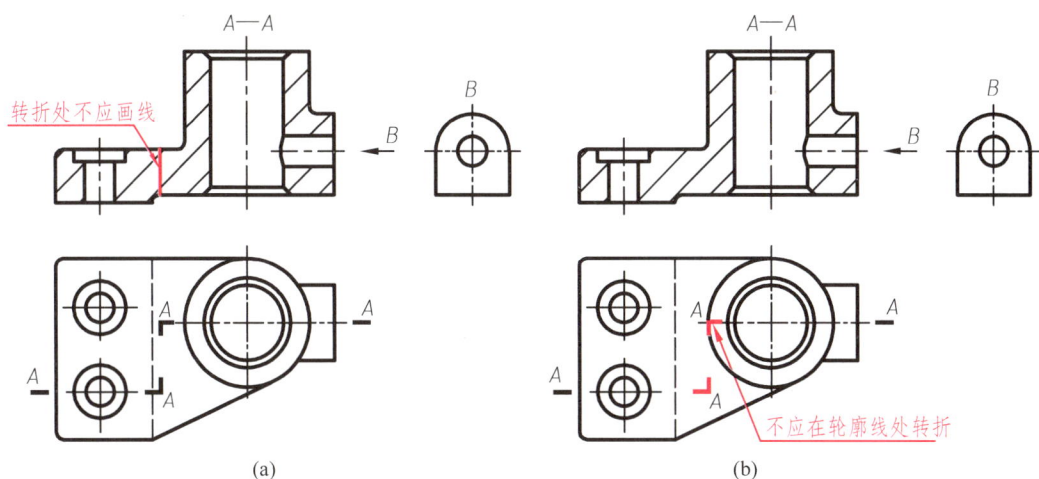

图 7-31　容易出现的错误

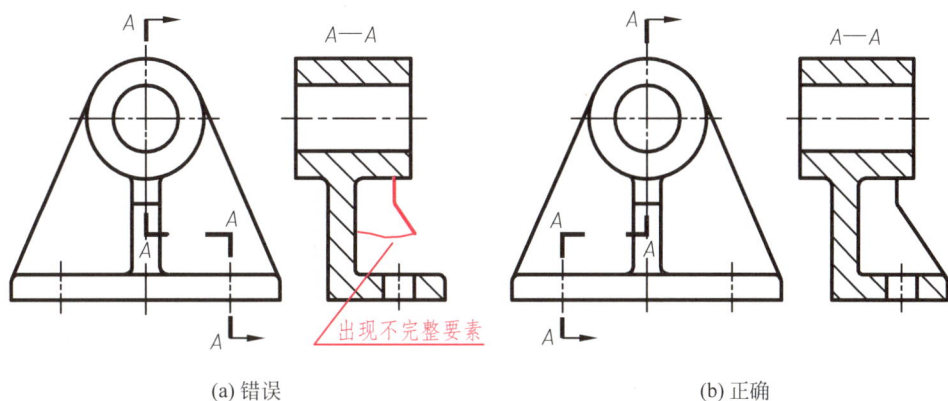

(a) 错误　　　　　　　　　(b) 正确

图 7-32　剖视图中不应出现不完整要素

（4）当机件上的两个要素在图形上具有公共对称中心线或轴线时，可以以对称中心线或轴线为界各画一半（图 7-33）。

图 7-34 所示是用两个平行的剖切平面剖切的局部剖视图。

3．几个相交的剖切平面（交线垂直于某一投影面）

如图 7-35 所示，当机件的内部结构形状用一个剖切平面不能表达完全，而机件又具有回转轴时，可采用两个相交的剖切平面剖开机件，并将与投影面不平行的那个剖切平面剖开的结构及其有关部分旋转到与投影面平行，然后再进行投射。

在剖切面的起始、转折和终止处画上剖切符号，并标注大写的拉丁字母，在剖视图上方注出剖视名称"×—×"。

画几个相交的剖切平面剖切的剖视图时应注意以下几个问题。

（1）几个相交的剖切平面的交线必须垂直于投影面，通常为基本投影面。

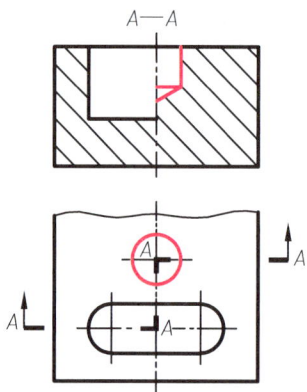

图 7-33　具有公共对称中心线或轴线时的画法　　图 7-34　用两个平行的剖切平面获得的局部剖视图

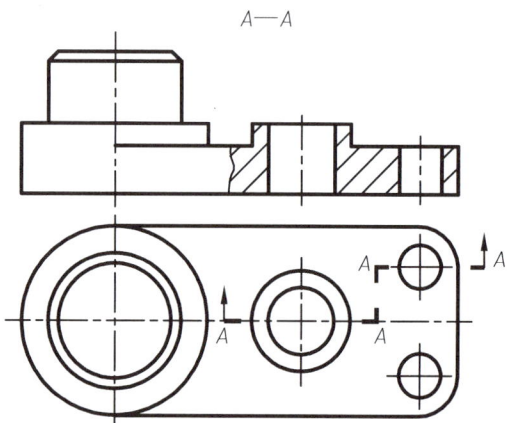

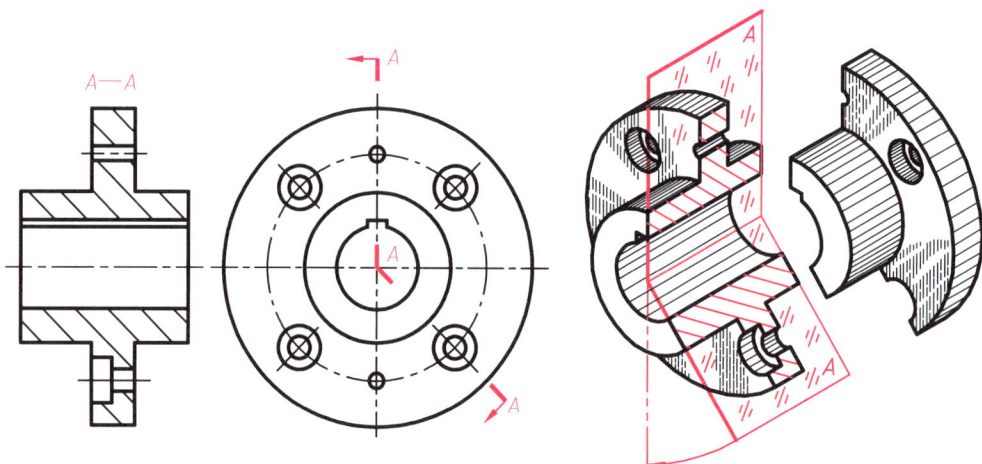

图 7-35　用两相交的剖切平面剖切

（2）应该按"先剖切后旋转"的方法绘制剖视图（图 7-36）。

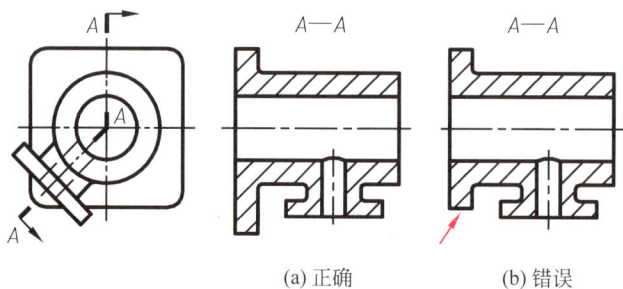

(a) 正确　　　　　　　(b) 错误

图 7-36　先剖切后旋转

（3）位于剖切平面后且与所表达的结构关系不甚密切的结构，或一起旋转容易引起误解的结构（如图 7-37 中的油孔），一般仍按原来的位置投射。

（4）位于剖切平面后，但与被切结构有直接联系且密切相关的结构，或不一起旋转难以表达的结构（如图 7-38 中的螺孔），应"先旋转后投射"。

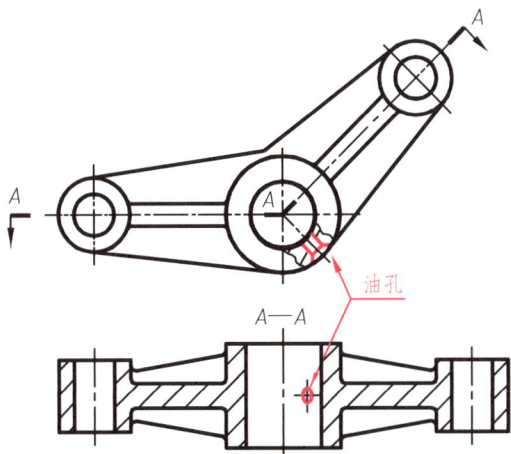

图 7-37 剖切平面后的结构按原位置投射

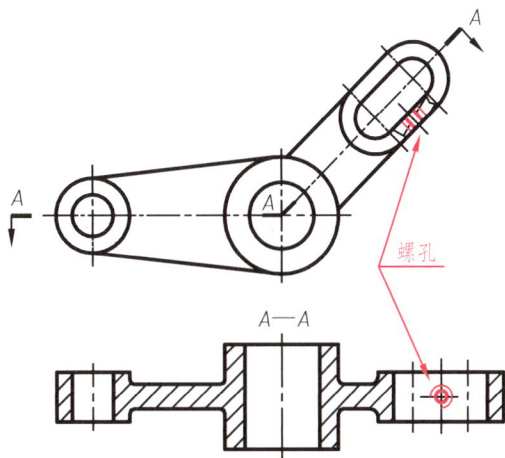

图 7-38 剖切平面后的结构先旋转后投射

（5）当剖切后产生不完整要素时，该部分应按不剖绘制（图 7-39）。

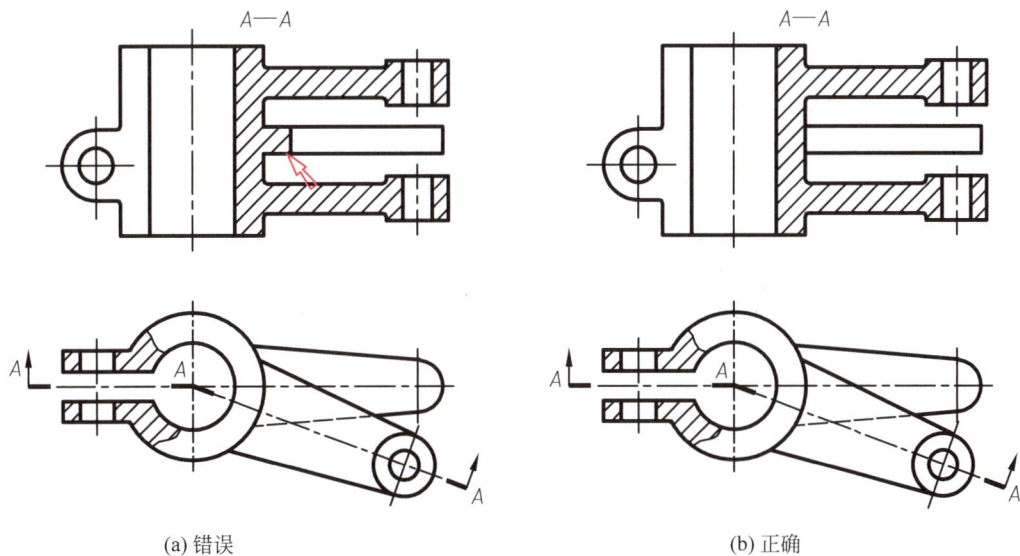

(a) 错误

(b) 正确

图 7-39 剖切后产生不完整要素时的画法

7.3 断面图

7.3.1 断面图的概念

假想用剖切平面将机件的某处切断,只画出剖切面与机件接触部分(剖面区域)的图形叫作断面图(图7-40)。

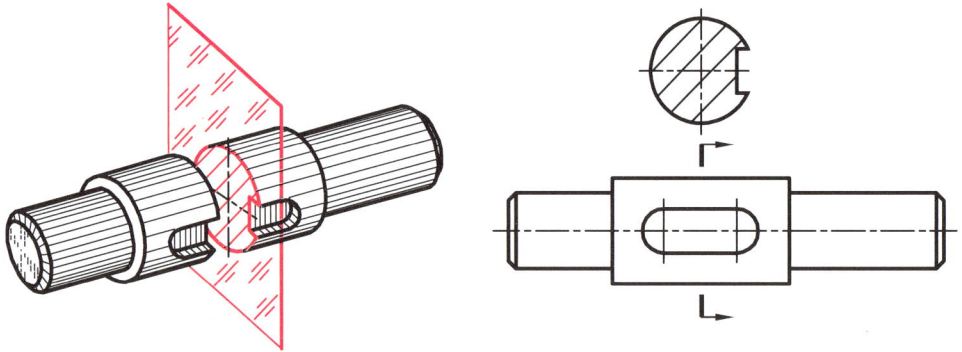

图 7-40 断面图

按断面图配置位置的不同,断面图分为移出断面图和重合断面图两种。

7.3.2 移出断面图

画在视图外面的断面图称为移出断面图。

1. 移出断面图的画法

移出断面图的轮廓线用粗实线绘制。一般只画出断面的形状,如图7-40所示。

画移出断面图时应注意以下问题。

(1)剖切面通过回转面形成的孔或凹坑的轴线时,这些结构应按剖视图绘制,如图7-41、图7-42所示。

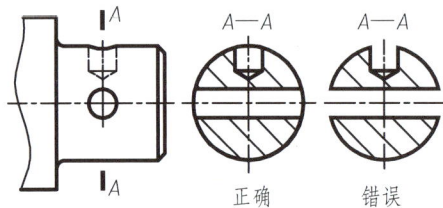

图 7-41 移出断面图的画法(一)

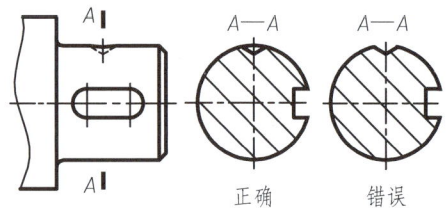

图 7-42 移出断面图的画法(二)

(2)剖切面通过非回转面形成的孔,但会导致完全分离的两个断面时,这些结构应按剖视图绘制,如图7-43所示。

(3)当移出断面图画在视图中断处时,视图应用波浪线(或双折线)断开,如图7-44所示。

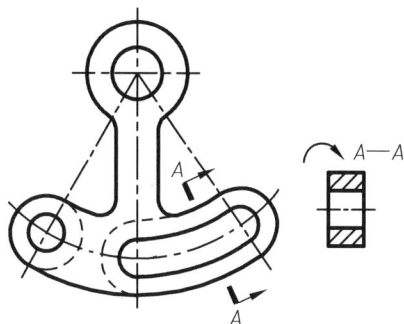

图 7-43 移出断面的画法

（4）用两个或多个相交的剖切平面剖切获得的移出断面图，中间一般应断开，如图 7-45 所示。

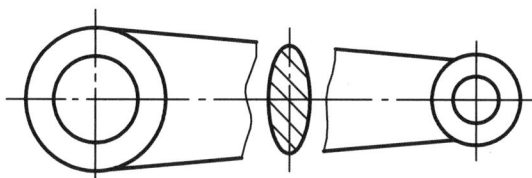

图 7-44 画在视图中断处的移出断面图

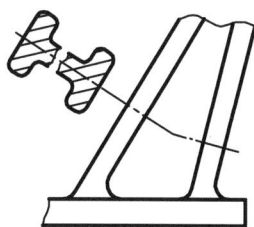

图 7-45 用两个相交的剖切平面 获得的移出断面图

2. 移出断面图的配置

（1）移出断面图可以配置在剖切线的延长线上（图 7-40、图 7-45）。

（2）必要时可将移出断面图配置在其他适当位置，如图 7-46 中的 $A—A$ 移出断面图。

（3）在不致引起误解时，允许将断面图旋转，如图 7-46 中的 $B—B$、$C—C$ 移出断面图。

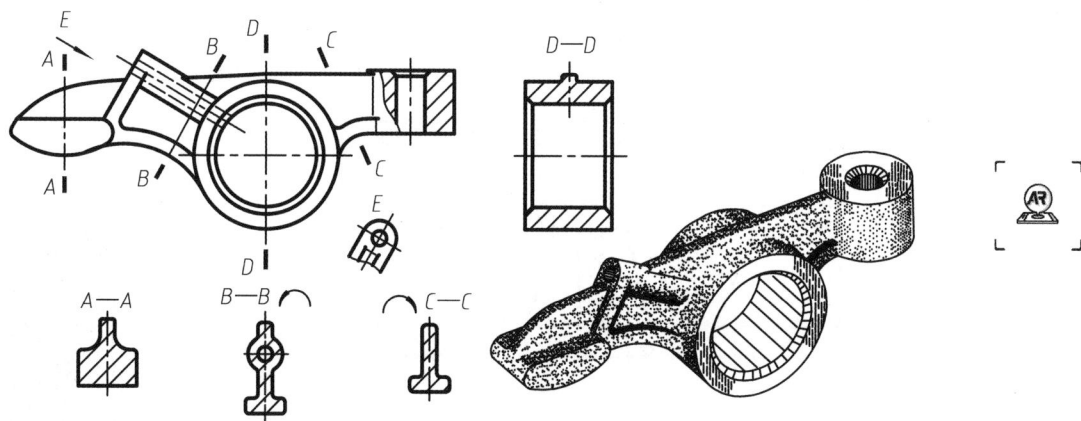

图 7-46 各种移出断面图

3. 移出断面图的标注

一般应标注剖切线、剖切符号和字母（名称）。

（1）配置在剖切线延长线上的不对称的移出断面图，可省略字母（图 7-40）。按投影关系配置的不对称的移出断面图,可省略箭头(图 7-42)。

（2）配置在剖切线的延长线上或视图中断处的对称的移出断面图,不必标注(图 7-44、图 7-45)。配置在其他位置的对称的移出断面图,可省略箭头(图 7-46 中的 A—A 断面图)。

7.3.3 重合断面图

画在视图内的断面图叫作重合断面图,如图 7-47 所示。

1. 重合断面图的画法

重合断面图的轮廓线用细实线绘制。当视图中的轮廓线与重合断面图的图形重合时,视图中的轮廓线仍应连续画出,不可间断(图 7-48)。

2. 重合断面图的标注

（1）对称的重合断面图不必标注(图 7-47)。

（2）不对称的重合断面图可省略标注(图 7-48)。

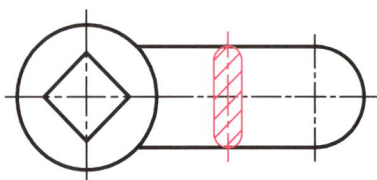

图 7-47 对称的重合断面图

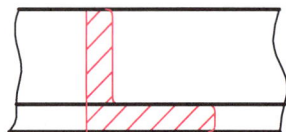

图 7-48 不对称的重合断面图

7.4 规定画法和简化画法

1. 机件上的肋板、轮辐等的画法

（1）对于机件上的肋板、轮辐等,当剖切平面通过肋板厚度的对称平面或轮辐的轴线时,这些结构都不画剖面符号,而是用粗实线将它与其邻接部分分开,如图 7-49 和图 7-50 所示。

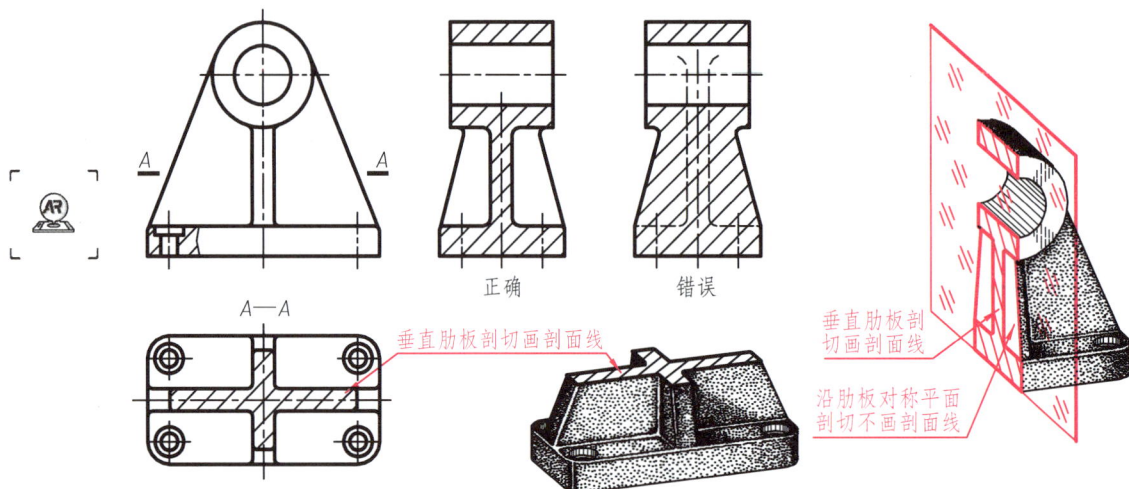

图 7-49 肋板的剖切画法

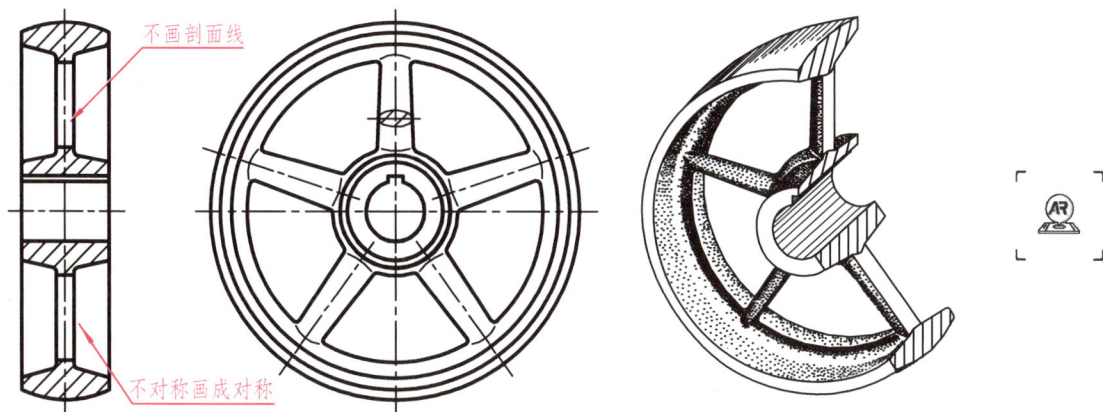

图 7-50　轮辐的剖切画法

（2）若干直径相同且成规律分布的孔，可以仅画出一个或几个，其余只需用点画线表示其中心位置，如图 7-51 所示。

（3）当回转体机件上均匀分布的孔、肋板、轮辐等不处于剖切平面上时，可将这些结构旋转到剖切平面上画出，如图 7-50、图 7-51 所示。

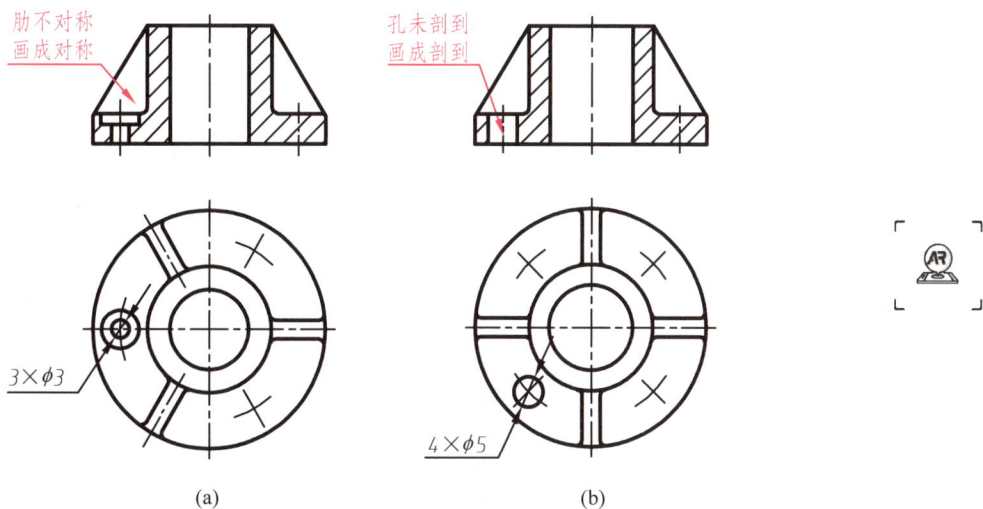

图 7-51　均匀分布的孔及肋板的画法

2. 断裂画法

对于一些较长的机件（轴、杆类、型材等），当沿其长度方向的形状一致且按一定规律变化时，可断开绘制，其断裂边界用波浪线、双折线或细双点画线绘制。但标注尺寸时仍标注其实际长度（图 7-52）。

3. 重复结构要素

机件上成规律分布的重复结构（如孔、槽等），只需画出其中一个或几个完整的结构，其余的可用细实线连接或只画出它们的中心位置，但图中必须注明重复结构的数量，如图 7-53 所示。

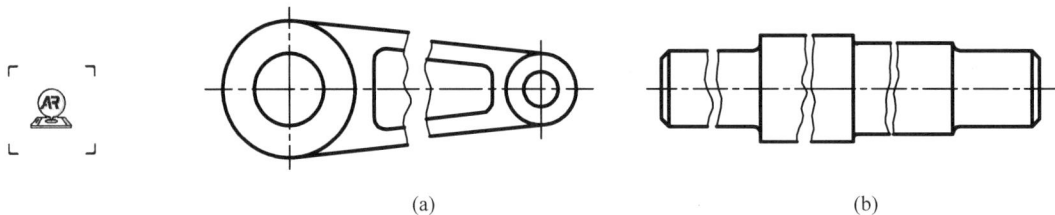

(a)   (b)

图 7-52 断裂画法

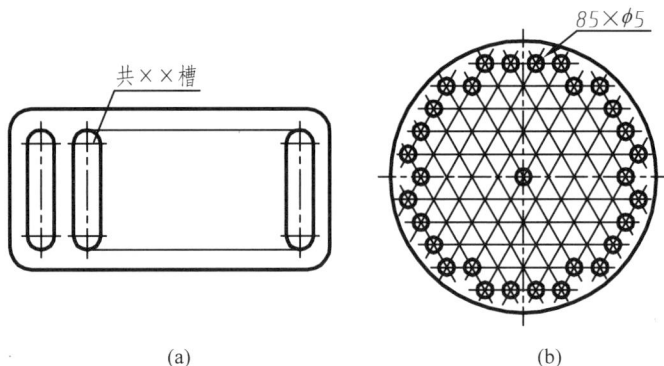

(a)   (b)

图 7-53 重复结构的画法

4. 回转体上平面的表示法

为了避免增加视图、剖视图或断面图,可用细实线绘出对角线表示回转体零件上的平面(图 7-54)。

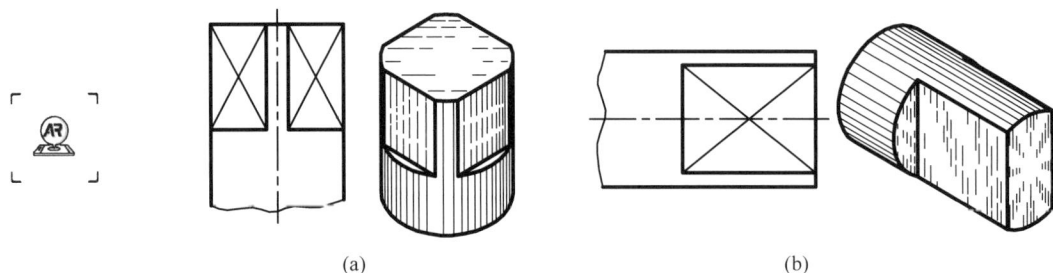

(a)   (b)

图 7-54 回转体上平面的表示法

5. 局部放大图

当机件上部分结构的图形过小时,可采用局部放大图。局部放大图用大于原图形所采用的比例画出,可画成视图、剖视图或断面图,它与被放大部分的表示方法无关。局部放大图应尽量配置在被放大部位的附近。当同一机件上有几个被放大的部分时,应用罗马数字依次标明被放大的部位,并在局部放大图的上方标注相应的罗马数字和采用的比例(图 7-55)。当只有一个被放大的部分时,只需在局部放大图的上方标注采用的比例。

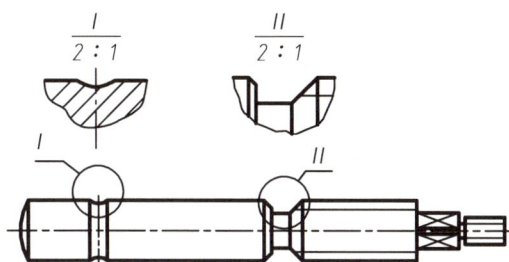

图 7-55 局部放大画法

同一机件上不同部位的局部放大图,当图形相同或对称时,只需画出一个(图 7-56)。

6. 法兰盘上均匀分布孔的画法

法兰盘上的孔均匀分布时,可按图 7-57 的画法表示。

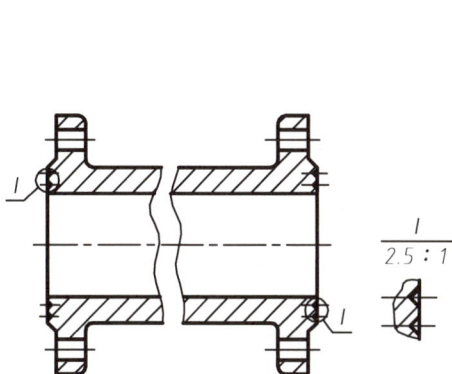

图 7-56 局部放大画法

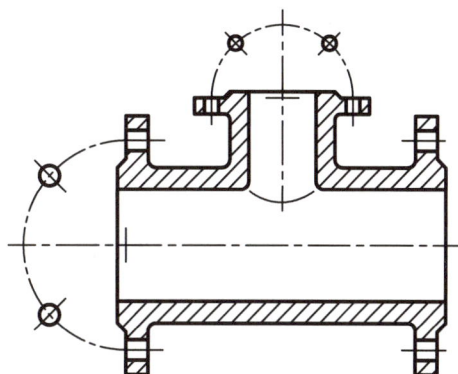

图 7-57 法兰盘上均匀分布孔的画法

7. 省略画法

圆柱体上因钻小孔、铣键槽等出现的交线允许省略,如图 7-58 所示。但必须有一个视图已清楚地表示了孔、槽的形状。

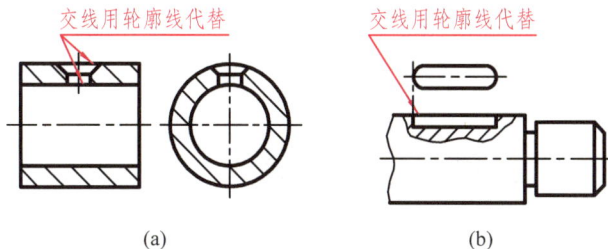

交线用轮廓线代替   交线用轮廓线代替

(a)   (b)

图 7-58 省略交线

8. 两圆柱正交时相贯线的简化画法

当两圆柱的直径差别较大,并对相贯线形状的准确度要求不高时,允许采用简化画法,即用圆弧代替相贯线的非积聚性的投影,该圆弧的圆心位于小圆柱的轴线上,半径等于大圆柱的半径。画图过程如图 7-59 所示。

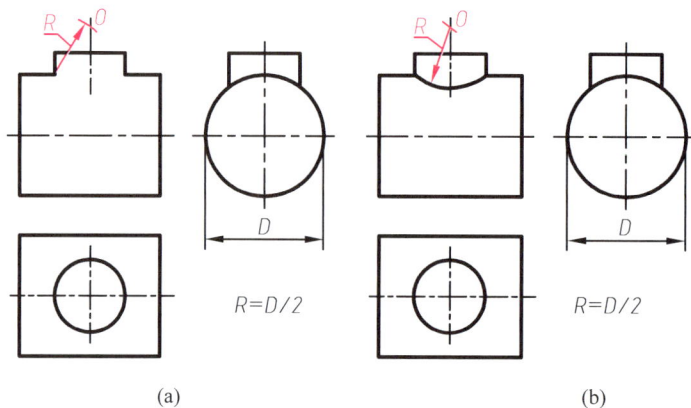

图 7-59　相贯线的简化画法

9. 网状结构

零件表面的滚花、沟槽等应用粗实线完全或部分地表示出来,如图 7-60 所示。

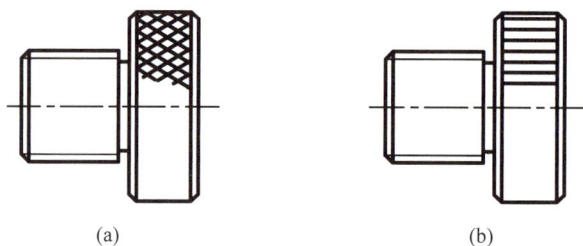

图 7-60　网状结构的画法

7.5　第三角画法简介

7-6

在第 1 章曾经介绍过,相互垂直的两个投影面 V 和 H 将空间分成 4 个分角,将物体置于第三分角内,并使投影面处于观察者与物体之间而得到正投影的方法叫作第三角画法(图 7-61)。美国等其他一些国家采用这种方法。

7.5.1　第三角画法中的 6 个基本视图

可假想将物体置于一个透明的玻璃盒中,盒子的 6 个面彼此平行或垂直,如图 7-61 所示。将这 6 个面作为投影面,按照第三角画法的投影关系,向各个投影面作正投影,可得到相应的视图,如在投影面 FRONT 上得到视图 A,在投影面 RIGHT 上得到视图 D。

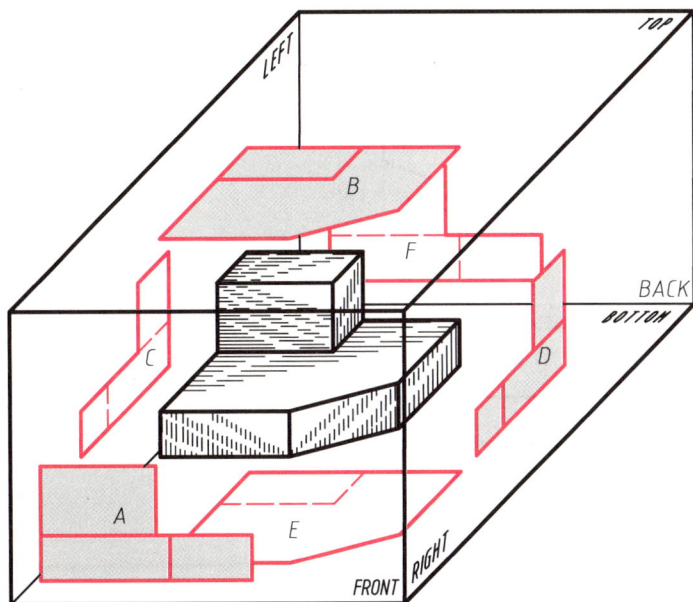

图 7-61　第三角画法的投影关系

　　再把各个投影面展开到与 FRONT 重合的平面上,此时 FRONT 不动,TOP 向上翻转,BOTTOM 向下翻转,LEFT 向左侧翻转,RIGHT 连带 BACK 一起向右侧翻转,即可得到图 7-62 所示的 6 个基本视图。其中,FRONT、RIGHT 和 TOP 这 3 个投影面上的视图为最常用的 3 个视图,如图 7-63 所示。

　　同时,如图 7-62 和图 7-63 所示,第三角画法中的 6 个基本视图仍然遵循度量上的"三等关系"以及相应的方位对应关系。

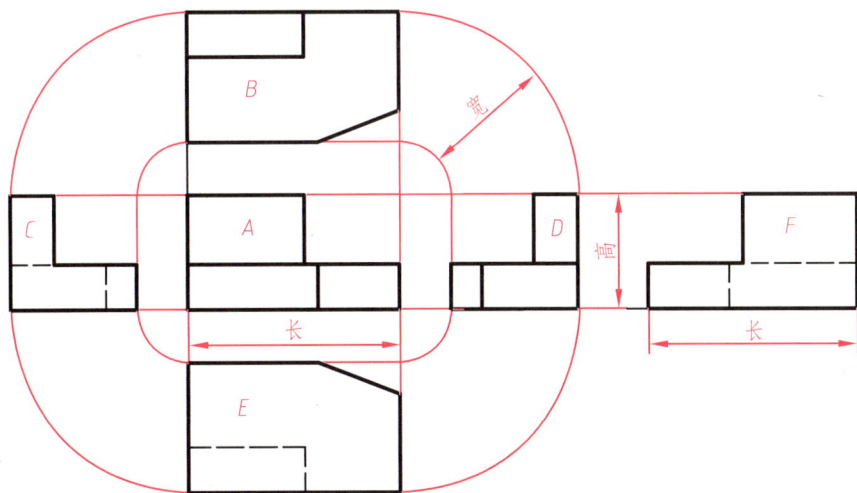

图 7-62　第三角画法的 6 个基本视图

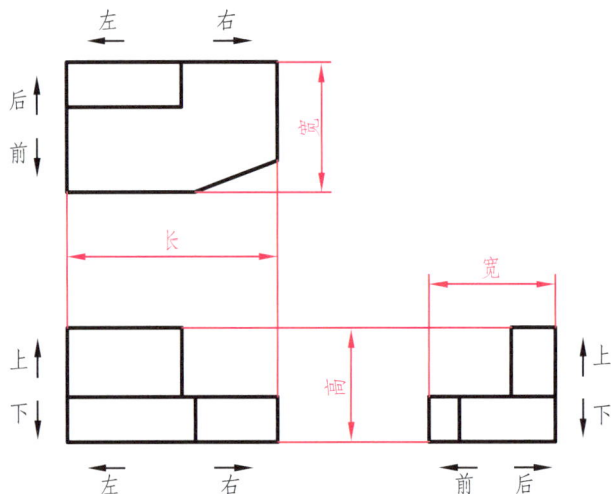

图 7-63　三视图间的对应关系

7.5.2　第三角画法和第一角画法的识别符号

只有在必要时(如按合同规定),才允许使用第三角画法。为了识别第三角画法与第一角画法,国家标准规定了相应的识别符号,如图 7-64 所示。该符号一般标在图纸标题栏的上方或左方(采用第三角画法时,必须在图样上标出其识别符号;采用第一角画法时,必要时也应在图样上标出其识别符号)。

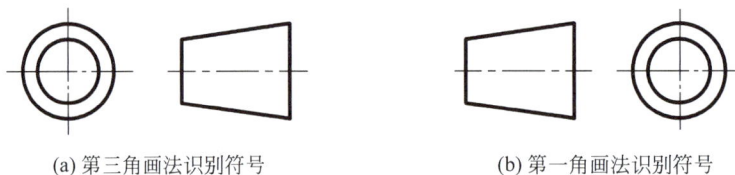

(a) 第三角画法识别符号　　　　　　　　　　(b) 第一角画法识别符号

图 7-64　第三角画法和第一角画法的识别符号

小结

本章介绍的内容主要是国家技术制图标准中的一些具体规定,在实际工作中应严格遵守,因此必须熟练掌握。

本章的学习重点是:基本视图、向视图、局部视图、斜视图的画法与标注;剖视图的概念、全剖、半剖、局部剖的画法与标注;断面图的概念、种类、画法与标注;机件上肋板的剖切画法等。

1. 视图

视图是表达机件外部结构形状的基本方法,基本视图、向视图、局部视图和斜视图相

辅相成,各有侧重,其相互关系和特点如下:

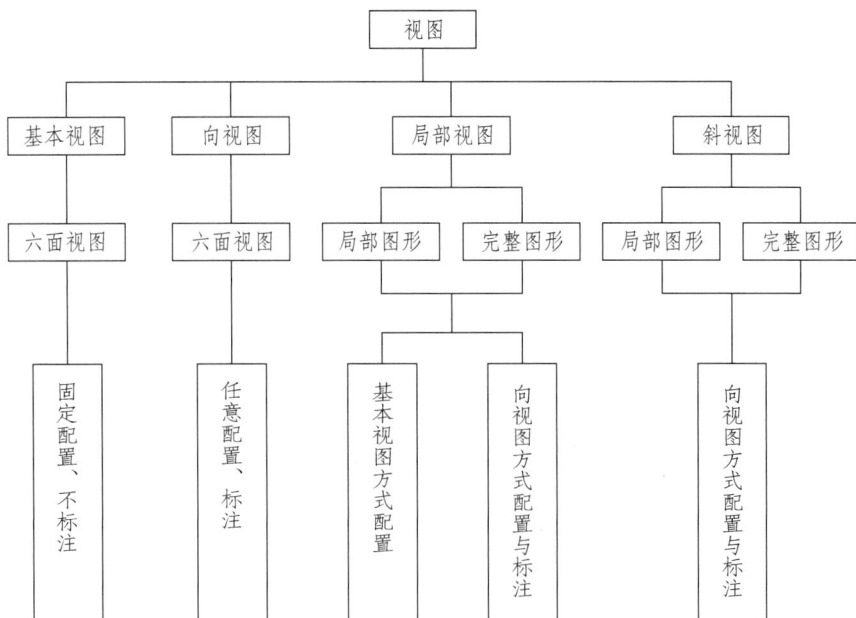

视图
├── 基本视图
│   └── 六面视图
│   └── 固定配置、不标注
├── 向视图
│   └── 六面视图
│   └── 任意配置、标注
├── 局部视图
│   ├── 局部图形
│   │   └── 基本视图方式配置
│   └── 完整图形
│   └── 向视图方式配置与标注
└── 斜视图
    ├── 局部图形
    └── 完整图形
        └── 向视图方式配置与标注

2．剖视图

(1) 全剖视:表达内部结构为主。用于外形简单内形复杂的不对称机件或不需表达外形的对称机件(如套筒)。

(2) 半剖视:兼顾表达内外结构。用于内、外形都需表达的对称或基本对称(不对称部分的形状必须有其他视图已表达清楚)的机件。注意半个视图和半个剖视的分界线为点画线。

(3) 局部剖视图:兼顾表达内外结构。用于内、外形都需表达的不对称的机件或不宜采用半剖视的对称机件。注意局部剖的边界线——波浪线的画法。

3．剖切面的种类

(1) 单一剖切面:投影面平行面,投影面垂直面。

(2) 多个剖切面:多个投影面平行面,两个相交的平面。

这些剖切面适用于画各种剖视图。

4．断面图

(1) 移出断面图:画在视图外,轮廓线用粗实线表示。

(2) 重合断面图:画在视图内,轮廓线用细实线表示。

5．剖视图与断面图的标注方法

(1) 标注的三要素:剖切线、剖切符号和剖视图或断面图的名称(大写拉丁字母)。三者的组合形式如图 7-65(a)所示。剖切线也可省略不画,如图 7-65(b)所示。

(2) 剖切符号的起、止和转折线不能与图中的粗实线、虚线相交,剖视图或断面图的名称应写在图形上方。

(3) 标注要素中不注自明的要素可省略不注。

　　本章介绍的各种表达方法是绘制工程图样时所用的重要方法,必须很好掌握。在画图时灵活应用,就能绘制出清晰、简洁的工程图样。

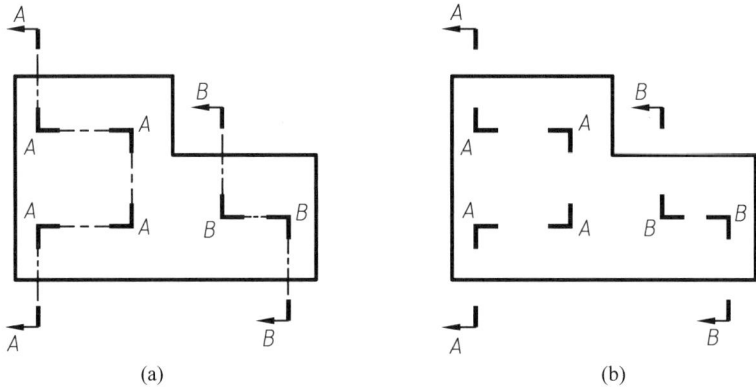

图 7-65　三要素的组合形式

第8章

轴 测 图

用多面正投影法绘制的机件的图样,虽能准确地表达物体的形状,度量性好,但直观性差,不易看懂。轴测图的直观性较好,有一定的立体感和一定的直接度量性,容易看懂。但机件的大多数表面在图中不能反映实形,因此,轴测图一般只作为辅助图样和对多面正投影图的补充,用以直观、概略地表达设计思想,说明问题,而不作为加工制造的主要依据。

本章主要介绍轴测图的形成、投影特性及常用轴测图的绘制方法。

8.1 轴测图的基本知识

8.1.1 轴测图的形成

将物体连同建立在其上的直角坐标系,沿不平行于任一坐标面的方向,用平行投影法将其投射在单一投影面上所得到的图形,叫作轴测图。得到图形的投影面叫作轴测投影面(用字母 P 表示)。

其中,用正投影法得到的轴测图称为正轴测图(图 8-1(a)),用斜投影法得到的轴测图称为斜轴测图(图 8-1(b))。

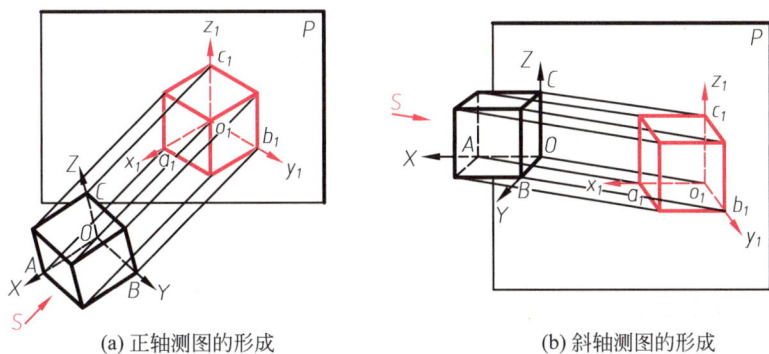

(a) 正轴测图的形成　　　　　　　　(b) 斜轴测图的形成

图 8-1　轴测图的形成

8.1.2　轴测轴、轴间角及轴向伸缩系数

1. 轴测轴

如果将空间直角坐标系的坐标轴 OX、OY、OZ 固连在物体上,那么在形成轴测图的过程中,3 个坐标轴在轴测投影面上的投影 o_1x_1、o_1y_1、o_1z_1 称为轴测轴。

2. 轴间角

每两个轴测轴(正向)之间的夹角叫作轴间角。

3. 轴向伸缩系数

轴向伸缩系数为轴测轴上的单位长度与相应空间直角坐标轴上的单位长度的比值(参看图 8-1),即

$$OX \text{ 轴的轴向伸缩系数 } p = o_1a_1/OA$$
$$OY \text{ 轴的轴向伸缩系数 } q = o_1b_1/OB$$
$$OZ \text{ 轴的轴向伸缩系数 } r = o_1c_1/OC$$

8.1.3　轴测图的基本投影特性

由于轴测投影是用平行投影法形成的,因此它具有平行投影的全部投影特性。

(1) 相互平行的直线的轴测投影仍相互平行。

(2) 空间同一线段上的各段长度之比等于其轴测投影上对应的各段长度之比。

(3) 空间相互平行的线段,其轴测投影的伸缩系数相同。

根据上述特性,物体上凡是与坐标轴平行的线段,它们在轴测图上也一定与相应的轴测轴平行,并且其伸缩系数也与相应轴的轴向伸缩系数相同。这样,画轴测图时,凡是与坐标轴平行的线段,就可以沿着轴向进行作图和测量。所谓"轴测"就是指"沿轴测量"的意思。

8.1.4　轴测图的分类

如前所述,按投影方法不同,轴测图分为正轴测图和斜轴测图两类。根据轴向伸缩系数间关系的不同,每类轴测图又可分为 3 种。

(1) 正等轴测图及斜等轴测图,简称正等测及斜等测。

轴向伸缩系数：$p = q = r$

(2) 正二等轴测图及斜二等轴测图,简称正二测及斜二测。

轴向伸缩系数：$p = q \neq r$ 或 $p = r \neq q$ 或 $q = r \neq p$

(3) 正三轴测图及斜三轴测图,简称正三测及斜三测。

轴向伸缩系数：$p \neq q \neq r$

综合考虑直观性好、立体感强和绘图方便,工程中常采用正等轴测图和斜二等轴测图($p = r \neq q$)。

8.2　正等轴测图

8.2.1　轴间角与轴向伸缩系数

在正等轴测图中,3 个轴测轴的轴向伸缩系数 $p = q = r \approx 0.82$,3 个轴间角均为 $120°$。

因为轴测图只是作为辅助表达方法，为了作图方便，国家标准规定取 $p=q=r=1$，称为简化伸缩系数，如图 8-2 所示。显然，用简化伸缩系数绘制的正等轴测图各轴向尺寸均放大了 1.22 倍。

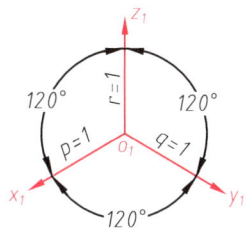

图 8-2 正等轴测图的轴间角和简化轴向伸缩系数

8.2.2 正等轴测图的画法

绘制物体的轴测图常采用坐标法、挖切法与叠加法。其中坐标法是最基本的画法，其余两种方法都是建立在坐标法的基础上的。

1. 坐标法

根据物体的特点，选定合适的坐标轴，按照物体上各顶点的坐标值画出其轴测投影，然后连线形成物体的轴测图的方法，称为坐标法。

例 8-1　绘制三棱锥的正等轴测图（图 8-3(a)）。

解　（1）在正投影图上确定坐标原点和坐标轴的位置（图 8-3(a)）。

（2）画出轴测轴。在 $x_1o_1y_1$ 坐标面上，用坐标值 l、l_1、l_2 确定顶点 A、B、C 的轴测投影 a_1、b_1、c_1，然后连线画出底面的轴测投影 $a_1b_1c_1$（图 8-3(b)）。

（3）用坐标值 l_3、l_4 和 h 确定顶点 S 的轴测投影 s_1（图 8-3(b)）。

（4）连接 s_1a_1、s_1b_1、s_1c_1 画出各棱线的轴测投影（图 8-3(b)）。

（5）擦去作图线和不可见的线（在轴测图上，不可见的线一般不画出），按线型要求加深，即得三棱锥的正等轴测图（图 8-3(c)）。

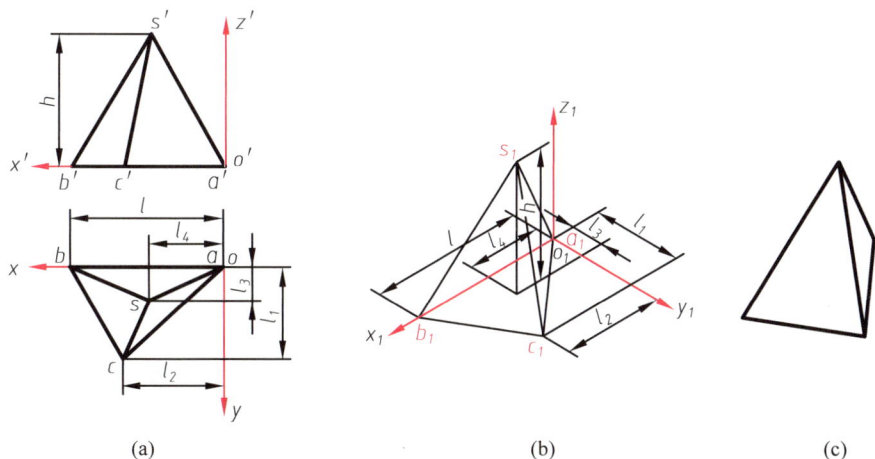

(a)	(b)	(c)

图 8-3　用坐标法绘制三棱锥的正等轴测图

画轴测图时应注意，与坐标轴不平行的线段，如三棱锥的棱线，其伸缩系数与轴向伸缩系数不同，不能直接测量与绘制，只能根据线段端点的坐标，作出端点的轴测投影后再连线。

2. 挖切法

对于用挖切方式形成的组合体，先画出完整形体的轴测图，再逐步挖切，最后得到组合体的轴测图。

例 8-2　绘制五棱柱的正等轴测图(图 8-4(a))。

解　该五棱柱可以看成是一个四棱柱被一铅垂面切去一个角形成的,先画出四棱柱的轴测图,然后再切割成五棱柱。绘图步骤如下:

(1) 在正投影图上确定坐标原点和坐标轴的位置(图 8-4(a))。

(2) 画轴测轴。在轴测轴 o_1x_1、o_1y_1 上量取尺寸 a、b,画出四棱柱的顶面。由各顶点沿 o_1z_1 轴的负方向画直线,量取高度 h,画出四棱柱的底面及棱线,完成四棱柱的轴测图(图 8-4(b))。

(3) 在四棱柱的轴测图上,按尺寸 a_1、b_1 确定点 1、2 的位置,根据轴测图的投影特性画出其他线段,切去四棱柱的左前角(图 8-4(c))。

(4) 擦去多余的线,按线型要求加深,即得五棱柱的正等轴测图(图 8-4(d))。

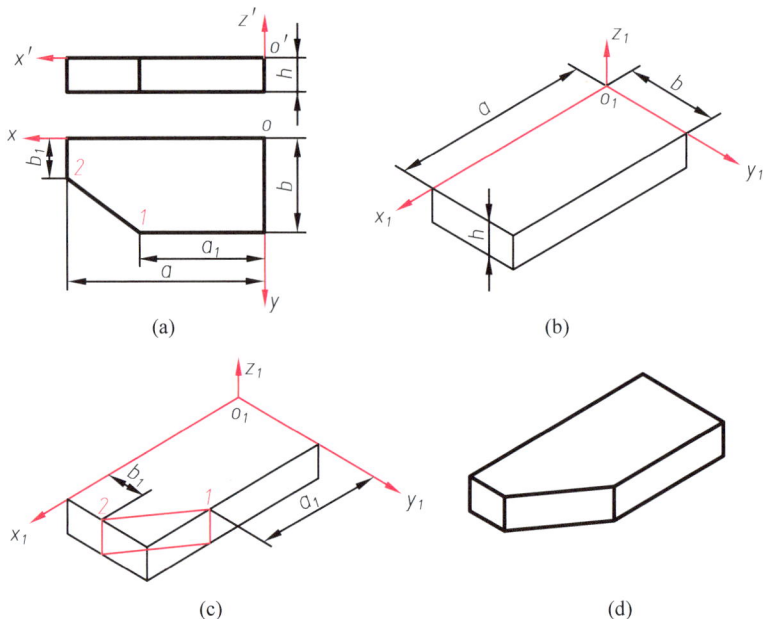

图 8-4　用挖切法绘制五棱柱的正等轴测图

3. 叠加法

叠加法是运用形体分析的方法将物体分成几个简单的形体,然后按照各部分的位置关系分别画出它们的轴测图,并根据彼此表面的过渡关系组合起来而形成整个物体的轴测图的方法。

例 8-3　绘制图 8-5(a)所示物体的正等轴测图。

解　按照形体分析法,图 8-5(a)所示物体可以分解成Ⅰ、Ⅱ两个形体。绘图步骤如下:

(1) 按例 8-2 的绘图步骤画形体Ⅰ的轴测图(图 8-5(b))。

(2) 以形体Ⅰ的顶点 o_1 作为形体Ⅱ后端面的右下角点,绘制形体Ⅱ的轴测图(图 8-5(c))。

(3) 擦去多余的线,并按线型要求加深,即得物体的正等轴测图(图 8-5(d))。

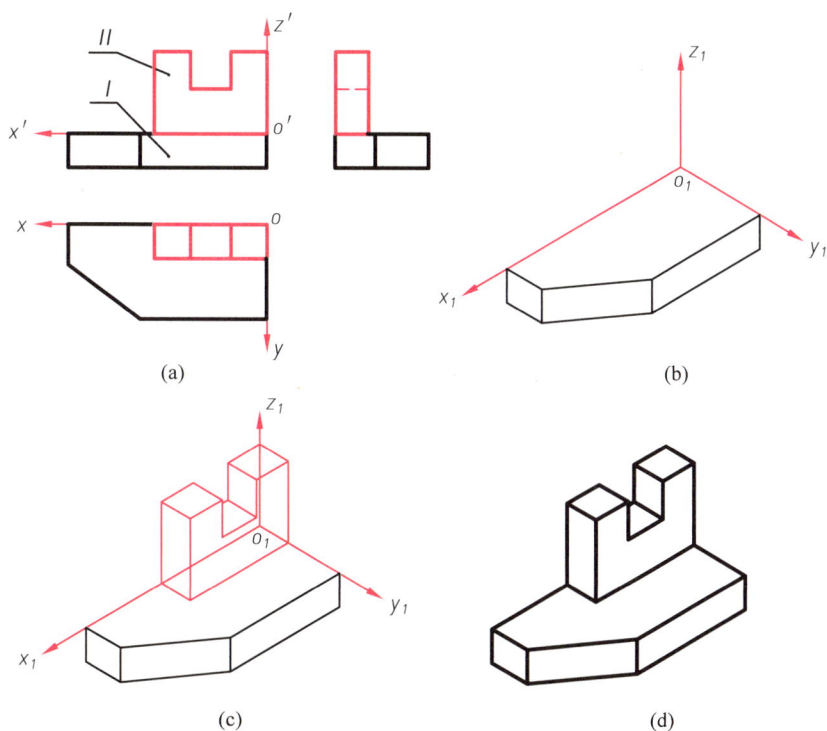

图 8-5　用叠加法绘制物体的正等轴测图

注意：用叠加法绘制轴测图时，一定要准确地确定各形体间的相对位置关系。

在绘制较复杂的物体的轴测图时，应根据物体的形状特征，灵活使用上述 3 种绘图方法。同时，要充分利用"平行线段的轴测投影依然平行"这一投影特性，使作图过程更加简便、快捷。

8.2.3　平行于坐标面的圆的正等轴测投影的画法

如图 8-6(a)所示，假设在正方体的 3 个面上各有一个直径为 d 的内切圆，那么这 3 个面的正等轴测投影将是 3 个相同的菱形，而 3 个面上内切圆的正等轴测投影应为内切于菱形的形状相同的椭圆，如图 8-6(b)所示。这些椭圆具有以下特点。

1. 椭圆的长、短轴的方向

椭圆长轴的方向是菱形长对角线的方向，短轴的方向是菱形短对角线的方向。它们与轴测投影轴的关系是：

平行于 XOZ 坐标面的圆：轴测图上椭圆的长轴垂直于 o_1y_1 轴，短轴平行于 o_1y_1 轴。

平行于 YOZ 坐标面的圆：轴测图上椭圆的长轴垂直于 o_1x_1 轴，短轴平行于 o_1x_1 轴。

平行于 XOY 坐标面的圆：轴测图上椭圆的长轴垂直于 o_1z_1 轴，短轴平行于 o_1z_1 轴。

2. 椭圆长、短轴的大小

采用简化伸缩系数作图时，椭圆长轴的长度约为 $1.22d$，短轴的长度约为 $0.7d$。

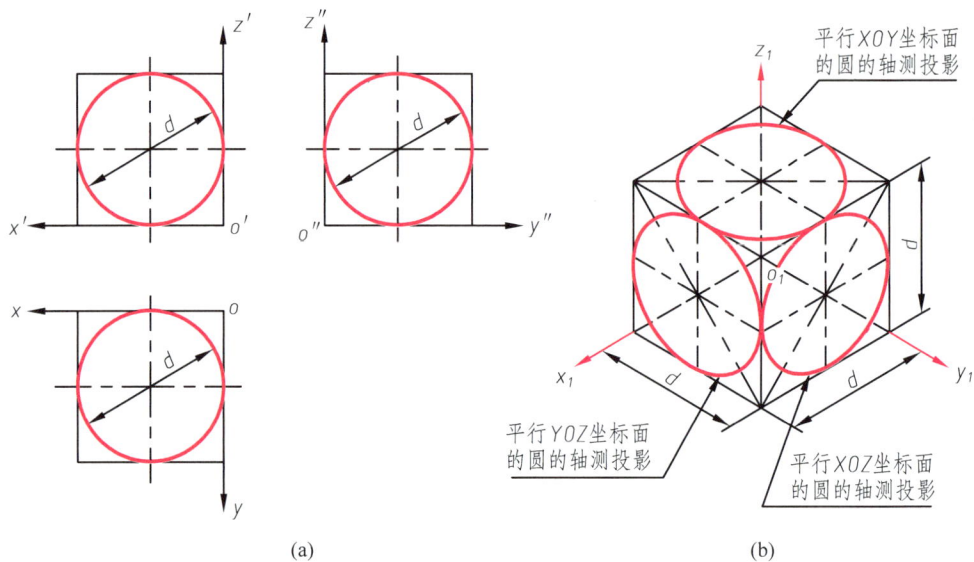

图 8-6　平行于各坐标面的圆的正等轴测投影

3. 椭圆的共轭直径

在圆上过内切圆 4 个切点的直径,分别平行于相应的坐标轴,它们在轴测图中的投影仍然平行于相应的轴测轴,其长度仍然为 d,且为椭圆的一对共轭直径。

4. 椭圆的近似画法

绘制平行于坐标面的圆的正等轴测投影,常采用"四心椭圆法"。即首先画出圆的外切正方形的正等轴测投影,然后定出 4 个圆心,画 4 段相切的圆弧代替椭圆曲线。

现以画平行于 XOY 坐标面的圆的正等轴测投影为例,说明其作图过程(图 8-7)。

(1) 在正投影图上设置坐标轴,并画圆的外切正方形,得到 4 个切点 a、b、c、d(图 8-7(a))。

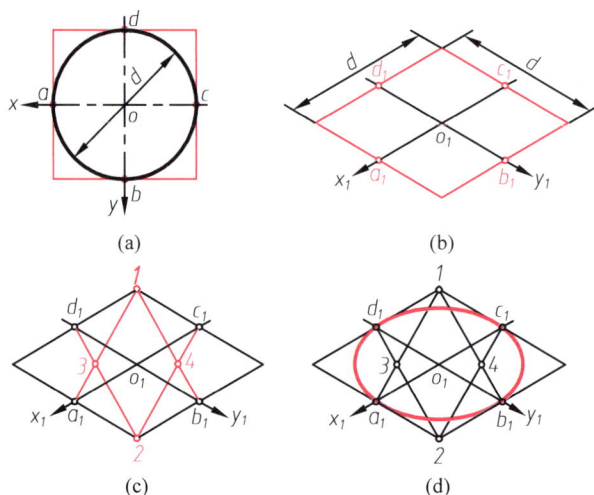

图 8-7　四心椭圆法画椭圆

(2) 画轴测轴,作出 a、b、c、d 的轴测投影 a_1、b_1、c_1、d_1。过 a_1、b_1、c_1、d_1 作 o_1x_1、o_1y_1 的平行线,得到圆的外切正方形的正等轴测投影——菱形(图 8-7(b))。

(3) 连接 1、a_1 和 2、d_1 得交点 3;连接 1、b_1 和 2、c_1 得交点 4。点 1、2、3、4 即为 4 段圆弧的圆心(图 8-7(c))。

(4) 以点 1 为圆心,$1a_1$ 为半径画圆弧 a_1b_1;以点 2 为圆心,$2c_1$ 为半径画圆弧 c_1d_1;以点 3 为圆心,$3d_1$ 为半径画圆弧 d_1a_1;以点 4 为圆心,$4b_1$ 为半径画圆弧 b_1c_1(图 8-7(d))。

例 8-4 作圆台的正等轴测图。

解 (1) 以底面的圆心为坐标原点,在正投影图上画出坐标轴(图 8-8(a))。

(2) 用"四心椭圆法"作出上、下底的轴测投影(图 8-8(b))。

(3) 作两椭圆的公切线(图 8-8(c))。

(4) 擦去多余的线,按线型要求加深,即得圆台的正等轴测图(图 8-8(d))。

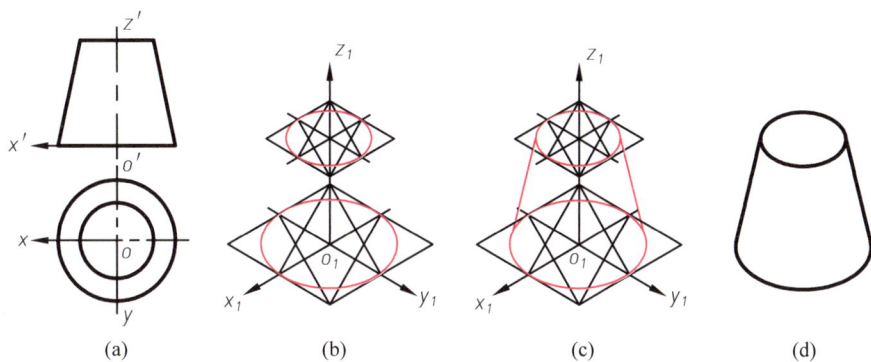

图 8-8 圆台的正等轴测图的画法

8.2.4 圆角的正等轴测图的画法

物体上由 1/4 圆弧组成的圆角轮廓(图 8-9(a)),在轴测图上为 1/4 椭圆弧,为了作图简便,可以用圆弧代替椭圆弧。画法如下:

(1) 先按直角画出板的轴测图,由角顶点沿两边分别量取半径 R,得 1、2、3、4 点(图 8-9(b))。

(2) 过 1、2、3、4 点分别作所在边的垂线,得上表面圆弧的圆心 o_1、o_3(图 8-9(c))。

(3) 分别以 o_1、o_3 为圆心,以 o_11、o_33 为半径作圆弧 12、34(图 8-9(d))。

(4) 从圆心 o_1、o_3 向下量取板的厚度 h,得到下底面圆弧的圆心 o_2、o_4,用同样的半径作圆弧,并作右侧两个小圆弧的公切线(图 8-9(e))。

(5) 擦去多余的线,按线型要求加深,即得最后结果(图 8-9(f))。

例 8-5 作图 8-10(a)所示物体的正等轴测图。

解 该物体是由一个四棱柱切一个方槽和一个半个圆柱槽形成的,可以采用挖切法画其轴测图。

(1) 画四棱柱(图 8-10(b))。

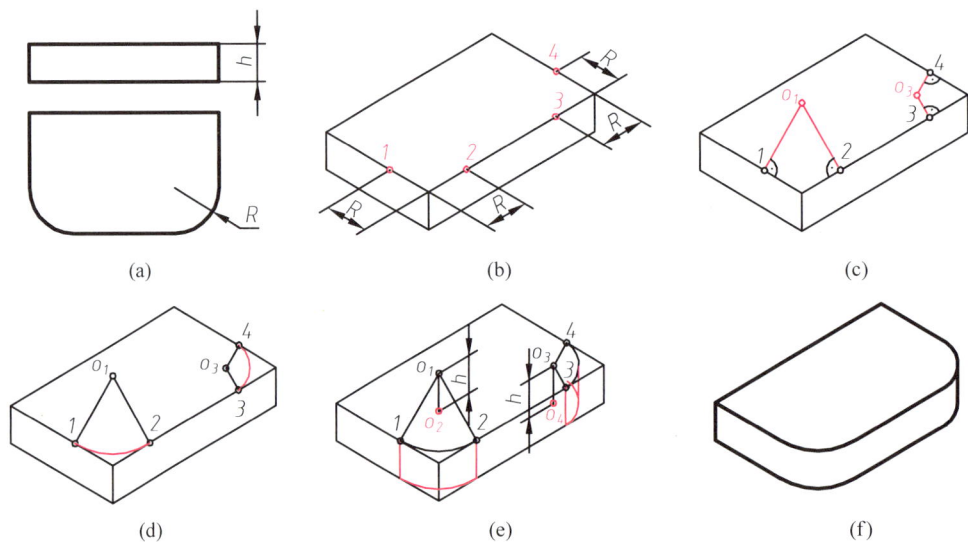

图 8-9   圆角的正等轴测图的画法

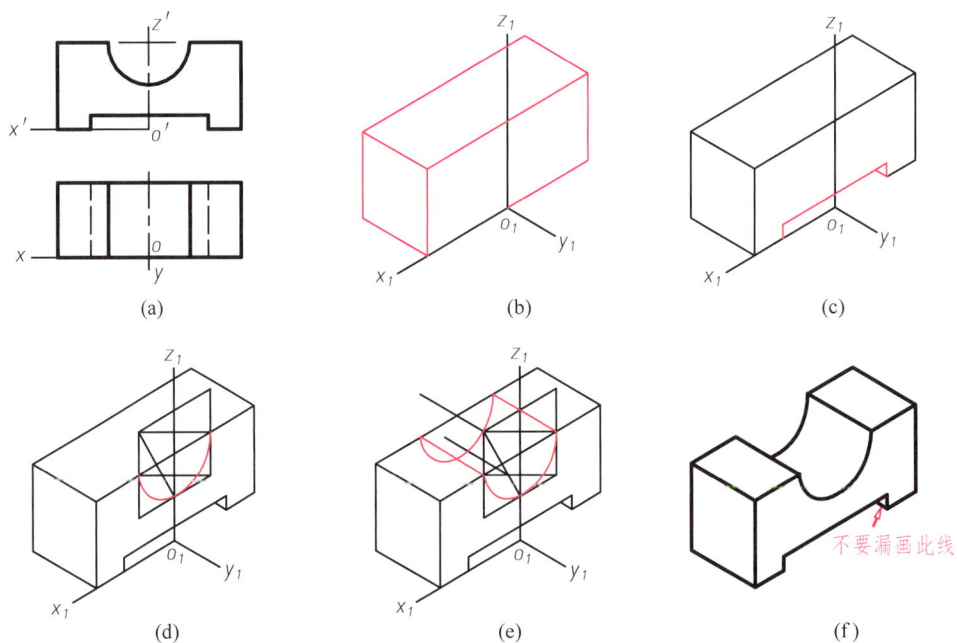

图 8-10   例 8-5 图

（2）切底部的方槽（图 8-10(c)）。

（3）切半圆槽。

① 画前面的半个椭圆（图 8-10(d)）。画图时要注意椭圆长、短轴的方向。

② 画后面的半个椭圆，并连接前后两个半椭圆弧的端点（图 8-10(e)）。

（4）擦去多余的线，按线型要求加深，即得最后结果（图 8-10(f)）。

8.3 斜二等轴测图

8.3.1 轴间角与轴向伸缩系数

工程上常用的斜二等轴测图是坐标面 XOZ 与轴测投影面平行的斜二等轴测图，简称斜二测。其轴间角 $x_1o_1z_1 = 90°$，o_1y_1 轴与水平线的夹角为 $45°$，轴向伸缩系数 $p = r = 1，q = 0.5$（图 8-11）。这时，物体上凡与 XOZ 坐标面平行的平面在轴测图上均反映实形。

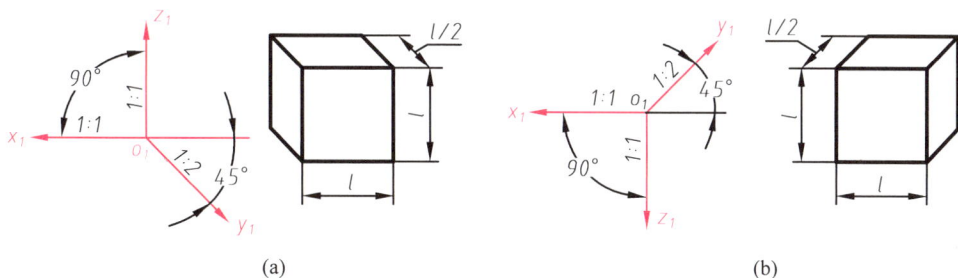

(a)　　　　　　　　　　　　　　　(b)

图 8-11　斜二等轴测图的轴间角和轴向伸缩系数

8.3.2 平行于坐标面的圆的斜二等轴测投影的画法

如图 8-12 所示，在上述斜二等轴测图中，平行于 XOZ 坐标面的圆反映实形，而平行于 XOY、YOZ 坐标面的圆则为形状相同的椭圆。

图 8-12 中椭圆 1 的长轴对 o_1x_1 轴偏转 $7°$，椭圆 2 的长轴对 o_1z_1 轴偏转 $7°$；长轴的长度约为 $1.06d$，短轴长度约为 $0.33d$。这两个椭圆画起来较烦琐，如有需要，可以先画出圆上若干点的轴测投影，然后用曲线光滑连接，近似画出椭圆。因此，当物体上只有一个平行于坐标面的方向有圆时，用斜二等轴测图较为简便。

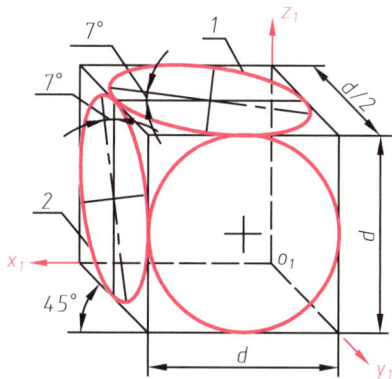

图 8-12　平行于各坐标面的圆的
斜二等轴测投影

8.3.3 斜二等轴测图的画法

例 8-6　作图 8-13(a)所示支架的斜二等轴测图。

解　(1) 在正投影图上设置坐标轴(图 8-13(a))。

(2) 画轴测轴，并画出前端面的形状，实际上它与主视图完全相同；沿 o_1y_1 轴的负方向量取 $o_1o_2 = l/2$，画出后端面的形状(图 8-13(b))。

8-2

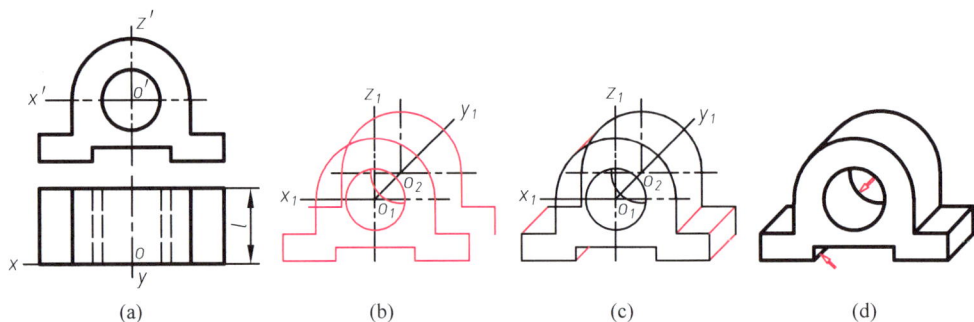

图 8-13　支架的斜二等轴测图画法

（3）画半圆柱轴测图的轮廓线（两圆弧的公切线）及其他可见线（图 8-13（c））。

（4）擦去多余的线，按线型要求加深，即得最后结果（图 8-13（d））。

注意：不要漏画孔、槽中的可见线。

8.4　轴测剖视图

为了表达机件的内部结构和形状，可采用轴测剖视图。

8.4.1　轴测剖视图的画法

不论机件是否对称，常用两个相互垂直的剖切平面，沿两个坐标面方向将机件剖开。其画法有两种（以画圆筒正等轴测图为例）。

1. 先画外形后剖切

（1）确定坐标轴的位置（图 8-14（a））。

（2）画圆筒的轴测图（图 8-14（b））。

（3）用两个相互垂直的剖切平面沿坐标面 XOZ 和 YOZ 剖切，画出断面的形状和剖切后内形可见部分的投影（图 8-14（c））。

（4）擦掉多余的线，加深并画剖面线（图 8-14（d））。

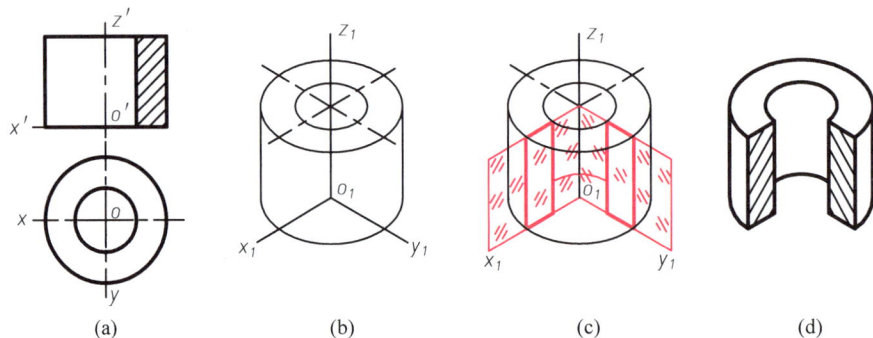

图 8-14　圆筒的轴测剖视图画法（一）

2. 先画断面后画外形

(1) 确定坐标轴的位置(图 8-15(a))。

(2) 画出断面的形状(图 8-15(b))。

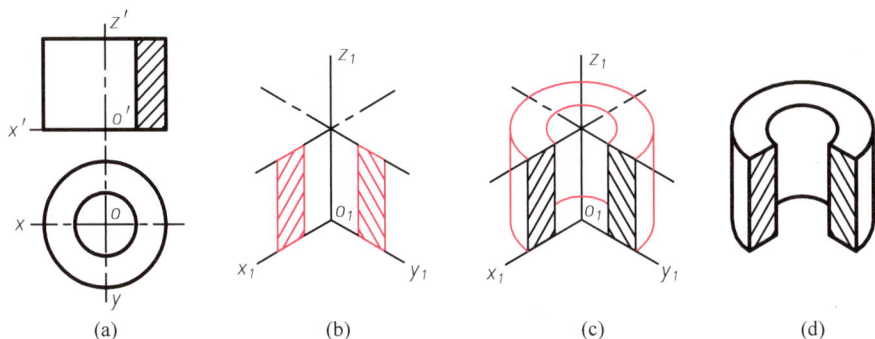

图 8-15 圆筒的轴测剖视图画法(二)

(3) 画出剖切平面后可见部分的投影(图 8-15(c))。

(4) 擦掉多余的线,并加深(图 8-15(d))。

8.4.2 剖面符号的画法

一般情况下,多面正投影图上剖面线的方向与剖面区域的主要轮廓线或轴线成 $45°$ 夹角,即剖面线与两相关轴的截距相等。在轴测图上这种关系保持不变。

图 8-16(a)、(b)分别为正等轴测图和斜二等轴测图上平行于各坐标面的断面的剖面线的画法。

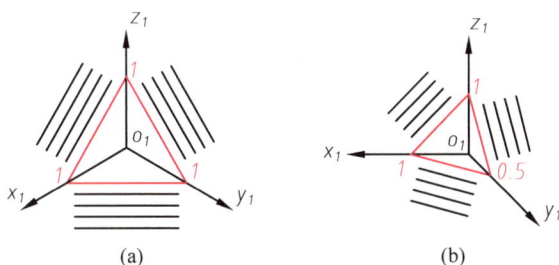

图 8-16 常用轴测图上剖面线的画法

表示零件中间折断或局部断裂时,断裂处的边界线应画波浪线,并在可见断裂面内加画细点以代替剖面线(图 8-17、图 8-18)。

剖切平面通过零件的肋板或薄壁等结构的纵向对称平面时,这些结构不画剖面符号,而用粗实线将它与邻接部分分开(图 8-19(a));在图中表现不够清晰时,也可以在肋板或薄壁部位用细点表示被剖切部分(图 8-19(b))。

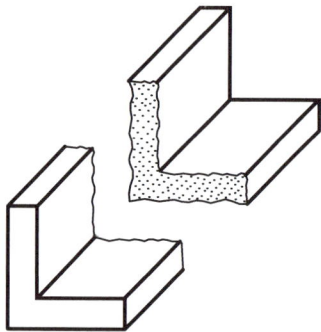

图 8-17　断裂面剖面符号画法(一)

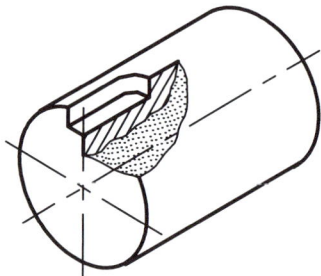

图 8-18　断裂面剖面符号画法(二)

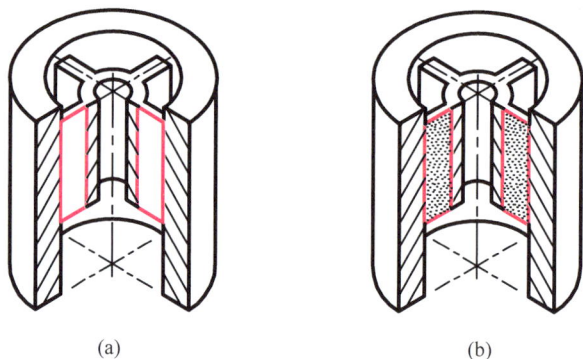

(a)　　　　　　　　　(b)

图 8-19　肋板剖切画法

小结

本章的学习重点是轴测图的形成、投影特性以及正等轴测图和斜二等轴测图的画法。

1. 绘制轴测图时要注意以下几点:

(1) 恰当地设置坐标系。对于形状比较复杂的物体,通常将坐标原点设置在可见的投影面平行面的角点上,这样,可以避免画一些不必要的线段(因为轴测图中,一般不画不可见的线段)。对于有对称面的物体,通常将坐标原点设置在对称面上,这样,画图时,测量起来较为方便。

(2) 充分利用"平行线段的轴测投影依然平行"这一投影特性,使作图更加简便、快捷。

(3) 对于与坐标轴不平行的线段,必须根据端点的坐标值,用坐标法作出端点的轴测投影后再连线(为什么?)。

(4) 画正等轴测图上的椭圆时,要特别注意椭圆长、短轴的方向。

2. 轴测图的绘图方法

轴测图的绘图方法有坐标法、切割法和叠加法,其中坐标法是最基本的方法。在绘制组合体的轴测图时,要灵活选用这三种方法。

3. 轴测图的种类

用正投影法形成的轴测图叫作正轴测图;用斜角投影法形成的轴测图叫作斜轴测图。根据其轴向伸缩系数的不同各分为三种,工程中常用的是正等轴测和斜二等轴测图。

(1) 正等轴测图的三个轴间角均为120°,三个轴向伸缩系数相等,且简化伸缩系数均为1,作图和度量都比较方便;平行于各坐标面的圆的轴测投影为形状相同的椭圆,其近似画法也比较简单;同时,正等轴测图的立体感较好,一般情况下应优先选用。特别是当物体上平行于三个坐标面的方向均有圆时,更应采用正等轴测图。

(2) 斜二等轴测图的最大特点是物体上平行于 XOZ 坐标面方向的平面的形状不变形。最适合表达一个方向形状复杂,另两个方向形状简单的物体。斜二等轴测图的缺点是立体感稍差。

第9章

尺寸标注基础

图样中的视图、剖视图等只能表达物体的形状,物体各部分的真实大小及准确的相对位置则靠标注尺寸来确定。

生产中,图上所标的尺寸是工人制造零件的重要依据,标错一个,整个零件就可能报废。因此,标注尺寸时必须认真负责,一丝不苟,绝不能粗枝大叶。

标注尺寸的基本要求是:

(1) 正确:所注尺寸应符合国家标准《技术制图》中有关尺寸注法的基本规定。

(2) 完全:尺寸必须标注齐全,不遗漏,不重复。

(3) 合理:所注尺寸既能保证设计要求,又要符合加工、装配、测量等工艺要求。

(4) 清晰:尺寸标注要布置匀称、清楚、整齐,便于阅读。

本章主要介绍有关尺寸注法的一些基本规定及组合体的尺寸标注方法,为标注零件的尺寸打下基础。掌握本章的内容,基本可做到标注尺寸的正确、完全和清晰。至于标注尺寸的合理性,由于与零件的功用、加工、测量、装配等密切相关,故留在后续章节再作介绍。

9.1 尺寸标注的基本规定

关于尺寸标注的规则和方法,国家标准有详细的规定,主要有以下内容:

(1) 图样上所标注的尺寸数字为机件的真实大小,与绘图比例及绘图的准确度无关。

(2) 图样中的尺寸应为该机件最后完工的尺寸,否则应另加说明。

(3) 图样中的尺寸,一般以 mm(毫米)为单位,且不需标注单位名称。如采用了其他单位,则必须注明相应单位的代号和名称,如 $45°,20cm$ 等。

(4) 机件的每一个尺寸应只标注一次,且应标注在反映该结构最清晰的图形上。

(5) 标注尺寸时,应尽可能使用图形符号和缩写词。常用的图形符号或缩写词见表 9-1。

表 9-1 尺寸标注中的常用图形符号和缩写词

名称	符号或缩写词	名称	符号或缩写词
直径	ϕ	正方形	□
半径	R	深度	▽

续表

名称	符号或缩写词	名称	符号或缩写词
圆球半径	SR	沉孔或锪平	⊔
圆球直径	$S\phi$	埋头孔	∨
厚度	t	弧长	⌒
均布	EQS	斜度	∠
45°倒角	C	锥度	▷

图形符号的画法如图 9-1 所示。

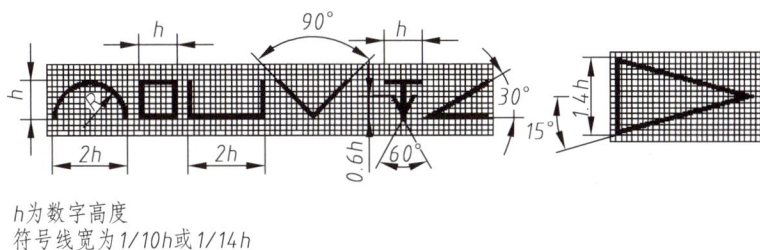

h为数字高度
符号线宽为 $1/10h$ 或 $1/14h$

图 9-1　图形符号的画法

（6）尽可能避免在不可见轮廓线（虚线）上标注尺寸。

（7）关于尺寸标注的其他一些规则和方法，请阅读表 9-2 的内容。

表 9-2　尺寸标注的基本规定

说　明	图　例
尺寸的组成 一个完整的尺寸，应包含下列内容（图(a)）： （1）尺寸数字； （2）尺寸界线（细实线）； （3）尺寸线（细实线）。 注： ① 尺寸数字要采用标准字体，同一张图上，其大小应一致。 ② 尺寸线终端有箭头和斜线两种形式，其画法如图(b)、(c)所示。机械图样多采用箭头形式。当采用斜线形式时，尺寸线与尺寸界线必须垂直。	

续表

说　明	图　例
尺寸数字	
尺寸数字应按图(a)所示的方向书写,并尽可能避免在图示30°范围内标注尺寸,无法避免时可引出标注(图(b))	 (a)　(b)
线性尺寸的数字一般应写在尺寸线的上方(图(a)),也允许写在尺寸线的中断处(图(b));对于非水平方向的尺寸,其尺寸数字也可水平地注写在尺寸线的中断处(图(c)),但全图标注格式应保持一致	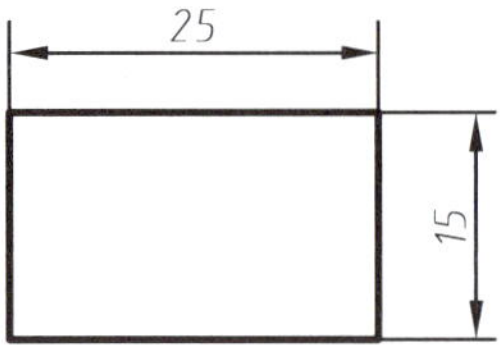 (a) 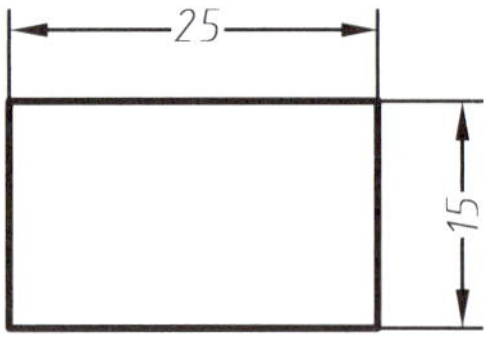　(b) 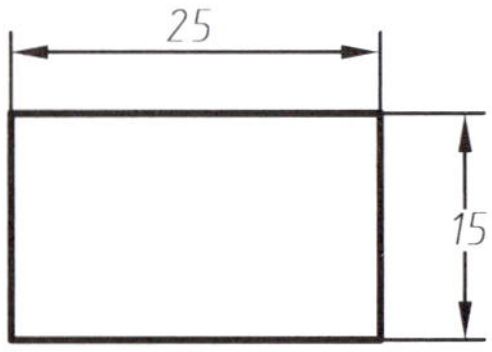 (c)
尺寸数字不可被任何图线所通过,不可避免时,必须将图线断开,以保证尺寸数字清晰	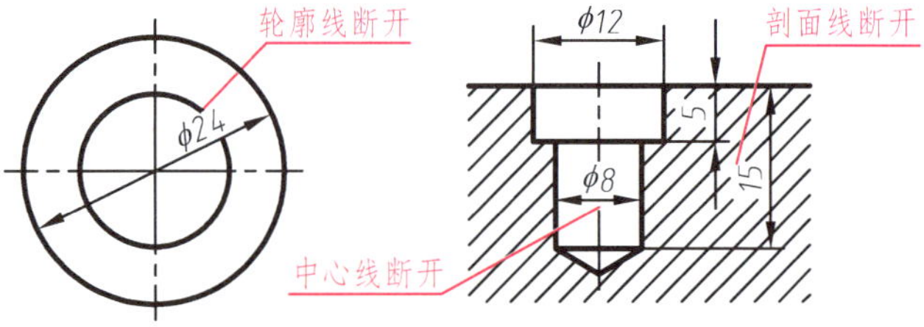
尺寸界线	
尺寸界线用细实线绘制,并应由图形的轮廓线、轴线或对称中心线引出,也可用这些图线代替	
尺寸界线应与尺寸线垂直。当过于贴近轮廓线时,允许倾斜画出(图(a)) 在光滑过渡处标注尺寸时,必须用细实线将轮廓线延长,从它们的交点处引出尺寸界线	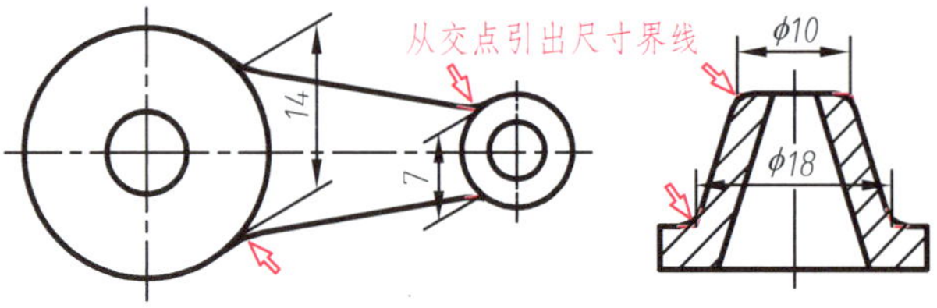 (a)　(b)

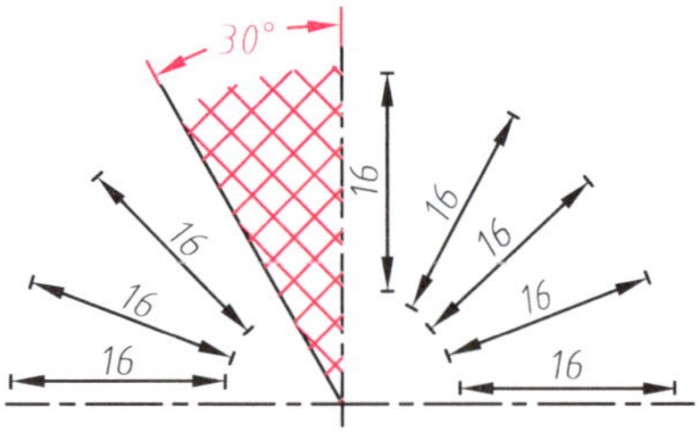

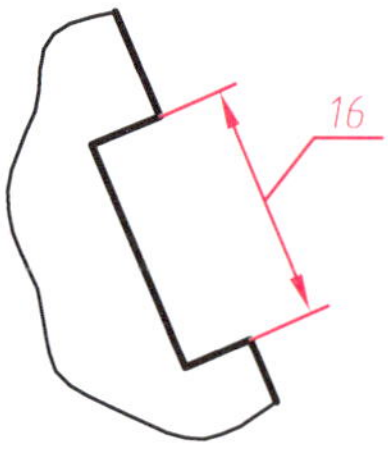

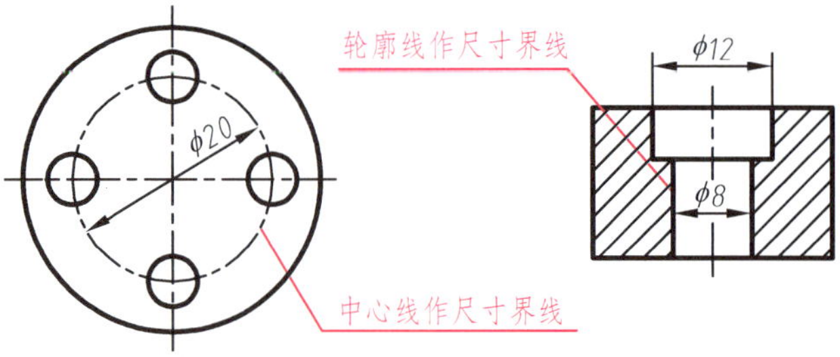

续表

说　明	图　例
尺寸线 尺寸线不能用其他图线代替，也不能与其他图线重合或画在其延长线上 标注线性尺寸时，尺寸线必须与所标注的线段平行	尺寸线与中心线重合　尺寸线与轮廓线重合 尺寸线与轮廓线不平行 尺寸线为轮廓线的延长线 尺寸线为中心线的延长线 (a) 错误　　　　(b) 正确
直径尺寸与半径尺寸 标注直径尺寸时，尺寸数字前应加注符号"ϕ" 直径尺寸可标注在投影为圆或非圆的视图上	$2\times\phi6$　$R6$　$\phi20$　$\phi12$　27　$\phi18$　$\phi12$　14 $\phi10$　$\phi10$　$\phi10$　$\phi5$　$\phi5$　$\phi5$
标注半径尺寸时，尺寸数字前应加注符号"R" 半径尺寸必须标注在投影为圆弧处，且尺寸线应通过圆心	$R7$　$R7$ 错误　　　　正确 $R10$　$R4$　$R4$　$R2$　$R2$
当圆弧半径过大或在图纸范围内无法标出其圆心位置时，可按图(a)的形式标注；若不需要标出其圆心位置时，可按图(b)的形式标注	$R90$ $R100$ (a)　　　　(b)
标注球面的直径或半径时，应在"ϕ"或"R"前面加注符号"S"	$S\phi12$　$SR12$

续表

说　明	图　例
角度尺寸	角度的尺寸数字一律水平书写,且应写在尺寸线的中断处,必要时允许写在外面或引出标注 角度尺寸的尺寸界线必须沿径向引出。尺寸线为以角的顶点为圆心的圆弧
弦长与弧长	标注弦长时,尺寸界线应平行于该弦的垂直平分线(图(a));标注弧长时,尺寸界线应平行于该弧所对圆心角的角平分线(图(b));弧长较大时,可沿径向引出(图(c))。弧长的尺寸数字前应加注符号"⌒"
斜度与锥度	标注斜度或锥度尺寸时,应加注斜度或锥度图形符号,其倾斜方向应与斜面或圆锥的倾斜方向一致 斜度图形符号配置在尺寸数字前,基准线与基准面平行,并通过指引线与被标注面相连 锥度图形符号配置在基准线上,基准线应与圆锥的轴线平行,并通过指引线与圆锥的轮廓素线相连
狭小部位的尺寸	当没有足够位置画箭头或写数字时,可将其中一个布置在外面(图(a)),位置更小时,两者都可布置在外面(图(b)) 当尺寸界线两侧均无法画箭头时,箭头可用圆点(图(c))或斜线代替(图(d))
板状零件	标注板状零件时可在尺寸数字前加注符号"t"表示为均匀厚度板,而不必另画视图表示厚度

The 图例 column contains technical drawings for each row:
- 角度尺寸: angle dimensions showing 90°, 60°, 25°, 5° and a part with φ56, 30°, 52, 24, 68, R20, φ20
- 弦长与弧长: (a) 17, (b) ⌒19, (c) ⌒40
- 斜度与锥度: (a) 图形符号/指引线/基准线 ∠1:5, 25; (b) 图形符号/指引线/基准线 ⊳1:5, φ22, 25
- 狭小部位的尺寸: (a) 5, 5; (b) 3, 3, 3; (c) 5, 3, 5; (d) 5, 3, 5
- 板状零件: part with $t2$

续表

说　明	图　例
正方形结构	标注断面为正方形结构的尺寸时,可在正方形边长尺寸数字前加注符号"□"(图(a)),或用"$B×B$"(B 为正方形边长)注出(图(b)) 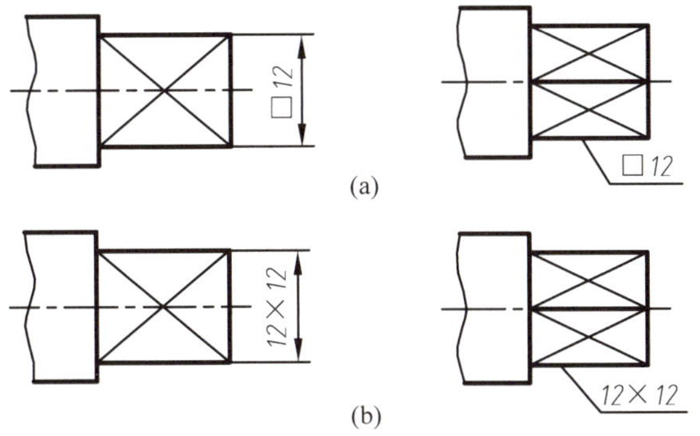
均匀分布的孔	沿圆周均匀分布的孔,应按图(a)的形式标注(EQS 意为均匀分布) 当孔的定位和分布情况已明确时,允许省略"EQS"字样(图(b)) 沿直线均匀分布的孔,可按图(c)的形式标注 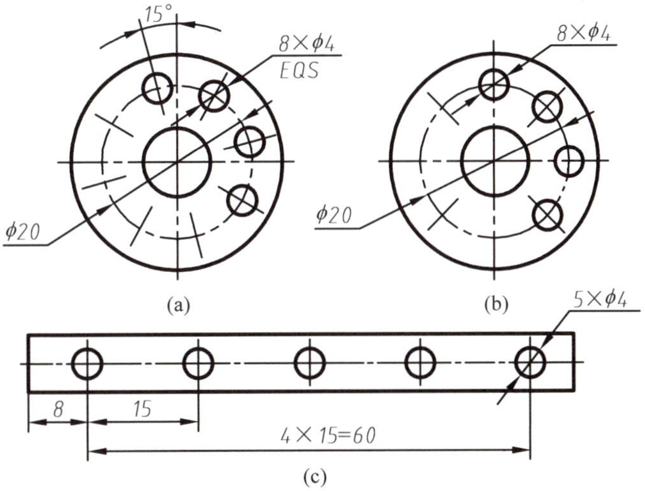
对称图形	对称图形画出一半时,尺寸线应超过中心线(图(a)),画出多一半时,尺寸线应略超过断裂线(图(b)),且都只在有尺寸界线的一端画出箭头 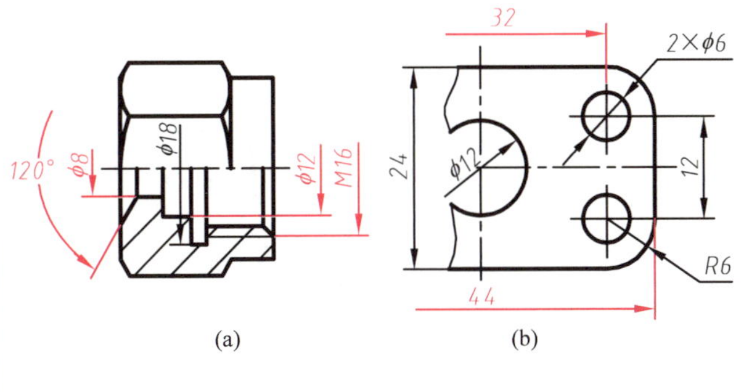

正方形结构图例:
□12 (a)
12×12 (b)

均匀分布的孔图例:
15° 8×φ4 EQS φ20 (a)
8×φ4 φ20 (b)
5×φ4 8 15 4×15=60 (c)

对称图形图例:
φ18 φ12 M16 120° φ8 (a)
32 2×φ6 24 φ12 12 44 R6 (b)

续表

说　明	图　例
对称图形	当图形具有对称中心线时,分布在对称中心线两边的相同结构要素,仅标注其中一组要素的尺寸

9.2　组合体的尺寸标注

形体分析法是标注组合体尺寸的基本方法。组合体的尺寸要标注完全,必须包含组成组合体的基本体的定形尺寸、定位尺寸和组合体的总体尺寸 3 方面内容。

9.2.1　基本体的定形尺寸

基本体的定形尺寸是指确定各基本体的形状和大小的尺寸。

图 9-2 所示是一些常用基本体的定形尺寸的标注方法。

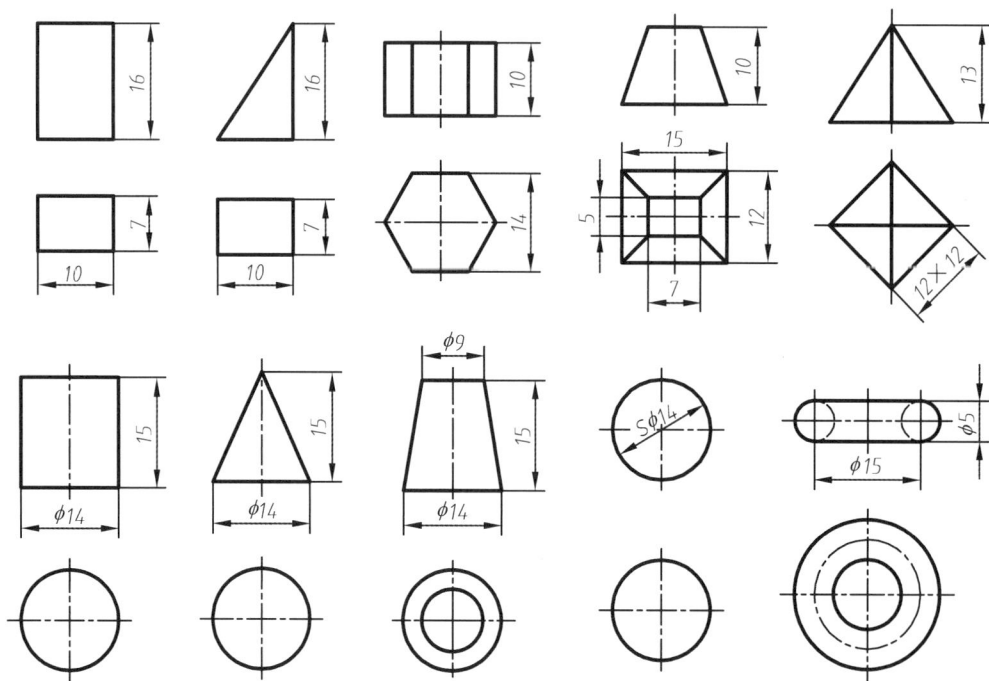

图 9-2　常用基本体的定形尺寸标注方法

9.2.2 常见形体的定位尺寸

所谓定位尺寸是指确定组合体中各基本体之间相对位置的尺寸。

要标注定位尺寸,必须选择好定位尺寸的尺寸基准。所谓尺寸基准是指标注尺寸的起始位置。物体有长、宽、高3个方向的尺寸,每个方向至少要有一个尺寸基准。通常以物体的底面、端(侧)面、对称平面和轴线等作为尺寸基准。

图9-3所示是一些常见形体的定位尺寸。从图中可以看出,在标注回转体的定位尺寸时,一般都是标注它的轴线的位置。

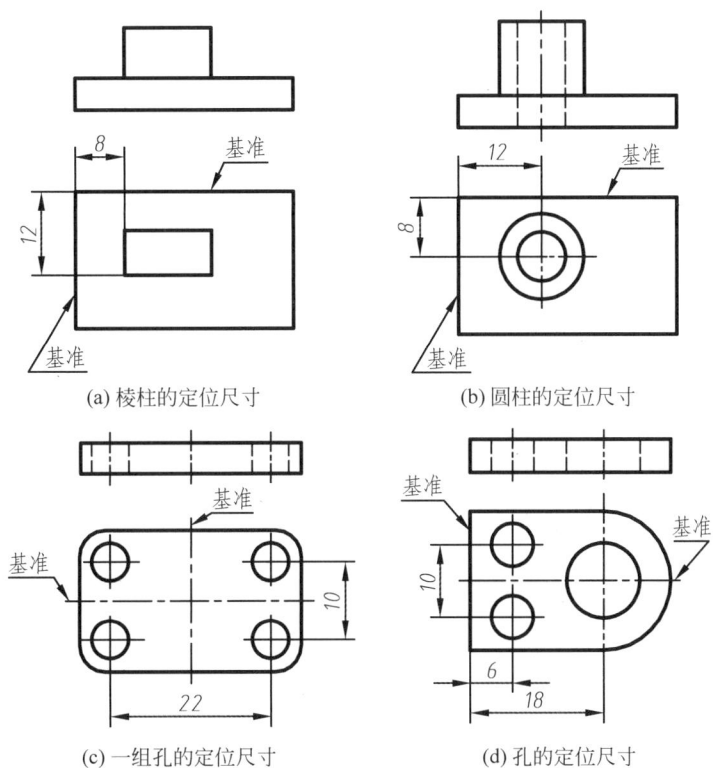

(a) 棱柱的定位尺寸   (b) 圆柱的定位尺寸

(c) 一组孔的定位尺寸   (d) 孔的定位尺寸

图9-3 一些常见形体的定位尺寸

9.2.3 组合体的总体尺寸

组合体的总体尺寸是指组合体在长、宽、高3个方向的最大尺寸。总体尺寸有时就是某形体的定形尺寸或定位尺寸,一般不再标注。当出现多余尺寸时,需作适当调整,避免形成封闭的尺寸链。

图9-4(a)中标注了每个形体的定形、定位尺寸后,物体的总长26、总宽17就是底板的定形尺寸,不再标注。但标注了总高13后,出现了多余尺寸,形成了封闭的尺寸链,这时需作调整,去掉一个次要尺寸。图9-4(b)所示是一种正确的标注方法。

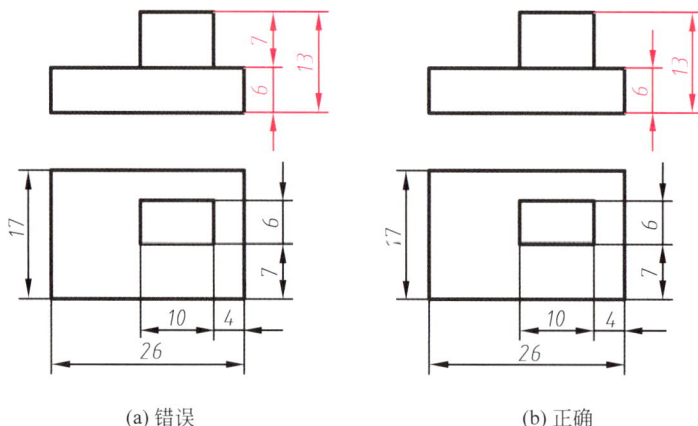

(a) 错误　　　　　　　　　　　　(b) 正确

图 9-4　组合体的总体尺寸

当组合体的某一方向具有回转面结构时,一般不以回转体的轮廓线为起点标注总体尺寸。如图 9-5(a)所示,长度方向的总体尺寸由 18 和 R9 确定。再如图 9-5(b)所示,长度方向的总体尺寸由 20 和 R5 确定。该方向的总体尺寸一般不再注出。

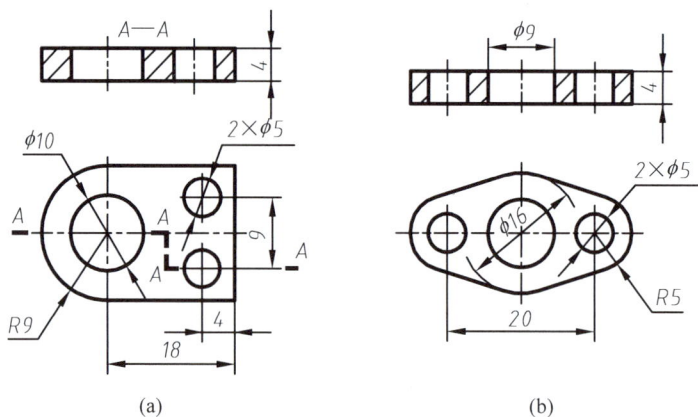

(a)　　　　　　　　　　　　　　(b)

图 9-5　不标注总体尺寸的结构图

9.2.4　标注尺寸时应注意的几个问题

当基本体被平面截切时,不允许直接在交线上标注尺寸,如图 9-6(a)上的尺寸 12。而应该标注基本体的定形尺寸和产生交线的截平面的定位尺寸,如图 9-6(b)所示。

当两体相贯时,不允许直接在相贯线上标注尺寸,如图 9-7(a)上的尺寸 R6,更何况相贯线的实际形状并不是圆弧。而应该标注产生相贯线的两形体的定形、定位尺寸。同时要注意,确定回转体的位置时,不应确定其轮廓线的位置(如图 9-7(a)上的尺寸 4 和 5),而应该确定其轴线的位置。正确的标注方法如图 9-7(b)所示。

对称结构的尺寸,不论是定形尺寸还是定位尺寸,不能只注一半,如图 9-8 所示。

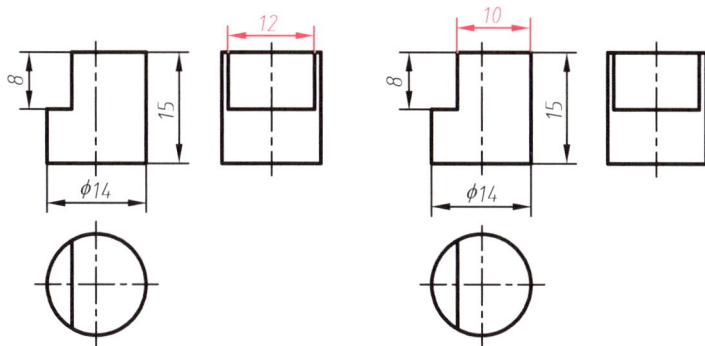

(a) 错误   (b) 正确

图 9-6 表面具有截交线时的尺寸注法

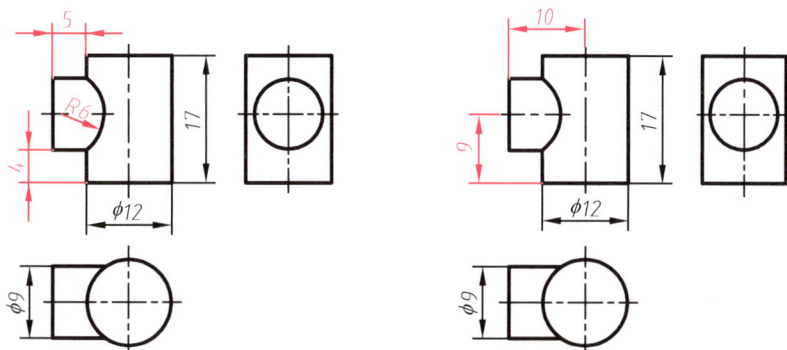

(a) 错误   (b) 正确

图 9-7 表面具有相贯线时的尺寸注法

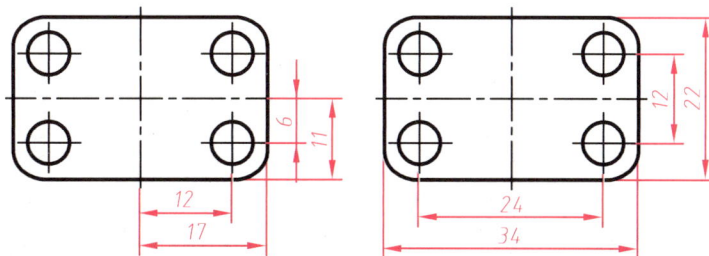

(a) 错误   (b) 正确

图 9-8 对称结构的尺寸注法

9.2.5 组合体的尺寸标注方法和步骤

现以如图 9-9 所示的轴承座为例来说明组合体的尺寸标注方法和步骤。

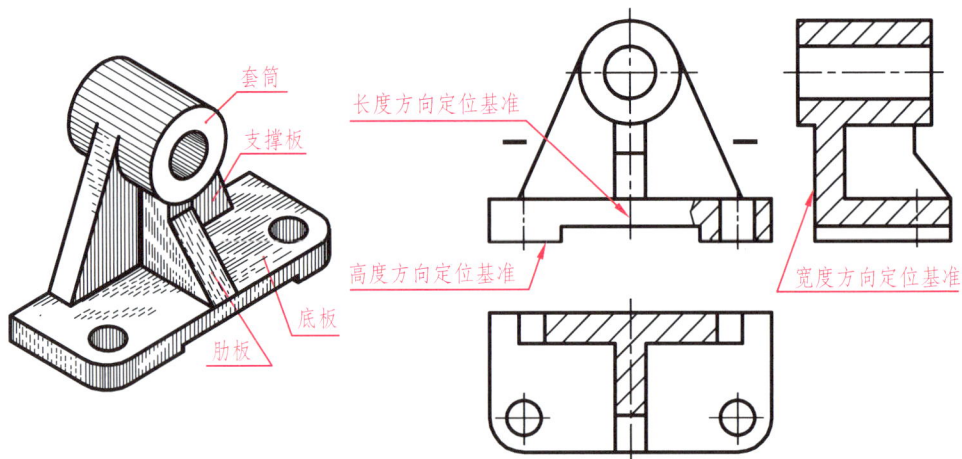

图 9-9　轴承座

1. 形体分析

轴承座由底板、套筒、支撑板和肋板组成。

2. 确定定位尺寸的基准

长度方向以左右对称面为基准;宽度方向以底板的后端面为基准;高度方向以底板的底面为基准。

3. 逐个标注各个形体的定形、定位尺寸

(1) 标注底板的尺寸(图 9-10(a))。其中尺寸 25、12 为底板上两个圆柱孔的定位尺寸。

(2) 标注套筒的尺寸(图 9-10(b))。其中尺寸 20、2 为套筒的定位尺寸。

(3) 标注支撑板和肋板的尺寸(图 9-10(c))。

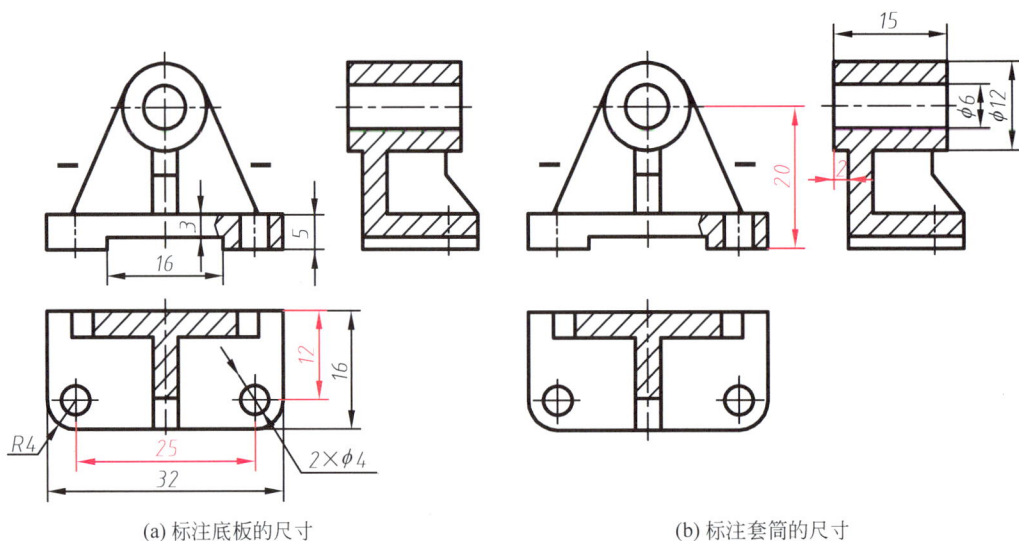

(a) 标注底板的尺寸　　　　　　　　　　(b) 标注套筒的尺寸

图 9-10　轴承座的尺寸标注

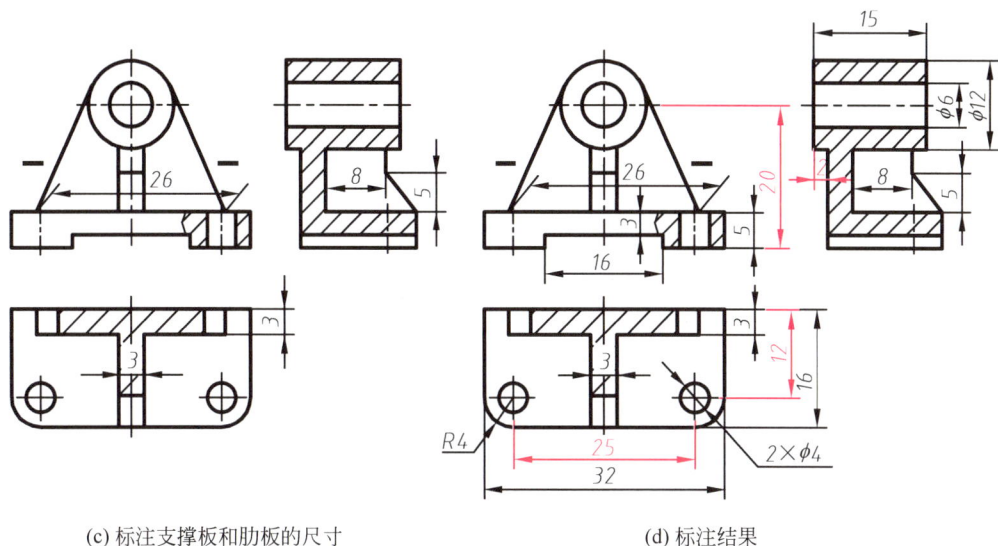

(c) 标注支撑板和肋板的尺寸　　　　　　　　　　(d) 标注结果

图 9-10(续)

4. 标注总体尺寸

总长为底板长度方向的定形尺寸 32,总高由套筒高度方向的定位尺寸 20 和定形尺寸 $\phi12$ 确定,总宽由底板宽度方向的定形尺寸 16 和套筒宽度方向的定位尺寸 2 确定,结果如图 9-10(d)所示。

9.3　尺寸标注的清晰布置

尺寸标注清晰布置的几点要求:

(1) 同一形体的尺寸尽量集中标注在一个视图上,且应尽量标注在表达形体特征最明显的视图上,如水平板的尺寸尽量集中标注在俯视图上,垂直板的尺寸尽量集中标注在左视图上(图 9-11)。

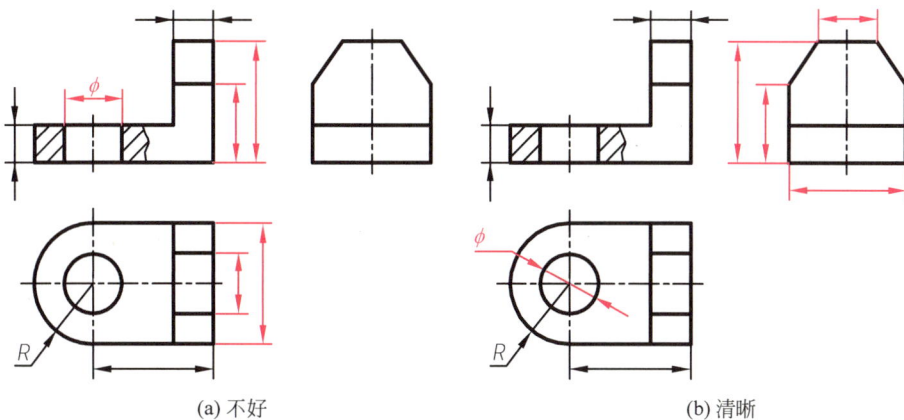

(a) 不好　　　　　　　　　　　　　　　　(b) 清晰

图 9-11　尺寸标注的清晰布置(一)

(2) 尽量将尺寸布置在视图外面,以免尺寸线、尺寸数字与视图的轮廓线相交,给看图带来不便,如图 9-12 所示。当无法避免尺寸数字与图形轮廓线重合时,轮廓线应断开。

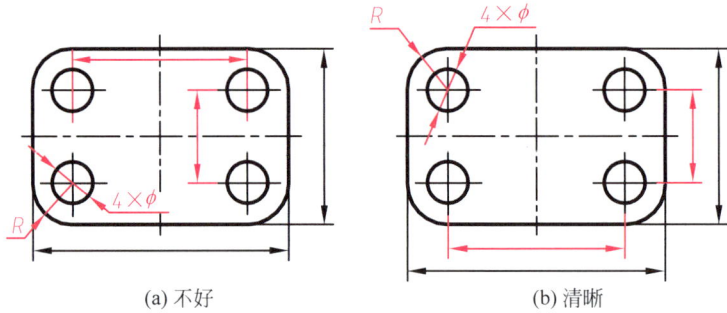

(a) 不好   (b) 清晰

图 9-12　尺寸标注的清晰布置(二)

(3) 同心圆柱的直径尺寸,最好标注在非圆视图上(图 9-13)。

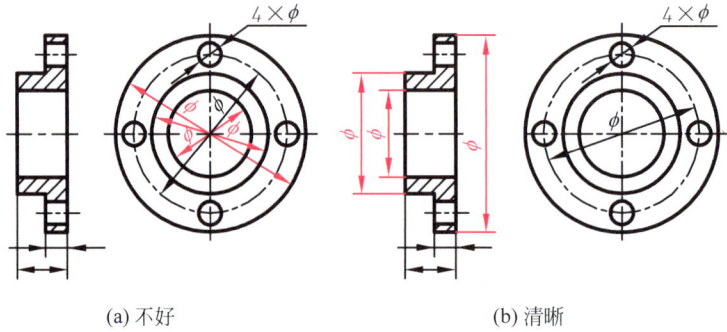

(a) 不好   (b) 清晰

图 9-13　尺寸标注的清晰布置(三)

(4) 相互平行的尺寸,应按大小顺序排列,小尺寸在内,大尺寸在外,以免尺寸线与另一尺寸的尺寸界线相交(图 9-14)。

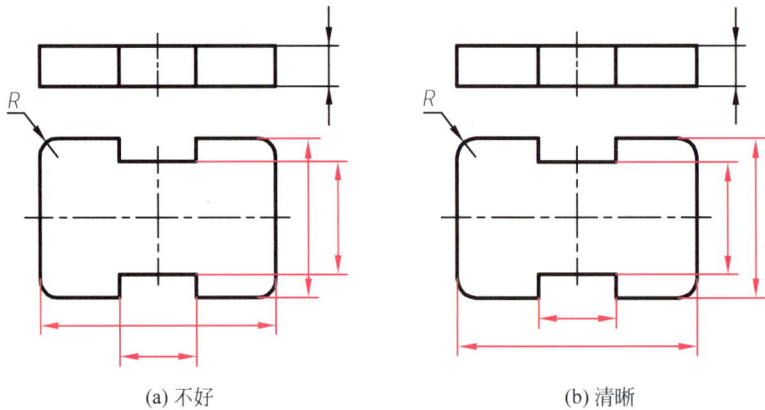

(a) 不好   (b) 清晰

图 9-14　尺寸标注的清晰布置(四)

（5）内形尺寸和外形尺寸最好分别标注在视图的两侧（图 9-15）。

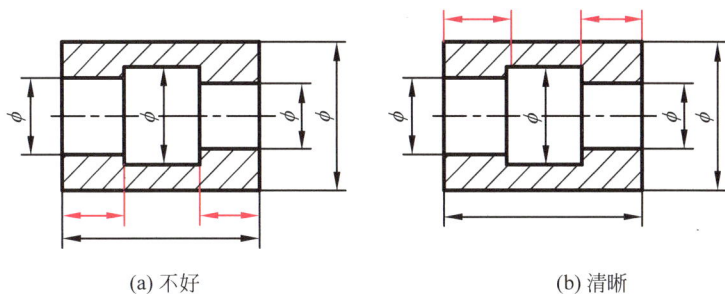

(a) 不好　　　　　　　　　　　　(b) 清晰

图 9-15　尺寸标注的清晰布置（五）

9.4　一些常见形体的尺寸标注方法

有些形体在零件上应用较多,其尺寸标注方法较为固定,图 9-16 列出了几种,以供参考。

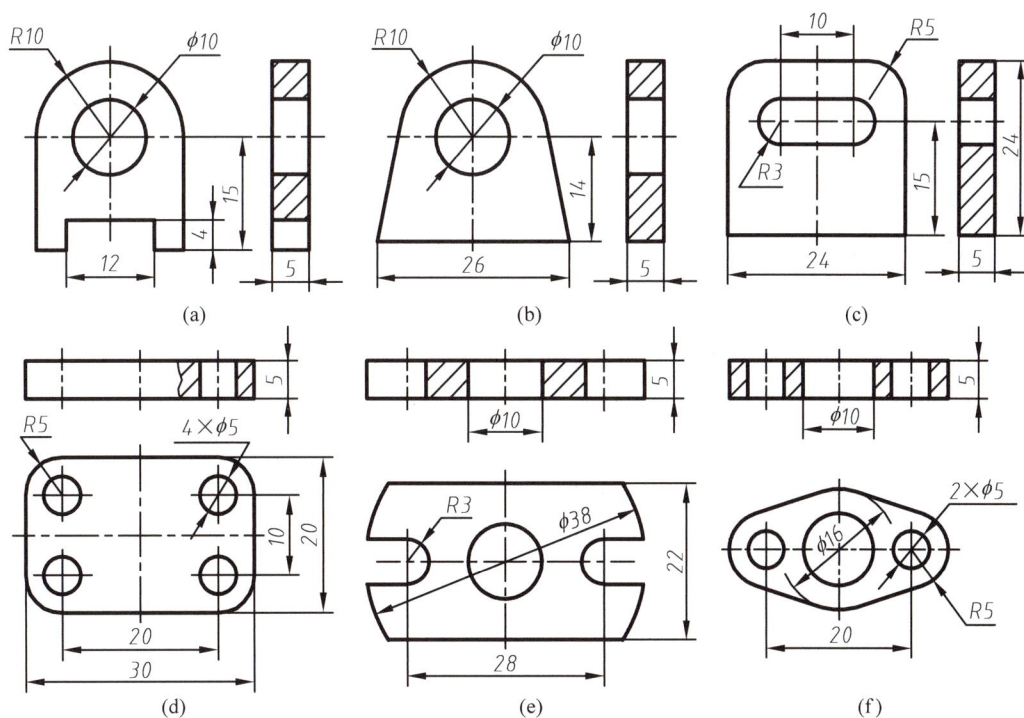

图 9-16　一些常见形体的尺寸标注方法

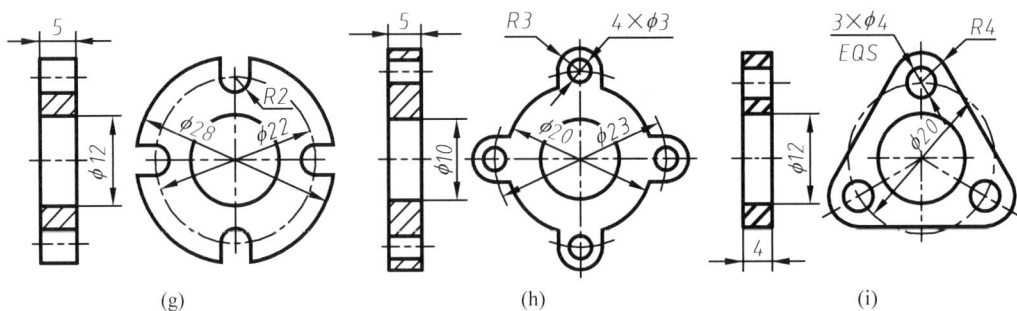

图 9-16(续)

小结

本章的学习重点是国家标准有关尺寸标注的基本规定和组合体的尺寸标注方法。

(1)掌握国家标准对构成一个完整尺寸的三要素(尺寸界线、尺寸线、尺寸数字)的基本规定及长度尺寸、直径尺寸、半径尺寸、角度尺寸等的标注方法。

(2)保证组合体尺寸标注完全的方法是形体分析法。在形体分析的基础上逐个标注各形体的定形、定位尺寸,然后标注总体尺寸,在标注总体尺寸时要注意进行最后调整,避免出现"封闭的尺寸链"。

(3)常用基本体和一些常用形体的尺寸标注方法已基本固定(图 9-2、图 9-16),应当牢记。

(4)当体表面有交线时,不能直接标注交线的尺寸。

(5)标注定位尺寸时,要注意回转体必须以其轴线定位。要选择好定位尺寸基准,通常以整体或主要基本体的底面、对称平面、端面、回转体的轴线等作为基准。

(6)掌握尺寸清晰布置的基本要求。

第 2 篇　机械图样的画法

主要内容

结合螺纹紧固件和常用件、机械零件和部件,介绍机械图样的画法,同时介绍零件的表面粗糙度、公差与配合等相关的国家标准,掌握制图的基础理论和基本方法在零件图、装配图等工程图样中的综合应用。

学习方法提示

重点掌握各种视图表达方法在零件图、装配图等工程图样中的应用,注意结合工程实际理解相关的国家标准,并在工程图样中正确运用国家标准。

第10章

螺纹紧固件及常用件

螺纹结构是机械设计中的典型结构,常用来实现机器零件之间的连接或紧固,也可用来实现传动。螺纹连接的使用,大大方便了机器的安装、拆卸、维修等。因此,在工程中得到了广泛的应用,螺纹结构和尺寸均已标准化。

使用螺纹结构以连接和紧固其他零件的一类零件,被称为螺纹紧固件,如螺栓、螺钉、螺柱、螺母等。这些螺纹紧固件的应用非常广泛,其结构形状、尺寸等也都已经标准化,以利于专门工厂进行大批量生产。完全标准化了的零件被称为标准件,除了螺纹紧固件之外,还有如键、销等标准件。

除了标准件外,还有一些被广泛使用的通用性较强的零件,如齿轮、轴承、弹簧等,被称为常用件。为了便于设计、制造和使用,常用件的结构、尺寸、画法等也进行了一些规定和标准化,在设计、绘图时可以参照通用方法,并遵循相关的国家标准。

10.1 螺纹的画法及标注

10.1.1 螺纹的形成

如图 10-1(a)所示,当动点 A 沿圆柱面的母线做等速直线运动,而母线又同时绕圆柱轴线做等速旋转运动时,动点 A 的运动轨迹称为圆柱螺旋线。母线旋转一周,动点 A 沿轴向移动的距离 P_h 称为螺旋线的导程。

图 10-1(b)所示为螺旋线的画法。

如图 10-1(c)所示,若将动点 A 换成一个与轴线共面的平面图形(如三角形、梯形等),便形成相应的螺纹(三角形螺纹、梯形螺纹等)。

制在回转体外表面上的螺纹叫作外螺纹,制在回转体内表面(孔)上的螺纹叫作内螺纹。

螺纹通常是车削而成(图 10-2)。将工件卡在车床卡盘上做等速旋转,同时,车刀沿其轴线做等速直线移动,当车刀切入工件一定深度时,便在工件表面加工出螺纹。

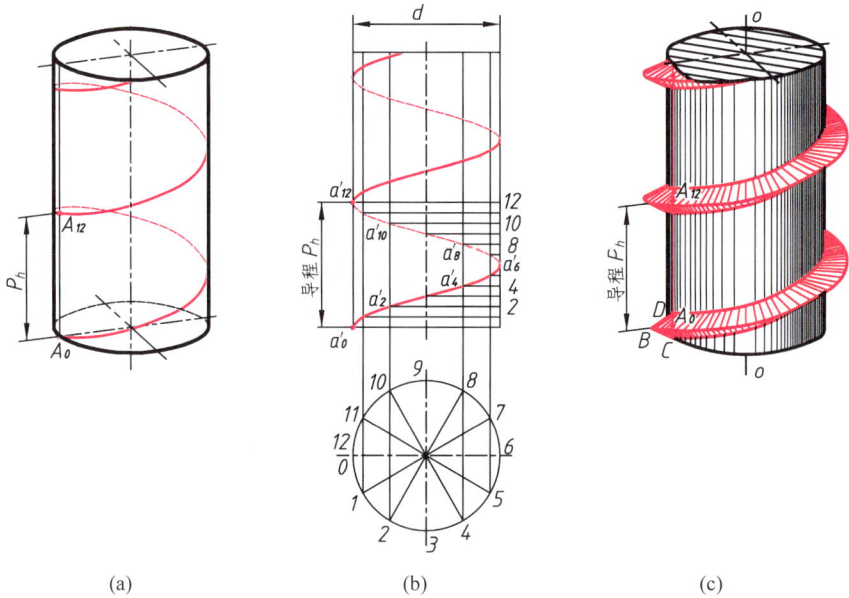

| (a) | (b) | (c) |

图 10-1　螺纹的形成

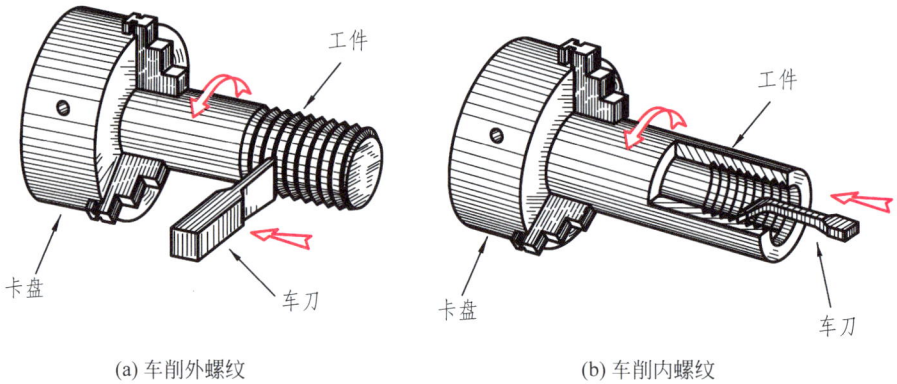

(a) 车削外螺纹　　　　　　　　　(b) 车削内螺纹

图 10-2　车削螺纹

10.1.2　螺纹的结构和要素

1. 螺纹的结构

1) 螺纹端部

为了便于安装和防止螺纹端部损坏,通常将螺纹端部做成规定的形状,常见形式如图 10-3 所示。

2) 螺尾和螺纹退刀槽

在车削螺纹的车刀逐渐离开工件的螺纹终了处向光滑表面过渡时,形成一段牙底不完整的螺纹,称为螺尾(图 10-4(a))。为了便于退刀,并避免出现螺尾,可在螺纹终了处预先车出一个窄槽,称为螺纹退刀槽,如图 10-4(b)所示。

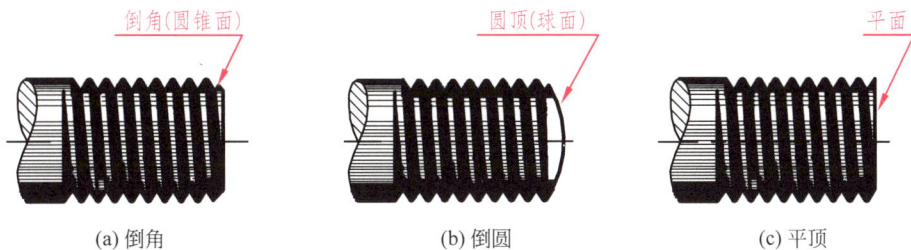

(a) 倒角　　　　　　　　　　(b) 倒圆　　　　　　　　　　(c) 平顶

图 10-3　螺纹的端部

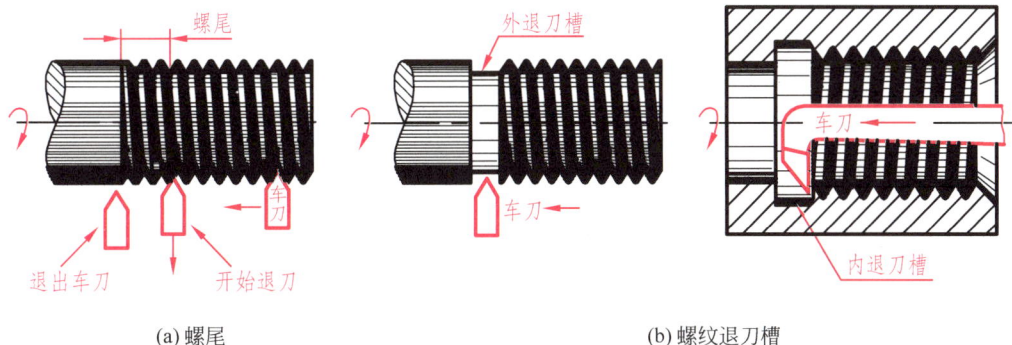

(a) 螺尾　　　　　　　　　　　　　　　(b) 螺纹退刀槽

图 10-4　螺尾及退刀槽

2. 螺纹的要素

1）螺纹的牙型

在通过螺纹轴线的剖面上,螺纹的轮廓形状称为螺纹的牙型。常用螺纹的牙型有三角形、梯形等。将三角形螺纹削去原始三角形的顶部和底部形成的内外螺纹共有的理论牙型,称为基本牙型。

2）螺纹的直径

螺纹的常用直径包括大径、小径和中径(图 10-5),以及公称直径。

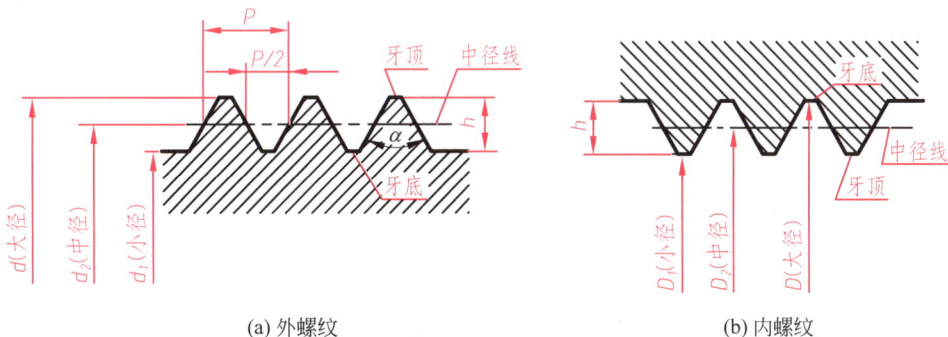

(a) 外螺纹　　　　　　　　　　(b) 内螺纹

图 10-5　螺纹的直径

（1）大径：与外螺纹的牙顶或内螺纹的牙底相切的假想圆柱面的直径（即螺纹的最大直径）。内、外螺纹的大径分别用 D 和 d 表示。

（2）小径：与外螺纹的牙底或内螺纹的牙顶相切的假想圆柱面的直径（即螺纹的最小直径）。内、外螺纹的小径分别用 D_1 和 d_1 表示。内螺纹的小径 D_1 和外螺纹的大径 d 统称为顶径。内螺纹的大径 D 和外螺纹的小径 d_1 统称为底径。

（3）中径：是一个假想圆柱面的直径，该圆柱面母线上牙型的沟槽（相邻两牙间空槽）和凸起（螺纹的牙厚）宽度相等。内、外螺纹的中径分别用 D_2 和 d_2 表示。

（4）公称直径：是代表螺纹尺寸的直径，例如，紧固螺纹和传动螺纹的大径是其公称直径。

3）螺纹的线数

螺纹有单线和多线之分。沿一条螺旋线所形成的螺纹叫作单线螺纹（图 10-6（a））。沿两条或两条以上在轴向等距分布的螺旋线所形成的螺纹叫作双线螺纹或多线螺纹，如图 10-6（b）所示为双线螺纹。螺纹的线数用 n 表示，线数又称为头数。

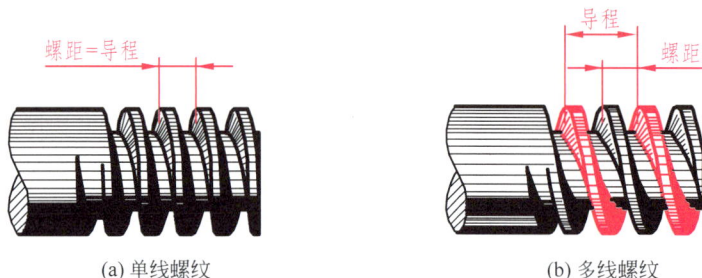

(a) 单线螺纹　　(b) 多线螺纹

图 10-6　螺纹的线数

4）螺纹的螺距和导程

（1）螺距（P）：相邻两牙在中径线上对应两点间的轴向距离（图 10-5(a)和图 10-6）。

（2）导程（P_h）：同一条螺纹上相邻两牙在中径线（图 10-5）上对应两点间的轴向距离（图 10-6）。螺距和导程的关系：单线螺纹，$P=P_h$；多线螺纹，$P=P_h/n$。

5）螺纹的旋向

螺纹的旋向分右旋和左旋。顺时针旋转时旋入的螺纹为右旋螺纹；逆时针旋转时旋入的螺纹为左旋螺纹。其判断方法如图 10-7 所示。常用右旋螺纹。

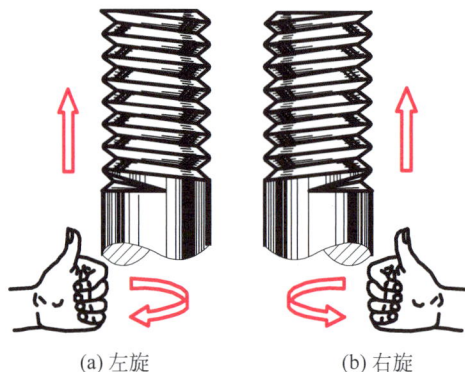

(a) 左旋　　(b) 右旋

图 10-7　螺纹的旋向

内、外螺纹配合使用时,螺纹的上述5个要素须完全相同。其中,螺纹的牙型、大径和螺距是螺纹最基本的3个要素,称为螺纹的三要素。国家标准对螺纹的这3个要素规定了标准值,这3个要素符合标准的螺纹为标准螺纹;只有牙型符合标准,而大径和螺距不符合标准的螺纹称为特殊螺纹;牙型不符合标准的螺纹则为非标准螺纹。

10.1.3 螺纹的种类

螺纹按用途可分为连接螺纹和传动螺纹。常用标准螺纹的种类、牙型及用途等见表10-1。

普通螺纹又分为粗牙普通螺纹和细牙普通螺纹,它们的区别是:当基本大径相同时,细牙普通螺纹的螺距较小,小径较大。

表 10-1 常用标准螺纹的种类、牙型及用途

螺纹种类		特征代号	外 形 图	牙 型 图	用 途
连接螺纹	普通螺纹 粗牙	M		60°	最常用的连接螺纹
	普通螺纹 细牙				用于细小的精密零件或薄壁零件
	非密封管螺纹	G		55°	用于水管、油管、气管等一般低压管路的连接
传动螺纹	梯形螺纹	Tr		30°	用于机床的丝杠等,可双方向传递动力
	锯齿形螺纹	B		3° 30°	只能传递单方向的力

10.1.4 螺纹的规定画法

为方便作图,国家标准规定了螺纹的简化画法。

(1) 螺纹牙顶圆(外螺纹的大径圆、内螺纹的小径圆)的投影用粗实线表示。

(2) 牙底圆(外螺纹的小径圆、内螺纹的大径圆)的投影用细实线表示,在螺杆的倒角或倒圆部分也应画出。

在垂直于螺纹轴线的投影面的视图(投影为圆的视图)中,表示牙底圆的细实线只画约3/4圈(空出约1/4圈的位置不作规定),此时,螺杆或螺孔上的倒角投影不应画出(图10-8和图10-9)。

(3) 有效螺纹的终止界线(简称螺纹终止线)用粗实线表示。

（4）在螺纹的剖视或断面图中的剖面线都应画到粗实线（图 10-8 和图 10-9）。

1. 外螺纹的画法

外螺纹的画法如图 10-8 所示。

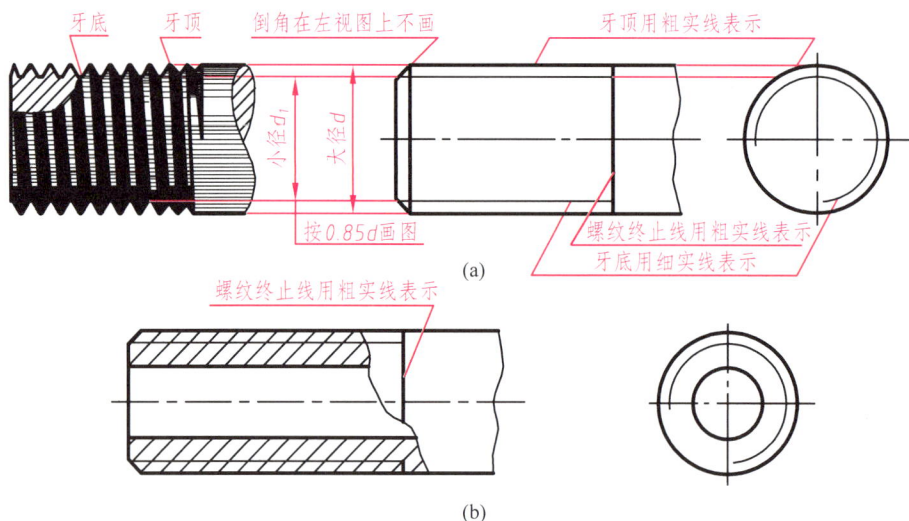

图 10-8　外螺纹的规定画法

2. 内螺纹的画法

1）螺纹通孔的画法

螺纹通孔的画法如图 10-9 所示。

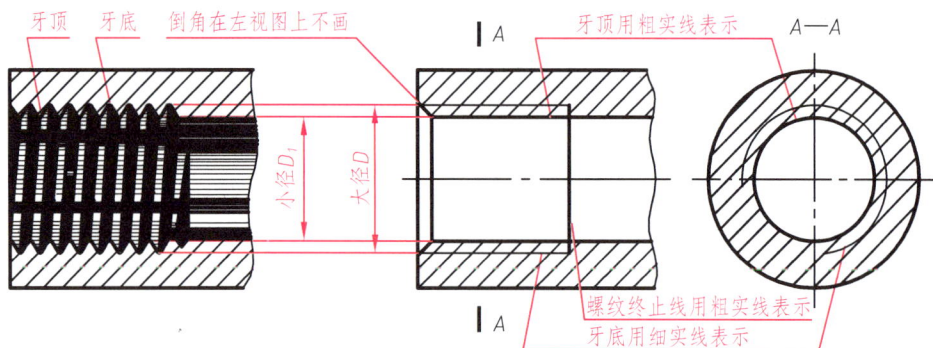

图 10-9　螺纹通孔的规定画法

2）不穿通螺纹孔的画法

如图 10-10 所示，绘制不穿通螺纹孔时，一般应将钻孔深度与螺纹部分的深度分别画出。钻孔深度一般比螺纹深度大 $0.5D$（D 为螺纹大径）。

因钻头端部的锥顶角约为 118°，钻孔时形成不穿通孔（称为盲孔）底部的锥面，画图时锥面的顶角可简化为 120°。

3. 内、外螺纹连接的画法

如图 10-11 所示，画内、外螺纹连接时应注意以下几点：

10-1

(a) 钻孔   (b) 攻螺纹

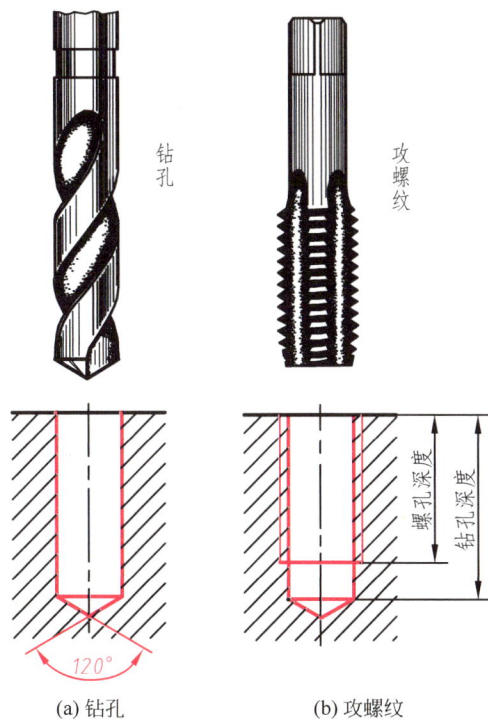

图 10-10 不穿通螺纹孔画法

（1）以剖视图表示内、外螺纹的连接时，其旋合部分（图 10-11(a)）应按外螺纹的画法绘制，其余部分仍按各自的画法表示。

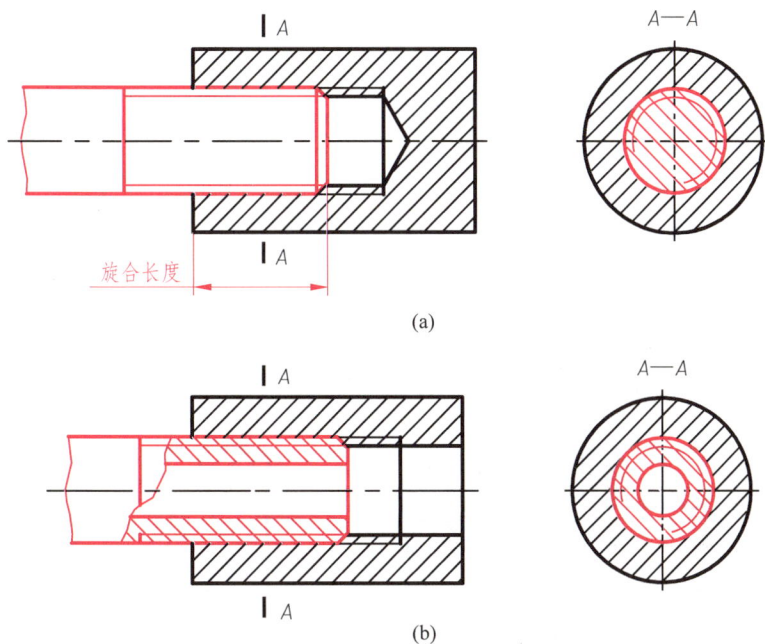

(a)

(b)

图 10-11 内、外螺纹连接的画法

（2）由于螺纹的牙型、大径、小径、螺距及旋向都相同才能旋合在一起，所以画图时，内、外螺纹的大径线和小径线，必须分别位于同一条直线上。

（3）当剖切平面通过实心螺杆轴线时，实心杆按不剖绘制（图 10-11（a））。

（4）在内、外螺纹连接图中，同一零件在各个剖视图中剖面线的方向和间隔应一致；在同一剖视图中相邻两零件剖面线的方向或间隔应不同。

4. 螺纹的其他规定画法

1）螺尾的画法

螺尾部分一般不必画出，当需要表示螺尾时，该部分的牙底用与轴线成 30°的细实线画出（图 10-12）。

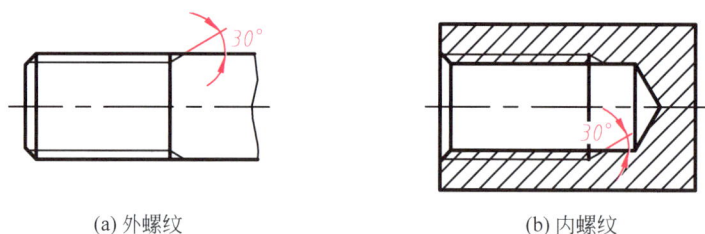

(a) 外螺纹   (b) 内螺纹

图 10-12 螺尾的画法

2）牙型的表示

当需要表示螺纹的牙型时，可按图 10-13 的形式绘制。

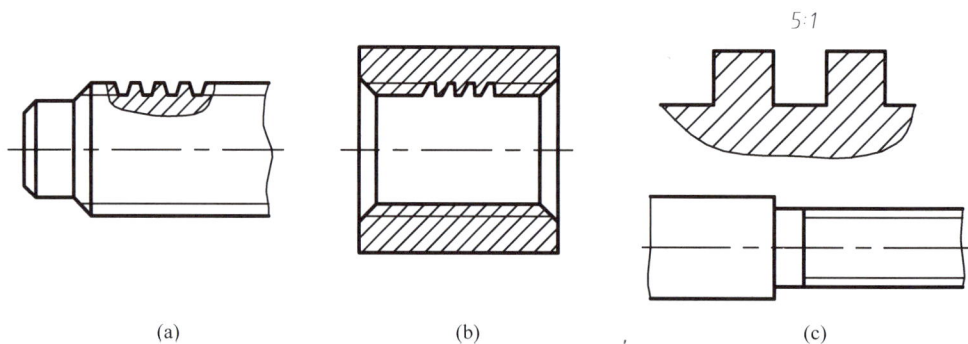

(a)   (b)   (c)

图 10-13 表示牙型的方法

3）螺纹孔相交的画法

螺纹孔相交时，只画出钻孔的交线（图 10-14）。

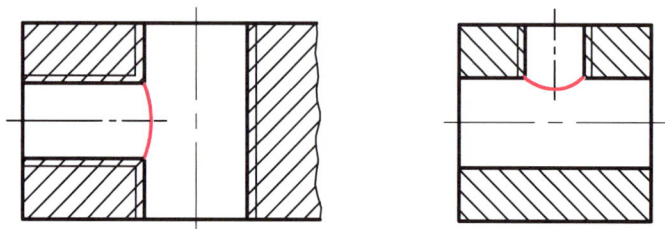

图 10-14 螺纹孔相交的画法

10.1.5 螺纹的标注

各种螺纹都按同一规定画法表示，为加以区别，应在图上注出国家标准所规定的螺纹标记。

常用螺纹的规定标注见表 10-2。

表 10-2 常用螺纹的规定标注

螺纹种类		标注内容及格式	标注图例	说 明
普通螺纹	粗牙	M12—5g6g—S ⎫ 短旋合长度 ⎪ 顶径公差带代号 ⎬ 中径公差带代号 ⎪ 螺纹基本大径 ⎭	M12—5g6g—S	普通螺纹标注格式： 螺纹特征代号 公称直径×螺距—公差带代号—旋合长度代号—旋向 1. 多线螺纹的"公称直径×螺距"一项要标注为："公称直径×导程(P 螺距)" 2. 粗牙螺纹不标注螺距 3. 公差带代号：一般标注出中径在前、顶径在后的两项公差带代号(其中字母内、外螺纹分别用大、小写)，若两项公差带代号相同则只标一项 4. 旋合长度：分为短(S)、中(N)、长(L)3 组，中等旋合长度组螺纹不标注代号 N 5. 旋向：左旋螺纹应在末尾注 LH，右旋不标注 6. 螺纹的标记，应注在大径的尺寸线或注在其引出线上
		M12—7H—L—LH ⎫ 旋向(左旋) ⎪ 长旋合长度 ⎬ 中径和顶径公差带代号 ⎪ 螺纹特征代号 ⎭	M12—7H—L—LH	
单线	细牙	M12×1.5—5g6g—S ⎫ 螺距 ⎭	M12×1.5—5g6g—S	
管螺纹 单线	非密封管螺纹	非密封内管螺纹的标记： G1/2—LH 内螺纹公差等级只有一种，不标注公差等级代号	G1/2	管螺纹标注格式： 螺纹特征代号 尺寸代号 公差等级代号—旋向 1. 特征代号右边的数字为尺寸代号，即管子内直径，单位为 in(英寸)。管螺纹的直径需查其标准确定 2. 旋向：左旋注 LH，右旋不标注 3. 管螺纹的标记一律注在指引线上，指引线由大径引出
		非密封外管螺纹的标记： G1/2A 外螺纹公差等级分 A、B 两级进行标注	G1/2A φ1/2″	

续表

螺纹种类		标注内容及格式	标注图例	说　明
梯形螺纹	单线	Tr40×7—7e 中径公差带代号 （只标注中径公差带代号）	Tr40×7—7e	梯形螺纹标注格式： 　螺纹特征代号　公称直径×导程（P 螺距）　旋向—公差带代号—旋合长度代号 　1. 单线螺纹的"导程（P 螺距）"一项只注螺距 　2. 旋向：左旋注 LH，右旋不标注 　3. 旋合长度分为中等（N）和长（L）两组，N 组不标注 　4. 螺纹的标记，应注在大径的尺寸线或其引出线上
	多线	Tr40×14(P7)LH—7e 旋向 螺距 导程	Tr40×14(P7)LH—7e	

10.2　螺纹紧固件

10.2.1　常用螺纹紧固件及其标记

常用螺纹紧固件有螺栓、螺柱、螺钉、螺母和垫圈等，其结构形式和尺寸都已标准化，又称为标准件。使用时根据需求选择合适的标准件，按其规定标记直接外购即可。

标准件的标记格式为：标准件名称　标准编号　零件规格

例如：

螺栓　GB/T 5780　M10×50

名称

标准编号　　螺纹规格

公称长度

表 10-3 中列出了常用螺纹紧固件的简化画法和标记示例。

表 10-3　常用螺纹紧固件的简化画法及其规定标记

名称及标准	简 化 画 法	标 记 示 例
六角头螺栓 GB/T 5780—2016	M10　50	螺纹规格 $d=$M10、公称长度 $l=50$、性能等级为 4.8 级、表面不经处理的 C 级的六角头螺栓的标记： 螺栓　GB/T 5780　M10×50

续表

名称及标准	简化画法	标记示例
双头螺柱 GB/T 897～ 900—1988	A型 B型	两端均为粗牙普通螺纹、$d=10$、$l=45$、性能等级为 4.8 级、B 型、$b_m=1d$ 的双头螺柱的标记： 　　螺柱　GB/T 897　M10×45 螺柱—$b_m=1d$（GB/T 897—1988） 螺柱—$b_m=1.25d$（GB/T 898—1988） 螺柱—$b_m=1.5d$（GB/T 899—1988） 螺柱—$b_m=2d$（GB/T 900—1988）
开槽圆柱头螺钉 GB/T 65—2016		螺纹规格 $d=$ M10、公称长度 $l=$ 50、性能等级为 4.8 级、表面不经处理的 A 级的开槽圆柱头螺钉的标记： 　　螺钉　GB/T 65　M10×50
开槽沉头螺钉 GB/T 68—2016		螺纹规格 $d=$ M10、公称长度 $l=$ 50、性能等级为 4.8 级、表面不经处理的 A 级的开槽沉头螺钉的标记： 　　螺钉　GB/T 68　M10×50
开槽长圆柱端 紧定螺钉 GB/T 75—2018		螺纹规格 $d=$ M12、公称长度 $l=35$、性能等级为 14H 级、表面氧化的开槽长圆柱端紧定螺钉的标记： 　　螺钉　GB/T 75　M12×35
1 型六角螺母 GB/T 6170—2015		螺纹规格 $D=$ M12、性能等级为 8 级、表面不经处理的 A 级的 1 型六角螺母的标记： 　　螺母　GB/T 6170　M12
平垫圈 GB/T 97.1—2002		标准系列、规格 12、性能等级为 140HV 级、表面不经处理的平垫圈的标记： 　　垫圈　GB/T 97.1　12

10.2.2　螺纹紧固件及其连接装配图的规定画法

　　螺纹紧固件都是标准件，根据它们的标记，在有关标准中可以查到它们的结构形式和全部尺寸。为了作图方便，在画图时，一般不按实际尺寸作图，而是采用简化画法。即除公称长度 l 需经计算，并查其标准选定标准值外，其余各部分尺寸都按与螺纹大径 d（或 D）成一定比例确定。

　　1．螺纹紧固件的简化画法

　　图 10-15～图 10-18 分别为六角螺母、垫圈、六角头螺栓和螺柱的简化画法。螺栓的六

角头除厚度为 $0.7d$(d 为螺纹大径)外,其余尺寸的比例关系和画法与图 10-15 六角螺母相同。

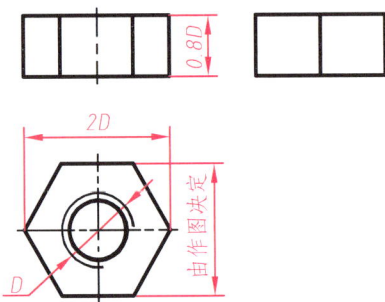

图 10-15　六角螺母简化画法

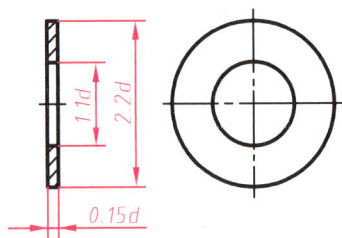

图 10-16　平垫圈简化画法

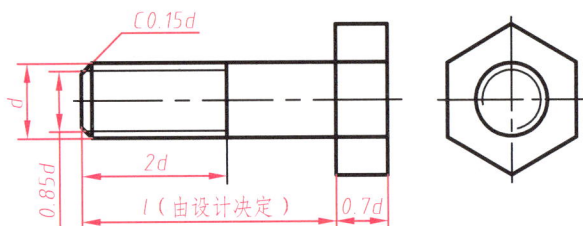

图 10-17　六角头螺栓简化画法

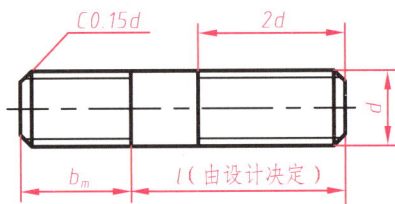

图 10-18　螺柱简化画法

2. 螺纹紧固件连接装配图的画法

画螺纹紧固件连接装配图时规定:

(1) 当剖切平面通过螺杆轴线时,对于螺柱、螺栓、螺钉、螺母及垫圈等均按未剖切绘制。螺纹紧固件的工艺结构,如倒角、退刀槽、缩颈、凸肩等均可省略不画。

(2) 不穿通的螺纹孔可不画出钻孔深度,仅按有效螺纹部分的深度(不包括螺尾)画出。

1) 螺栓连接装配图的画法

图 10-19 所示为螺栓连接。所用的螺纹紧固件有螺栓、螺母和垫圈,它常用于两被连接件都不太厚,能制出通孔的情况。其通孔的大小,可根据装配精度的不同,查机械设计手册确定。为便于成组(螺栓连接一般为两个或多个)装配,被连接件上通孔直径比螺栓直径大,一般可按 $1.1d$ 画出。螺栓连接装配图的简化画法如图 10-20 所示。

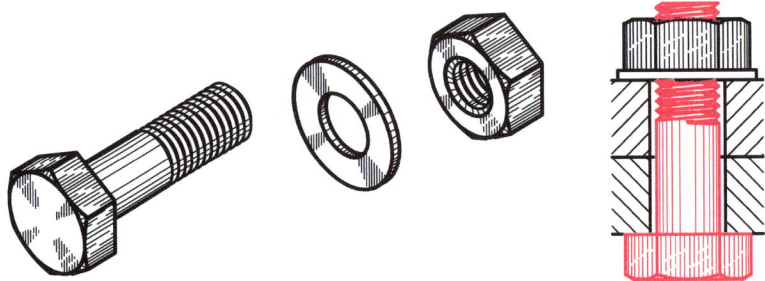

10-2

图 10-19　螺栓连接

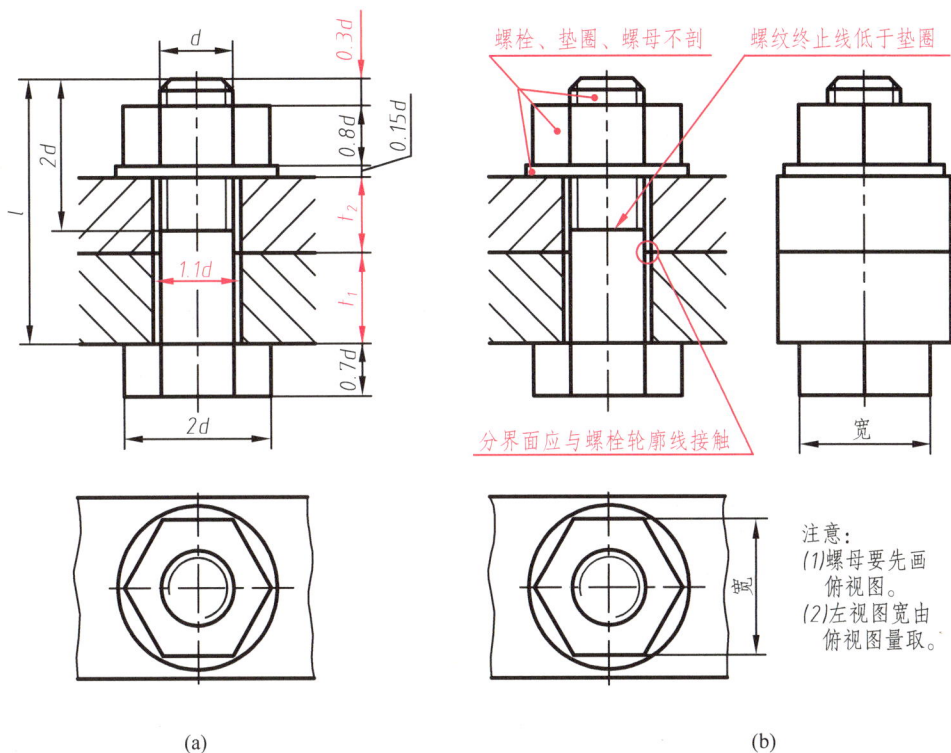

图 10-20　螺栓连接装配图的简化画法

画螺栓连接装配图时,应注意以下几个问题:

(1)螺栓公称长度 l 的确定。螺栓的公称长度 l 按下式计算:

$$l_{计} = t_1 + t_2 + 0.15d(垫圈厚) + 0.8d(螺母厚) + 0.3d(螺栓末端伸出长度)$$

在标准中,选取与 $l_{计}$ 接近的标准长度值 l,即为螺栓标记中的公称长度。

(2)螺栓上的螺纹终止线应低于被连接件通孔顶面,以保证拧紧螺母时有足够的螺纹长度。

2)螺钉连接装配图的画法

如图 10-21 所示为螺钉连接,这种连接用于受力不大的情况。螺钉根据其头部的形状不同而有多种形式,图 10-22 所示为两种常见螺钉连接装配图的简化画法。

画螺钉连接装配图时,应注意以下几个问题:

(1)螺钉公称长度 l 的确定:

$$l_{计} = t_1 + b_m$$

查标准,选取与 $l_{计}$ 接近的标准长度值为螺钉标记中的公称长度 l。

(2)旋入长度 b_m 值与被旋入件的材料有关,被旋入件的材料为钢时,$b_m = d$;为铸铁时,$b_m = 1.25d$ 或 $1.5d$;为铝时,$b_m = 2d$。

(3)螺钉上的螺纹终止线应高出螺纹孔上表面,以保证连接时螺钉能旋入和压紧。

10-3

图 10-21　螺钉连接

（4）为保证可靠的压紧，螺纹孔比螺钉杆末端深 $0.5d$。

（5）螺钉头部槽的投影可以按简化画法，用粗实线段表示，在投影为圆的视图上，规定按 $45°$ 画出。

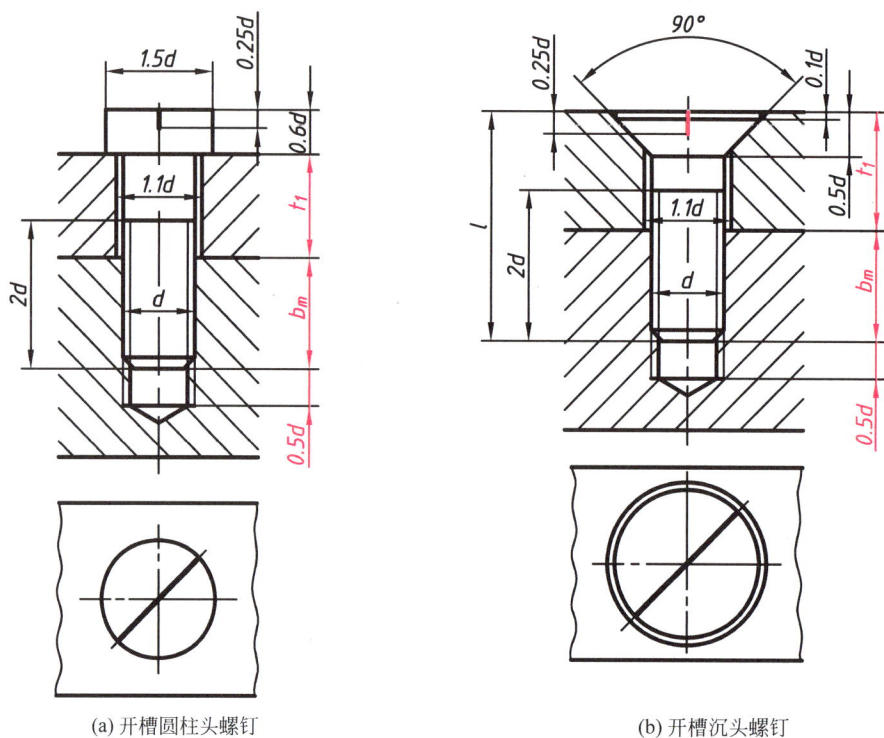

(a) 开槽圆柱头螺钉　　　　　　　(b) 开槽沉头螺钉

图 10-22　螺钉连接装配图的画法

3）螺柱连接装配图的画法

图 10-23 所示为螺柱连接。这种连接常用于一个被连接件较厚，不便于或不允许打通孔的情况。拆卸时，只需拆下螺母等零件，而不需拆螺柱，所以，这种连接多次装拆不会损坏被连接件。螺柱连接装配图的简化画法如图 10-24 所示。

画螺柱连接装配图时，应注意以下几个问题：

（1）螺柱公称长度 l 的确定：

$$l_{计} = t_1 + 0.15d（垫圈厚） + 0.8d（螺母厚） + 0.3d$$

查标准，选取与 $l_{计}$ 接近的标准长度值为螺柱标记中的公称长度 l。

（2）螺柱连接装配图的画法，上半部分同螺栓，下半部分同螺钉。但是螺柱连接，旋入端的螺纹应全部旋入机件的螺纹孔内，拧紧在被连接件上，因此，图中的螺纹终止线与旋入机件的螺孔上端面平齐。

4）紧定螺钉连接装配图的画法

紧定螺钉根据其尾端的形状可有多种形式，如开槽锥端紧定螺钉和开槽长圆柱端紧定螺钉等。使用时，螺钉拧入一个零件的螺纹孔中，并将其尾端压在另一零件的凹坑或插入另一零件的小孔中，主要作用是固定两个零件的相对位置。紧定螺钉连接装配图的画法如图 10-25 所示。

螺纹小径进入倒角

0.3d

d

2d

l

0.8d

0.15d

1.1d

t₁

bₘ

0.5d

120° 锥尖从小径画

螺纹终止线与螺孔端面平齐

图 10-23 螺柱连接

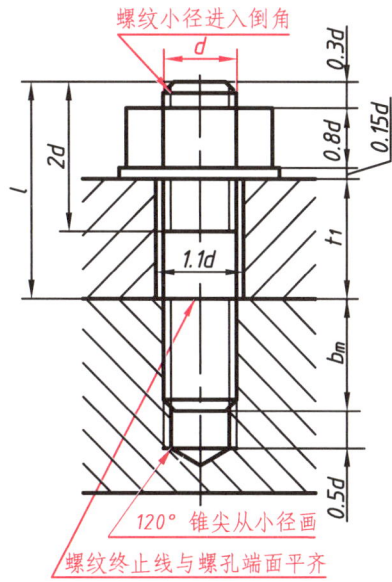

图 10-24 螺柱连接装配图的简化画法

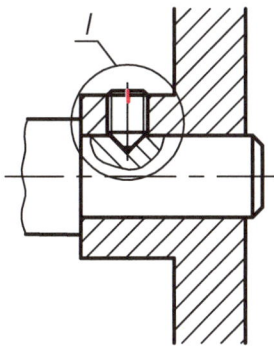

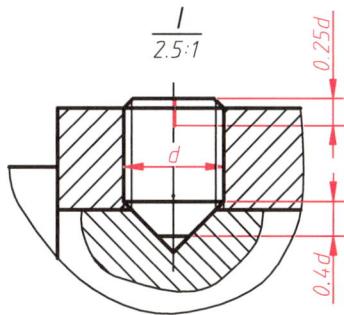

I

I
2.5:1

0.25d

d

0.4d

(a) 开槽锥端紧定螺钉

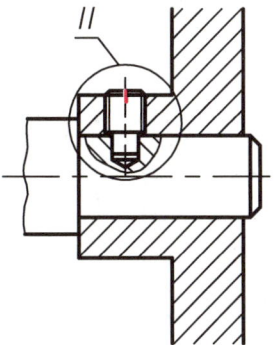

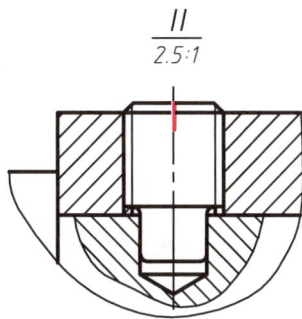

II

II
2.5:1

(b) 开槽长圆柱端紧定螺钉

图 10-25 紧定螺钉连接装配图的画法

10.2.3　螺纹连接的防松装置及其画法

连接螺纹本身具有自锁性,在静荷和温度变化不大时不会自动松脱。但在冲击、振动和变荷作用下,连接有可能松脱,因而设计时必须考虑螺纹连接的防松。

防松的方法一般分为摩擦力防松和机械防松两类。

1. 靠增大摩擦力防松

1) 双螺母

拧紧两螺母后,利用两螺母的对顶作用,使螺母始终受到摩擦力,从而防止螺栓连接的松脱(图 10-26)。

2) 弹簧垫圈

弹簧垫圈的材料为弹簧钢,装配后垫圈被压平,其反弹力使螺纹间保持压紧力和摩擦力,防止螺母松脱。画图时,垫圈斜口可采用简化画法,其方向与螺母旋紧方向一致(图 10-27)。

2. 靠机械固定防松

1) 槽形螺母和开口销

槽形螺母拧紧后,用开口销穿过螺栓尾部小孔和螺母的槽,然后将销的尾部分开,则螺母被紧锁在螺栓上不能松动(图 10-28)。

2) 止动垫片

螺母拧紧后,将垫片的一边向上敲弯紧贴螺母,而另一边向下敲弯插入被连接件的孔内,这样,螺母就锁紧在被连接件上(图 10-29)。

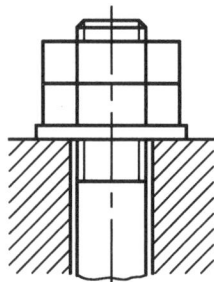

图 10-26　双螺母防松

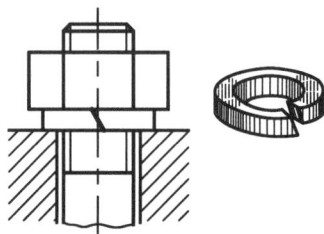

图 10-27　弹簧垫圈防松

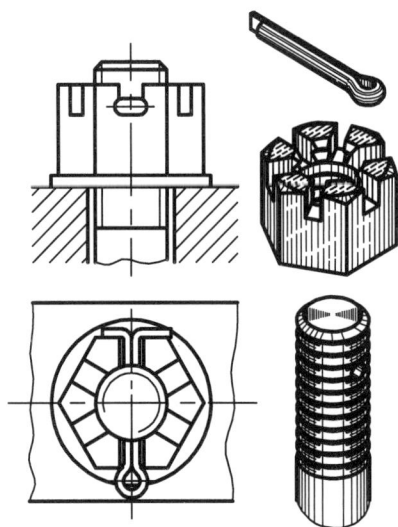

图 10-28　槽形螺母和开口销防松

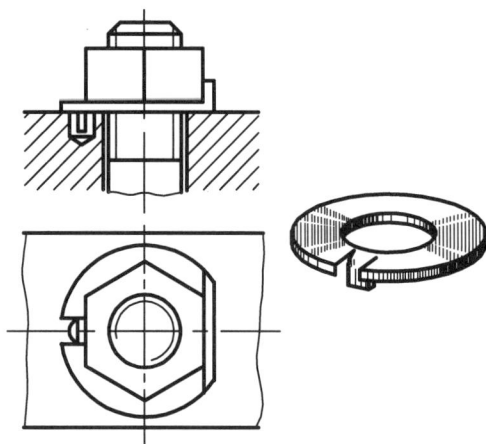

图 10-29　止动垫片防松

3）圆螺母和带翅垫片

将垫片的内翅嵌入轴(或螺栓)的方槽内,拧紧螺母后,将一个外翅敲弯,嵌于螺母的一个槽内,将螺母直接锁在轴(或螺栓)上,以免松脱(图 10-30)。

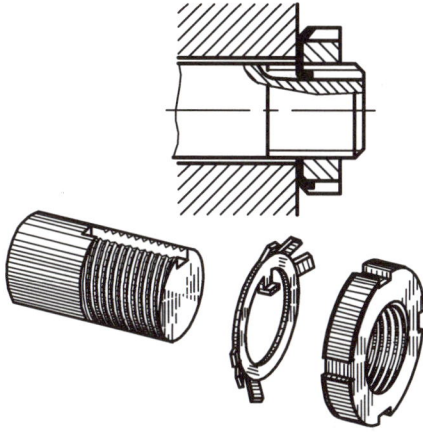

图 10-30　圆螺母和带翅垫片防松

10.3　键

10.3.1　键的功用、种类和标记

1. 键的功用

如图 10-31 所示,键用来连接轴及轴上的传动零件,如齿轮、皮带轮、联轴器等,以传递扭矩。

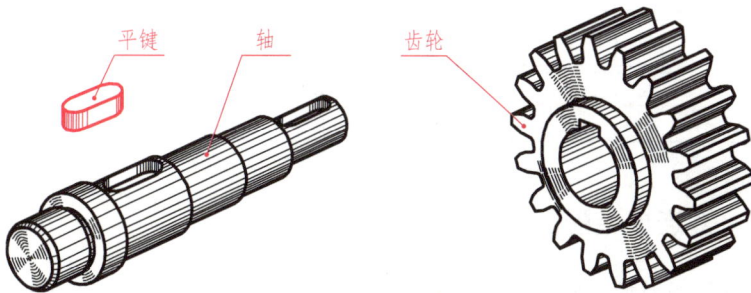

图 10-31　键连接

2. 键的种类和标记

常用键有普通型平键、普通型半圆键和钩头型楔键。设计时可根据其特点合理选用。

表 10-4 列出了常用键的形式和规定标记,使用时按其标记直接外购即可。

表 10-4 常用键的形式及规定标记

名　称	键 的 形 式	规定标记示例
普通型平键	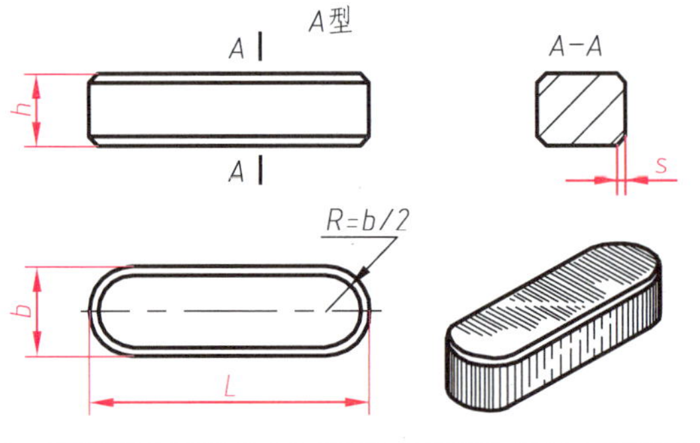	$b=16$、$h=10$、$L=100$ 普通 A 型平键的标记： GB/T 1096 键 $16×10×100$
普通型半圆键	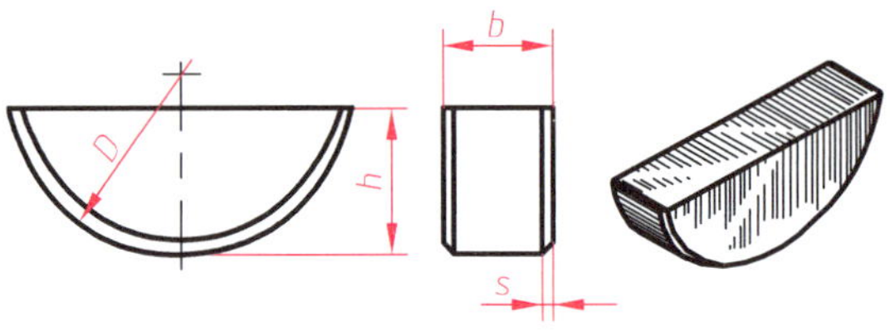	$b=6$、$h=10$、$D=25$ 普通型半圆键的标记： GB/T 1099.1 键 $6×10×25$
钩头型楔键	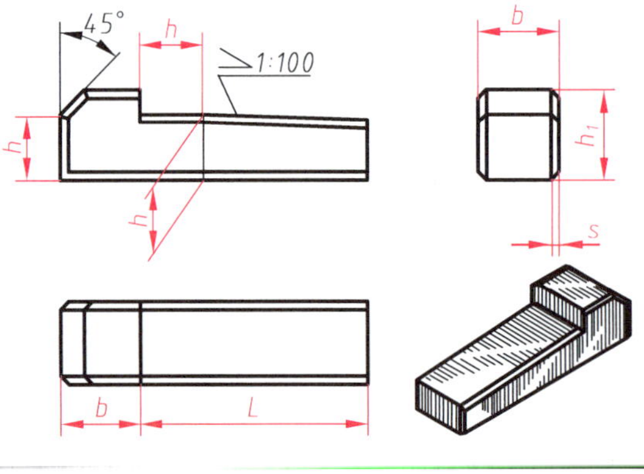	$b=16$、$h=10$、$L=100$ 钩头型楔键的标记： GB/T 1565 键 $16×10×100$

10.3.2 键连接装配图的画法

普通型平键、普通型半圆键和钩头型楔键连接装配图的画法如图 10-32～图 10-34 所示。当剖切平面沿着键的纵向剖切时，键不画剖面符号；沿其他方向剖切时，则要画上剖面符号。通常用局部剖视图表示键与轴及轴上零件之间的连接关系，接触面画一条线。

普通型平键及半圆键连接时，是将键同时嵌入轴与轮毂的键槽中。键的侧面是工作面，在装配图中，键和键槽侧面不留间隙。键的顶面是非工作面，与轮毂键槽顶面应留间隙(图 10-32 和图 10-33)。

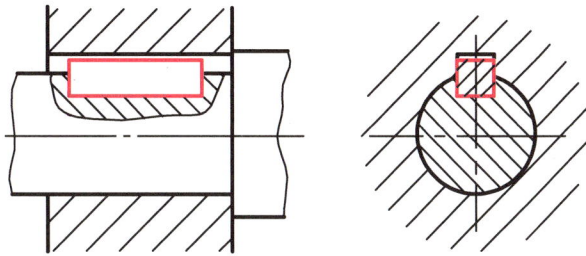

图 10-32　普通型平键连接装配图

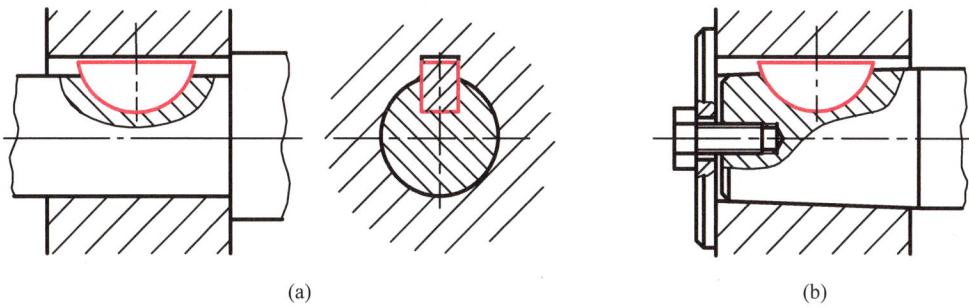

(a)　　　　　　　　　　　　　　　　　(b)

图 10-33　普通型半圆键连接装配图

钩头型楔键顶面有 1∶100 的斜度,连接时将键打入键槽,键的顶面和底面与轮毂槽的顶面和底面必须紧密贴合(图 10-34)。

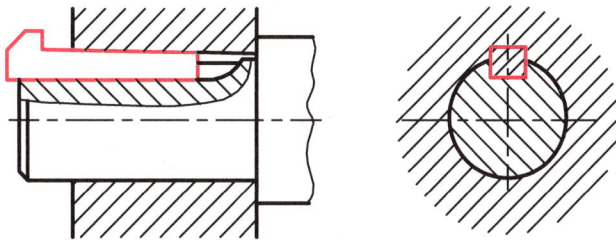

图 10-34　钩头型楔键连接装配图

10.3.3　键槽的画法与尺寸注法

轴上键槽常用局部剖视表示,键槽深度和宽度尺寸应标注在断面图上。图 10-35 所示为轴和轮毂上键槽的画法和尺寸注法,图中 b、t_1、t_2 可按轴或孔的直径由有关标准中查出,L 由设计确定。

(a)　　　　　　　　　　　　　　　　(b)

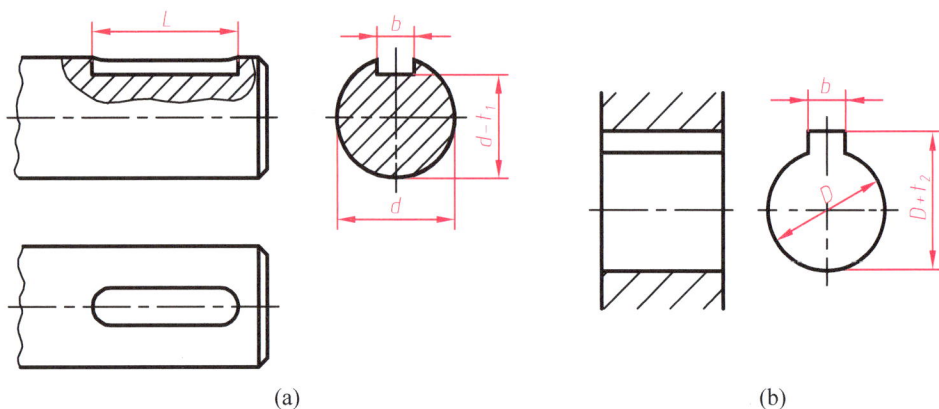

图 10-35　键槽的尺寸注法

10.4　销

10.4.1　销的功用、种类和标记

1. 销的功用

销主要用于两零件之间的连接或定位,但连接时,只能传递不大的扭矩。

2. 销的种类和标记

销是标准件,有圆柱销和圆锥销两种基本形式。国家标准对销的结构形式、大小和标记都作了相应的规定(见表 10-5)。销各部分的尺寸可根据其公称直径和标准编号,从有关标准中查得。

表 10-5　常用销的形式和规定标记

名　称	形　式	规定标记及示例
圆柱销	 圆柱销　GB/T 119.1—2000	公称直径 $d=6$,公差为 m6、公称长度 $l=30$、材料为钢、不经淬火、不经表面处理的圆柱销标记: 销　GB/T　119.1　6m6×30
圆锥销	 圆锥销　GB/T 117—2000	公称直径 $d=10$,公称长度 $l=60$、材料为 35 钢,热处理硬度 28~38HRC、表面氧化处理的 A 型圆锥销的标记: 销　GB/T　117　10×60 锥度 1:50 有自锁作用,打入后不会自动松脱

圆柱销靠过渡配合固定在被连接件的销孔中。圆柱销经多次装拆会由于磨损而影响定位精度。圆锥销有 1∶50 的锥度,比圆柱销定位可靠,多次装拆不会影响连接质量。

10.4.2 销连接装配图的画法

销连接装配图的画法如图 10-36 和图 10-37 所示。

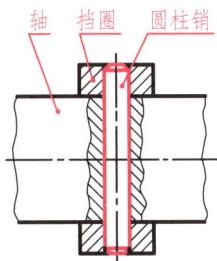

图 10-36 圆柱销连接装配图　　　　图 10-37 圆锥销连接装配图

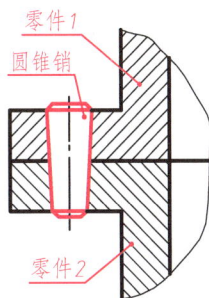

销作为实心件,当剖切平面通过销的轴线剖切时,仍按外形画出;垂直于销的轴线剖切时,应画上剖面符号。画轴上的销连接时,轴常采用局部剖,以表示销和轴之间的配合关系。

10.5 齿轮

10.5.1 齿轮的作用及分类

齿轮的主要作用是传递动力,改变运动的速度和方向。根据两轴的相对位置,齿轮可分为以下 3 类:

圆柱齿轮——用于两平行轴之间的传动(图 10-38(a)、(b))。

圆锥齿轮——用于两相交轴之间的传动(图 10-38(c))。

蜗轮蜗杆——用于两垂直交叉轴之间的传动(图 10-38(d))。

圆柱齿轮按其齿形方向可分为:直齿、斜齿和人字齿等,这里主要介绍标准直齿圆柱齿轮。

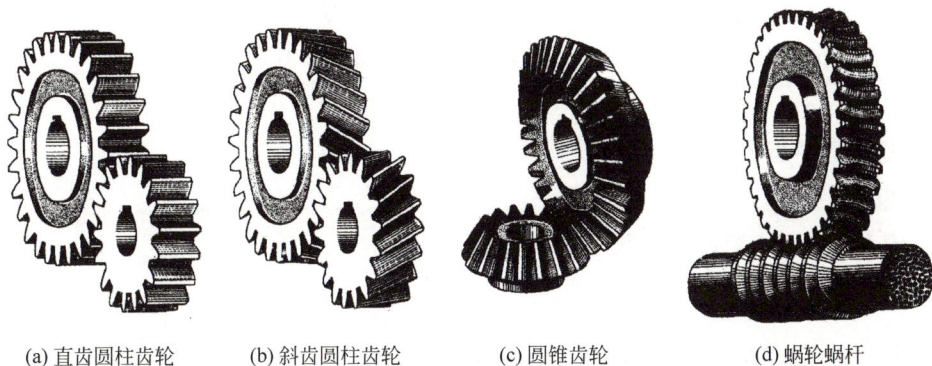

(a) 直齿圆柱齿轮　　(b) 斜齿圆柱齿轮　　(c) 圆锥齿轮　　(d) 蜗轮蜗杆

图 10-38 齿轮

10-6

10-7

10-8

10-9

10.5.2　圆柱齿轮各部分的名称及几何尺寸的计算

1. 齿轮各部分的名称

齿轮各部分的名称及代号如图 10-39 所示。

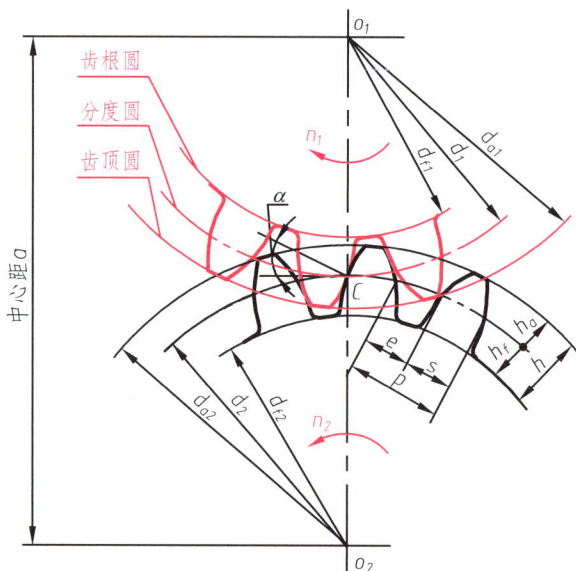

图 10-39　齿轮各部分的名称

(1) 齿顶圆。通过轮齿顶部的圆称为齿顶圆,其直径用 d_a 表示。

(2) 齿根圆。通过轮齿根部的圆称为齿根圆,其直径用 d_f 表示。

(3) 分度圆。标准齿轮的齿槽宽 e(相邻两轮齿齿廓在某圆周上的弧长)与齿厚 s(一个轮齿两侧齿廓在某圆周上的弧长)相等的圆称为分度圆,它是设计、制造齿轮时计算各部分尺寸的基准圆,其直径用 d 表示。

(4) 齿距。两个相邻的同侧齿廓在分度圆上的弧长称为齿距,用 p 表示。

(5) 齿高。齿顶圆与齿根圆之间的径向距离称为齿高(全齿高),用 h 表示。

齿顶高:齿顶圆与分度圆之间的径向距离称为齿顶高,用 h_a 表示。

齿根高:齿根圆与分度圆之间的径向距离称为齿根高,用 h_f 表示。

全齿高: $h = h_a + h_f$。

2. 直齿圆柱齿轮的基本参数

1) 齿数

齿轮上轮齿的个数叫作齿数,用 z 表示。

2) 模数

若齿轮的齿数为 z,则分度圆的周长为 $\pi d = zp$,那么 $d = \dfrac{p}{\pi} z$,令 $\dfrac{p}{\pi} = m$,则 $d = mz$。

把齿距 p 与圆周率 π 的比值 m 称为模数,单位为 mm。它表示了轮齿的大小,为了简化计算,规定模数 m 是计算齿轮各部分尺寸的基本参数,且已标准化。标准模数见表 10-6。

表 10-6　通用机械和重型机械用圆柱齿轮模数(摘自 GB/T 1357—2008)

第一系列	$1,1.25,1.5,2,3,4,5,6,8,10,12,16,20,25,32,40,50$
第二系列	$1.125,1.375,1.75,2.25,2.75,3.5,4.5,5.5,(6.5),7,9,11,14,18,22,28,35,45$

注:优先采用第一系列,其次是第二系列,括号内的模数尽量不用。

3) 压力角

两啮合齿轮的齿廓在接触点的受力方向与运动方向之间的夹角称为齿轮的压力角。若接触点在分度圆上(图 10-39 点 C),则压力角为两齿廓公法线与两分度圆公切线的夹角,用 α 表示。我国规定标准齿轮分度圆上的压力角为标准值 $20°$,通常所说的压力角即分度圆压力角。

两标准直齿圆柱齿轮正确啮合传动的条件是模数和压力角都相等。

3. 直齿圆柱齿轮各部分尺寸的计算公式

齿轮的基本参数 z、m、α 确定之后,其各部分的尺寸可按表 10-7 中的计算公式确定。

表 10-7　外啮合标准直齿圆柱齿轮几何尺寸计算公式

基本参数:模数 m、齿数 z、压力角 $20°$		
各部分名称	代号	计算公式
分度圆直径	d	$d=mz$
齿顶高	h_a	$h_a=m$
齿根高	h_f	$h_f=1.25m$
齿顶圆直径	d_a	$d_a=m(z+2)$
齿根圆直径	d_f	$d_f=m(z-2.5)$
齿距	p	$p=\pi m$
分度圆齿厚	s	$s=\pi m/2$
中心距	a	$a=(d_1+d_2)/2=m(z_1+z_2)/2$

10.5.3　齿轮的画法

国家标准对齿轮的画法规定如下:

1. 单个齿轮的画法

(1) 在视图中,轮齿部分的齿顶圆和齿顶线用粗实线表示;分度圆和分度线用细点画线表示(分度线应超出轮廓 2～3mm)；齿根圆和齿根线用细实线表示,或省略不画(图 10-40(a))。

(2) 在剖视图中,当剖切平面通过齿轮的轴线时,轮齿一律按不剖处理。齿根线用粗实线绘制(图 10-40(b))。

(3) 当需要表示齿线的特征时,可用 3 条与齿线方向一致的细实线表示(图 10-40(c))。齿轮的其他结构,按投影画出。

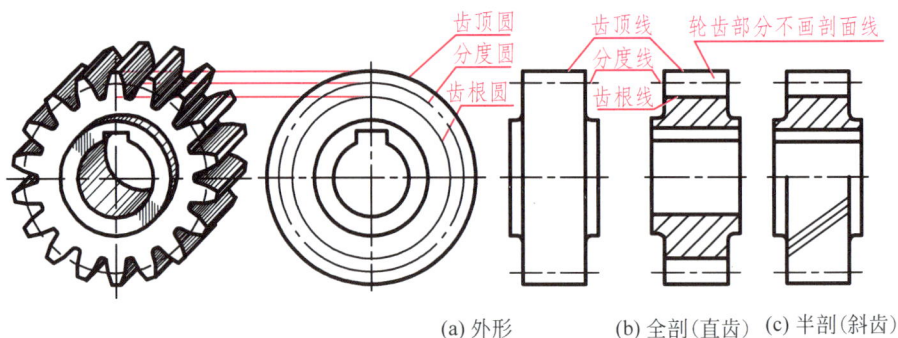

(a) 外形   (b) 全剖(直齿)   (c) 半剖(斜齿)

图 10-40 单个圆柱齿轮的画法

单个齿轮,一般用两个视图表示,即一个全剖或半剖的视图与端视图或局部端视图。

2. 两圆柱齿轮啮合的画法

两标准齿轮相互啮合时,两轮分度圆处于相切的位置,此时分度圆又称为节圆。齿轮啮合的规定画法如下:

(1) 在垂直于圆柱齿轮轴线的投影面上的视图(端视图)中,啮合区内的齿顶圆均用粗实线绘制(图 10-41(a))或省略不画(图 10-41(b))。

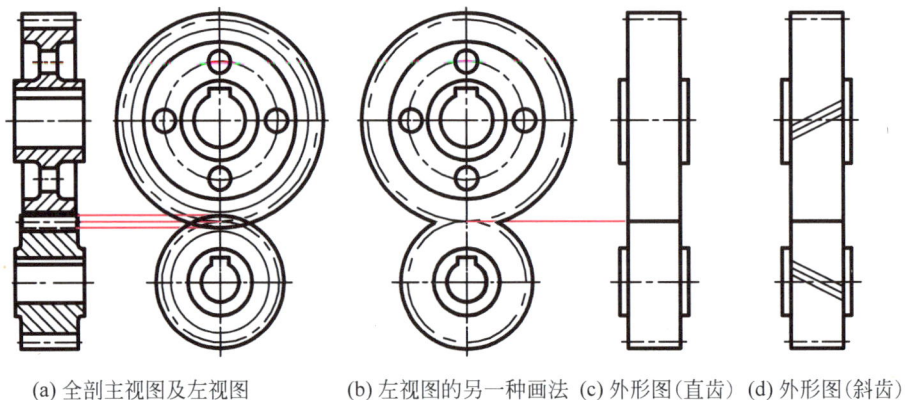

(a) 全剖主视图及左视图   (b) 左视图的另一种画法 (c) 外形图(直齿) (d) 外形图(斜齿)

图 10-41 圆柱齿轮啮合的画法

　　(2) 在平行于圆柱齿轮轴线的投影面上的视图中,啮合区的齿顶线不需画出,节线用粗实线绘制,其他处的节线用细点画线绘制(图 10-41(c)、(d))。

　　(3) 在剖视图中,当剖切平面通过两啮合齿轮的轴线时,在啮合区内,将一个齿轮的轮齿用粗实线绘制,另一个齿轮的轮齿被遮挡的部分用虚线绘制(图 10-41(a)、图 10-42)或省略不画(图 10-43)。

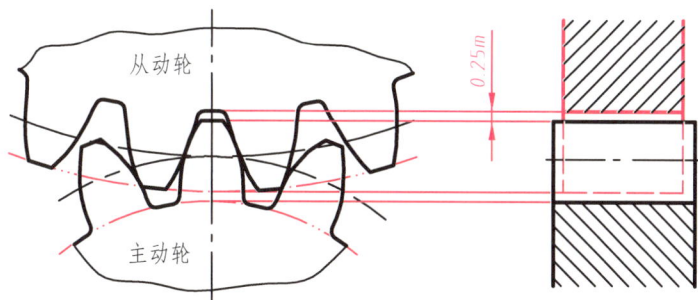

图 10-42　齿轮啮合区投影的画法

3. 齿轮和齿条啮合的画法

　　当齿轮直径无限大时,它的齿顶圆、齿根圆、分度圆和齿廓曲线都变成了直线,齿轮变成了齿条。齿轮齿条啮合时,可由齿轮的旋转带动齿条做直线运动。齿轮和齿条啮合的画法与两圆柱齿轮啮合画法基本相同,只是齿轮的节圆与齿条的节线相切(图 10-43)。

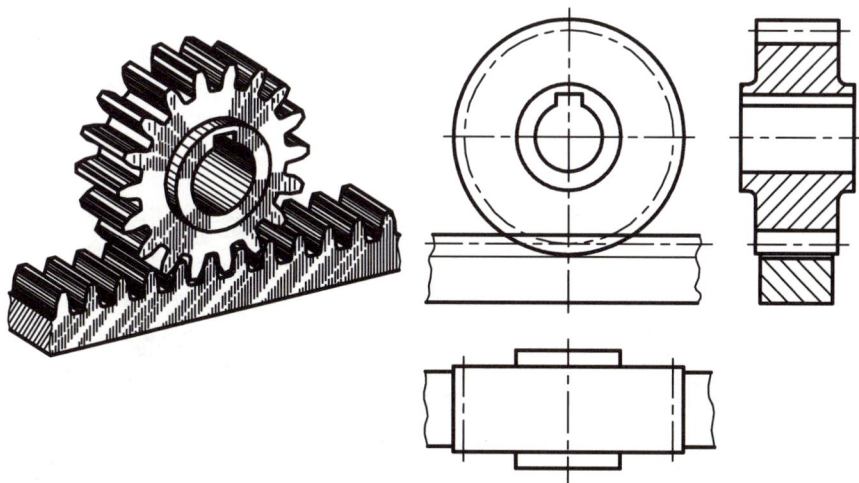

图 10-43　齿轮和齿条啮合的画法

　　如图 10-44 所示,在齿轮零件图上,除了要表示出齿轮的形状、尺寸和技术要求外,还要在图样右上角的参数表中列出制造齿轮所需要的参数及检测项目等。

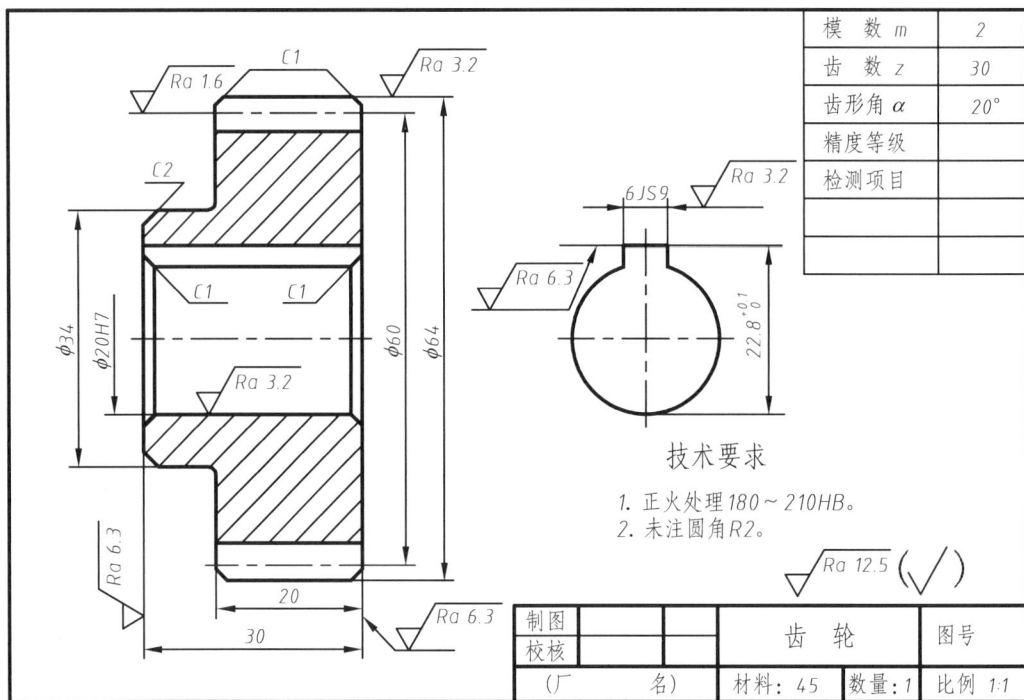

图 10-44 齿轮零件图

10.6 弹簧

弹簧的作用主要是减震、复位、夹紧、测力和储能等。

弹簧的种类很多,其中螺旋弹簧应用较广,如图 10-45 所示。根据受力情况,螺旋弹簧又分为压缩弹簧(图 10-45(a))、拉伸弹簧(图 10-45(b))和扭转弹簧(图 10-45(c))。这里主要介绍圆柱螺旋压缩弹簧的画法。

(a) 压缩弹簧   (b) 拉伸弹簧   (c) 扭转弹簧

图 10-45 弹簧

10.6.1　圆柱螺旋压缩弹簧各部分的名称及尺寸关系

弹簧各部分的名称、尺寸关系及画法如图 10-46(a)所示。

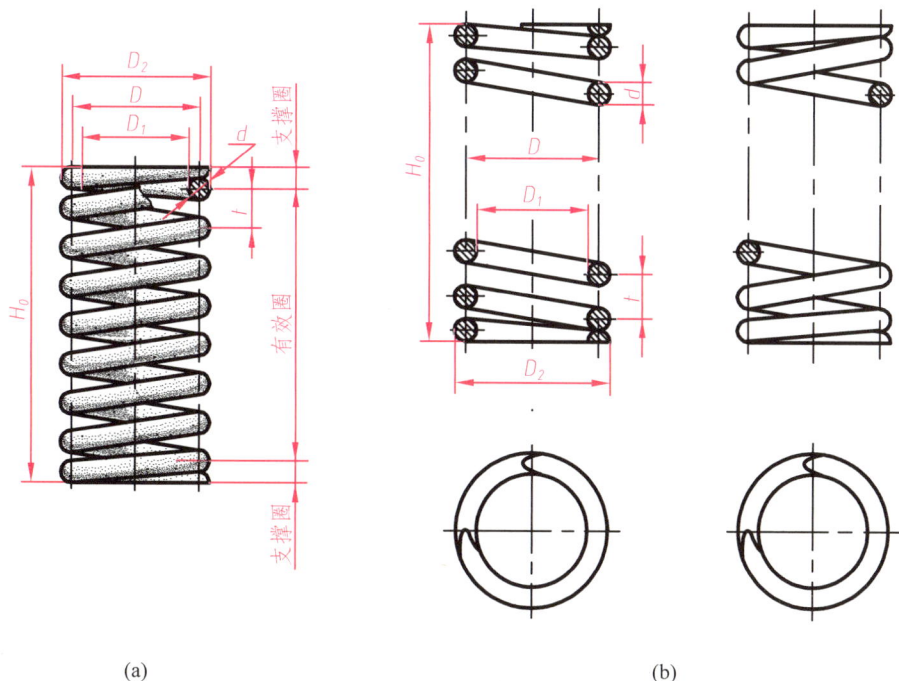

(a)　　　　　　　　　(b)

图 10-46　圆柱螺旋压缩弹簧的名称、尺寸关系及画法

(1) 材料直径 d：用于缠绕弹簧的钢丝直径。

(2) 弹簧中径 D：弹簧内径和外径的平均直径,按标准选取。

(3) 弹簧内径 D_1：弹簧内圈直径,$D_1 = D - d$。

(4) 弹簧外径 D_2：弹簧外圈直径,$D_2 = D + d$。

(5) 弹簧节距 t：两相邻有效圈截面中心线的轴向距离。

(6) 有效圈数 n：弹簧上能保持相同节距的圈数。有效圈数是计算弹簧总变形量的簧圈数量。

(7) 支撑圈数 n_2：弹簧端部用于支撑或固定的圈数。为使弹簧受力均匀,放置平稳,一般都将弹簧两端并紧磨平,工作时起支撑作用,这部分圈称为支撑圈。支撑圈有 1.5 圈、2 圈、2.5 圈 3 种,后两者较为常见。

(8) 总圈数 n_1：弹簧的有效圈与支撑圈之和 $n_1 = n + n_2$。

(9) 弹簧的自由高度 H_0：弹簧无负荷作用时的高度(长度)。两端磨平时,$n_2 = 2$,$H_0 \approx nt + 1.5d$；$n_2 = 2.5$,$H_0 \approx nt + 2d$。

10.6.2　圆柱螺旋压缩弹簧的规定画法

1. 单个弹簧的规定画法

(1) 在平行于弹簧轴线的投影面上的视图中,其各圈的轮廓应画成直线(图 10-46(b))。

（2）螺旋弹簧有左旋和右旋，画图时均可画成右旋，对必须保证的旋向要求应在"技术要求"中注明。

（3）有效圈数在 4 圈以上的螺旋弹簧，中间部分可以省略，用通过中径的细点画线连接起来。中间部分省略后，图形的长度可适当缩短。

（4）螺旋压缩弹簧要求两端并紧磨平时，不论支撑圈的圈数多少，均按图 10-46 的形式绘制。

2. 圆柱螺旋压缩弹簧的作图步骤

若已知弹簧的中径 D、材料直径 d、节距 t 和有效圈数 n，其作图步骤如图 10-47 所示。

（1）算出弹簧自由高度 H_0，根据 D 和 H_0 画矩形 $ABCD$（图 10-47(a)）。

（2）根据材料直径 d，画支撑部分的圆和半圆（图 10-47(b)）。

（3）根据节距 t 画有效圈部分的圆（图 10-47(c)）。先在 BC 上根据节距 t 画出圆 2 和 3，然后通过 1、2 和 3、4 的中点画水平线，与 AD 相交，画出圆 5 和 6。

（4）按右旋方向作相应圆的公切线及剖面线，加深，即完成作图（图 10-47(d)）。

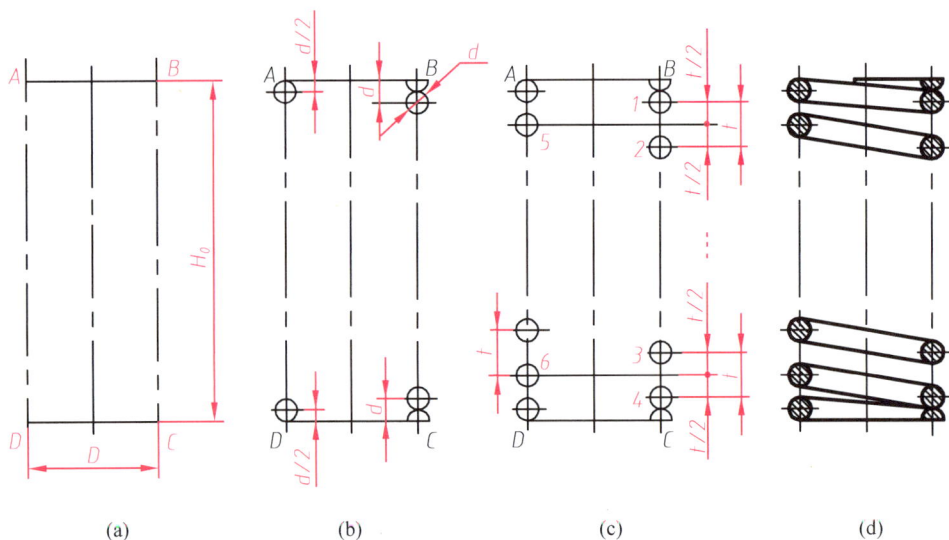

图 10-47　圆柱螺旋压缩弹簧的作图步骤

3. 圆柱螺旋压缩弹簧在装配图中的画法

（1）在装配图中，弹簧中间各圈采取省略画法后，被弹簧挡住的结构一般不画出，可见部分应画到弹簧的外轮廓线或弹簧钢丝断面的中心线处（图 10-48(a)）。

（2）型材尺寸较小（材料直径等于或小于 2mm）的螺旋弹簧，允许用示意图表示（图 10-48(b)）。当弹簧被剖切时，也可用涂黑表示（图 10-48(c)）。

（3）被剖切弹簧的截面尺寸在图形上等于或小于 2mm，并且弹簧内部还有零件，为便于表达，可用图 10-48(d)的示意图形式表示。

(a)　　　　　　　(b)　　　　　　　(c)　　　　　　　(d)

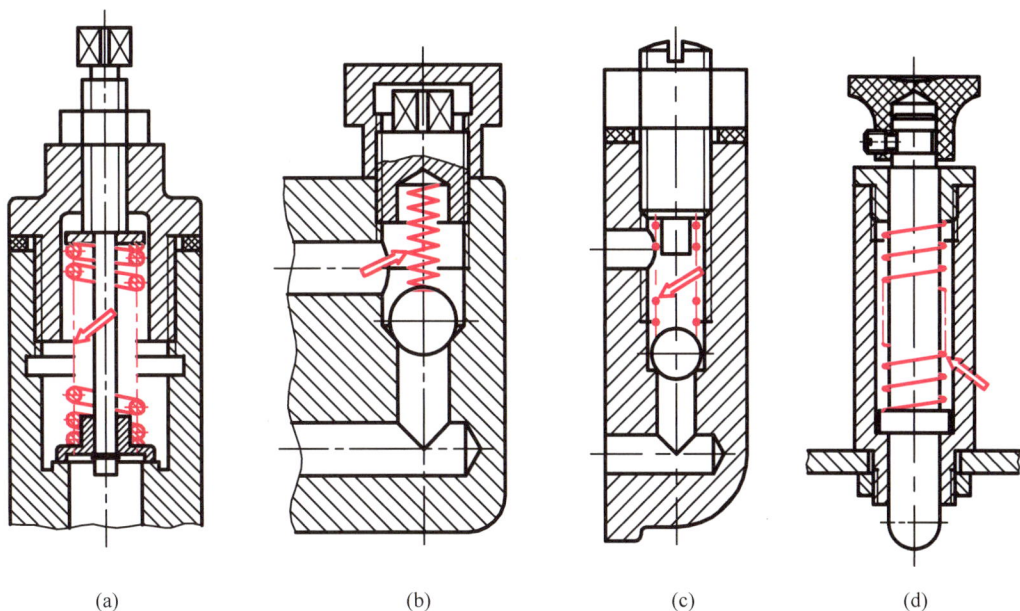

图 10-48　圆柱螺旋压缩弹簧在装配图中的画法

10.6.3　圆柱螺旋压缩弹簧的标记

若选用标准螺旋压缩弹簧,需给出弹簧标记。弹簧标记由类型代号、规格、精度等级、旋向和标准号组成,规定如下:

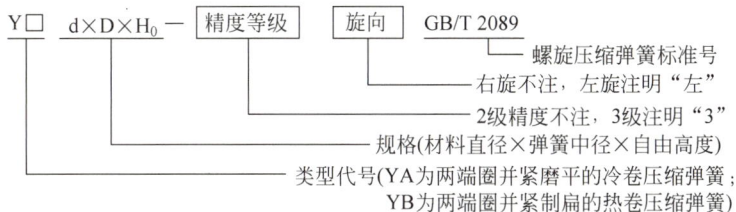

$$Y\square \quad d\times D\times H_0 - \boxed{精度等级} \quad \boxed{旋向} \quad GB/T\ 2089$$

　螺旋压缩弹簧标准号
　右旋不注,左旋注明"左"
　2级精度不注,3级注明"3"
　规格(材料直径×弹簧中径×自由高度)
　类型代号(YA为两端圈并紧磨平的冷卷压缩弹簧;
　YB为两端圈并紧制扁的热卷压缩弹簧)

标记示例:

(1) YA 型弹簧,材料直径为 1.2mm,弹簧中径为 8mm,自由高度 40mm,精度等级为 2 级,左旋的两端圈并紧磨平的冷卷压缩弹簧

标记:YA 1.2×8×40 左 GB/T 2089

(2) YB 型弹簧,材料直径为 30mm,弹簧中径为 160mm,自由高度 200mm,精度等级为 3 级,右旋的两端圈并紧制扁的热卷压缩弹簧

标记:YB 30×160×200—3 GB/T 2089

10.6.4　圆柱螺旋压缩弹簧的零件图

图 10-49 所示为圆柱螺旋压缩弹簧的零件图,画图时应注意以下几点:

(1) 弹簧的参数应直接标注在图形上,当直接标注有困难时可在"技术要求"中

说明。

（2）螺旋压缩弹簧的机械性能曲线画成直线，用粗实线绘制，标注在主视图上方。在图 10-49 中用图解表示了弹簧的负荷与高度之间的变化关系，其中：

F_1——弹簧的预加负荷。

F_2——弹簧的最大负荷。

F_3——弹簧的极限负荷。

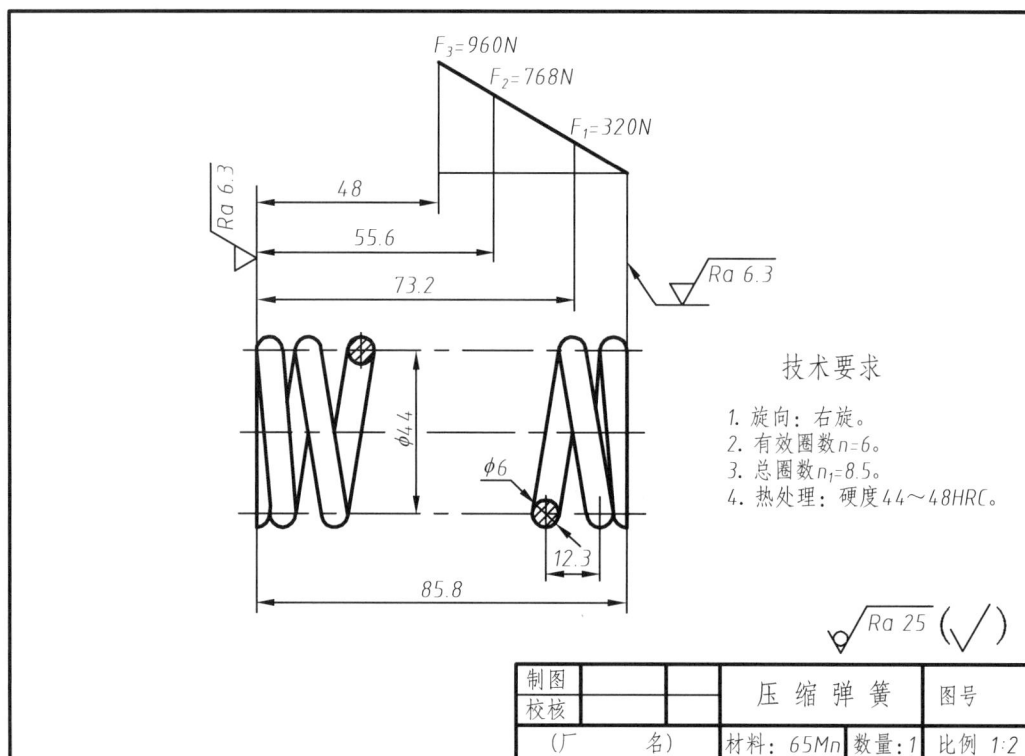

图 10-49　圆柱螺旋压缩弹簧的零件图

10.7　滚动轴承

滚动轴承主要用于支撑轴。滚动轴承的摩擦阻力小，转动灵活，维修方便，在机械设备中应用广泛。

10.7.1　滚动轴承的结构、类型及代号

1. 滚动轴承的结构

如图 10-50 所示，滚动轴承是一种标准组合件，一般由内圈、外圈、滚动体和保持架组成。内、外圈上有凹槽，以形成滚动体圆周运动时的滚动道。保持架把滚动体彼此隔开，避免滚动体相互接触，以减少摩擦与磨损。滚动体有球、圆柱滚子、圆锥滚子等。

使用时，一般内圈套在轴颈上随轴一起转动，外圈安装固定在轴承座孔中。

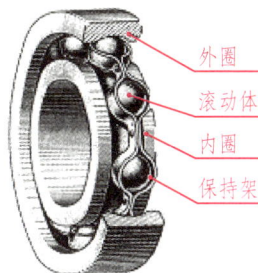

图 10-50　滚动轴承

2. 滚动轴承的类型

国家标准 GB/T 271—2017《滚动轴承　分类》规定，滚动轴承按其所承受的载荷方向或公称接触角的不同分两类（见表 10-8）。

（1）向心轴承。主要用于承受径向载荷，其公称接触角从 0°到 45°。

（2）推力轴承。主要用于承受轴向载荷，其公称接触角大于 45°小于 90°。

表 10-8　滚动轴承的分类

轴承分类	向心轴承		推力轴承	
	径向接触轴承	角接触向心轴承	轴向接触轴承	角接触推力轴承
公称接触角	$\alpha=0°$	$0°<\alpha\leqslant45°$	$\alpha=90°$	$45°<\alpha<90°$
示例	深沟球轴承	圆锥滚子轴承	推力球轴承	推力调心滚子轴承

注：公称接触角（此处设为 α）是垂直于轴承轴线的平面（径向平面）与经轴承套圈或垫圈，传给滚动体的合力作用线（公称作用线）之间的夹角。

3. 滚动轴承的代号和标记

滚动轴承的代号主要由基本代号组成。基本代号表示轴承的基本类型、结构和尺寸，由轴承的类型代号、尺寸系列代号和内径代号 3 部分组成。

类型代号用数字或字母表示，说明轴承的基本类型。

尺寸系列代号由轴承的宽（高）度系列代号（1 位数字）和直径系列代号（1 位数字）自左向右排列组成，有的轴承类型可省略宽度系列代号。

内径代号表示轴承的公称内径（内圈孔径 d），一般由两位数字组成。当内径 d 为 10mm，12mm，15mm，17mm 时，其内径代号分别为 00，01，02，03。当 d 在 20～480mm 时，内径代号为 d 除以 5 的商数，商数为 1 位数字时需在左边加"0"。

滚动轴承的基本标记格式：　滚动轴承 基本代号 标准号

标记示例：

滚动轴承　6212　GB/T 276—2013
深沟球轴承的标准号
基本代号，自左至右依次是：
6：类型代号(深沟球轴承)
2：尺寸系列代号，02尺寸系列，省略了宽度系列代号"0"
12：内径代号，内径 $d=12\times5$mm$=60$mm

当轴承的结构形状、尺寸、公差、技术要求等有改变时,需在基本代号的前后添加补充代号(需要时可查阅相关标准),其排列顺序如下:

<u>前置代号</u>　<u>基本代号</u>　<u>后置代号</u>

10.7.2　滚动轴承的画法

在装配图中,滚动轴承通常采用特征画法和规定画法绘制,但同一张图样上一般只采用其中一种画法。

根据轴承代号从其标准中查出 d、D、B 等相关尺寸后,按表 10-9 中的尺寸比例画图。图中的各种符号、矩形线框和轮廓线均用粗实线绘制,采用规定画法绘制滚动轴承的剖视图时,轴承的滚动体不画剖面线,各套圈可画成方向和间隔均相同的剖面线。

表 10-9　深沟球轴承的特征画法及规定画法的尺寸比例示例

轴承名称、类型及标准号	特征画法	规定画法
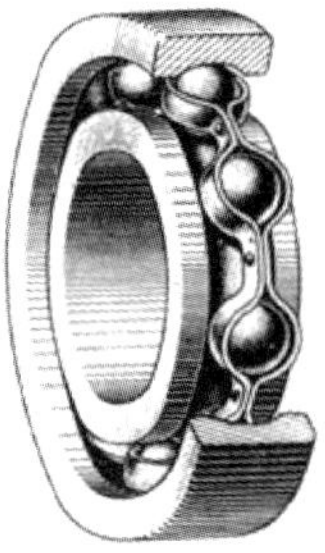 深沟球轴承　60000 型 GB/T 276—2013	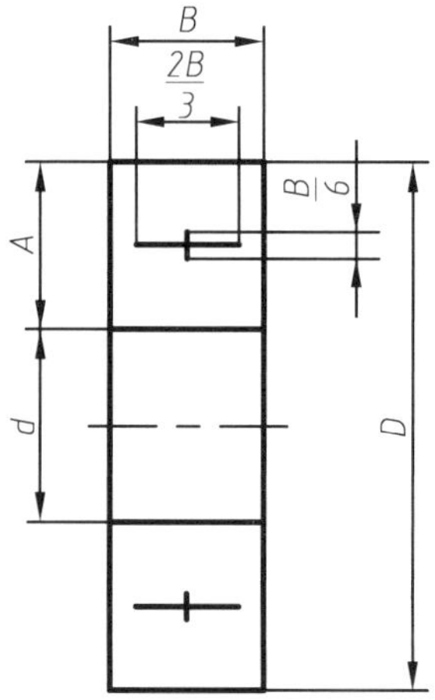	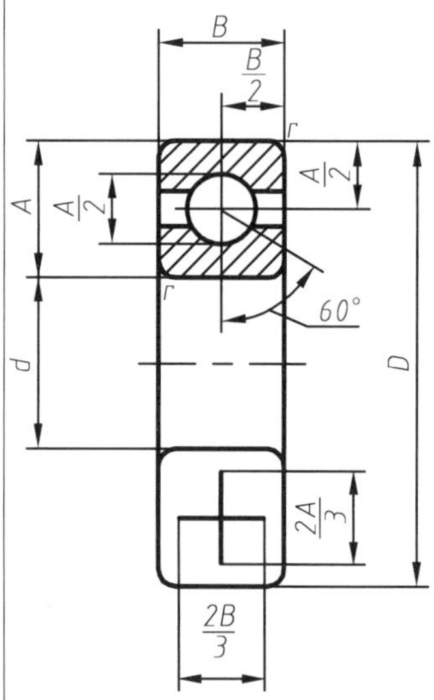

小结

本章学习的重点是:螺纹的规定画法和标注,螺纹紧固件的标记及其连接装配图的画法,齿轮、弹簧和滚动轴承等常用件的功用、规定画法及标记。

1. 螺纹及螺纹紧固件

(1) 在螺纹的规定画法中,要抓住三条线。螺纹牙顶圆(用手摸得着的直径圆)画粗实线,牙底圆(用手摸不着的直径圆)画细实线,螺纹终止线画粗实线。

(2) 螺纹标注的目的,主要是体现螺纹的类型和参数,区分螺纹。要注意不同螺纹在标注上的区别。

（3）螺栓、螺钉、螺柱、螺母、垫圈都是标准件,使用时按标记直接外购,其连接装配图采用规定画法(比例画法)。

2．齿轮是常用件,应掌握直齿圆柱齿轮单个齿轮和两轮啮合的规定画法。

3．键、销、弹簧和滚动轴承既是标准件又是常用件,应掌握它们的功用、规定画法及标记。

第**11**章

零　件　图

11.1　零件图的作用与内容

机器或部件由零件组成,根据零件的形状和功用可将其分为轴类(如齿轮轴)、盘类(如齿轮、端盖)、箱体类(如箱体、箱盖)等。用于表达单个零件的结构形状、大小和技术要求的图样,称为零件图。它是生产过程中,加工制造和检验测量零件的基本技术文件。

图 11-1 所示是端盖的零件图。零件图应包括以下 4 个方面的内容:

(1)一组视图。包括视图、剖视图、断面图等,用于表达零件的结构形状。

(2)一组尺寸。用于确定零件各部分的形状大小及其相对位置。

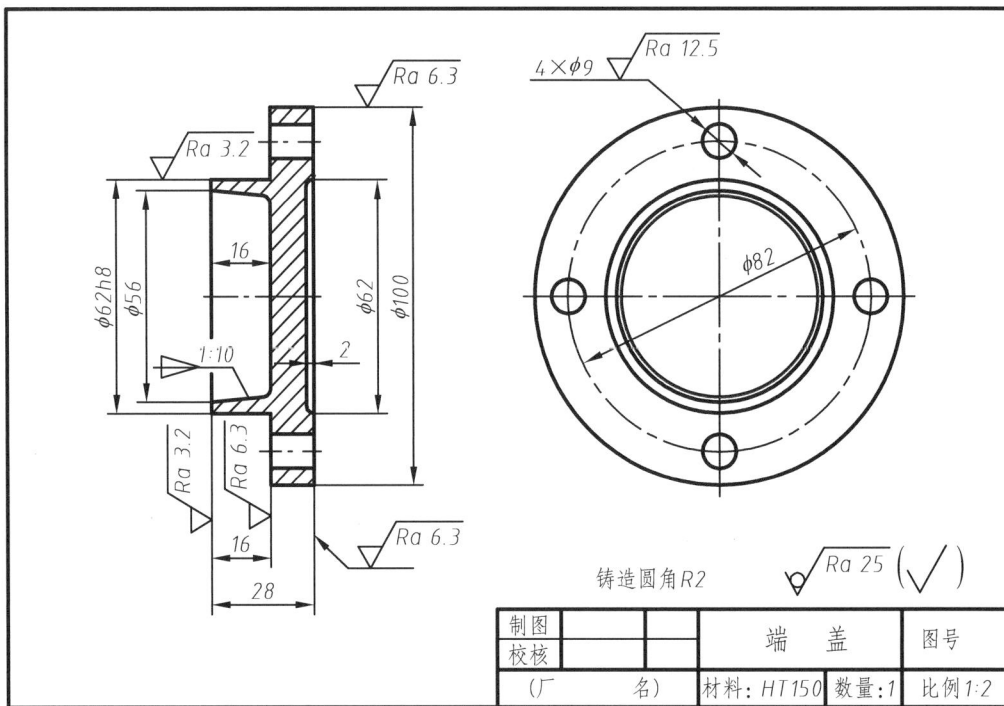

图 11-1　端盖零件图

（3）技术要求。说明零件在加工和检验时应达到的技术指标,如零件的表面粗糙度、尺寸极限偏差、几何公差、材料及热处理等。

（4）标题栏。说明零件的名称、材料、数量、绘图比例和必要的签署等。

11.2　零件图的视图选择

11.2.1　视图选择的要求

零件图的视图选择,就是要选择一组视图(视图、剖视图、断面图等),将零件的结构形状表达完全、正确和清楚,符合生产的实际要求。视图选择的要求如下:

（1）正确。各视图之间的投影关系、所采用的图样画法(视图、剖视、断面等)及各种标注方法要符合国家标准的规定。

（2）完全。零件各组成部分的结构形状及其相对位置,要表达完全且唯一确定。

（3）清楚。图形及视图表达应清晰易懂,便于读图。

11.2.2　视图选择的方法和步骤

1. 分析零件的形体及功用

视图选择之前,首先对零件进行形体分析和功用分析,即分析零件的结构、整体功能和在部件中的位置、工作状态(工作时的摆放方式),以及零件各组成部分的形状及功用等,确定零件的主要形体。

11-1

2. 选择主视图

主视图是反映零件信息量最多的一个视图,应首先选择。选择主视图应注意以下两点:

（1）零件的安放状态。零件的安放状态(摆放方式)应符合其加工状态或工作状态。零件图是用来加工零件的图样,其主视图所表示的零件的安放状态应和零件的加工状态保持一致,以使工人加工时看图方便。但有些零件形状复杂,需要在不同的机床上加工,且加工状态各不相同,其主视图一般按零件的工作状态绘制。

（2）投射方向。投射方向应使主视图尽量反映零件主要形体的形状特征,且不可见部分越少越好。

3. 选择其他视图

许多零件只用一个视图不能将其结构形状表达完全,因此,选好主视图后,还应根据以下几点选择其他视图:

（1）从表达主要形体入手,选择表达主要形体的其他视图。

（2）逐个检查形体并补全次要形体的视图。

选择零件视图后,应按视图选择要求,分析、比较、调整,形成较好的视图表达方案。

4. 确定零件的视图表达方案时应注意的问题

（1）目的明确。每个视图的选择要有明确的目的性,不要不加分析就选主、左、俯视图。

（2）视图数量。在零件结构形状表达清楚的基础上,较少的视图数量为好。

（3）内、外形的表达。一般内形取剖视,外形画视图。能兼顾时可选半剖视或局部剖视。

（4）方案比较。为提高表达能力,最好选几个表达方案,从比较中择优。

11.2.3　典型零件的视图选择

1. 支架类零件

支架类零件一般起支撑作用,图 11-2 所示为一支架零件。

1）分析零件的形体及功用

由图 11-2 可知,该支架零件是由安装滚动轴承的圆柱筒、固定支架的底板、中间支撑板组成的。底板下面的凹槽与上面的凸台,是为减少加工面之用。图 11-2 所示是其工作状态,主要形体是轴承孔所在的圆柱筒。

2）选择主视图

（1）零件的安放状态。支架的加工状态不定,其主视图应按零件的工作状态绘制。

（2）投射方向。若选 B 向,取剖视后能清楚地表达主要形体圆柱筒的内部结构;若选 A 向,则圆柱筒、底板、支撑板等几何形体的形状、相对位置及连接关系表达得更清楚。两者比较同时兼顾其他视图的选择,确定 A 向为投射方向,支架的主视图如图 11-3 所示。

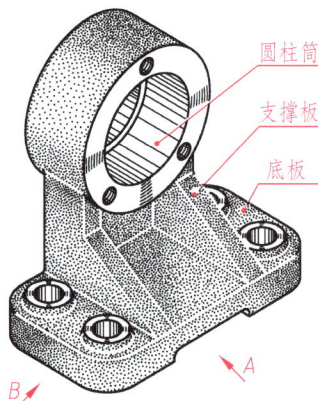

圆柱筒
支撑板
底板

图 11-2　支架

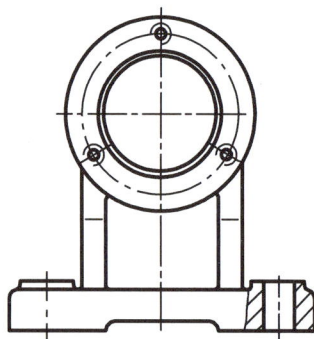

图 11-3　支架的主视图

3）选择其他视图

（1）选择表达主要形体的其他视图。主视图上表达了主要形体圆柱筒的圆形特征,其轴向的形状及轴孔的内部结构,可用左视图取全剖表达(图 11-4)。

（2）检查、补全次要形体的视图。检查分析零件的几何形体可知,方形底板的形状表达不完全,可选择 C 向视图,小孔的内形在主视图取局剖。支撑板整体结构不清楚,可增加 D—D 断面图,从而形成了支架的视图表达方案 1(图 11-4)。若直接取 D—D 剖视图,将底板的形状和支撑板的断面合到一个剖视图上表达,便得到支架的视图表达方案 2,如图 11-5 所示。将方案 2 中的主、左视图对调,可得到支架的视图表达方案 3(读者可自行绘制其对应图形)。

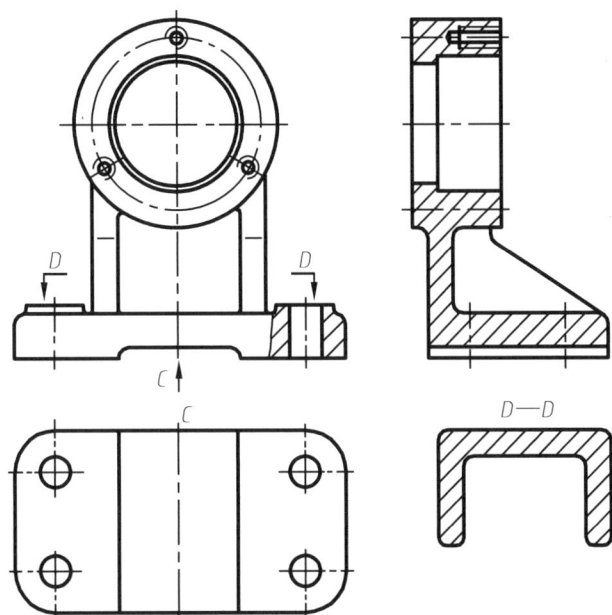

图 11-4　支架的视图表达方案 1

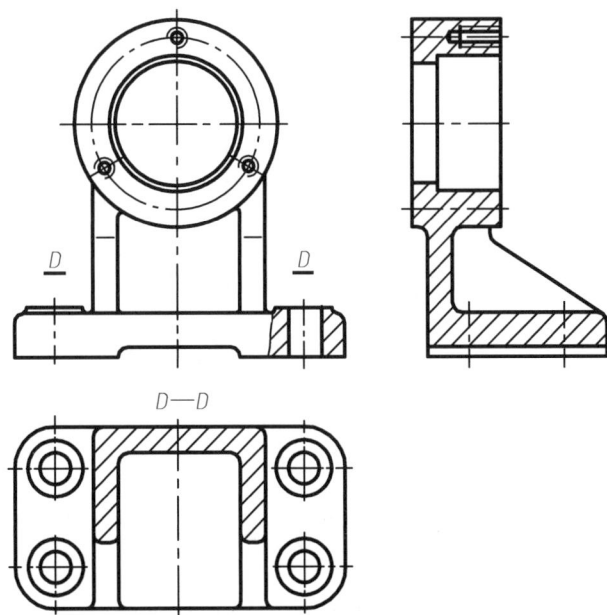

图 11-5　支架的视图表达方案 2

（3）方案比较。以上几种方案对零件形状结构的表达都是完全的,但方案 1 相对来说表达内容分散,不如方案 2 读图方便,方案 3 则图面布置不好。因此,方案 2 较好。

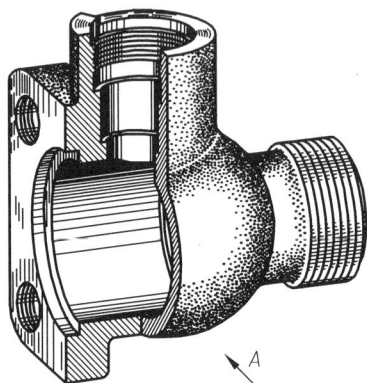

11-3

图 11-6　阀体

2. 箱体类零件

箱体类零件(如机器或部件的机壳、机座等)用于承装其他零件。这类零件内、外形状都比较复杂,其毛坯多经铸造而成,切削时工序较多,图 11-6 所示为阀体零件。

1) 分析零件的形体及功用

阀体的基本形体为球形壳体,内腔容纳阀芯和密封圈等零件。左边方形凸缘的四个螺钉孔,用于与阀盖连接。上面圆柱筒内孔安装阀杆、密封填料等。右端的螺纹为连接管子用。

2) 选择主视图

阀体在加工时的装卡位置不定,其主视图应以图 11-6 所示的工作状态绘制,以箭头 A 所指的方向为投射方向,采用全剖视表达其复杂的内部结构。

3) 选择其他视图

主体部分的外形特征和左端凸缘的方形结构,采用半剖的左视图表达。经检查,阀体顶部的扇形凸缘还没表示清楚,同时为使阀体的外形表示得更为清晰,再加选一个俯视图。最后确定阀体的视图表达方案如图 11-7 所示。

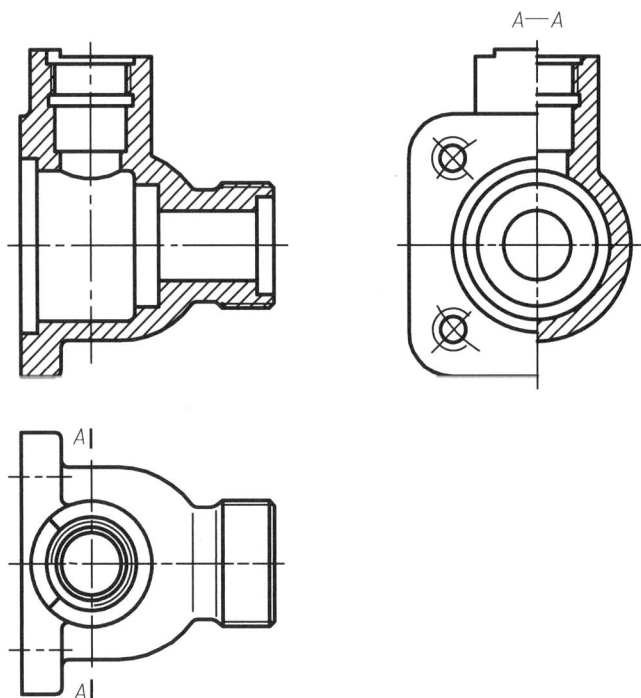

图 11-7　阀体的视图表达方案

3．轴类零件

1）分析零件的形体及功用

轴是用来支撑传动零件(齿轮、皮带轮等)传递运动和动力的。由于轴上零件固定定位和装拆工艺的要求，轴类零件往往由若干段直径不等的同心圆柱组成，形成阶梯形轴，轴上常有键槽、销孔、凹坑等结构。

2）选择主视图

轴类零件一般在车床上加工(图11-8)，其主视图按加工状态将轴线水平放置。

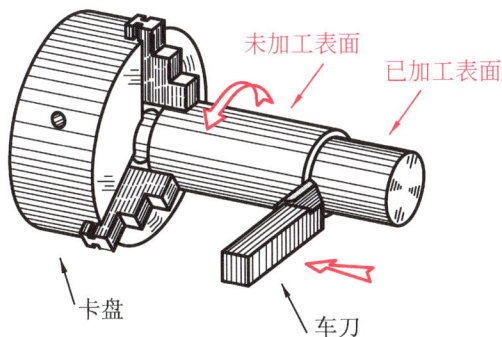

未加工表面 已加工表面

卡盘 车刀

图 11-8 轴的加工

3）选择其他视图

轴上的孔、槽常用断面图表达(图11-9)，某些细部结构如退刀槽、砂轮越程槽等，必要时可采用局部放大图，以便确切表达其形状和标注尺寸。

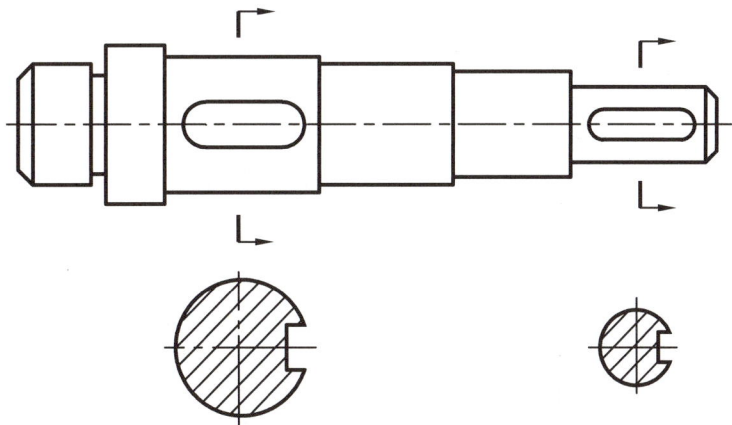

图 11-9 轴的视图表达方案

4．盘类零件

盘类零件主要包括齿轮、皮带轮、端盖、手轮等。这类零件的主体部分是由直径不等的同心圆柱面组成的，只是厚度相对于直径来说要小得多，零件呈盘状，其上常有肋、轮辐、孔及键槽等。图11-10(a)所示为一个端盖零件。

1）分析零件的形体及功用

端盖安装在箱体轴承孔的外端面，工作情况如图11-10(b)所示。端盖右端凸缘上均布 4 个安装用的螺钉孔。

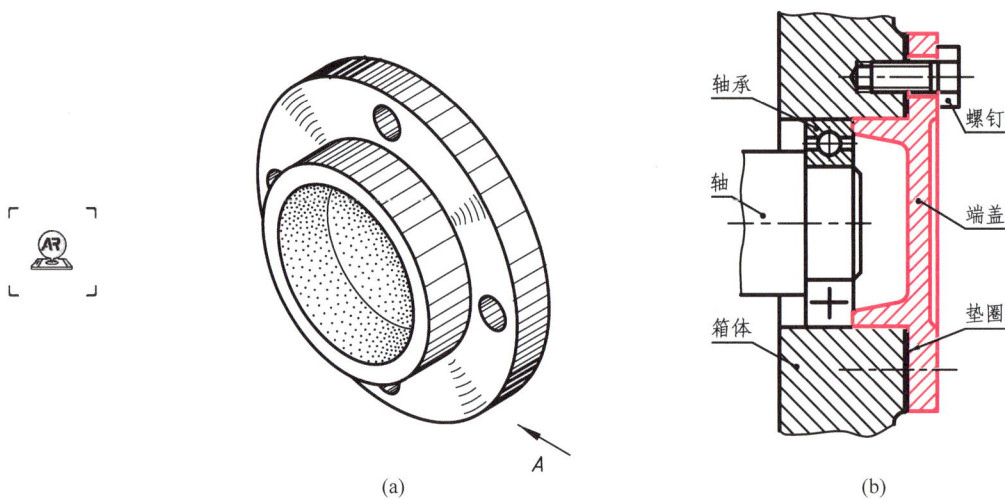

图 11-10   端盖及工作状态

2）选择主视图

端盖主要在车床上加工，其主视图按加工状态将轴线水平放置。以图 11-10(a)中箭头 A 的指向作为主视图的投射方向，取全剖视以表达零件的内形及由不同圆柱面组成的结构特点。

3）选择其他视图

端盖上的螺钉孔沿圆周方向分布的情况用左视图表达，如图 11-11 所示。

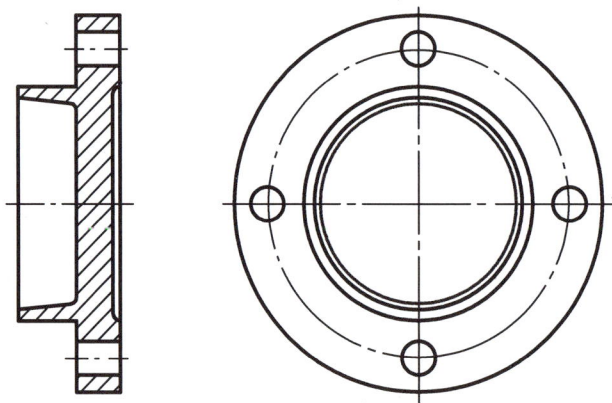

图 11-11   端盖的视图表达方案

11.3   零件的工艺结构

零件的结构形状，不仅要满足设计要求，而且要满足加工工艺的要求。

11.3.1　零件的铸造工艺结构

1. 拔模斜度与铸造圆角

如图 11-12(a)所示,在铸造零件毛坯时,为便于将木模从砂型中取出,零件的内、外壁沿起模方向应有一定的斜度,称为拔模斜度。若斜度较小,在图上可不画出;但若斜度较大,则应画出(图 11-12(b))。

为了防止铸件在浇注时砂型落砂,以及金属冷却收缩时产生裂纹或缩孔,在铸件各表面的相交处都有圆角,称为铸造圆角。一个铸造表面和一个切削加工表面相交,相交处画成尖角,如图 11-12(b)所示(标有符号 ▽ 的表面为切削表面)。

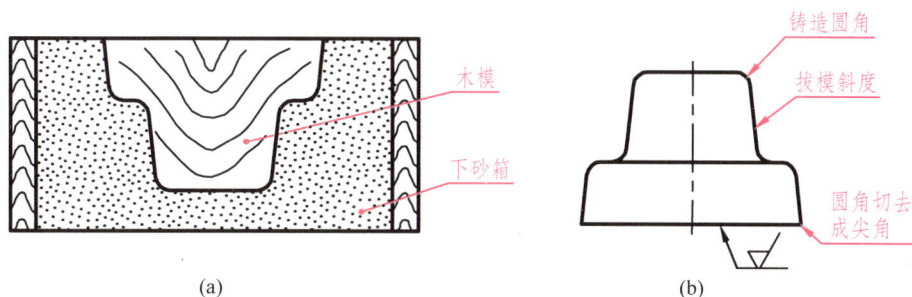

图 11-12　拔模斜度与铸造圆角

由于铸造圆角的存在,两铸造表面的交线不很明显,为了区分不同形体的表面,仍要画出这条交线,此交线称为过渡线,用细实线表示。以下是过渡线的规定画法:

(1) 两曲面相交时,过渡线不与圆角轮廓线接触(图 11-13(a));两曲面相切时,过渡线在切点处应断开(图 11-13(b))。

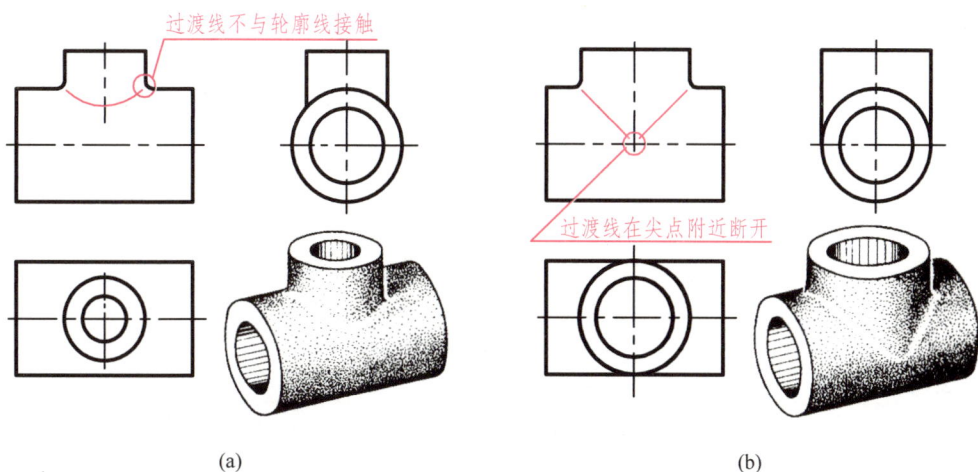

图 11-13　过渡线的画法(1)

（2）在画平面与平面、平面与曲面相交处的过渡线时,应在过渡线两端断开,并按铸造圆角弯曲方向画出过渡圆弧,如图 11-14 所示。

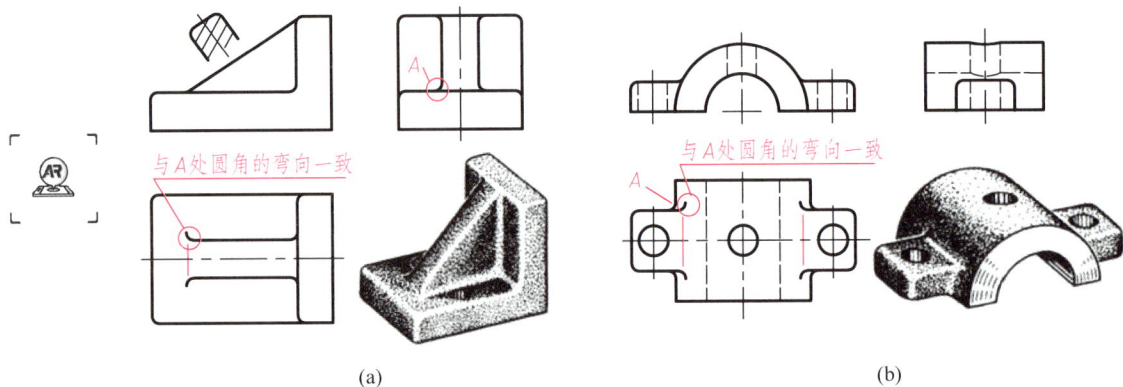

与A处圆角的弯向一致

与A处圆角的弯向一致

(a)　　　　　　　　　　　　　(b)

图 11-14　过渡线的画法(2)

（3）不同断面形状的肋板与圆柱组合,视其相切、相交的关系不同,其过渡线的画法如图 11-15 所示。

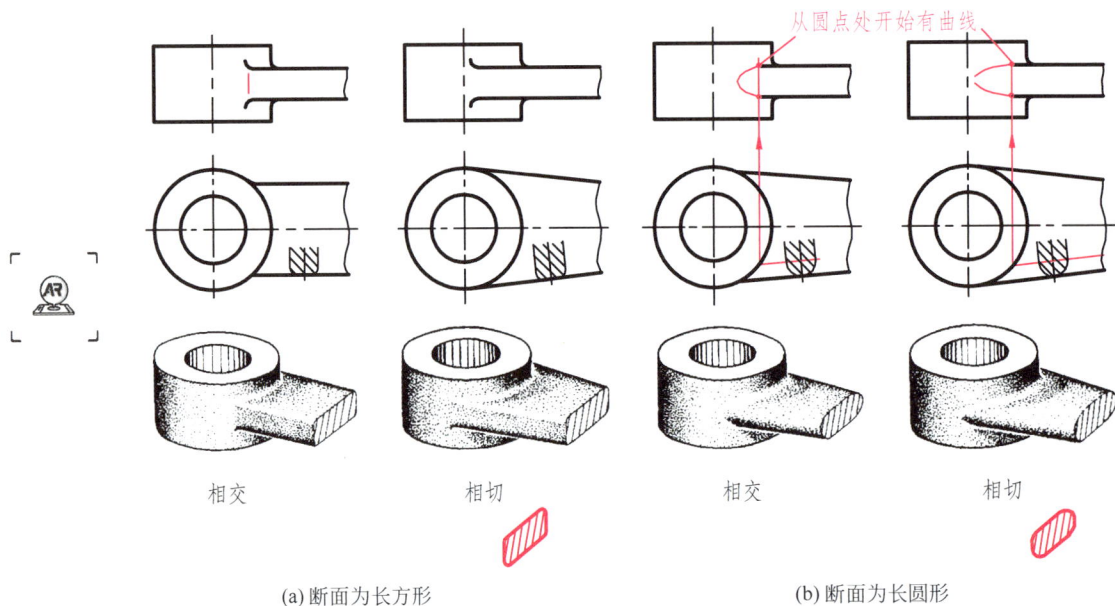

从圆点处开始有曲线

相交　　　　相切　　　　相交　　　　相切

(a)断面为长方形　　　　　　　(b)断面为长圆形

图 11-15　过渡线的画法(3)

2. 铸件壁厚

为防止铸件浇注时,由于金属冷却速度不同而产生缩孔和裂纹(图 11-16(a)),在设计铸件时,壁厚应尽量均匀或逐渐过渡,以避免壁厚突变或局部肥大现象,如图 11-16(b)或(c)所示。

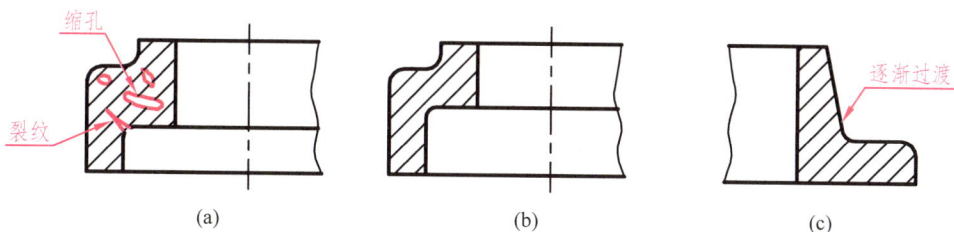

图 11-16　铸件壁厚

11.3.2　零件的切削工艺结构

1．倒角

为了便于装配和操作安全，常将轴和孔端部的尖角加工成小圆锥面，称为倒角，如图 11-17 所示。倒角与轴线的角度一般为 45°，有时也用 30° 或 60°。

11-6

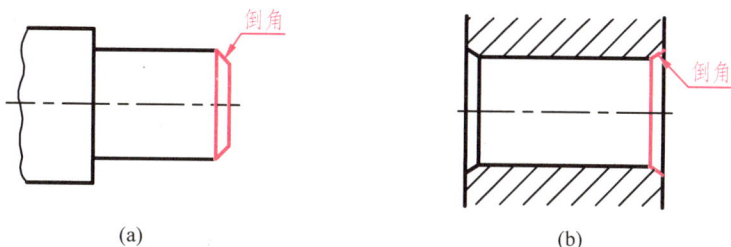

图 11-17　倒角

2．退刀槽和砂轮越程槽

为了在切削加工中便于退刀和装配时零件的可靠定位，通常在被加工轴的轴肩或孔底处，预先加工出退刀槽和砂轮越程槽，如图 11-18 所示。

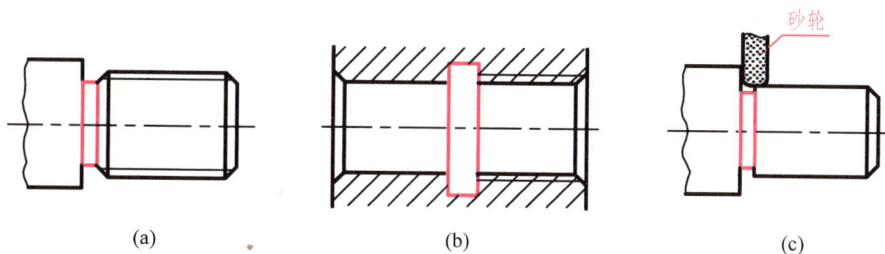

图 11-18　退刀槽和砂轮越程槽

3．钻孔端面

为防止钻头折断或钻孔倾斜，一般被钻孔的端面应与钻头轴线垂直，如图 11-19 所示。

4．减少加工面

凡是两零件的接触面都要加工，为了减少加工面，使两零件接触平稳，常在两零件的接触面做出凸台、凹坑或凹槽等，如图 11-20 所示。

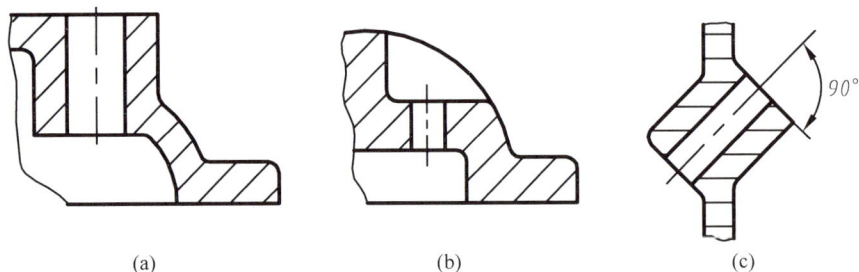

(a)   (b)   (c)

图 11-19   钻孔端面

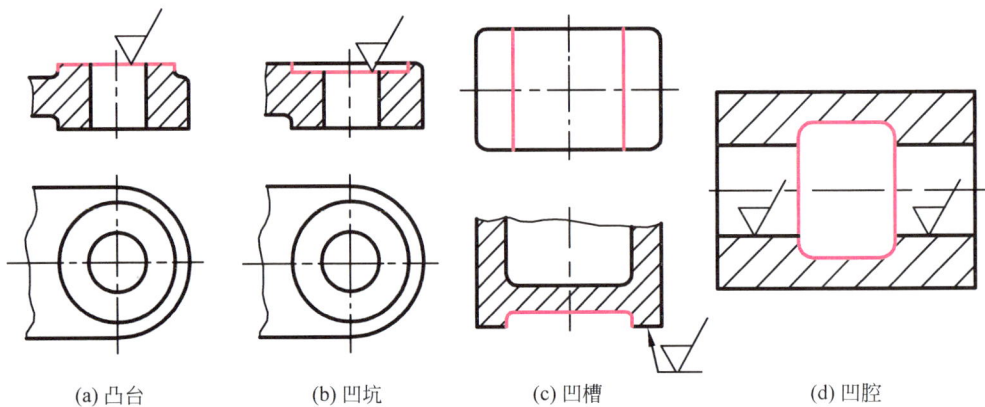

(a) 凸台   (b) 凹坑   (c) 凹槽   (d) 凹腔

图 11-20   减少加工面

11.4   零件尺寸的合理标注

零件尺寸的标注除了第 9 章介绍的正确、完全、清晰的基本要求外,还应标注得合理,即所标注的尺寸能满足零件的设计、检测和加工工艺的要求。

11.4.1   合理标注尺寸的基本原则

1. 正确选择尺寸基准

尺寸基准,即标注尺寸的起点。根据其作用的不同,可分为设计基准和工艺基准。

(1)设计基准:在设计零件时,为了保证功能、确定零件的结构形状和相对位置时所选用的基准。设计基准通常是确定零件在机器或部件中位置的面、线或点。如在图 11-21 中,标注支架轴孔的中心高 40 ± 0.02,应以底面 D 为基准注出。因为一根轴要用两个支架支撑,为了保证轴线水平,两个轴孔的中心应在同一轴线上。标注底板两螺钉孔的定位尺寸 65 时,长度方向应以对称面 B 为基准,以保证两螺钉孔与轴孔的对称关系,B、D 为设计基准。

(2)工艺基准:在加工零件时,为了保证精度及加工、测量方便而选用的基准。工艺基准通常是加工时用作零件定位和对刀起点及测量起点的面、线或点。图 11-21 中凸台

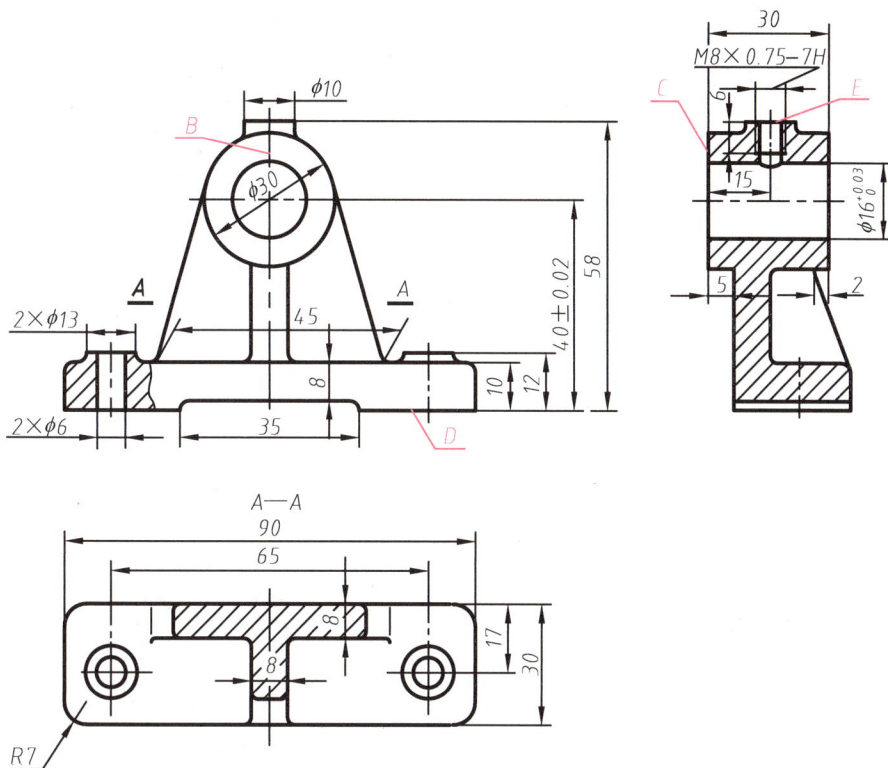

图 11-21　尺寸基准

的顶面 E 是工艺基准,以此为基准测量螺孔的深度比较方便。

根据基准的重要性,设计基准和工艺基准又分别称为主要基准和次要基准,两个基准之间应有联系尺寸,如图 11-21 所示中的高度尺寸 58。零件在长、宽、高 3 个方向都应有一个主要基准,如图 11-21 所示中的 B、C、D。

2. 重要尺寸直接注出

重要尺寸是指与其他零件相配合的尺寸、重要的相对位置尺寸、影响零件使用性能的其他尺寸,这些尺寸都应从设计基准出发直接注出。

图 11-22 轴孔的中心高 a 是重要尺寸,若按图 11-22(b)标注,则 c 和 b 两尺寸的累积误差使孔中心高不能满足设计要求。另外,为装配方便,图 11-22(a)中底板上两孔的中心距 l 也应直接注出,如果按图 11-22(b)标注 e 而间接确定 l 则不能满足装配要求。

3. 避免出现封闭的尺寸链

图 11-22(b)中的尺寸 a、b、c 构成一个封闭的尺寸链。由于 $a=b+c$,若尺寸 a 的误差一定,则 b、c 两个尺寸的误差就要定得很小。这样,加工困难,所以应当避免封闭的尺寸链,将一个不重要的尺寸 c 去掉(图 11-22(a))。

4. 尺寸标注应便于加工、测量

(1) 标注尺寸应符合加工顺序。如图 11-23 所示轴的加工顺序是:①按尺寸 35 定退刀槽的位置,加工退刀槽(图 11-23(a))。②车 $\phi20$ 的外圆和轴端倒角(图 11-23(b))。

图 11-23(c)的尺寸标注合理,图 11-23(d)的尺寸标注不合理。

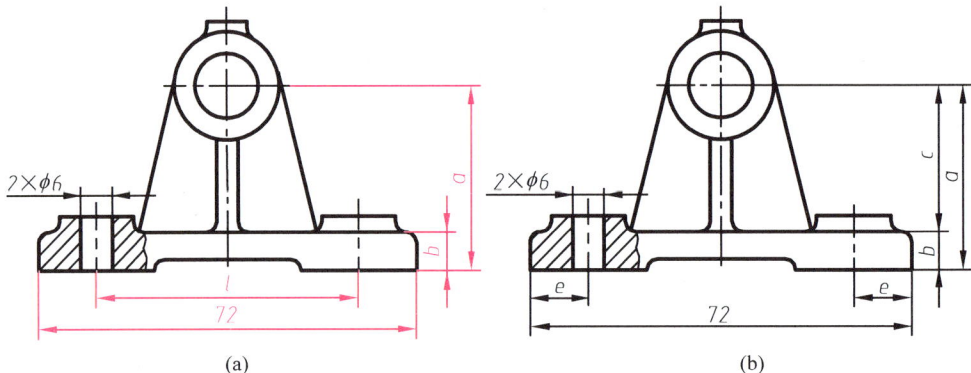

图 11-22   重要尺寸直接注出

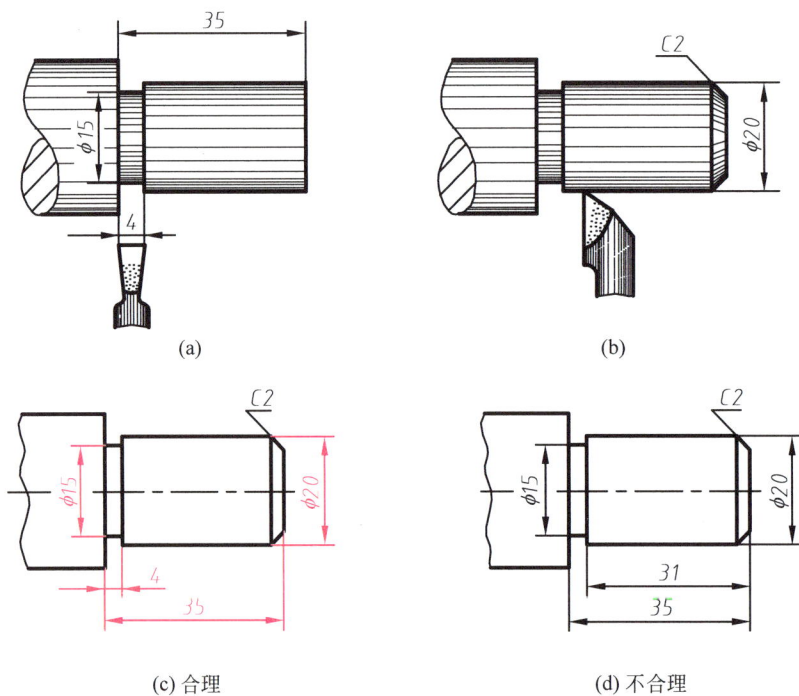

图 11-23   尺寸标注符合加工工艺要求

（2）标注尺寸应便于测量。图 11-24 所示为套筒轴向尺寸的标注。按图 11-24(a)标注尺寸 A、C 便于测量,若按图 11-24(b)标注尺寸 B,则不便于测量。

5.同一个方向只能有一个非加工面与加工面联系

在图 11-25(a)中沿铸件的高度方向有 3 个非加工面 B、C 和 D,其中只有 B 面与加工面 A 有尺寸 8 的联系,这是合理的。

如果按图 11-25(b)所示标注尺寸,3 个非加工面 B、C 和 D 都与加工面 A 有联系,那么,在加工 A 面时,就很难同时保证 3 个联系尺寸 8、34 和 42 的精度。

(a) 合理　　　　　　　　　　　(b) 不合理

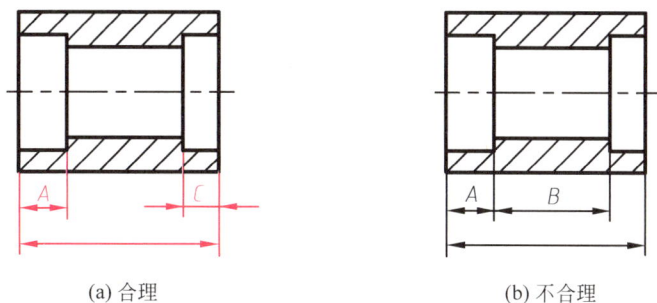

图 11-24　标注尺寸要便于测量

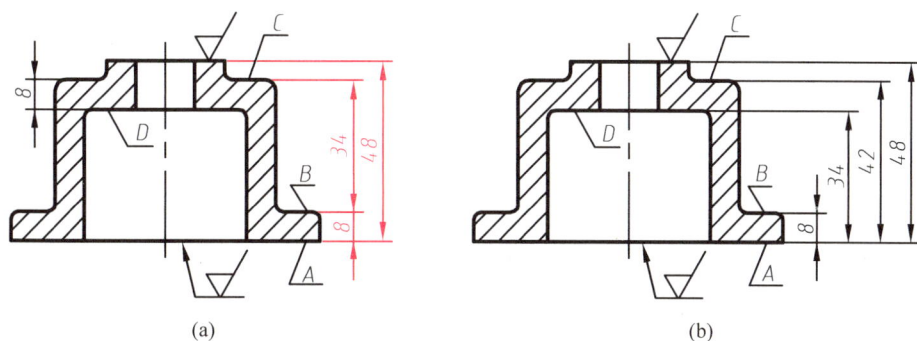

(a)　　　　　　　　　　　(b)

图 11-25　毛坯面的尺寸标注

11.4.2　零件上典型工艺结构的尺寸注法

零件上常见工艺结构的尺寸注法已经格式化,倒角、退刀槽及常见孔的尺寸注法见表 11-1 和表 11-2。

表 11-1　倒角、退刀槽的尺寸标注

结构名称	尺寸标注方法		说　　明
	45°倒角	非 45°倒角	
倒角			一般 45°倒角按"C 和倒角宽度"注出,如 C2,其中符号 C 表示 45°倒角,2 表示倒角宽度;非 45°倒角,可分别注出倒角宽度和角度
退刀槽			一般按"槽宽×槽深"或"槽宽×直径"注出

表 11-2　常见孔的尺寸标注

类型	旁 注 法		普 通 注 法	说 明
螺孔	3×M6	3×M6	3×M6	3×M6 表示公称直径为 6,均匀分布的 3 个螺孔
	3×M6▽10 ▽12	3×M6▽10 ▽12	3×M6　12　10	"▽"为深度符号。M6 ▽ 10:表示螺孔深 10；▽ 12:表示钻孔深 12
	3×M6▽10	3×M6▽10	3×M6　10	如对钻孔深度无一定要求,可不必标注,一般加工到比螺孔稍深即可
光孔	4×φ4▽10	4×φ4▽10	4×φ4　10	4×φ4 表示直径为 4,均匀分布的 4 个光孔
沉孔	6×φ7 φ13×90°	6×φ7 φ13×90°	90° φ13 6×φ7	"∨"为埋头孔的符号。锥形孔的直径 φ13 及锥角 90°均需注出
	4×φ6.4 φ12▽4.5	4×φ6.4 φ12▽4.5	φ12　4.5 4×φ6.4	"⊔"为沉孔及锪平的符号
	4×φ9 φ20	4×φ9 φ20	φ20 4×φ9	锪平 φ20 的深度不需标注,一般锪平到不出现毛坯面为止

11.5 零件的技术要求

零件的技术要求是零件在设计、加工及使用中应达到的技术性指标,通常以符号、代号、标记及文字说明,注写在零件图中。其主要内容包括:表面粗糙度、极限与配合、几何公差、热处理及表面处理等。

11.5.1 表面粗糙度

1. 表面粗糙度的基本概念

零件的实际表面是按所定特征加工形成的,看起来很光滑,但借助放大装置便会看到高低不平的状况。高的部分称为峰,低的部分称为谷,零件表面轮廓上具有的较小间距和峰谷所形成的微观几何形状特性称为表面粗糙度。表面粗糙度主要是由加工过程中的刀痕、刀具和零件被加工表面之间的摩擦、切削分离时的塑性变形和工艺系统中的高频振动等因素所引起的。

2. 表面粗糙度参数

1) 评定表面粗糙度的参数

国家标准 GB/T 1031—2009 规定了评定表面粗糙度的参数,主要有轮廓的算术平均偏差 Ra 和轮廓的最大高度 Rz,在幅度参数(峰和谷)常用参数值范围内(Ra 为 $0.025\sim6.3\mu m$,Rz 为 $0.1\sim25\mu m$)推荐优先选用 Ra。

(1) 轮廓的算术平均偏差 Ra:在一个取样长度(在 X 轴方向判别被评定轮廓不规则特征的长度)lr 内,纵坐标值 $Z(X)$(被评定轮廓在任一位置距 X 轴的高度)绝对值的算术平均值(图 11-26)。

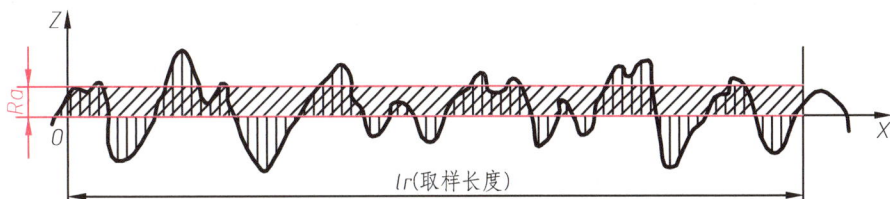

图 11-26 轮廓的算术平均偏差 Ra

(2) 轮廓的最大高度 Rz:在一个取样长度内,最大轮廓峰高和最大轮廓谷深之和。

2) 表面粗糙度参数值的选用

表面粗糙度参数 Ra 几乎是所有表面必须选择的评定参数,参数值越小,零件被加工表面越光滑,但加工成本越高。因此,在满足零件使用要求的前提下,可参照一些实例和经验合理选用参数值。

3. 表面粗糙度的图形符号、代号及标注方法

国家标准 GB/T 131—2006《产品几何技术规范(GPS)技术产品文件中表面结构的表示法》规定了表面粗糙度的符号、代号及在图样上的标注方法。

1) 表面粗糙度的图形符号、代号

(1) 表面粗糙度的图形符号

表面粗糙度的图形符号及其含义见表11-3,从中亦可了解符号的比例和尺寸。

表11-3　表面粗糙度的图形符号及其含义

符　　号	含　　义
$h=$字体高度 $H_1\approx1.4h$ H_2(最小值)$\approx2H_1$ （$60°$ 符号）	基本图形符号 表示未指定工艺方法的表面,仅用于简化代号的标注,没有补充说明时不能单独使用
（扩展符号 加短横）	扩展图形符号 在基本图形符号上加一短横,表示用去除材料方法获得的表面;仅当其含义是"被加工表面"时才可单独使用
（扩展符号 加圆圈）	扩展图形符号 在基本图形符号上加一圆圈,表示用不去除材料方法获得的表面;也可用于表示保持上道工序形成的表面,不管这种状况是通过去除材料或不去除材料形成的
（三个完整图形符号）	完整图形符号 在上述三个图形符号的长边上加一横线,用于标注表面粗糙度的补充要求
（带圆圈的三个符号）	带有补充注释的图形符号 在完整图形符号上加一圆圈,表示某个视图上构成封闭轮廓的各表面有相同的表面粗糙度要求

注: ① H_2 和图形符号长边横线的长度取决于标注的内容。

② 符号中小圆直径等于字高 h。

(2) 表面粗糙度代号

表面粗糙度代号由完整图形符号、参数代号(如 Ra,Rz)和参数值(极限值)组成,其在图样上的标注形式如图11-27所示。在位置 a 处标注参数代号和参数值。为了避免误解,在参数代号和参数值之间应插入空格,如Ra 3.2。

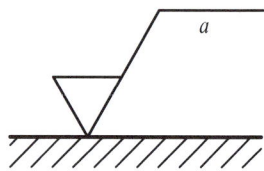

图11-27　表面粗糙度的注法

必要时应标注补充要求,如取样长度、加工工艺、表面纹理及方向、加工余量等(需要时请参阅相应的国家标准)。

参数极限值的判断与标注规则:

① 参数的单向极限:当只标注参数代号和一个参数值时,默认为参数的上限值。若为参数的单向下限值时,参数代号前应加注L,如: L Ra 3.2。

② 参数的双向极限:表示双向极限时应标注极限代号。上限值在上方,参数代号前应加注U,下限值在下方,参数代号前应加注L。如果同一参数具有双向极限要求,在不致引起歧义的情况下,可不加注U、L。上、下极限值允许采用不同的参数代号表达。

③ 当标出参数的上限值与下限值或其中一个极限值时,允许全部实测值中的 16% 的测值超差(16% 规则)。

④ 参数的规定值为最大值,则要求参数的所有实测值均不得超过规定值,为了说明参数的最大值,应在参数代号的后面加注"max"的标记(最大规则)。

表 11-4 是部分表面粗糙度代号及其含义。

表 11-4　表面粗糙度的代号及其含义

代号示例(GB/T 131—2006)	含义/解释
$\sqrt{}$ Ra 3.2	表示不允许去除材料。单向上限值,Ra 的上限值为 $3.2\mu m$
$\sqrt{}$ Ra 3.2	表示去除材料。单向上限值,Ra 的上限值为 $3.2\mu m$
$\sqrt{}$ Ra max 1.6	表示去除材料。单向上限值,Ra 的最大值为 $1.6\mu m$
$\sqrt{}$ U Rz 0.8 L Ra 0.2	表示去除材料,双向极限值。上限值:Rz 为 $0.8\mu m$,下限值:Ra 为 $0.2\mu m$
$\sqrt{}$ Rz 3.2	表示去除材料。单向上限值,Rz 为 $3.2\mu m$

2)表面粗糙度要求在图样中的注法

国家标准 GB/T 131—2006 规定了表面粗糙度要求在图样中的注法,见表 11-5。

表 11-5　表面粗糙度要求在图样中的注法

标 注 方 法	说　　明
	参数代号为斜体平排的大小写拉丁字母 注写和读取方向与尺寸的注写和读取方向一致

标 注 方 法	说　　明
	可标注在轮廓线或其延长线上,其符号应从材料外指向并接触表面(图(b)) 必要时,也可用带箭头或黑点的指引线引出标注(图(a)、(b))
	可以和尺寸标注在同一尺寸线上(A—A 剖视图) 倒角表面粗糙度的注法见主视图
	对每一个表面一般只标注一次,并尽可能与相应的尺寸及其公差标注在同一视图上 如果各表面有不同的表面粗糙度要求,则应分别标注 表面粗糙度要求标注在圆柱特征的延长线上
	同一棱柱的表面只标注一次,如果每个棱柱表面有不同的表面粗糙度要求,则应分别标注,如 $Ra\ 6.3$、$Ra\ 3.2$

续表

标 注 方 法	说 明
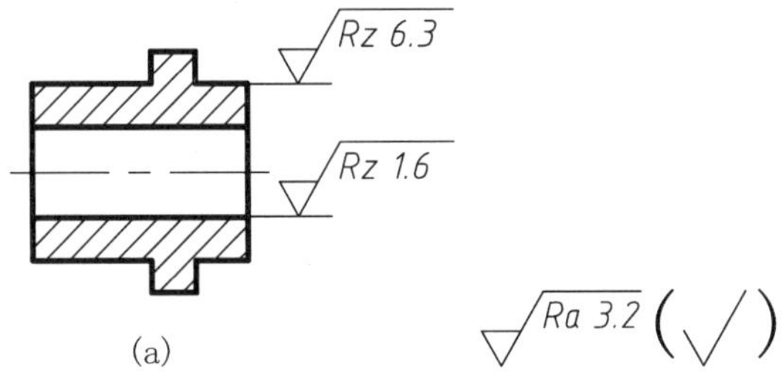 (a) 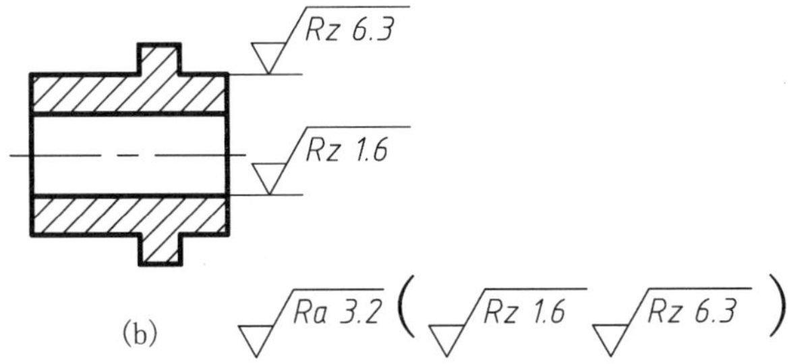 $\sqrt{Ra\ 3.2}\ \left(\sqrt{}\right)$ (b) $\sqrt{Ra\ 3.2}\ \left(\sqrt{Rz\ 1.6}\ \sqrt{Rz\ 6.3}\ \right)$	如果工件的多数(包括全部)表面具有相同的表面粗糙度要求,则其要求可统一标注在图样的标题栏附近。此时(除全部表面有相同要求的情况外),表面粗糙度要求的符号后面应有: (1)在圆括号内给出无任何其他标注的基本符号(图(a)) (2)在圆括号内给出不同的表面粗糙度要求(图(b)) 不同的表面粗糙度要求应直接标注在图形中(图(a)、(b))
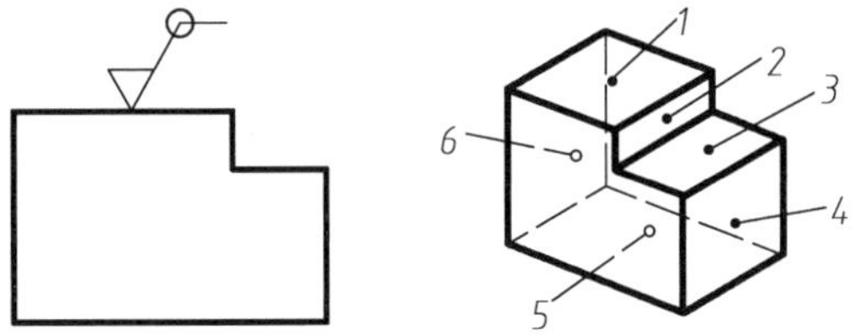	当某个视图上构成封闭轮廓的各表面(如图中面1~6)有相同的表面粗糙度要求时,应在完整图形符号上加一圆圈,标注在图样中工件的封闭轮廓线上 注:图形中构成封闭轮廓的6个面不包括前、后面
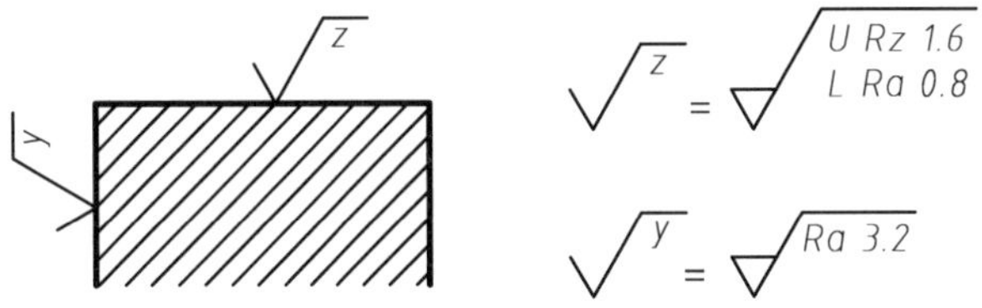 (a)用带字母的完整符号的简化注法 (b)未指定工艺方法的简化注法  (c)要求去除材料的简化注法  (d)不允许去除材料的简化注法 	多个表面具有相同的表面粗糙度要求或图样空间有限时,可采用简化注法: (1)在图形或标题栏附近,用带字母的完整符号,以等式的形式对表面粗糙度要求相同的表面进行简化标注(图(a)) (2)可用表面粗糙度符号,以等式的形式给出对多个表面共同的表面粗糙度要求(图(b)、(c)、(d))

11.5.2 极限与配合

现代化的大规模生产,要求零件具有互换性,即一批合格的相同零件中的任何一件,不经修配和调整,装到机器或部件上就能保证其使用性能的特性,如自行车零件、螺钉、螺母等都具有互换性。但零件在制造过程中,由于加工和测量等因素引起的误差,使得零件的尺寸不可能绝对准确。为了保证零件具有互换性,必须控制零件尺寸的上、下极限值。同时因使用要求不同,装配在一起的两零件结合的松、紧程度也不同。为此,国家制定了尺寸极限与配合的标准。下面摘要介绍它们的基本概念和在图样上的标注方法。

1. 极限与配合的基本概念

1) 尺寸要素、公称尺寸和极限尺寸

(1) 尺寸要素:由一定大小的线性尺寸或角度尺寸确定的几何形状。尺寸要素可以是圆柱形、球形、两相对平行面、圆锥或楔形。

(2) 公称尺寸:设计时根据零件的使用要求,由图样规范定义的理想形状要素的尺寸。通过它应用上、下极限偏差可算出极限尺寸。公称尺寸可以是一个整数或一个小数值,如图 11-28 中孔与轴的公称尺寸为 $\phi 30$。

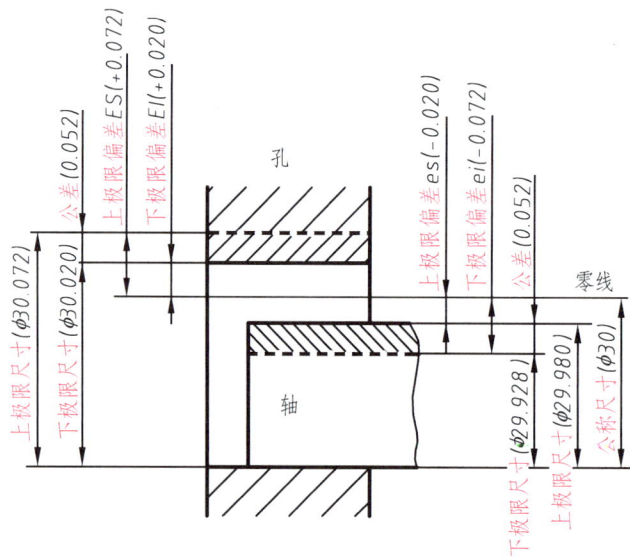

图 11-28　极限与配合示意图

(3) 极限尺寸:尺寸要素(如孔或轴)的尺寸所允许的极限值。

上极限尺寸:尺寸要素允许的最大尺寸。图 11-28 中孔与轴的上极限尺寸分别为 $\phi 30.072$ 和 $\phi 29.980$。

下极限尺寸:尺寸要素允许的最小尺寸。图 11-28 中孔与轴的下极限尺寸分别为 $\phi 30.020$ 和 $\phi 29.928$。

零件尺寸合格的条件:上极限尺寸≥零件的尺寸≥下极限尺寸。

2）极限偏差与尺寸公差

（1）极限偏差

上极限偏差：上极限尺寸减其公称尺寸所得的代数差。

下极限偏差：下极限尺寸减其公称尺寸所得的代数差。

上、下极限偏差统称为极限偏差，它是带符号的值，可以是正值、负值或零。

国家标准规定偏差代号：轴的上、下极限偏差代号分别用小写字母 es、ei 表示，孔的上、下极限偏差代号分别用大写字母 ES、EI 表示。

（2）公差

上极限尺寸与下极限尺寸之差，或上极限偏差与下极限偏差之差，它是允许尺寸的变动量。公差是一个没有符号的绝对值。

如图 11-28 所示：

孔的公差　　$30.072-30.020\text{mm}=0.052\text{mm}=52\mu\text{m}$

或　　　　　$+0.072-(+0.020)\text{mm}=0.052\text{mm}=52\mu\text{m}$

轴的公差　　$29.980-29.928\text{mm}=0.052\text{mm}=52\mu\text{m}$

或　　　　　$-0.020-(-0.072)\text{mm}=0.052\text{mm}=52\mu\text{m}$

3）公差带

在图 11-29 中，由代表上极限偏差和下极限偏差或上极限尺寸和下极限尺寸的两条直线所限定的一个区域，称为公差带。将上、下极限偏差和公称尺寸的关系，按同一放大的比例画成的简图，称为公差带图，如图 11-29 所示。在公差带图中，表示公称尺寸的一条直线为零线，它是确定正、负极限偏差的基准线。通常零线沿水平方向绘制，正极限偏差位于其上，负极限偏差位于其下。

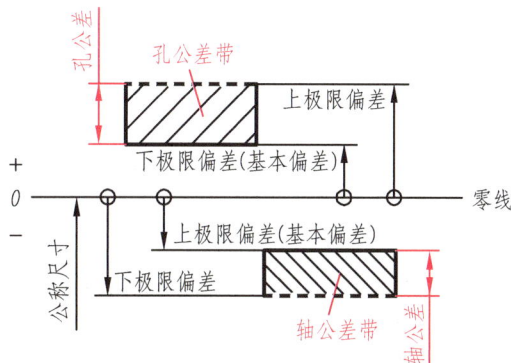

图 11-29　公差带图解

由图 11-29 公差带图解可知，公差带是由公差大小和其相对于零线的位置来确定。公差大小由标准公差确定，而公差带相对于零线的位置则由基本偏差确定。

4）标准公差和基本偏差

（1）标准公差

标准公差是在 GB/T 1800 系列标准极限与配合制中所规定的任一公差。

国家标准将各段公称尺寸的标准公差值规定了 20 个标准公差等级，每一个等级用一个代号表示。标准公差等级代号用符号 IT(字母 IT 为国际公差的符号)和数字组成。标准公差等级分为 IT01、IT0、IT1、IT2 至 IT18 共 20 级。从 IT01 到 IT18 等级依次降低。精度越高,公差值越小。同一公差等级(例如 IT7)对所有公称尺寸的一组公差被认为具有同等精确程度。

通常 IT01 和 IT0 在工业中很少用到,IT1～ IT11 用于配合尺寸,IT12～ IT18 用于非配合尺寸。

(2) 基本偏差

基本偏差是定义了与公称尺寸最近的极限尺寸的那个极限偏差。公差带在零线上方时,基本偏差为下极限偏差;公差带在零线下方时,基本偏差为上极限偏差。在图 11-29 中,孔的基本偏差为下极限偏差,轴的基本偏差为上极限偏差。基本偏差确定了公差带相对于公称尺寸的位置。在图 11-29 所示公差带图解中,基本偏差位置用粗实线绘制,另一个极限偏差用粗虚线绘制。

基本偏差代号:基本偏差用代号(字母)表示,对孔用大写字母 A,B,…,ZC 表示;对轴用小写字母 a,b,…,zc 表示,轴、孔各 28 个基本偏差,形成基本偏差系列,如图 11-30 所示。

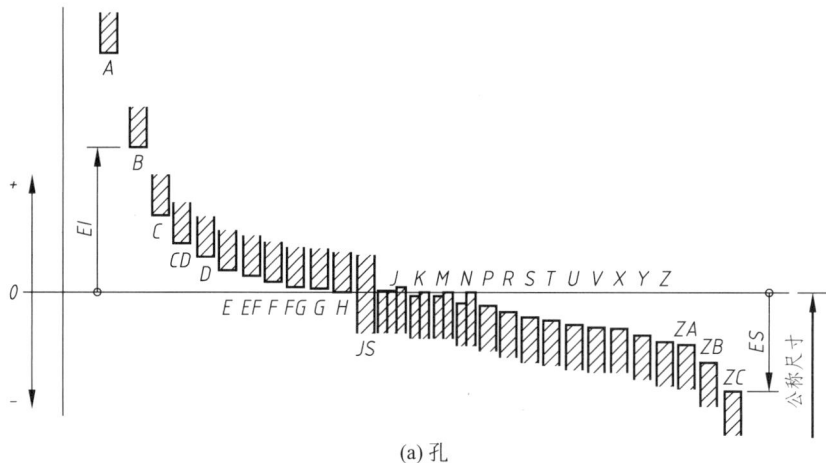

(a) 孔

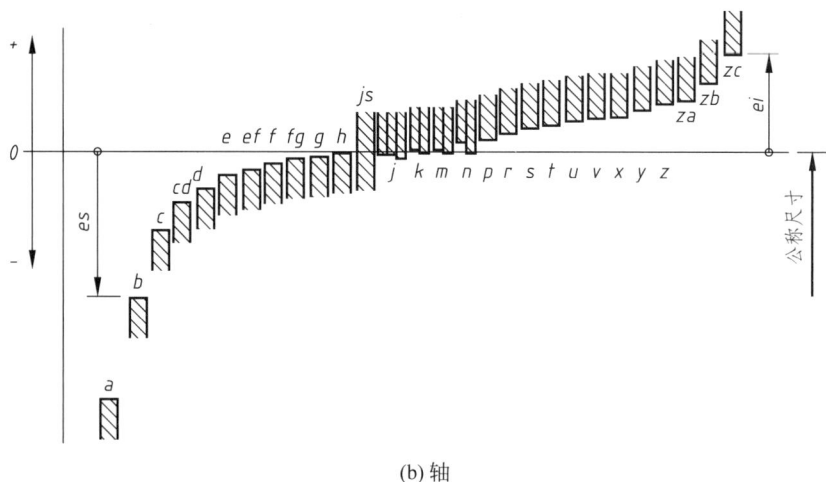

(b) 轴

图 11-30　基本偏差系列

孔的基本偏差 A～H 为下极限偏差,K～ZC 为上极限偏差。轴的基本偏差 a～h 为上极限偏差,k 至 zc 为下极限偏差。JS 和 js 没有基本偏差,是标准公差带对称分布于零线两侧。

（3）公差带代号

公差带代号用来表示公差带,它由基本偏差代号的字母和标准公差等级代号的数字组成,例如,H7 为孔公差带代号,h7 为轴公差带代号。

5）配合

类型相同且待装配的外尺寸要素（轴）和内尺寸要素（孔）之间的关系,称为配合。彼此配合的孔和轴,应具有相同的公称尺寸。

（1）配合的种类

当轴、孔配合时,若孔的尺寸减去相配合的轴的尺寸之差为正,则轴、孔之间存在着间隙;若为负,则轴、孔之间存在着过盈。根据不同的工作要求,轴、孔之间的配合分为三类。

① 间隙配合。孔和轴装配时总是存在间隙（包括最小间隙等于零）的配合,为间隙配合。这时,孔的公差带在轴的公差带之上,如图 11-31(a)所示。对于有相对运动或虽无相对运动但要求装拆方便的轴孔的配合,应采用间隙配合。

② 过盈配合。孔和轴装配时总是存在过盈（包括最小过盈等于零）的配合,为过盈配合。这时,孔的公差带在轴的公差带之下,如图 11-31(b)所示。当相互配合的两零件需要牢固联接时,采用过盈配合。

③ 过渡配合。孔和轴装配时可能具有间隙或过盈（一般间隙和过盈量都不大）的配合,为过渡配合。这时孔的公差带与轴的公差带相互交叠,如图 11-31(c)所示。对于不允许有相对运动、轴与孔的对中性要求比较高且又需拆卸的两零件的配合,采用过渡配合。

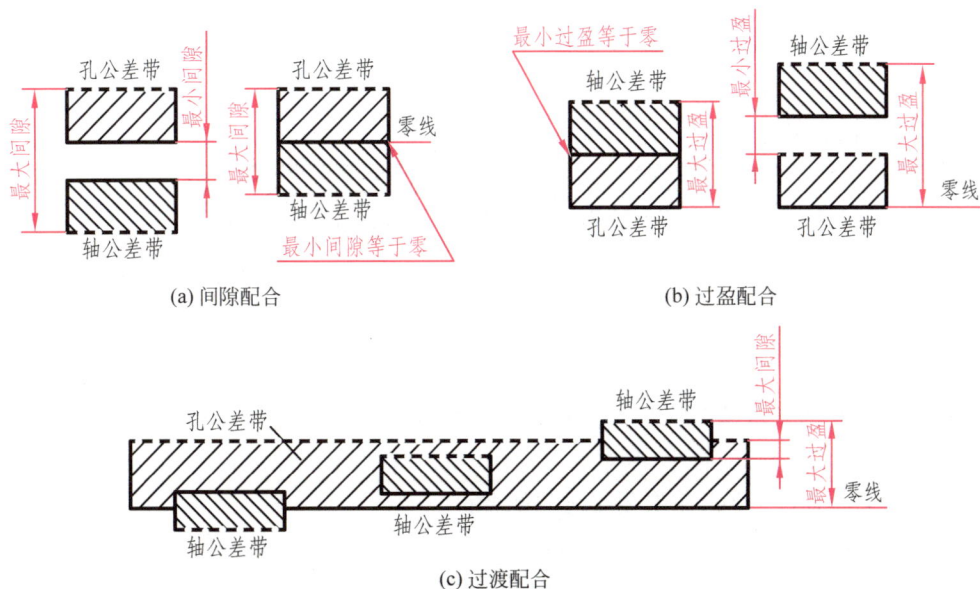

(a) 间隙配合

(b) 过盈配合

(c) 过渡配合

图 11-31　配合种类

（2）配合制

同一极限制的孔和轴组成的一种配合制度，国家标准 GB/T 1800.1—2020 规定了两种配合制度。

① 基孔制配合。孔的基本偏差为零的配合，为基孔制配合。

基孔制配合中的孔为基准孔，其基本偏差代号为 H。根据国家标准规定，基准孔的基本偏差（即下极限偏差）为零，孔的下极限尺寸等于公称尺寸，孔的公差带位于零线之上。基本偏差为零的基准孔，与不同公差带代号的轴进行装配时，可以形成不同的配合关系，如图 11-32 所示。

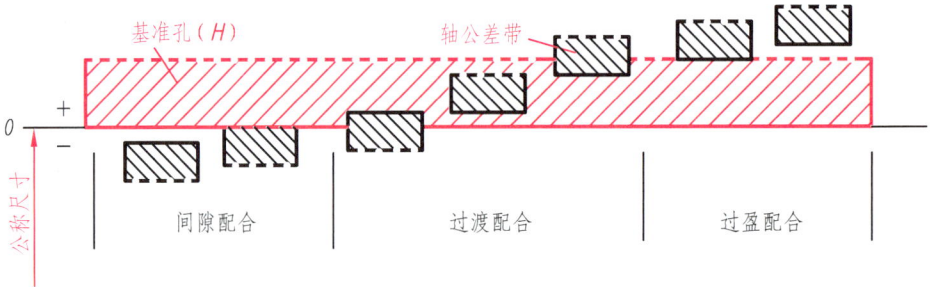

图 11-32　基孔制配合

② 基轴制配合。轴的基本偏差为零的配合，为基轴制配合。

基轴制配合中的轴为基准轴，其基本偏差代号为 h。根据国家标准规定，基准轴的基本偏差（即上极限偏差）为零，轴的上极限尺寸等于公称尺寸，轴的公差带位于零线之下。基本偏差为零的基准轴，与不同公差带代号的孔进行装配时，也可以形成不同的配合关系，如图 11-33 所示。

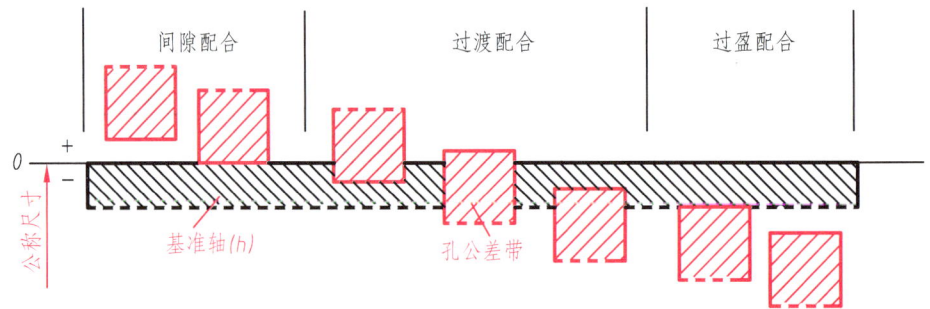

图 11-33　基轴制配合

根据轴和孔的基本偏差代号可知其公差带的相互关系，确定配合种类：

在基孔制（基轴制）配合中，基本偏差 a～h（A～H）用于间隙配合，j～n（J～N）主要用于过渡配合，p～zc（P～ZC）主要用于过盈配合。

由于孔比轴更难加工一些，一般情况下应优先选用基孔制配合（图 11-34(a)）。但若一根等直径的光轴，需在不同部位装上配合要求不同的零件时，要采用基轴制配合（图 11-34(b)）。如有特殊需要，允许将任一孔、轴公差带组成配合。

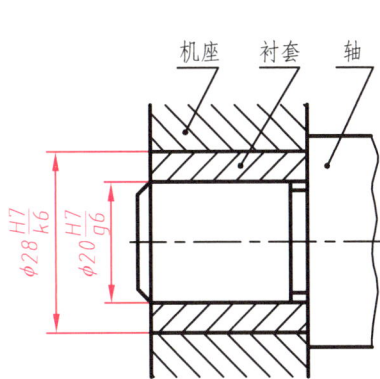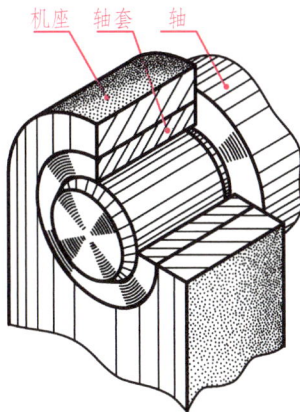

(a) 基孔制配合

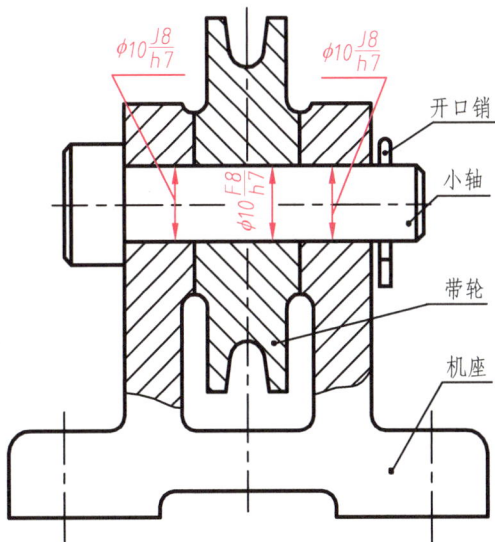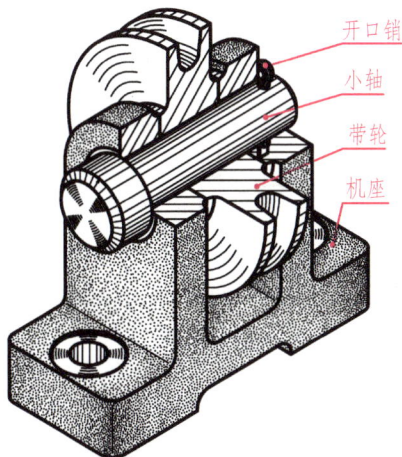

(b) 基轴制配合

图 11-34 配合应用实例

2. 极限与配合在图样上的标注方法

1）装配图中配合的标注

在装配图中两零件的配合关系用配合代号进行标注,即在相同的公称尺寸右边以分式的形式注出孔和轴的公差带代号,其标注形式如下:

$$\text{公称尺寸}\ \frac{\text{孔的公差带代号}}{\text{轴的公差带代号}}$$

例如,图 11-34(a)中的 $\phi 28H7/k6$,$\phi 20H7/g6$,图 11-34(b)中的 $\phi 10F8/h7$,$\phi 10J8/h7$。

根据配合代号可确定配合制:若分子中的基本偏差代号为 H,则孔为基准孔,轴、孔的配合一般为基孔制配合；若分母中的基本偏差代号为 h，则轴为基准轴，轴、孔的配合一般为基轴制配合。

2) 在零件图中极限的标注

现以图 11-34(a)中的轴与衬套的配合尺寸 $\phi 20H7/g6$ 为例，说明在零件图上极限的 3 种标注形式：

(1) 注出公称尺寸和公差带代号(图 11-35(a))。这时，公差带代号字高和公称尺寸字高相同。

(2) 注出公称尺寸和极限偏差数值(图 11-35(b))。

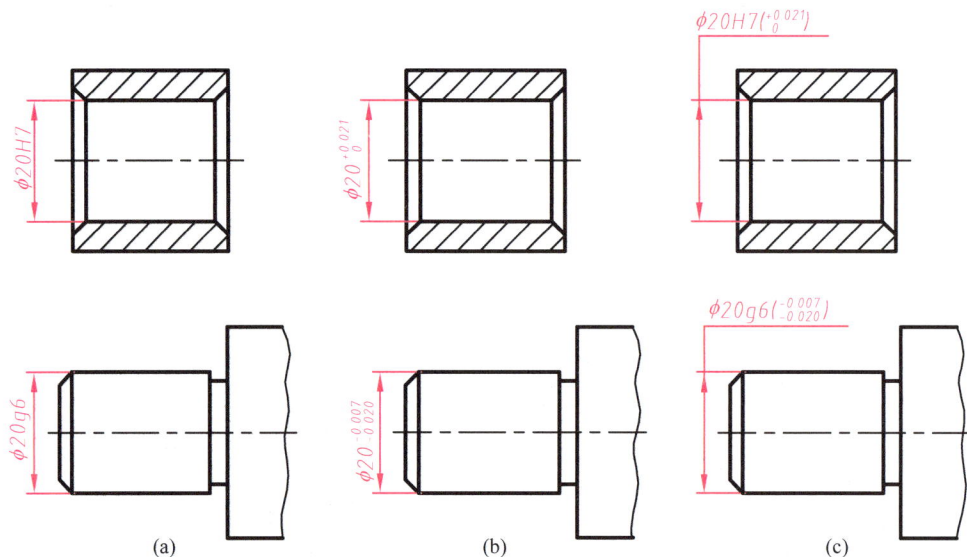

图 11-35　在零件图中极限的注法

这种标注方法的标注规则为：

① 极限偏差值字高比公称尺寸字高小一号。上、下极限偏差数值以 mm 为单位分别注在公称尺寸的右上、右下角，下极限偏差与公称尺寸数字底线平齐。

② 上、下极限偏差数值中的小数点必须对齐，小数点后右端的"0"一般不予注出；如果为了小数点后的位数相同，可以用"0"补齐(图 11-35(b)中轴的标注)。

③ 某一极限偏差数值为零时，仍应注出，并与另一个极限偏差小数点左面的个位数字对齐。

④ 上、下极限偏差绝对值相等时，只写一个数值，其字高与尺寸字高大小相同，数值前注写"±"，如 $\phi 20 \pm 0.01$。

(3) 注出公称尺寸，并同时标注公差带代号和极限偏差数值。

如图 11-35(c)所示，这种标注是在公差带代号后面的括号内同时注出上、下极限偏差数值。

尺寸中的上、下极限偏差数值可根据公称尺寸及其公差带代号，查本书附录表 C1 和表 C2 确定，如轴径 $\phi 20g6$，查附录 C1 得到上极限偏差 es＝－0.007，下极限偏差 ei＝－0.02。

11.6 画零件图的方法与步骤

在仿制机器或维修设备、修配损坏的零件时,要进行零件测绘,由实物画出零件图。机械设计时,要根据设计的装配图拆画零件图(见第 12 章)。下面以图 11-6 阀体为例介绍画零件图的方法和步骤。

1. 画图前的准备

(1)了解零件的功用、材料及相应的加工方法。

(2)分析零件的结构形状,确定零件图视图表达方案。

在 11.2 节已对阀体进行了形状及结构分析,确定了其视图表达方案(图 11-7)。

2. 画图的方法和步骤

1)定图幅

根据视图数量和零件大小,选择适当的比例、图幅,画出图框和标题栏。

2)布置视图

根据所选各视图的尺寸,画出确定各视图位置的基准线(对称中心线、轴线、某一基面的投影线),各视图之间要留出标注尺寸的位置(图 11-36(a))。

3)画底稿

画图的基本方法是:从主视图开始,逐个画出各个形体。先画主要形体,后画次要形体;先定位置,后定形状;先画主要轮廓,后画细节。各视图应按投影关系配合画。

(1)画阀体的球形结构、各圆柱面及左端的方板主要轮廓(图 11-36(b))。

(2)画细部结构,如螺纹、倒角、圆角、退刀槽等(图 11-36(c))。

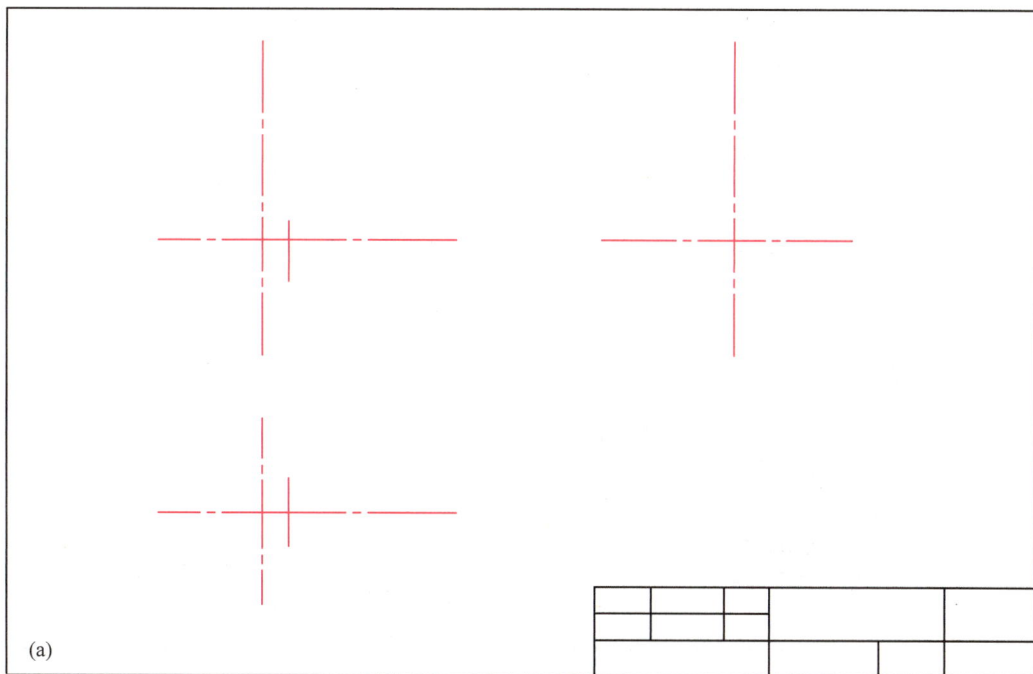

(a)

图 11-36 阀体零件图画图步骤

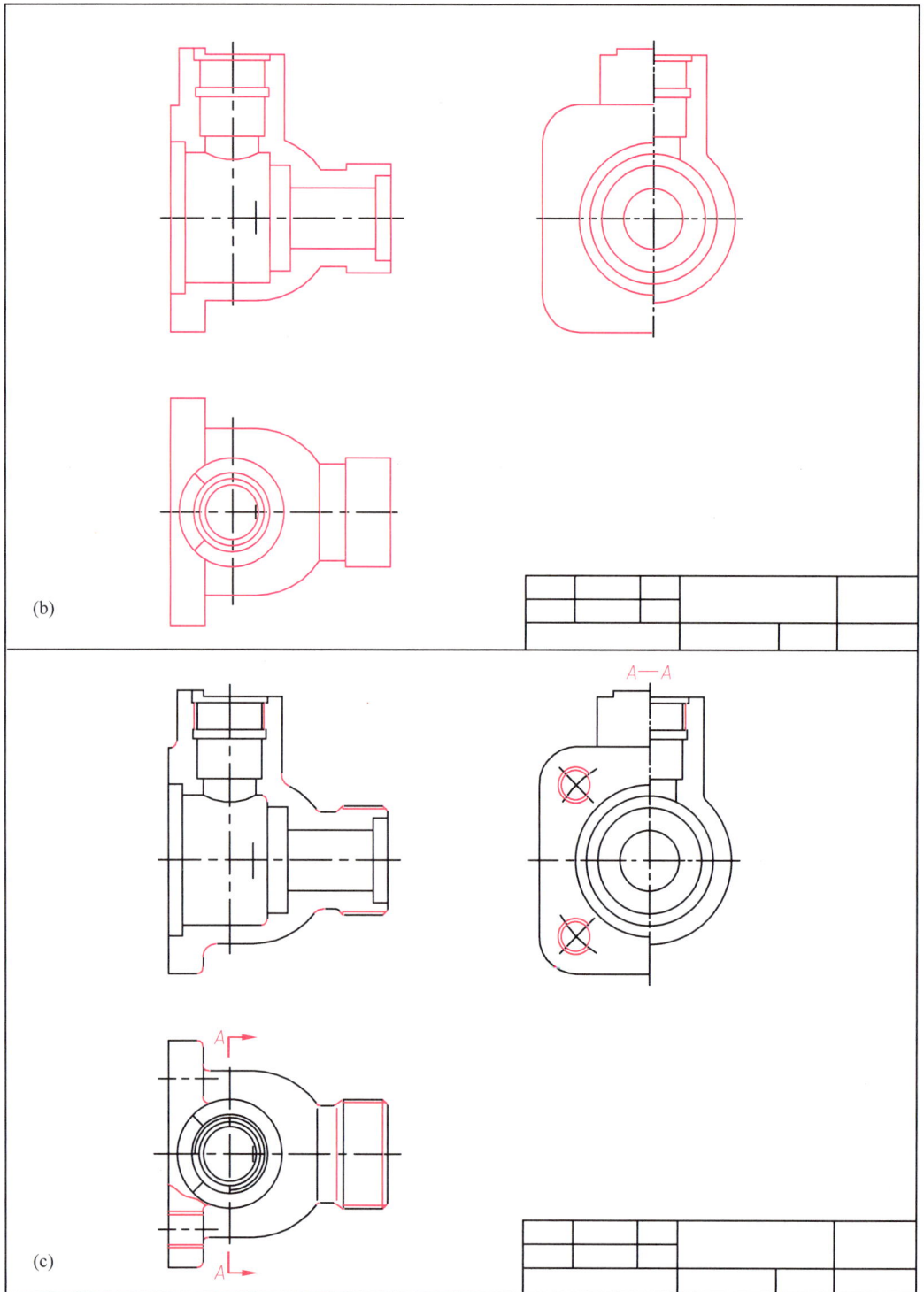

(b)

(c)

图 11-36(续)

4）完成零件图

检查无误后描深，并画剖面线，标注尺寸，注写技术要求（如表面粗糙度、尺寸公差、几何公差等），填写标题栏，完成零件图，如图 11-37 所示。

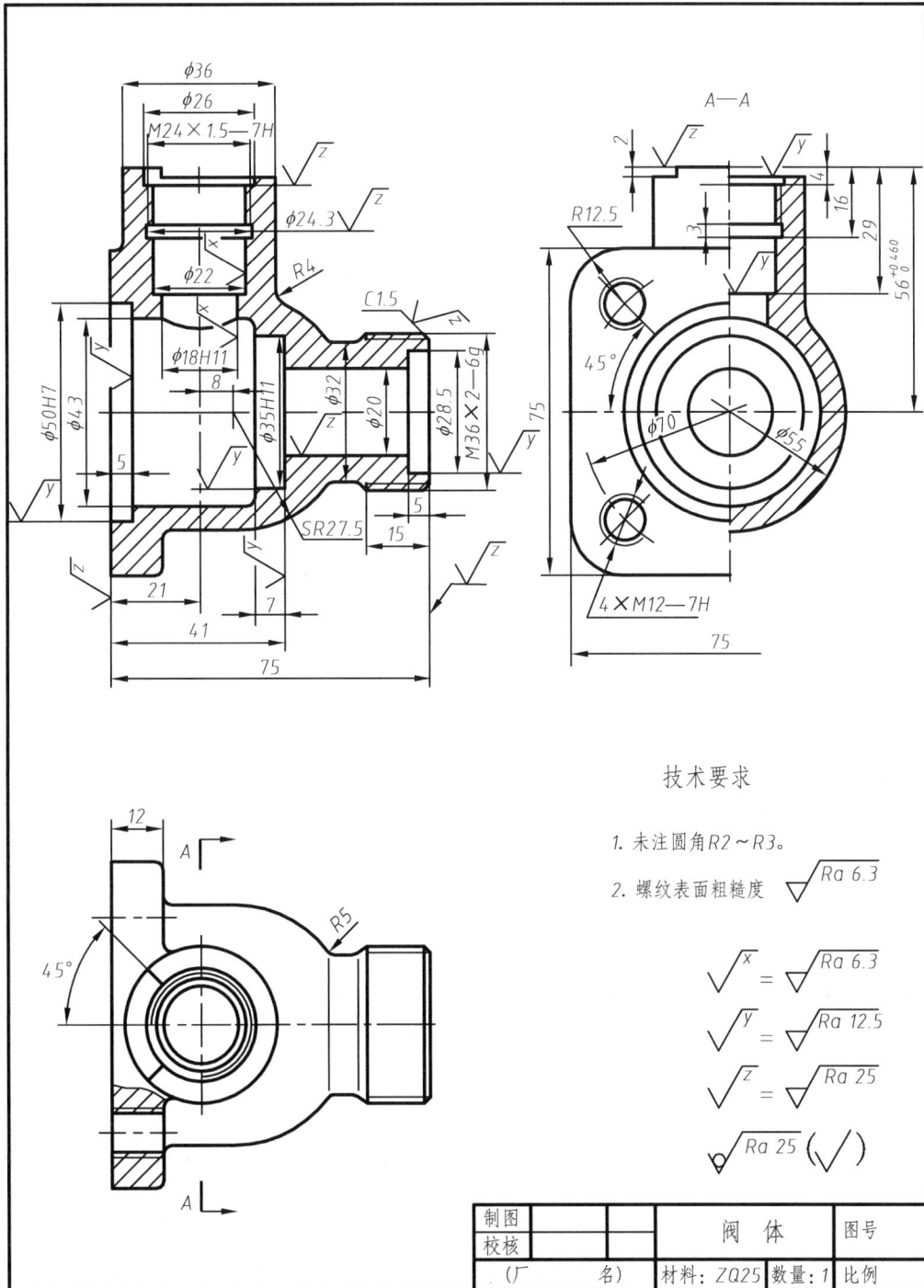

技术要求

1. 未注圆角 R2～R3。

2. 螺纹表面粗糙度 $\sqrt{Ra\ 6.3}$

$\sqrt{x} = \sqrt{Ra\ 6.3}$

$\sqrt{y} = \sqrt{Ra\ 12.5}$

$\sqrt{z} = \sqrt{Ra\ 25}$

$\sqrt{Ra\ 25}(\sqrt{})$

制图			阀 体	图号
校核				
（厂 名）		材料：ZQ25	数量：1	比例

图 11-37 阀体零件图

11.7 读零件图的方法与步骤

在进行零件设计、制造和检验时,不仅要有绘制零件图的能力,还应具备读零件图的能力。

11.7.1 读零件图的基本要求

(1) 对零件的名称、材料和功用(包括各组成形体的作用)要有所了解。

(2) 读懂零件各组成部分及整体的结构形状。

(3) 能基本理解图上的尺寸注法并了解零件的技术要求,分析、理解零件的视图表达方案。

11.7.2 读零件图的方法与步骤

现以图 11-38 柱塞泵泵体零件图为例,说明读零件图的方法和步骤。

1) 概括了解

看标题栏,了解零件的名称、材料、比例等内容。粗略了解零件的用途、大致的加工方法和零件的结构特点。

从图 11-38 可知,零件的名称为泵体,属于箱体类零件。它必有容纳其他零件的空腔结构。材料是铸铁,零件毛坯是铸造而成,结构较复杂,加工工序较多。

2) 分析视图,弄清各视图之间的投影关系及所采用的表达方法

图 11-38 中为 3 个基本视图,主视图取全剖,俯视图取局部剖,左视图为外形图。

3) 分析投影、想象零件的结构形状

读图的基本方法是分形体看,先看主要部分,后看次要部分;先看整体,后看细节;先看易懂的部分,后看难懂的部分。还可根据尺寸及功用判断、想象形体。

分析图 11-38 的各投影可知,泵体零件由柱体和两块安装板组成。

(1) 柱体部分。其外形为左方右圆,内腔为圆柱形,用来容纳柱塞泵的柱塞等零件。后面和右边各有一个凸起,分别有进、出油孔与泵体内腔相通,从所标注尺寸可知两凸起都是圆柱形。

(2) 安装板部分。从左视图和俯视图可知,在泵体左边有两块三角形安装板,上面有安装用的螺钉孔。通过以上分析,可以想象出泵体的整体形状如图 11-39 所示。

4) 分析尺寸和技术要求

分析零件的尺寸时,除了找到长、宽、高 3 个方向的尺寸基准外,还应按形体分析法,找到定形、定位尺寸,进一步了解零件的形状特征,特别要注意精度高的尺寸,并了解其要求及作用。在图 11-38 中,从俯视图的尺寸 13、30 可知长度方向的基准是安装板的左端面;从主视图的尺寸 70、47 ± 0.1 可知高度方向的基准是泵体上顶面;从俯视图尺寸 33 和左视图的尺寸 60 ± 0.2 可知宽度方向的基准是泵体前后对称面。进出油孔的中心高 47 ± 0.1 和安装板两螺孔的中心距 60 ± 0.2 要求比较高,加工时必须保证。

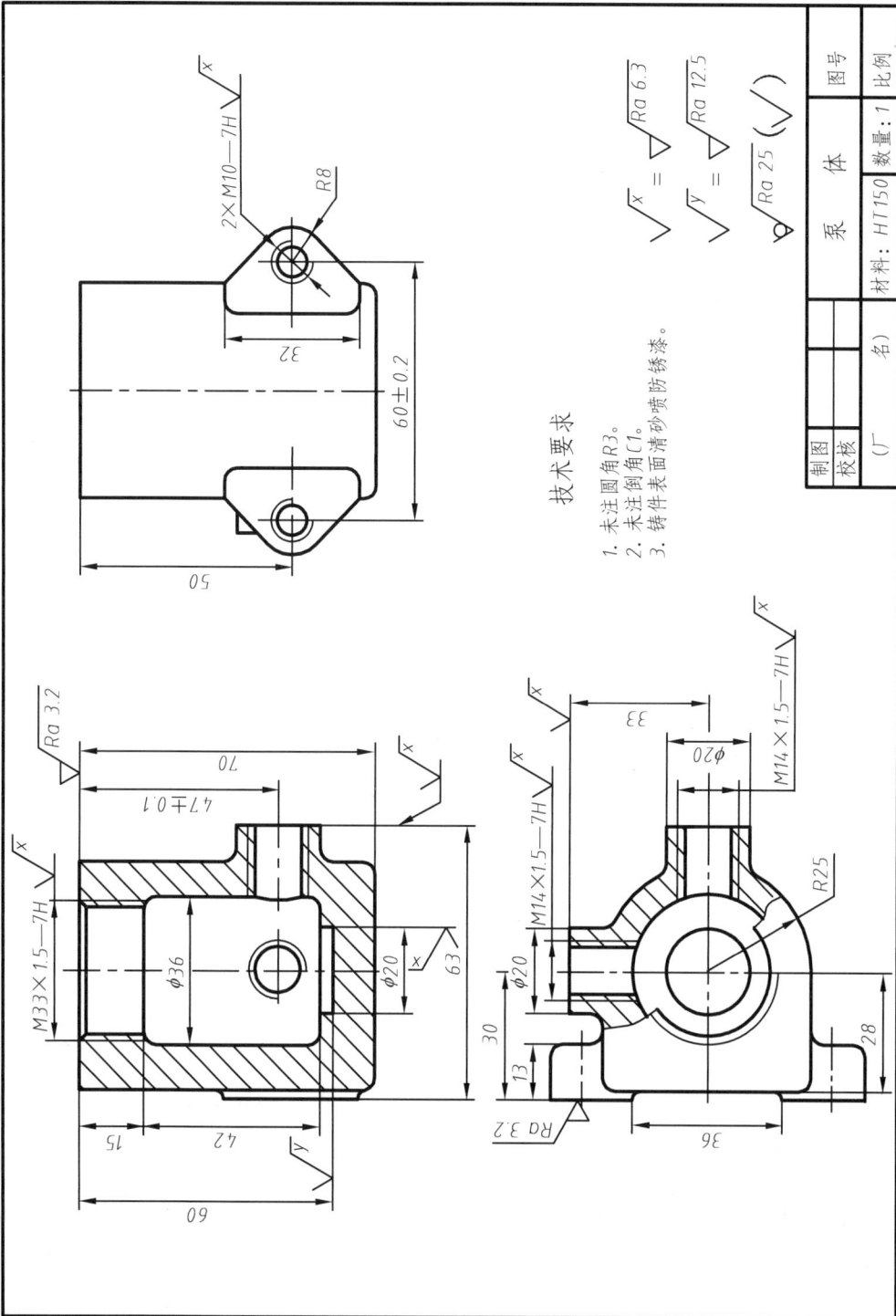

图 11-38 泵体零件图

技术要求

1. 未注圆角R3。
2. 未注倒角C1。
3. 铸件表面清砂喷防锈漆。

材料：HT150　数量：1　比例

泵　体

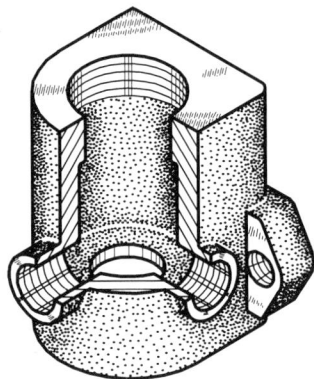

图 11-39　柱塞泵泵体轴测图

分析表面粗糙度要求时,要注意它与尺寸精度的关系,了解零件制造、加工时的某些特殊要求。两螺孔端面及顶面等处表面为零件结合面,为防止漏油,表面粗糙度要求较高。

小结

本章学习的重点是：零件图视图选择的方法和步骤,读、画零件图的方法和步骤,零件图尺寸的注法及零件技术要求的概念和注法。

1. 掌握零件图视图选择的方法及步骤,并注意以下问题：

(1) 分析零件的结构形状必须结合零件及各组成部分的功用进行分析,分清主次,从表达主要形体入手选择主视图。

(2) 确定主视图时,要正确选择零件的摆放方式和投射方向。

(3) 零件形状要表达完全,必须逐个形体检查其形状和位置是否唯一确定。

2. 掌握画零件图的步骤和方法。

从主视图开始,逐个画出各个形体。先画主要形体,后画次要形体；先定位置,后定形状；先画主要轮廓,后画细节；从反映形体主要特征的视图开始画,各视图按投影关系配合画。

3. 掌握零件图尺寸的标注方法。

零件图不仅要按规定标注出定形、定位和总体尺寸,还应使尺寸标注合理,便于加工和测量。

4. 掌握表面粗糙度和极限与配合的基本概念、各种符号的含义及在图样中的标注方法。

5. 掌握读零件图的方法和步骤。

应结合零件的功用,分析各视图所表达的内容,按投影关系确定各组成部分和整体的结构形状,根据零件尺寸和技术要求进一步了解其作用。

第12章

装　配　图

12.1　装配图的作用与内容

12.1.1　装配图的作用

装配图是表达产品及其组成部分的连接、装配关系及其技术要求的图样。在设计新产品，改进旧设备时，必须首先画出装配图，再根据装配图画出全部零件图。装配图是进行生产准备、制定装配工艺规程、进行装配、检验、安装与维修的技术依据，还是了解部件的结构与功用，进行技术交流的重要资料。

12.1.2　装配图的内容

图 12-1 所示的球阀是一种控制流体流量的开关装置。图中球阀为打开状态，流体从中间的通孔中进出。转动扳手 13，阀杆 12 通过嵌入阀芯 4 上面凹槽内的扁榫转动阀芯，流体通道截面减小。当扳手转动 90°后，球阀关闭。在阀体与阀芯、阀杆和阀盖之间都装有密封件，起密封作用。

图 12-2 是球阀的装配图。装配图应包括以下内容：

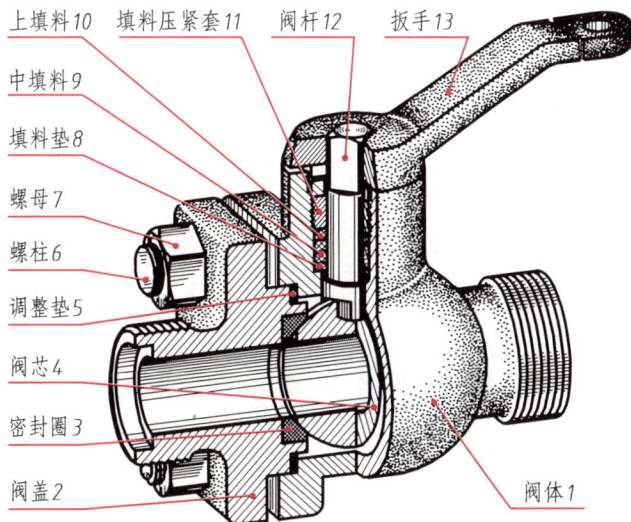

上填料10　填料压紧套11　阀杆12　扳手13
中填料9
填料垫8
螺母7
螺柱6
调整垫5
阀芯4
密封圈3
阀盖2
阀体1

图 12-1　球阀轴测剖视图

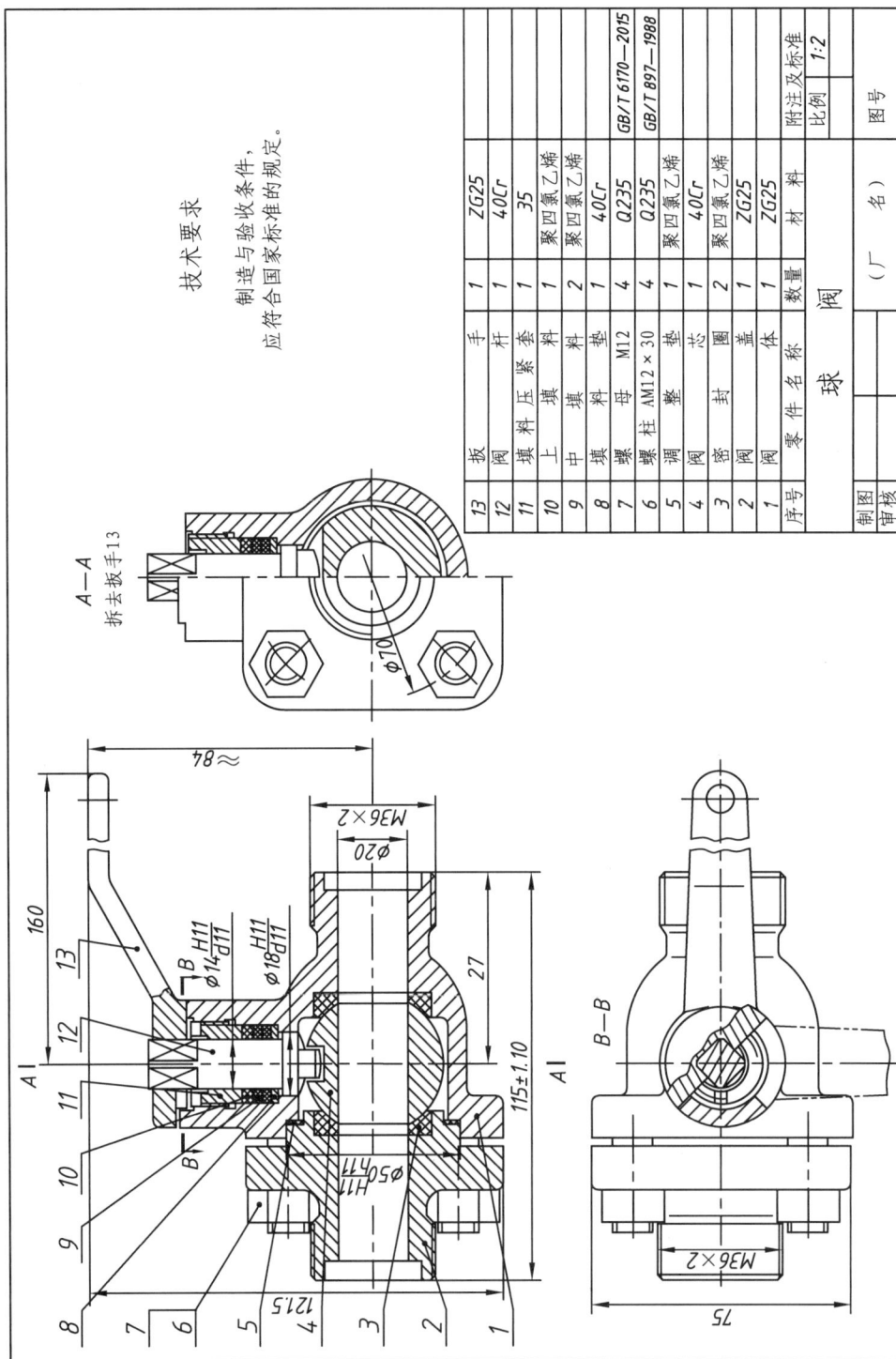

图 12-2　球阀装配图

序号	零件名称			数量	材料	附注及标准	
13	扳		手	1	ZG25		
12	阀		杆	1	40Cr		
11	填料压盖		套	1	35		
10	上填		料	1	聚四氯乙烯		
9	中填		料	2	聚四氯乙烯		
8	填 料		垫	1	40Cr		
7	螺母	M12		4	Q235	GB/T 6170—2015	
6	螺柱	AM12×30		4	Q235	GB/T 897—1988	
5	调 整		垫	1	40Cr		
4	密 封		芯	2	聚四氯乙烯		
3	阀		圈	1	聚四氯乙烯		
2	阀		盖	1	ZG25		
1	阀		体	1	ZG25		

球　阀

（厂　名）

比例　1:2
图号

制图
审核

技术要求

制造与验收条件，
应符合国家标准的规定。

（1）一组视图。以表达机器或部件的工作原理、零件之间的连接及装配关系。

（2）必要的尺寸。注出与机器或部件的性能、规格、装配和安装有关的尺寸。

（3）技术要求。说明机器或部件在装配、安装和检验等方面应达到的技术指标。

（4）标题栏、零件序号及明细栏。注明机器或部件的名称及装配图中全部零件的序号、名称、材料、数量、标准及必要的签署等内容。

12.2 装配图的规定画法和特殊画法

装配图的表达方法，除了零件图所用的表达方法（视图、剖视图、断面图）外，还有一些规定画法和特殊画法。

12.2.1 规定画法

（1）相邻两零件的接触表面和配合表面，只画一条共有的轮廓线，不接触面和不配合面分别画出各自的轮廓线，如图 12-3 和图 12-4 所示。

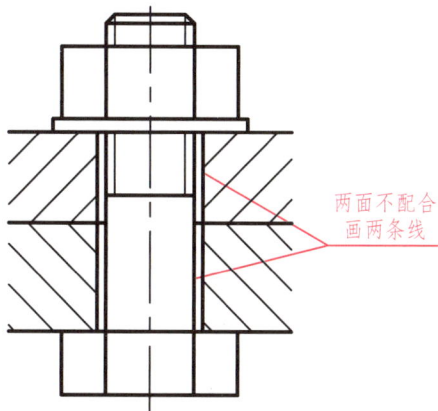

图 12-3 规定画法（一）　　　图 12-4 规定画法（二）

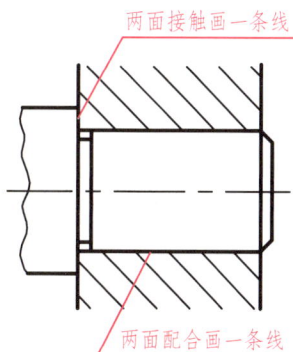

（2）为区分零件，在剖视图中两个相邻零件的剖面线的倾斜方向应相反，或方向一致而间隔不同，如图 12-3 所示。同一零件在各个视图上的剖面线的倾斜方向和间隔必须一致，如图 12-2 中阀体 1 的主视图和左视图的剖面线。当零件厚度小于 2mm 时，剖切后允许用涂黑代替剖面符号。

（3）当剖切平面通过标准件（如螺钉、螺母、垫圈等）和实心件（如轴、手柄、销等）的轴线时，这些零件都按不剖画出，如图 12-2、图 12-3 和图 12-4 所示。当剖切平面垂直于这些零件的轴线时，则应画出剖面线，如图 12-5 俯视图右半部的螺柱。

12.2.2 特殊画法

1. 沿零件的结合面剖切

在视图上，当某些零件挡住必须表示的装配关系时，可采用沿零件的结合面剖切。如图 12-5 所示，为了表达图 12-8 中下轴衬 2 和轴承座 1 的装配关系，假想用剖切平面沿轴

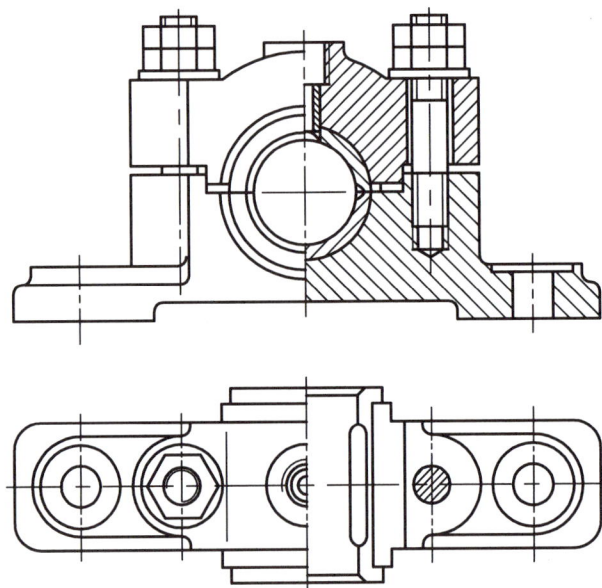

图 12-5　沿零件结合面剖切的画法

承盖 4 和轴承座 1 及上轴衬 3 和下轴衬 2 的阶梯结合面剖切开,而得到半剖的俯视图。

2. 假想画法

为了表示本部件与其他零件的安装和连接关系,可把与本部件有密切关系的其他相关零件,用双点画线画出。当需要表示运动零件的极限位置时,也可用双点画线画出,如图 12-6 所示。

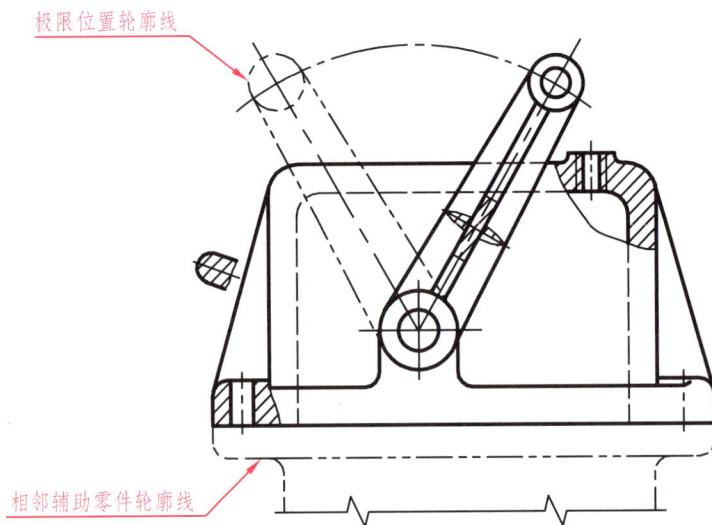

极限位置轮廓线

相邻辅助零件轮廓线

图 12-6　假想画法

3. 夸大画法

在装配图中,为了清楚表达薄片零件或较小的间隙,允许将其夸大画出(图 12-7)。

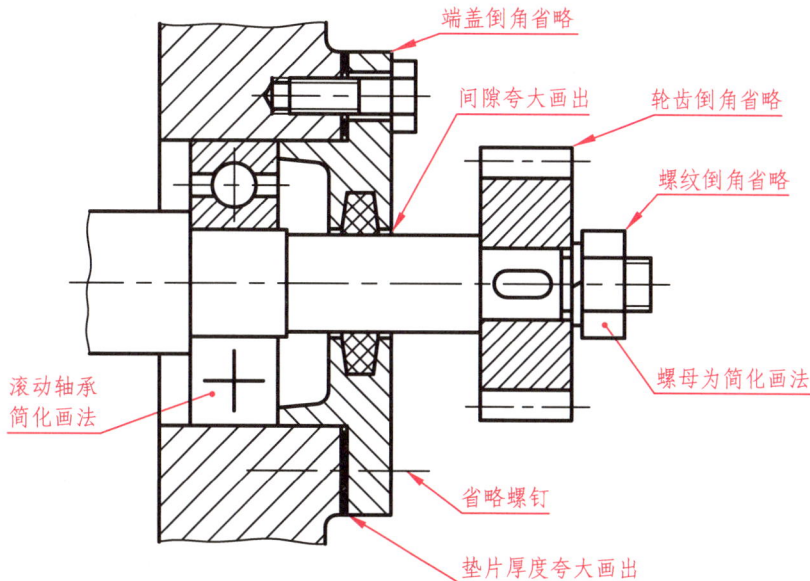

图 12-7　简化画法

4. 简化画法

对于装配图中若干相同的零件组,如螺栓连接等,可详细地画出一处或几处,其余的则以点画线表示其中心位置(图 12-7)。

在装配图中零件的工艺结构,如倒角、圆角、退刀槽等可不画出。

12.3　装配图的视图选择

12.3.1　视图选择的要求

1. 正确

在装配图中采用的表达方法,如视图、剖视、断面、规定画法和特殊画法等要符合国家标准的规定。

2. 完全

部件的工作原理、结构、装配关系(包括零件的配合、连接固定关系及零件的相对位置等),以及对外部的安装关系要表达完全。

3. 清楚

图形及视图的表达应清楚易懂,便于看图。

12.3.2　视图选择的方法和步骤

1. 分析部件

画图前,应首先对所表达的部件进行分析,了解部件的功用、工作原理和零件之间的装配关系。分析装配关系时,要重点分析零件在轴向和径向(直径方向)的固定定位方式。通常径向靠配合面及键、销的连接定位,轴向靠零件的接触面定位。

图 12-8 所示的剖分式滑动轴承,是用来支撑轴及轴上零件的一种装置。轴承盖 4 靠其下面的凸起和轴承座 1 上面的凹槽的配合而定位,并用两个螺柱连接固定。轴承座孔内装有用耐磨材料做成的剖分式轴衬 2 和 3,以减少轴转动时的磨损。轴衬靠两端的凸缘确定其在轴承孔中的轴向位置,靠它的外圆柱面确定其在轴承孔中的径向位置。由销套 5 确定它们的周向位置,使之不能转动。轴承盖顶部的螺孔用来装油杯(图中未画出)注油润滑轴承,以减少轴和轴衬之间的摩擦与磨损。轴承座底板两边的通孔用于滑动轴承的安装。

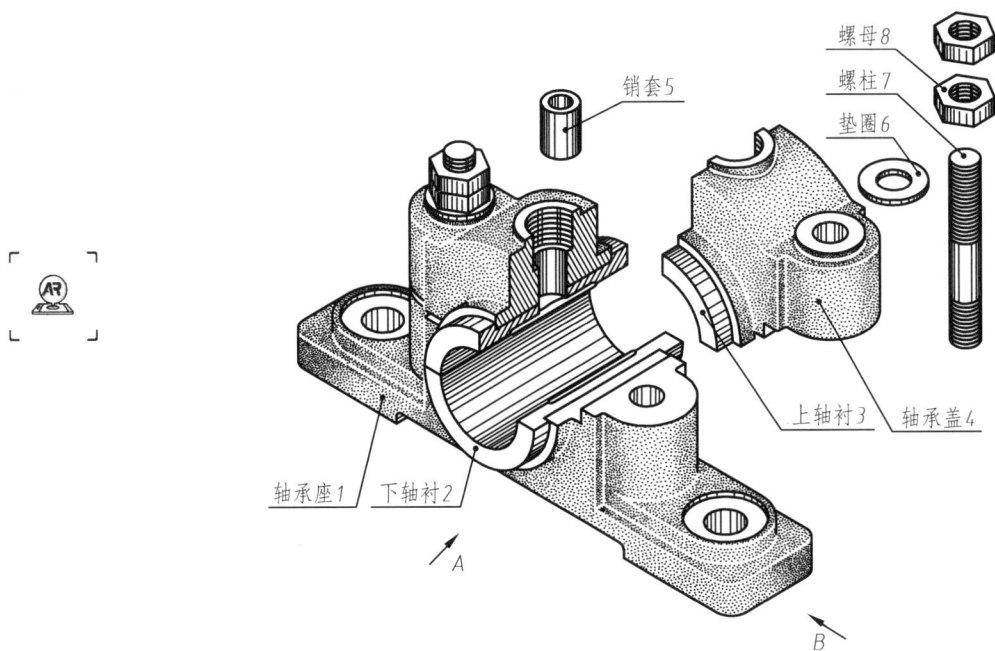

图 12-8　剖分式滑动轴承示意图

2. 选择主视图

选择视图时,应首先选择主视图,选择原则是:

(1) 符合部件的工作状态和安装状态。

(2) 能较清楚地表达部件主装配线上零件的装配关系、部件的工作原理及其结构特征。

图 12-8 所示为该滑动轴承的工作状态。主视图的投射方向若选 B 向,经剖切后主要的装配关系表达比较清楚,也能说明一部分功用,但对滑动轴承的结构特征反映欠佳,特别是俯视图很宽,图面布置不好。而选 A 向,则其主视图如图 12-9 所示。通过螺柱轴线剖切而画出的半剖视图,既表达了轴承盖、轴承座和轴衬的定位及连接固定关系,也反映了滑动轴承的功用和结构特征。

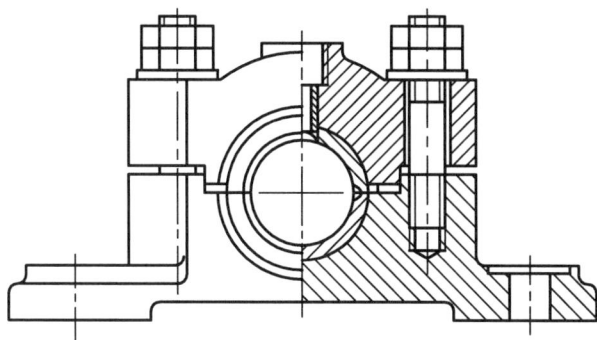

图 12-9　滑动轴承主视图

3. 选择其他视图

主视图确定之后,还要选择其他视图,补充表达主视图没有表达的内容。

装配关系通常反映在沿轴线的装配线上。在图 12-9 所示的主视图上轴衬和轴承孔沿其轴线的装配关系尚未表达清楚,若用全剖的左视图表示,既表达了轴衬和轴承孔的装配关系,又反映了它的工作状况。

上述主、左两个视图将滑动轴承的功用、工作原理、装配关系、结构特征以及安装关系等已表达清楚,但为使其外形特征更清楚,分散尺寸标注,便于看图,可选用沿轴承盖与轴承座结合面剖切的方法,画出半剖的俯视图。

这样,上述 3 个视图确定了滑动轴承的视图表达方案,如图 12-10 所示。

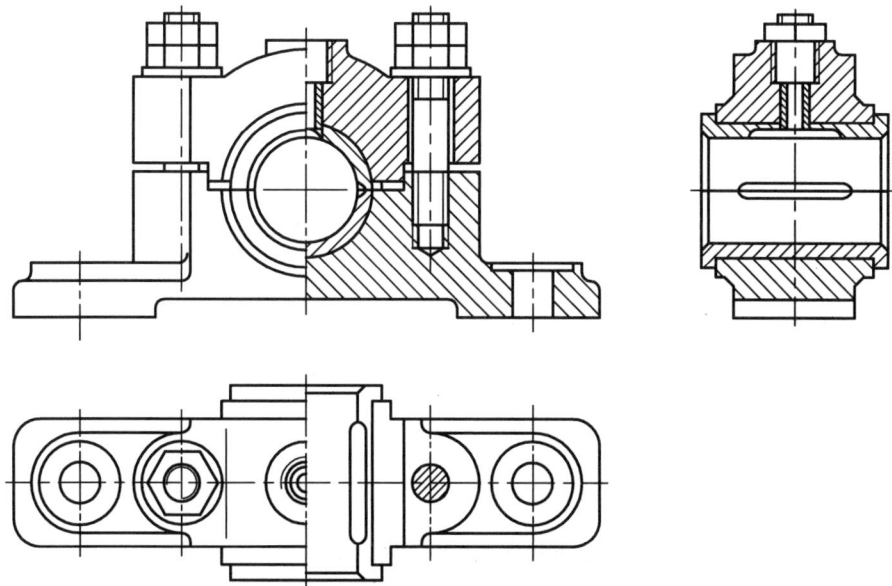

图 12-10　滑动轴承的视图

12.4　装配图的尺寸标注

装配图的尺寸标注,与零件图的尺寸标注目的不同,它不需要注出各零件的全部尺寸,只需注出与部件的性能、装配、安装、运输等有关的以下几类尺寸。

(1) 性能(规格)尺寸:表示部件的性能和规格的尺寸,它是设计和选择部件的主要依据。如图 12-14 左视图上的 $\phi28H8$,这个尺寸应与所支撑轴的轴径一致。

(2) 装配尺寸:表示零件之间装配关系的尺寸,如配合尺寸和重要的相对位置尺寸。图 12-14 中的 52H9/f9、$\phi36H7/k6$、44H9/f9、$\phi8H8/js7$,都是配合尺寸。轴承孔的中心高 34 是重要的相对位置尺寸,以使两轴承所支撑的轴的轴线处于水平位置,保证轴上零件的正常转动。

(3) 安装尺寸:将部件安装到机座上所需要的尺寸(对外关系尺寸),如图 12-14 中轴承座底板上两螺栓孔的中心距 124 和螺栓通孔直径 $2\times\phi11$。

(4) 外形尺寸:部件在长、宽、高 3 个方向上的最大尺寸,它为包装、运输、安装所需要的空间大小提供了依据,如图 12-14 中的尺寸 160、52 和 80。

除上述尺寸外,有时还要注出其他重要尺寸,如运动零件的极限位置尺寸,主要零件的重要结构尺寸等。

12.5　装配图的零件序号和明细栏

为了便于生产和管理,装配图中所有的零、部件都应编写序号,并在标题栏上方画出明细栏,填写零件的有关内容。

12.5.1　装配图中的零件序号及其编排方法

1. 基本要求

(1) 同一装配图中相同的零、部件用同一个序号,一般只标注　次。

(2) 装配图中零、部件的序号应与明细栏中的序号一致。

2. 序号的编排方法

(1) 在装配图中编写零、部件序号的方法有以下 3 种:

① 在指引线(细实线)端部的水平基准线(细实线)上注写序号(图 12-11(a))。

② 在指引线端部的圆(细实线)内注写序号(图 12-11(b))。

③ 在指引线非零件端的附近注写序号(图 12-11(c))。

在以上 3 种编号方法中,序号字号比该装配图中所注尺寸数字的字号大一号或两号。同一装配图中编写序号的形式应一致。

（2）指引线应自所指部分（被编写序号的零、部件）的可见轮廓内引出，并在末端画一圆点（图 12-11）。若所指部分（很薄的零件或涂黑的断面）内不便画圆点时，可在指引线的末端画出箭头，并指向该部分的轮廓（图 12-11(d)）。

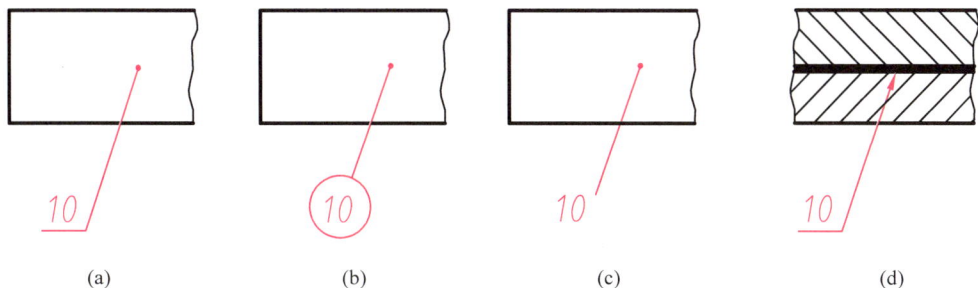

图 12-11 零件的编号形式

（3）指引线可以画成折线，但只可曲折一次。指引线不能相交，当通过有剖面线的区域时，它不应与剖面线平行。

（4）一组紧固件或装配关系清楚的零件组，可采用公共指引线，如图 12-12 所示。

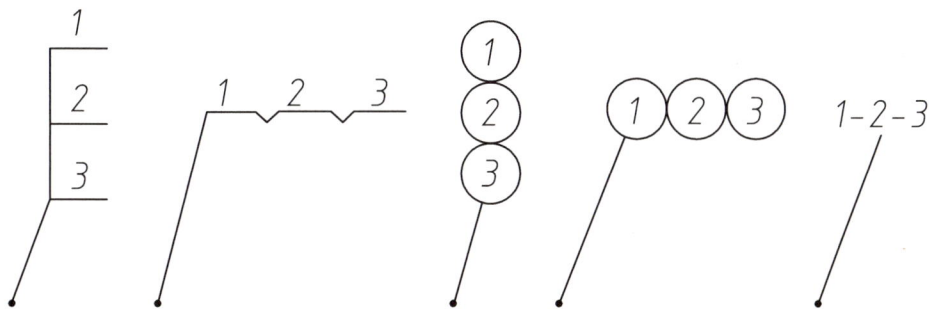

图 12-12 公共指引线的编注形式

（5）装配图中零、部件的序号应按水平或竖直方向整齐排列在一条直线上，按顺时针或逆时针方向顺次排列。在整个图上无法连续时，可只在每个水平或竖直方向顺次排列（参见图 12-2）。为确保序号顺次排列，应先检查指引线无遗漏、无重复后，再统一编写序号。

12.5.2 装配图的明细栏

明细栏紧靠标题栏上方，它是装配图中全部零件的详细目录，其内容包括：零件的序号、名称、数量、材料、附注和标准等。明细栏中的零件序号由下往上填写，若上方位置不够，可移一部分紧接标题栏左边继续填写。因明细栏中的零件序号应与装配图中所编序号一致，因此，应先在装配图上编零件序号，后填明细栏。

除上述外，当零件较多，在装配图上不便绘制明细栏时，可作为装配图的续页按 A4

幅面单独给出。其格式为下方绘制标题栏,明细栏的表头移至上方,零件序号由上向下填写。

国家标准规定了装配图的标题栏和明细栏的格式。本书中推荐采用图 1-9 的格式。

12.6 画装配图的方法与步骤

现以图 12-8 滑动轴承为例,说明画装配图的方法与步骤。

12.6.1 确定视图表达方案

首先确定视图的表达方案。视图选择的要求、方法与步骤及图 12-8 滑动轴承的视图表达方案,已在 12.3 节作了详细介绍,这里不再重复。

12.6.2 画装配图的一般步骤

1. 确定图幅

根据部件的大小、视图数量,确定画图的比例及图幅,画出图框并留出标题栏和明细栏的位置。

2. 布置视图

布置视图是根据视图的数量及其轮廓尺寸,画出确定各视图位置的作图基准线,同时,各视图之间要留出适当的位置,以便标注尺寸和编写零件序号。作图基准线一般为主体件的轴线、对称线或主体件底面的投影线等,如图 12-13(a)所示。

3. 画各视图底稿

基本方法是:按装配顺序,先画主要零件,后画次要零件;先画内部结构,再由内往外逐个画;先定零件位置,后画零件的形状;先画主要轮廓,后画细节,即先主后次、先内后外、先定位后定形、先粗后细。画图从主视图开始,几个视图按投影关系配合画。

画滑动轴承的装配图,应从内部开始,先画下轴衬 2 和轴承座 1 的主要轮廓(有可能被其他零件挡住的部分,可不画)(图 12-13(b)),再画上轴衬 3 和轴承盖 4(图 12-13(c))。若先画轴承盖 4,其上下位置就不容易确定了。

确认所画主要零件(非标准件)的位置无误后,再画标准件或其他细节,如销套 5、螺柱等螺纹紧固件 6、7、8;轴承盖上的螺孔等(图 12-13(d))。

4. 完成装配图

画剖面线、标注尺寸、加深图线。然后,对零件进行编号,填写明细栏、标题栏,写技术要求。最后检查、修饰,完成装配图。滑动轴承的装配图如图 12-14 所示。

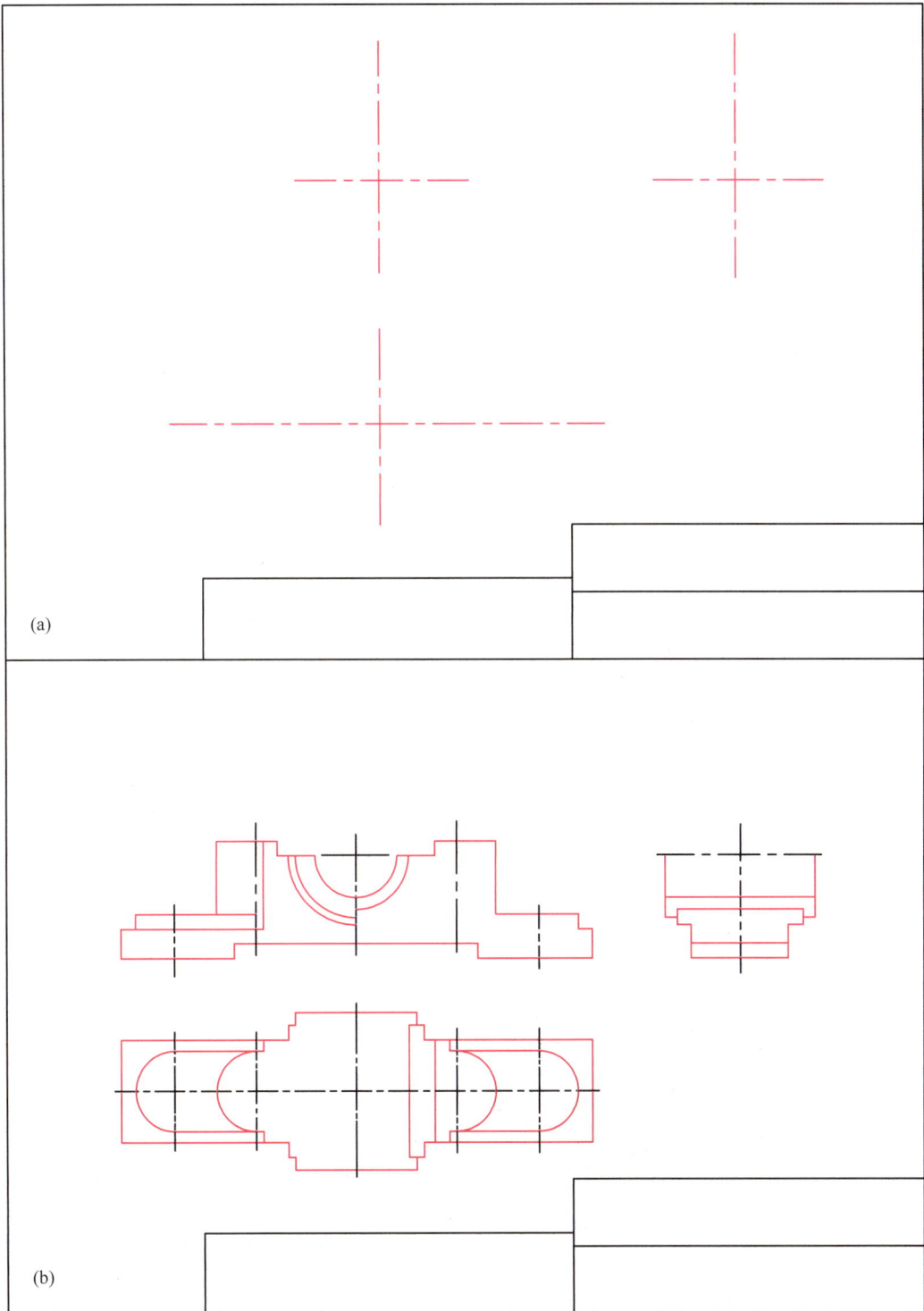

图 12-13　滑动轴承装配图的画图步骤

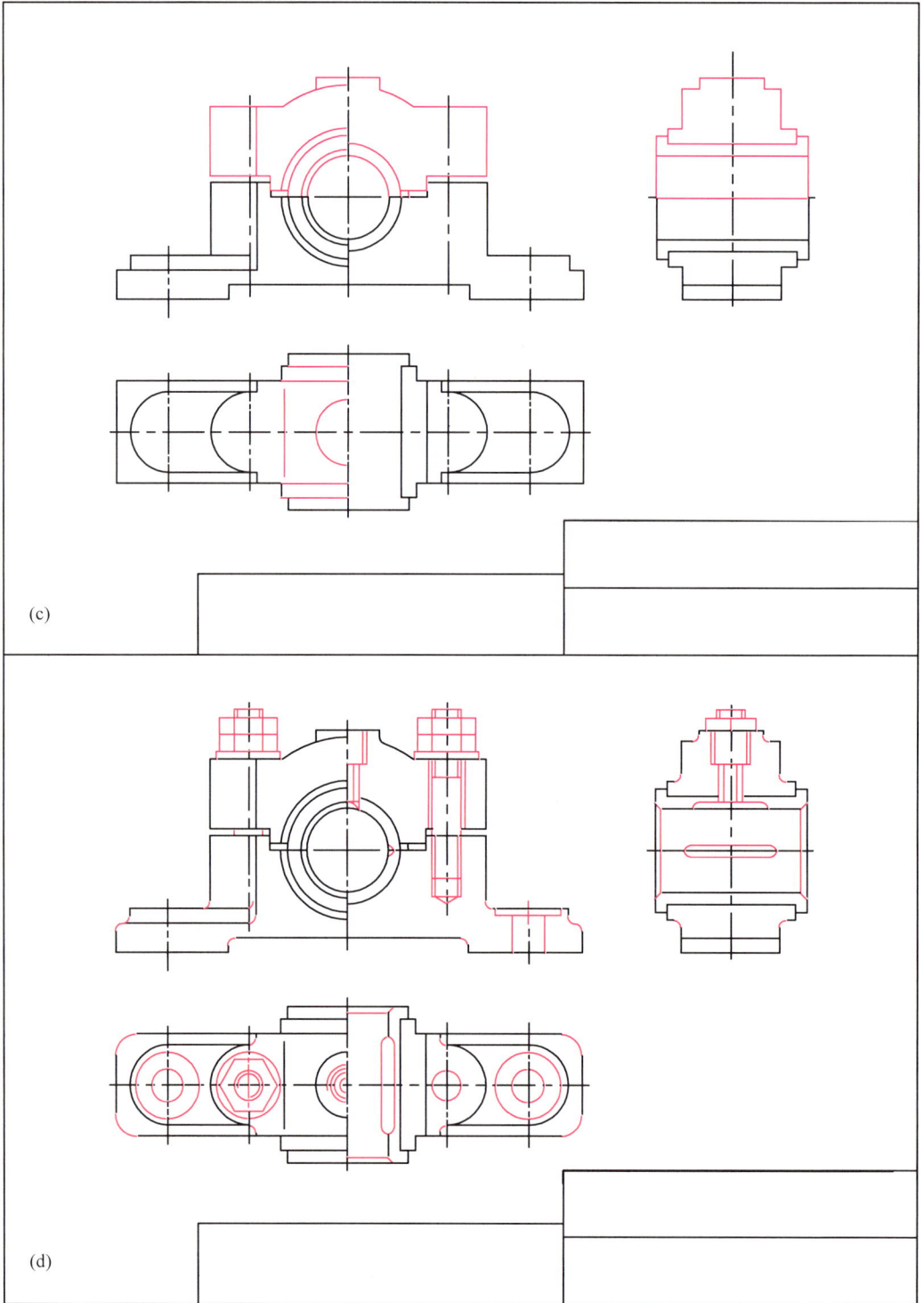

(c)

(d)

图 12-13(续)

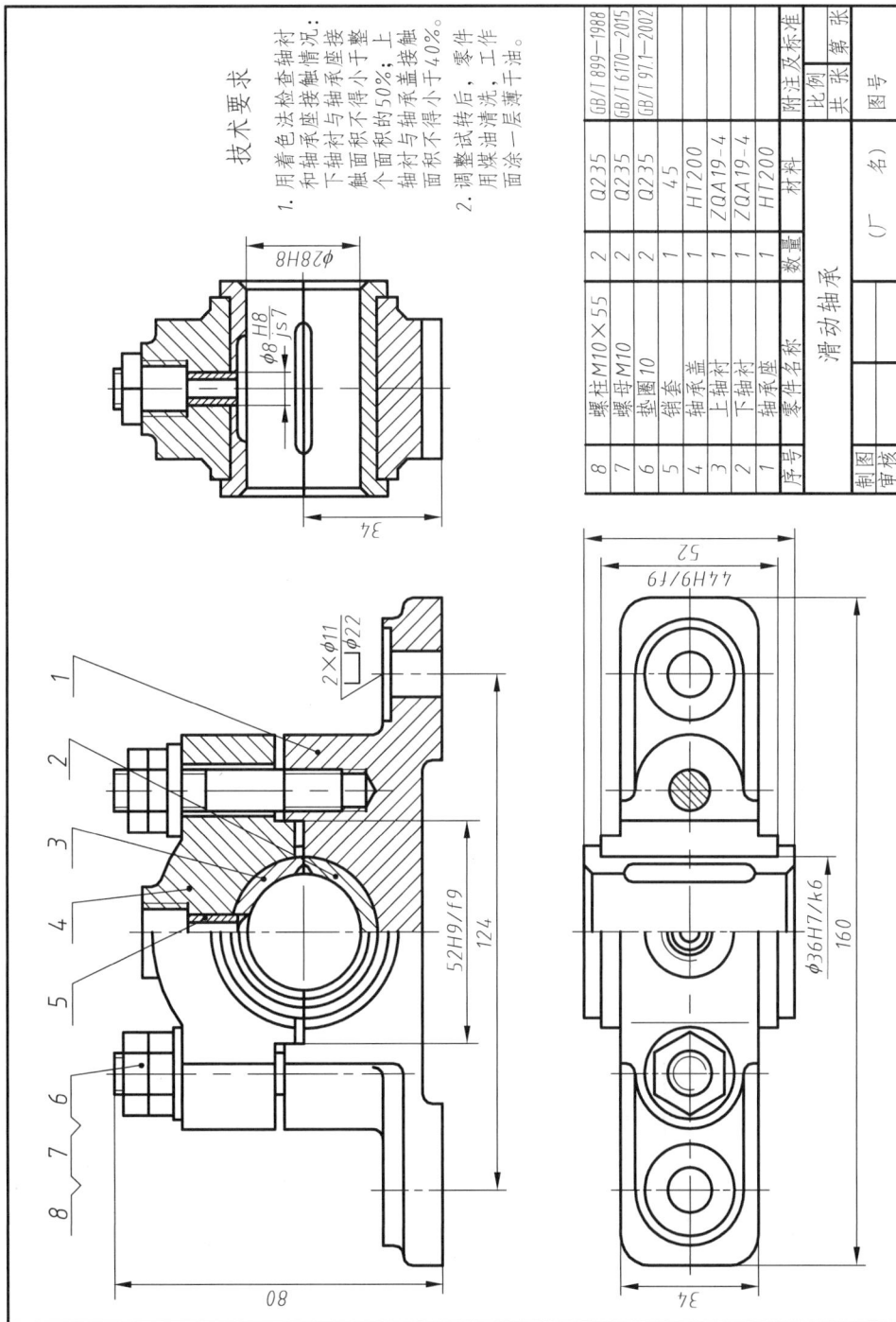

图12-14 滑动轴承装配图

技术要求

1. 用着色法检查轴承衬和轴承座接触情况：
下轴衬与轴承座接触面积不得小于50%；上
个轴衬接触面积与轴承盖接触小于整
面积不得小于40%。

2. 调整试转后，零件工作用煤油清洗，工作
面涂一层薄干油。

序号	零件名称	数量	材料	附注及标准
8	螺柱M10×55	2	Q235	GB/T 899—1988
7	螺母M10	2	Q235	GB/T 6170—2015
6	垫圈10	2	Q235	GB/T 97.1—2002
5	销套盖	1	45	
4	上轴衬	1	ZQA19-4	
3	上轴衬	1	ZQA19-4	
2	下轴衬	1	ZQA19-4	
1	轴承座	1	HT200	

滑动轴承

比例 共 张 第 张
图号

制图　审核

12.7　常见装配结构

画装配图时,要考虑装配结构的合理性,便于零件装拆、连接可靠,以保证部件的使用性能。常见装配结构如下。

(1)两个零件在同一个方向上,只能有一个接触面和配合面,如图12-15所示。

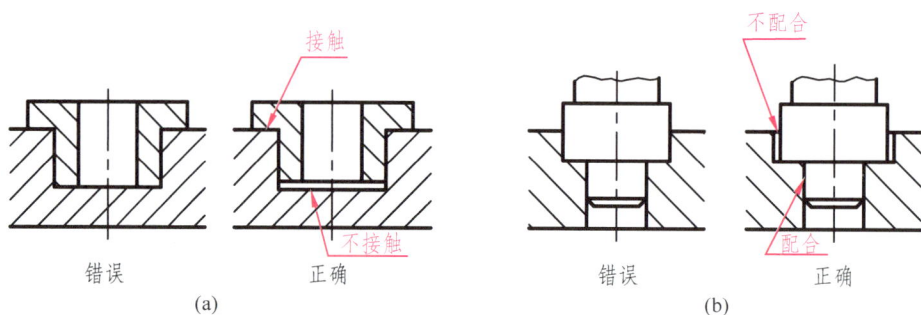

图 12-15　两零件在同一方向的定位

(2)为保证轴肩端面和孔端面接触,可在轴肩处加工出退刀槽,或在孔的端面倒角或倒圆,如图12-16所示。退刀槽和倒角的尺寸可查有关标准确定。

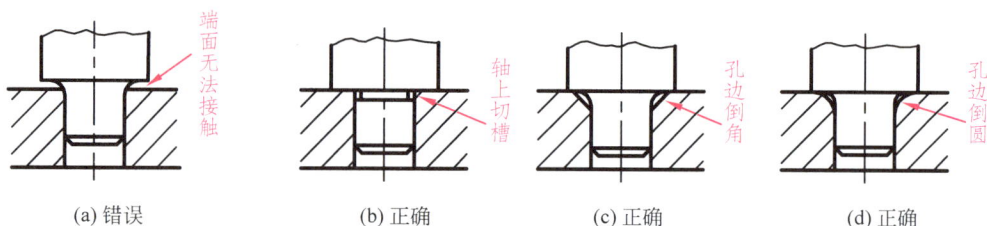

图 12-16　轴肩和孔端面接触结构

(3)设计装配结构应考虑零件装拆方便。例如,在设计螺纹紧固件的位置时,要留下装拆时扳手所需要的活动空间(图12-17(b))和安装螺钉所需要的空间(图12-17(d))。

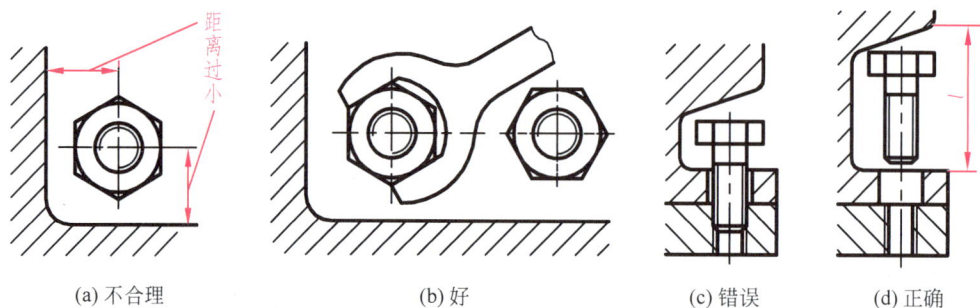

图 12-17　螺栓的装拆空间

此外,对于轴上零件的固定定位、滚动轴承的安装等对装配结构的合理要求可查阅有关资料。

12.8 读装配图的方法与步骤

在部件的设计、装配、安装、调试及进行技术交流时,都需要读装配图,因此,具备读装配图的能力尤为重要。

12.8.1 读装配图的基本要求

(1) 了解部件的功用、使用性能和工作原理。

(2) 弄清各零件的作用、零件之间的相对位置、装配关系及连接固定方式等。

(3) 读懂各零件的结构形状。

(4) 了解尺寸和技术要求等。

读装配图时,重要的是读懂部件的工作原理、装配关系及主要零件的结构形状。

12.8.2 读装配图的方法与步骤

现以图 12-18 齿轮油泵为例,说明读装配图的方法及步骤。

1. 概括了解

(1) 看标题栏,并参阅有关资料(产品使用说明书等),了解部件的名称、用途和使用性能等。

(2) 看零件序号和明细栏,了解各零件的名称、数量,找到它们在图中的位置。由图形的比例及外形尺寸,了解部件的大小。

(3) 分析视图,弄清各视图的名称、投影关系、所采用的表达方法和所表达的主要内容。

看图 12-18 的标题栏,从部件的名称齿轮油泵,可知它是润滑系统中的一种供油装置。其作用是将油送到有相对运动的两零件之间进行润滑,减少零件的摩擦与磨损。由明细栏和零件的序号可知,它是由左端盖 1、右端盖 7、泵体 6、传动齿轮轴 3 和齿轮轴 2 等 15 个零件组成的。

齿轮油泵装配图由两个视图表达。全剖的主视图表达了部件主要的装配关系及相关的工作原理,左视图沿左端盖与泵体结合面剖开,并局部剖出油孔,表达了部件吸、压油的工作原理及其外部特征。

2. 分析部件的工作原理和装配关系

1) 分析部件的工作原理

分析部件的工作原理从表达运动关系的视图入手。

图 12-18 的左视图表达了部件吸、压油的工作原理,如图 12-19 所示,当主动齿轮逆时针方向转动时,带动从动轮顺时针方向转动,两轮啮合区右边的油被轮齿带走,压力降低,形成负压,油池中的油在大气压力作用下被吸入。随着齿轮的转动,齿槽中的油不断被带到齿轮啮合区的左边,形成高压油,然后,从出油口将油压出,通过管路将油输送到需要润滑的部位(如齿轮、轴承等)。

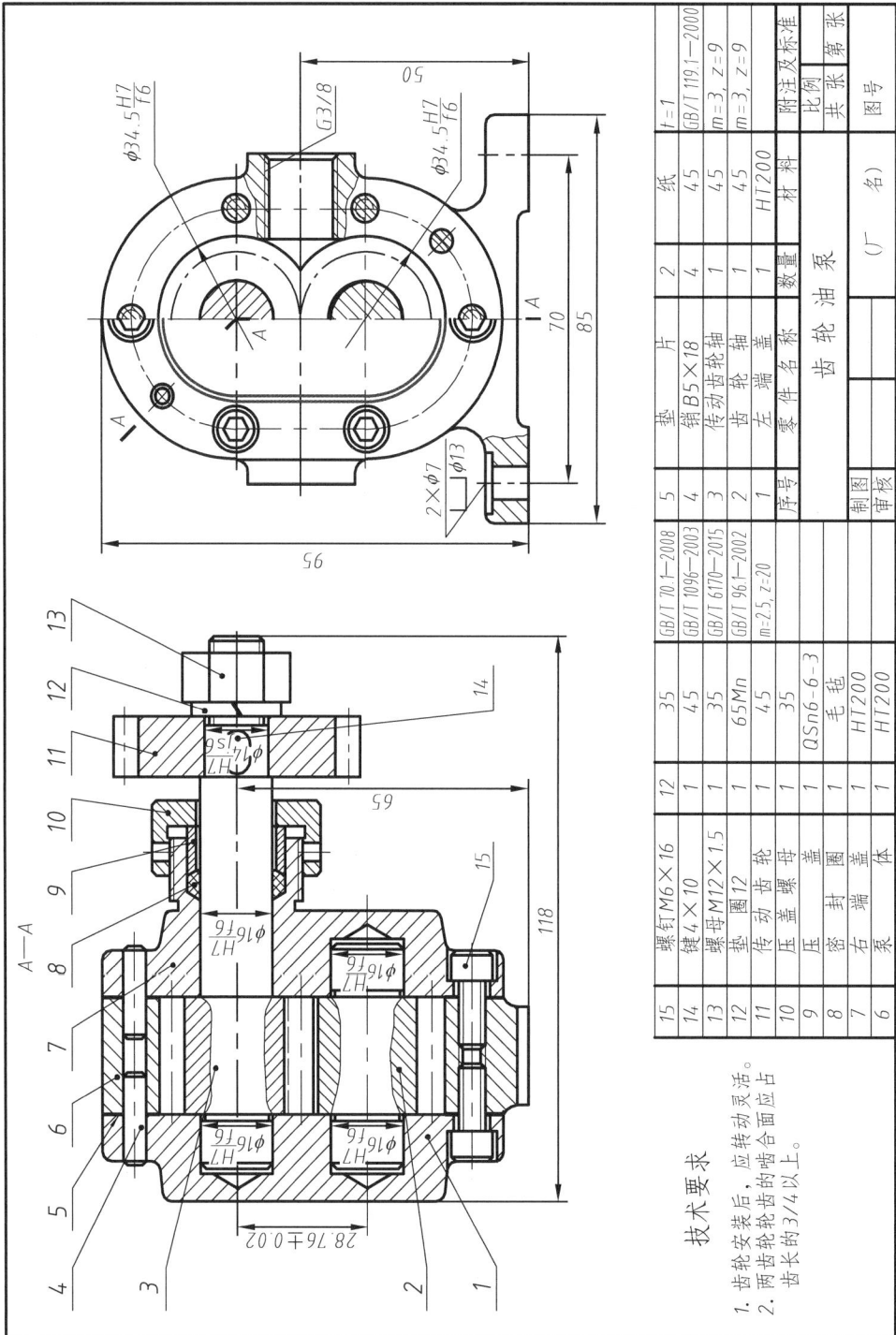

图 12-18　齿轮油泵装配图

技术要求

1. 齿轮安装后,应转动灵活。
2. 两齿轮轮齿的啮合面应占齿长的 3/4 以上。

序号	零件名称	数量	材 料	附注及标准
5	垫　片	2	纸	t=1
4	销 B5×18	4	45	GB/T 119.1—2000
3	传动齿轮轴	1	45	m=3, z=9
2	齿轮轴	1	45	m=3, z=9
1	左端盖	1	HT200	

15	螺钉 M6×16	12	35	GB/T 70.1—2008
14	键 4×10	1	45	GB/T 1096—2003
13	螺母 M12×1.5	1	35	GB/T 6170—2015
12	垫圈 12	1	65Mn	GB/T 96.1—2002
11	传动齿轮	1	45	m=2.5, z=20
10	压盖螺母	1	35	
9	压盖	1	QSn6-6-3	
8	密封圈	1	毛毡	
7	右端盖	1	HT200	
6	泵体	1	HT200	

齿 轮 油 泵

（厂　名）

比例　共张　第张

图号

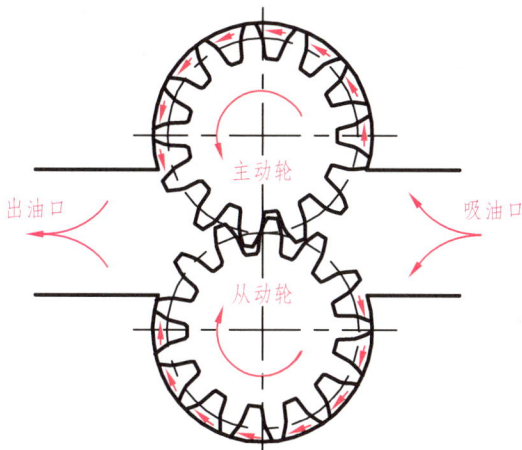

图 12-19　齿轮泵工作原理图

2）分析部件的装配关系

要弄清零件间的配合关系、连接固定方式以及各零件的安装部位。

图 12-18 的齿轮油泵主要由两条装配线组成，主动齿轮轴系统和从动齿轮轴系统。泵体 6 的空腔容纳一对齿轮，两根齿轮轴分别支撑在左、右端盖的轴孔中，主动齿轮轴伸出端设有密封装置。

（1）分析零件的配合关系：根据图中配合尺寸的配合符号，判别零件的配合制、配合种类、轴与孔的公差等级等。从图 12-18 中轴与孔的配合尺寸 $\phi16H7/f6$，可知轴与孔的配合属于基孔制间隙配合，说明轴在孔中是转动的。

（2）分析零件的连接固定方式：要弄清部件中的每一个零件的位置是如何定位，零件间用什么方式连接、固定的。图 12-18 的齿轮油泵的左、右端盖与泵体各通过 6 个内六角螺钉连接，并用两个圆柱销使其准确定位。齿轮轴 2 和 3 的轴向定位靠齿轮两侧面与左、右端盖的端面接触。传动齿轮 11 左边靠轴肩，右边用螺母固定在轴上。

（3）分析采用的密封装置：为了防止油的泄漏和外界的水分、灰尘进入泵内，在齿轮油泵的左、右端盖与泵体之间加了垫片，在轴的伸出端加了密封装置，通过密封圈 8、压盖 9 和压盖螺母 10 密封。

3．分析零件，弄清零件的结构形状

分析零件时的顺序：一般先看主要零件，后看次要零件；先从容易区分零件投影轮廓的视图开始，再看其他视图。

确定零件形状结构的方法：

（1）对投影，分析形体。首先分离零件，根据零件序号、剖面线方向和间隔的不同、实心件不剖及视图间的投影关系等，将零件从各视图中分离出来。

（2）看尺寸，定形状。例如，若尺寸数字前有 ϕ，就可确定其形状为圆柱面。

（3）将作用、加工、装配工艺综合考虑加以判断。根据零件在部件中的作用及与之相配的其他零件的结构，进一步弄懂零件的细部结构，并把分析零件的投影、作用、加工方法、装拆方便与否等综合起来考虑，最后确定并想象出零件整体的形状。

现以图 12-18 中的泵体为例说明零件结构的分析过程。根据剖面线的倾斜方向,将泵体的投影从主视图中分离出来,再根据视图间的投影关系,找到它在两视图中的投影轮廓,如图 12-20 所示,其主要形体由以下两部分组成。

(1) 主体部分:长圆形内腔,上、下为 $\phi34.5$ 的半圆柱孔,容纳一对齿轮。两侧凸起内有进、出油孔与泵腔内相通。据结构常识,"内圆外也圆",则凸起外表面也是圆柱面。泵体端面上有与端盖连接用的螺钉孔和销孔。

(2) 底板部分:底板是用来固定油泵的。结合主、左两视图可知,底板是长方形,下面的凹槽可减少加工面,使泵体固定平稳。底座两边各有一个固定油泵用的螺栓孔。

经过以上分析可知,泵体整体形状如图 12-21 所示。

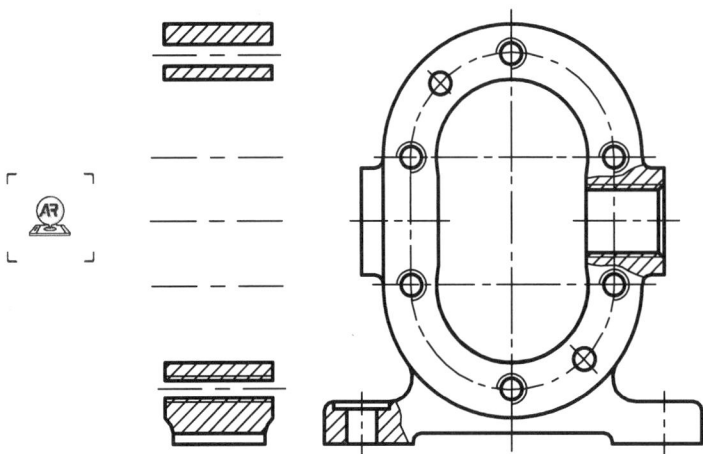

图 12-20   拆出泵体

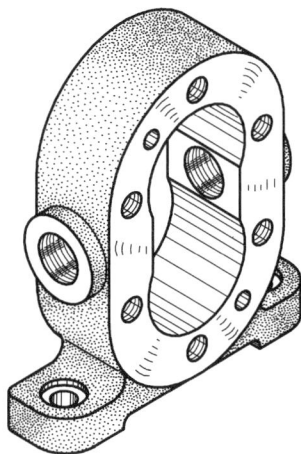

图 12-21   泵体

12.9   由装配图拆画零件图

设计时首先画出装配图,再根据装配图拆画零件图,这是设计中的一个重要环节。

12.9.1   由装配图拆画零件图的步骤

(1) 按读装配图的要求,看懂部件的工作原理、装配关系及零件的结构形状。

(2) 根据零件图视图表达要求,确定各零件的视图表达方案。

(3) 根据零件图的内容及画图要求,画出零件工作图。

12.9.2   拆画零件图应注意的问题

拆画零件图是在看懂装配图的基础上进行的。装配图不表达单个零件的形状,拆画零件图时要将零件的结构补充表达完整,因此,拆画零件图的过程是零件设计的过程。应注意以下几点:

（1）零件的视图表达方案要根据零件的形状结构确定，而不能盲目照抄装配图。如右端盖的视图表达方案应按图 12-22 或图 12-23 确定，而不能照抄装配图。这样，可在表达外形的视图上清楚地表达右端面的形状特征，以及沉孔、销孔的分布情况，剖视图表达各孔内形、整体结构、零件的工作状态等。经比较，剖视图所表达的信息量较多，做主视图较好。因此，图 12-22 所示方案 1 更好一些。

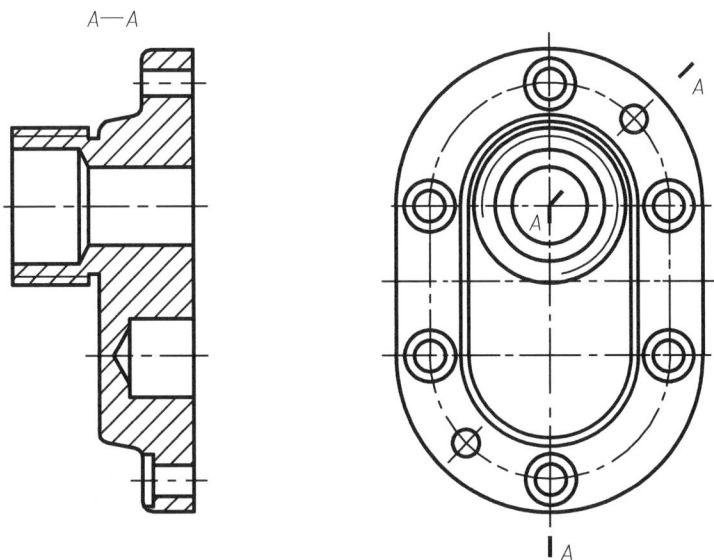

图 12-22　右端盖视图方案 1

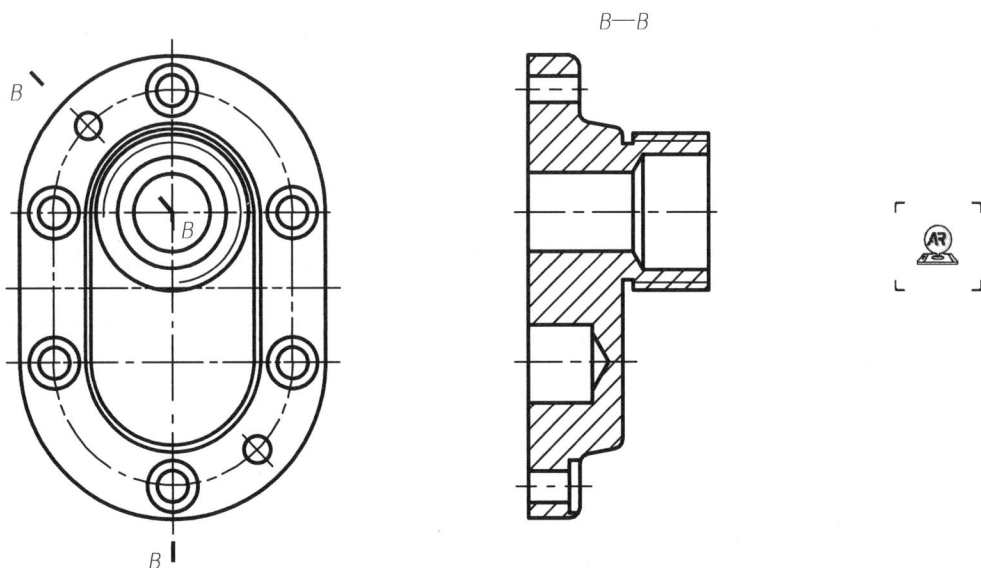

图 12-23　右端盖视图方案 2

（2）在装配图中允许省略不画的零件工艺结构，如倒角、圆角、退刀槽等，在零件图中应全部画出。

（3）零件之间有配合要求的表面,其基本尺寸必须相同,并分别注出公差带代号或极限偏差数值。

（4）零件图中的尺寸,除在装配图中已注出者外,其余尺寸都在装配图上按比例直接量取,并加以圆整。有关标准尺寸,如螺纹、倒角、圆角、退刀槽、键槽等,应查标准,按规定标注。

（5）根据零件各表面的作用和工作要求,注出表面粗糙度代号。

（6）根据零件在部件中的作用和加工条件,确定零件图的其他要求。

图 12-24 所示是根据齿轮油泵装配图拆画的泵体零件图。泵体零件图的画图过程可参考第 11 章零件图的有关内容。

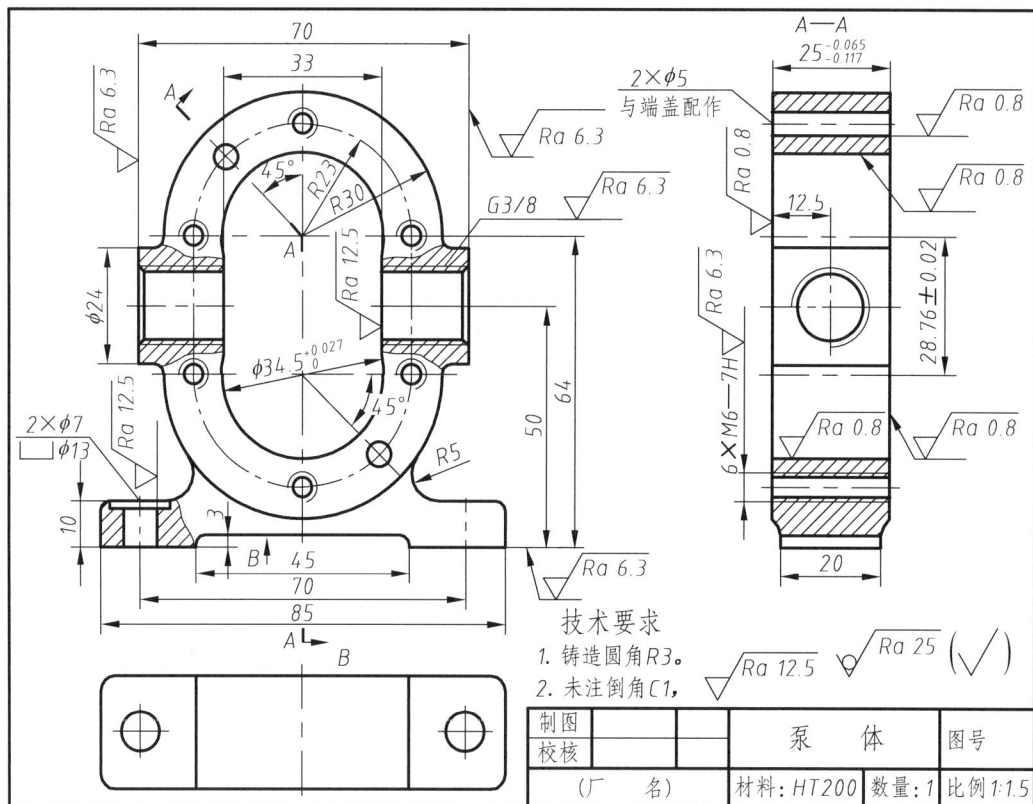

图 12-24　泵体零件图

小结

本章学习的重点是:装配图视图选择的方法和步骤,读、画装配图的方法和步骤。

1. 装配图的作用及内容

懂得装配图在设计、装配、安装、维修及技术交流等方面的作用。分清装配图与零件图在视图、尺寸、技术要求等内容方面的区别。

2. 掌握装配图的规定画法、特殊画法。

熟练掌握这些方法,绘图时可根据不同情况,采用不同的表达方法,方便快捷地画图和读图。

3. 装配图的视图选择

(1) 根据装配图与零件图功用的不同,理解它们在视图选择的要求、方法及步骤方面的区别。

(2) 在对部件的工作原理、装配关系、结构特征分析清楚的基础上,沿各轴线方向找出主要与次要装配关系,先表达主要装配关系,后表达次要装配关系及对外安装关系。

(3) 选择视图时,首先选好主视图,确定较好的视图表达方案,把部件的工作原理、装配关系、零件之间的联接固定方式和重要零件的主要结构表达清楚。

4. 画装配图的正确方法和步骤

(1) 首先结合部件的功用,分清楚各组成零件的作用及相互间的装配关系,了解每个零件在轴向、径向的固定方式,确定它在装配体中的固定的位置,然后按规定方法画图。

(2) 按零件的装配顺序及视图之间的投影关系有序作图。具体步骤为:先主后次;先内后外;先定位,后定形;先粗后细(详细内容见 12.6.2 节)。

5. 读装配图的方法和步骤

(1) 读装配图的难点是分离零件,确定其结构形状。首先将零件的投影从各视图中分离出来,再结合零件的功用、尺寸、与其他零件的装配关系及结构常识综合分析,确定零件的整体形状。

(2) 由装配图拆画零件图时,零件图的视图,不能照抄装配图,应根据零件图的视图选择要求重新进行选择。

第3篇 制图的基本技能

主要内容

在学习机械制图的基本理论和国家标准的基础上,应不断提高制图的基本技能,才能够最终实现制图在工程实践中的应用。本篇主要介绍尺规作图、徒手绘图、计算机二维绘图及三维建模的基本方法。

学习方法提示

本篇可穿插在第1、2章的教学过程中进行。尺规作图需注意画图的规范性,徒手绘图需加强练习,计算机二维绘图及三维建模训练可参考相关的软件使用手册进行。本篇内容有赖于实践练习方可熟练掌握,尤其是计算机二维绘图和三维建模部分,建议以"任务驱动"的方式,选择适当的题目,在动手绘图的过程中,掌握软件的相关命令操作。

第13章

尺规作图与徒手绘图

手工绘图包括尺规绘图和徒手绘图。尺规绘图一般指以铅笔、丁字尺、三角板、圆规等为主要工具,以手工方式绘制图样。虽然随着计算机辅助绘图与建模技术的不断发展,多数工程图样已改为使用计算机绘制,但手工尺规作图仍是工程技术人员必备的基本技能,同时也是学习图学基本理论的重要方法,故应熟练掌握。

徒手绘图是指不依靠尺规,而以目测估计图样的形状、与实物的比例等,再以徒手方式绘制出来。徒手绘图常用于绘制草图,例如在产品设计初期,绘制设计方案草图,辅助设计构思,并用于方案的讨论、修改,或在工程现场进行快速测绘。徒手绘图既可以绘制平面图形,也可以绘制立体感较强的轴测图、透视图等,也是工程技术人员应具备的基本技能。

13.1 尺规作图

13.1.1 过点作已知直线的平行线和垂直线

1. 过点作已知直线的平行线

已知直线 ab 和点 c(图 13-1(a)),作图方法如下:

(1) 使三角板 A 的一条边与直线 ab 重合,三角板 B 的一条边与 A 的另一边贴紧(图 13-1(b))。

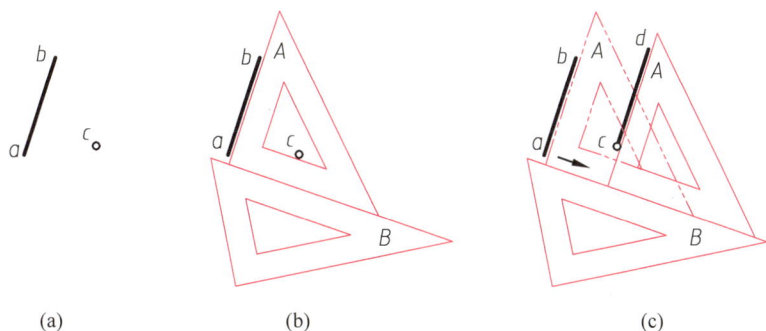

| (a) | (b) | (c) |

图 13-1 过点作已知直线的平行线

（2）按住三角板 B 不动，推动三角板 A，使其沿着三角板 B 的边滑动。当与直线 ab 重合的边到达点 c 的位置时，沿边画出直线 cd，则 $cd/\!/ab$（图 13-1(c)）。

2. 过点作已知直线的垂直线

方法 1：

已知直线 ab 和点 c（图 13-2(a)）。

（1）使 45°三角板 A 的一条直角边与直线 ab 重合，三角板 B 的一条边与 A 的斜边贴紧（图 13-2(b)）。

（2）按住三角板 B 不动，推动三角板 A，使其另一直角边到达点 c。过点 c 画直线 cd，直线 cd 即与直线 ab 垂直（图 13-2(c)）。

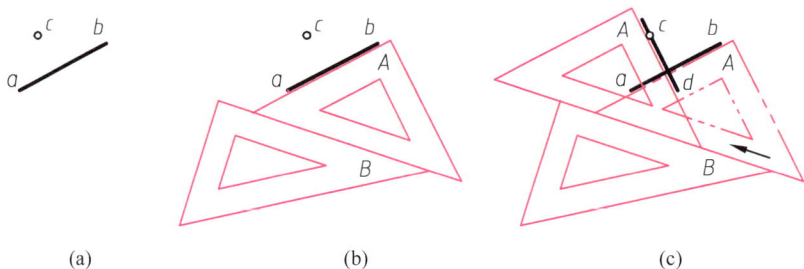

(a)　　　　　　　　(b)　　　　　　　　(c)

图 13-2　过点作已知直线的垂直线（一）

方法 2：

已知直线 ab 和点 c（图 13-3(a)）。

使三角板 B 的一条边与直线 ab 重合，三角板 A 的一条直角边紧贴三角板 B 的这条边，另一直角边紧贴点 c，过点 c 画直线 cd 即可（图 13-3(b)）。

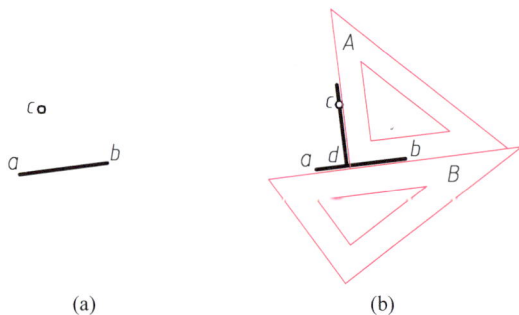

(a)　　　　　　　　(b)

图 13-3　过点作已知直线的垂直线（二）

13.1.2　分线段为任意等份

分线段为任意等份是一种非常有用的辅助作图方法。现以图 13-4 分线段 ab 为五等份为例，说明其作图过程：

（1）过线段的一个端点 a 作任意直线 ac，以点 a 为起点，用圆规以任意长度在直线 ac 上顺序截取 5 段等长的线段，获得 5 个截取点（图 13-4(a)）。

（2）用直线连接线段的另一个端点 b 和最后一个截取点，然后分别过其他截取点作该直线的平行线与线段 ab 相交，得到 4 个等分点（图 13-4（b）），从而将线段 ab 等分为 5 段。

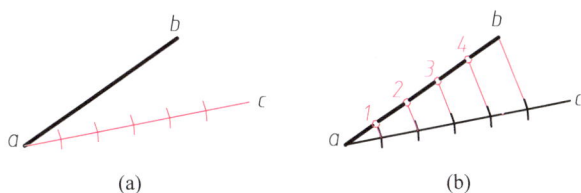

图 13-4　五等分线段

13.1.3　作圆的切线

1. 过点作已知圆的切线

已知圆 O 和点 A（图 13-5（a））。

（1）连接 OA，以 OA 为直径作辅助圆 B，与圆 O 交于点 M 和 N（图 13-5（b））。

（2）连接 AM、AN（图 13-5（c）），AM、AN 即为所求切线，M、N 为切点。

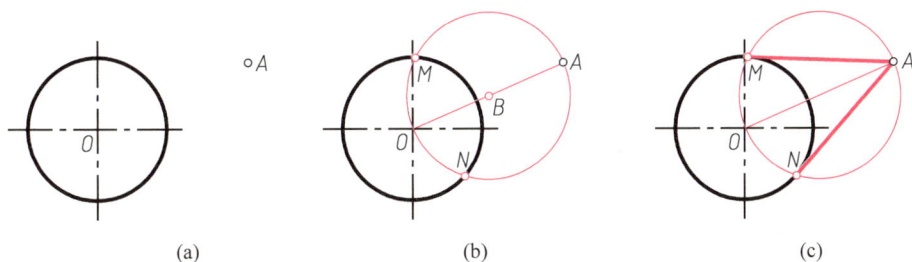

图 13-5　过点作圆的切线

2. 作两圆的外公切线

已知圆 O_1 和 O_2（图 13-6（a））。

（1）以 O_1 为圆心，R_1-R_2 为半径作辅助圆；过 O_2 作辅助圆的切线 O_2C（图 13-6（b））。

（2）延长 O_1C 与圆 O_1 交于点 C_1；过点 O_2 作 O_1C_1 的平行线与圆 O_2 交于点 C_2（图 13-6（c））。

（3）连接 C_1C_2（图 13-6（d）），则 C_1C_2 为两圆的外公切线，C_1、C_2 为切点。

3. 作两圆的内公切线

已知圆 O_1 和 O_2（图 13-7（a））。

（1）以 O_1O_2 为直径作圆弧；以 O_2 为圆心，R_1+R_2 为半径作圆弧。两圆弧交于点 C（图 13-7（b））。

（2）连接 O_2C 与圆 O_2 交于点 C_2（图 13-6（c））。

（3）过点 O_1 作直线 $O_1C_1//O_2C_2$，交圆 O_1 交于点 C_1（图 13-7（d）），连接 C_1C_2，则 C_1C_2 为两圆的内公切线，C_1、C_2 为切点。

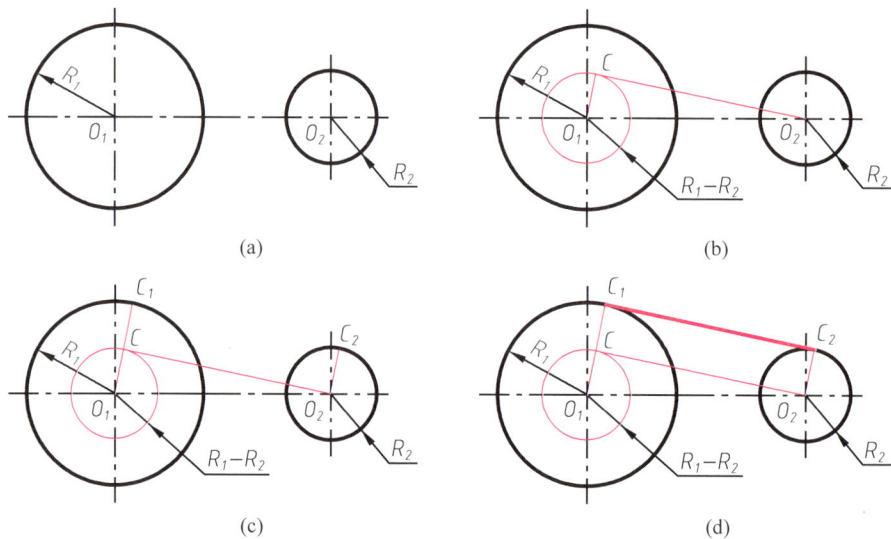

图 13-6　作两圆的外公切线

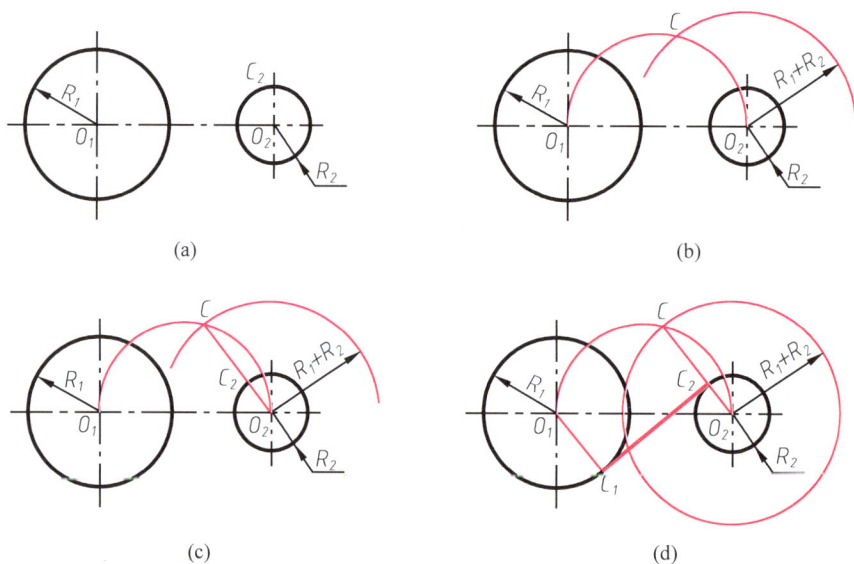

图 13-7　作两圆内的公切线

13.1.4　作正六边形

正六边形的作图方法有多种,以给定圆求作其内接正六边形为例,常采用以 $60°$ 三角板或者以圆规为主要绘图工具进行作图。

1.　以 $60°$ 三角板为主作图(图 13-8)

已知正六边形的外接圆直径为 d。

(1)过 A、D 两点,利用 $60°$ 三角板的斜边,分别作与水平线成 $60°$ 角的直线,交圆周于

B、F、C、E 4 点；

（2）依次连接 A、B、C、D、E、F 各点，即可得正六边形 $ABCDEF$。

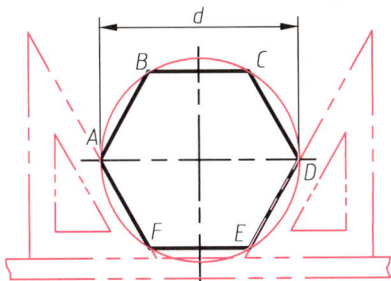

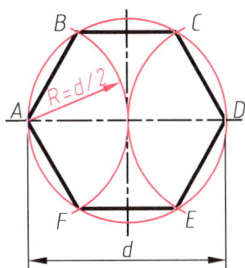

图 13-8　利用 60°三角板作正六边形　　　图 13-9　利用圆规作正六边形

2．利用圆规作图（图 13-9）

分别以圆上 A、D 两点为圆心，以外接圆的半径 $d/2$ 为半径画两段圆弧，与外接圆相交，得正六边形的另外 4 个顶点 B、F、C、E，然后依次连接各点，即可作出正六边形 $ABCDEF$。

13.1.5　斜度与锥度

1．斜度

斜度是指直线或平面相对于另一直线或平面的倾斜程度，一般用两直线或平面间夹角的正切来表示，即 $\tan\alpha=\dfrac{H}{L}$。通常将比例转换为 $1:n$ 的形式进行标注，并在其前面加上斜度符号"∠"（图 13-10）。

以图 13-11(a)中 1：5 斜度为例，斜度的作图方法如下：

（1）从图 13-11(b)中的 A 点出发，沿着水平方向向右任取 5 个单位长度，得到 B 点。

（2）从点 B 沿着竖直方向向上取 1 个单位长度，得到 C 点，连接 AC（图 13-11(b)）。

（3）过点 D 作直线 AC 的平行线，即可得到 1：5 斜度。

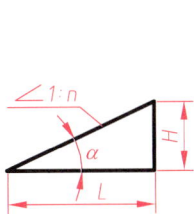

图 13-10　斜度的定义　　　(a)　　　(b)　　　图 13-11　斜度的画法

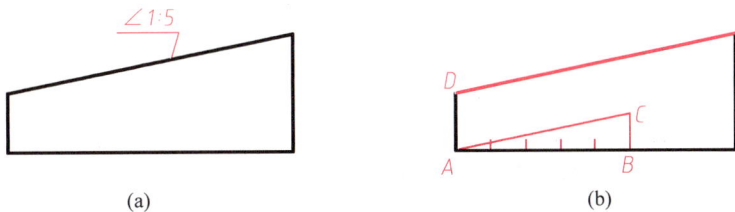

2．锥度

锥度是指圆锥的底圆直径与高度之比。如果是锥台，则是底圆直径和顶圆直径的差与高度之比（图 13-12），即

$$锥度=\frac{D}{L}=\frac{D-d}{l}=2\tan\alpha$$

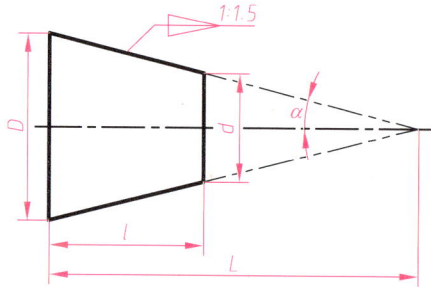

图 13-12　锥度的定义

通常,锥度也转换为 1∶n 的形式进行标注,并在 1∶n 前面加上锥度符号▷。

以画图 13-13(a)圆锥台中 1∶5 锥度部分为例,锥度的作图方法如下:

(1) 从底圆中心 O 点出发,沿轴线方向任取 5 个单位长度,得到 s。

(2) 从 O 点沿竖直方向分别向上、下两侧各取 0.5 个单位长度,得到 a、b。连接 sa、sb。

(3) 过点 A、B 分别作直线平行于 sa 和 sb,即为 1∶5 的锥度。

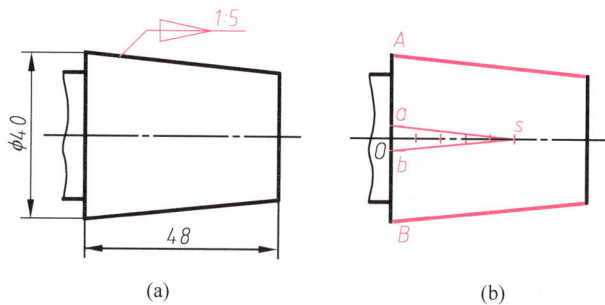

(a)   (b)

图 13-13　锥度的画法

13.1.6　圆弧连接

这里所说的连接是指用已知半径的圆弧将两个几何元素(直线、圆、圆弧)光滑连接起来,亦即是几何元素间的相切问题,其中的连接点就是切点。将不同几何元素连接起来的圆弧称为连接圆弧。

圆弧连接作图的要点是根据已知条件,准确地定出连接圆弧的圆心与切点。

1. 用圆弧连接两已知直线

已知直线 AC、BC 及连接圆弧的半径 R(图 13-14(a))。

(1) 作两条辅助直线分别平行于直线 AC、BC,并使两平行线之间的距离都等于 R。两条辅助直线的交点 O 即为连接圆弧的圆心。由点 O 向两已知直线作垂线,垂足 M、N 即为圆弧与直线的切点(图 13-14(b))。

(2) 以 O 为圆心,R 为半径画圆弧 MN(图 13-14(c))。

2. 用圆弧连接两已知圆或圆弧

用半径为 R 的圆弧连接两已知圆。

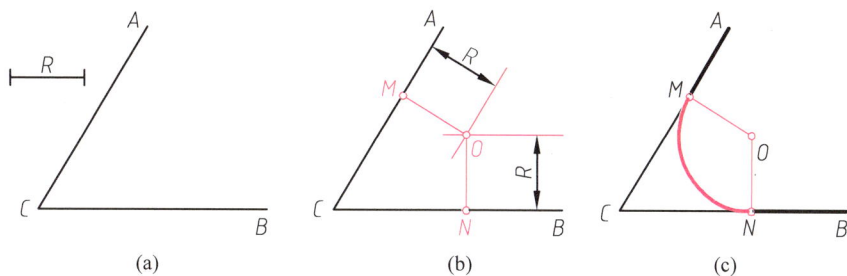

图 13-14 用圆弧连接两已知直线

（1）与两圆外切（图 13-15）

① 分别以 O_1、O_2 为圆心，以 $R+R_1$、$R+R_2$ 为半径作圆弧，其交点 O 即为连接圆弧的圆心（图 13-15(b)）。

② 分别连接 OO_1、OO_2，与两圆交于点 M_1、M_2，即为连线圆弧与两圆的切点（图 13-15(c)）。

③ 以 O 为圆心，R 为半径画连接圆弧 M_1M_2（图 13-15(d)）。

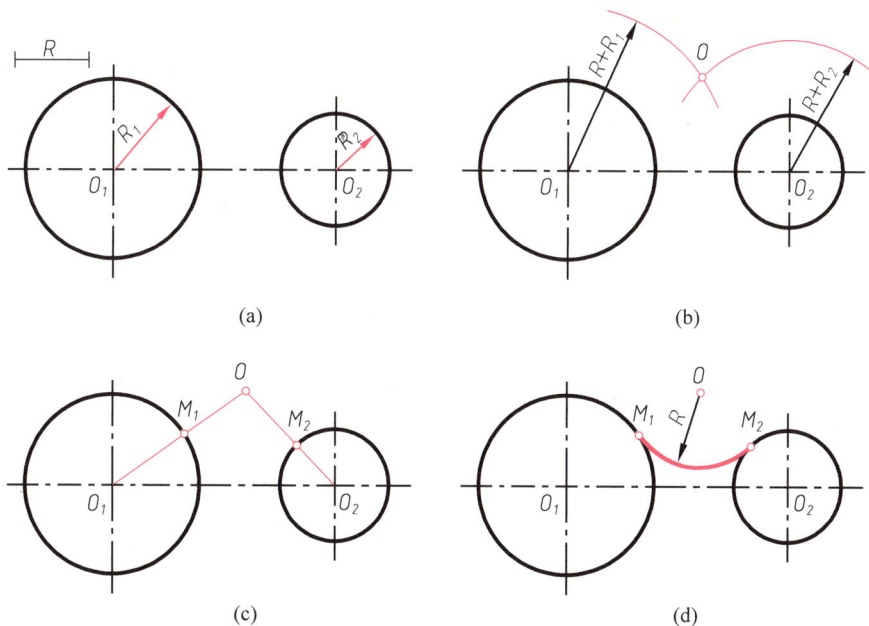

图 13-15 用圆弧连接两已知圆（外切）

（2）与两圆内切（图 13-16）

① 分别以 O_1、O_2 为圆心，以 $R-R_1$、$R-R_2$ 为半径作圆弧，其交点 O 即为连接圆弧的圆心（图 13-16(b)）。

② 分别连接 OO_1、OO_2 并延长，与两圆交于点 M_1、M_2，即得连线圆弧与两圆的切点（图 13-16(c)）。

③ 以 O 为圆心，R 为半径画连接圆弧 M_1M_2（图 13-16(d)）。

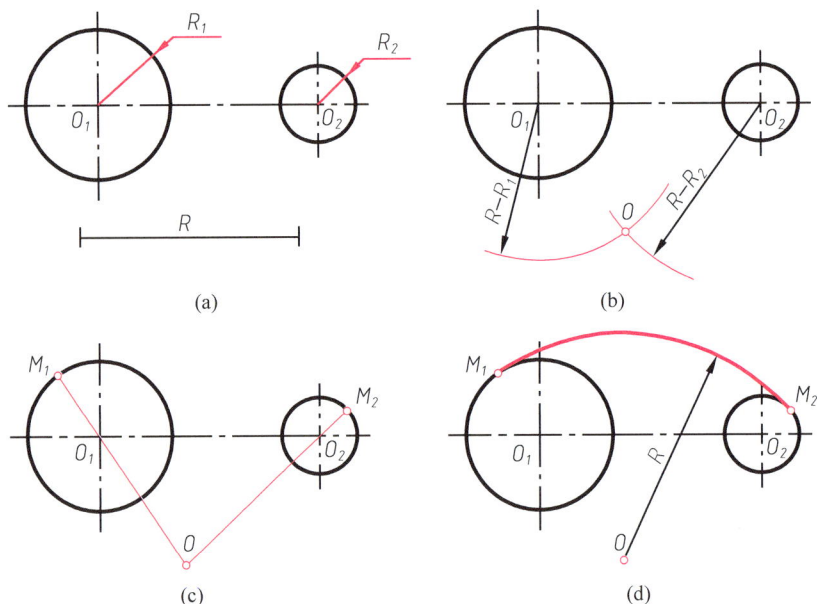

图 13-16　用圆弧连接两已知圆(内切)

3. 用圆弧连接已知直线与圆弧

根据用圆弧连接两已知直线和用圆弧连接两已知圆或圆弧的作图方法,很容易得出用半径为 R 的圆弧连接直线 AB 和圆弧 CD 的作图方法(图 13-17),请读者自行分析。

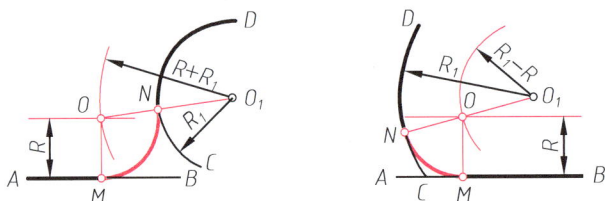

图 13-17　用圆弧连接已知直线与圆弧

在第 2~7 章及第 9~12 章中,投影及视图一般都要求以尺规作图方式完成,读者可结合各章内容,在完成配套习题的过程中,不断熟练并提高尺规作图的水平。

13.2　徒手绘图

13.2.1　绘制直线

徒手画较短的线段时,主要靠手指握笔动作,小手指及手腕不宜紧贴纸面。画较长线段时,眼睛看着线段终点,移动小臂,使笔尖沿要画线的方向作直线运动,手指一般握在高于笔尖约35mm 处,如图 13-18 所示。

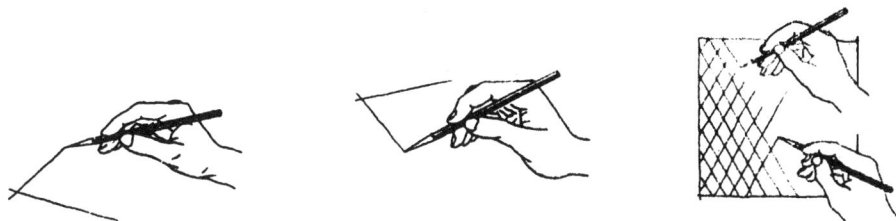

图 13-18　徒手画直线

13.2.2　绘制圆及圆角

画圆时,首先过圆心画出两条互相垂直的中心线,再根据半径大小在中心线上目测标出 4 点,然后过这 4 点画圆(图 13-19(a))。画较大的圆时,为使作图更为准确,可过圆心加画两条 45°斜线,在斜线上再定出 4 点,然后过这 8 点画圆(图 13-19(b))。

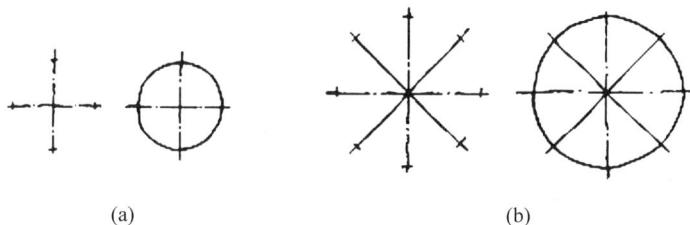

(a)　　　　　　　　　　　　　　(b)

图 13-19　圆的画法

圆角的画图步骤是(图 13-20):首先根据圆角半径的大小,在分角线上目测定出圆心位置;然后过圆心分别向两边引垂线定出圆弧的起点与终点,同时在分角线上也定一圆弧上的点;最后过这三点作圆弧。绘图时注意圆弧与直线边相切。

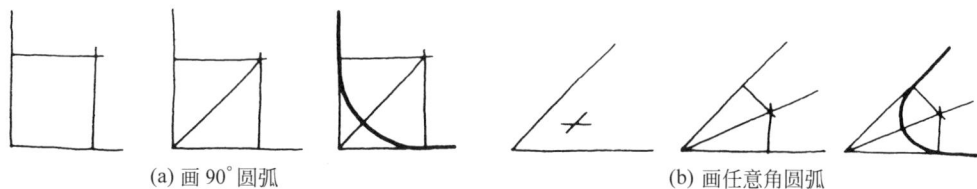

(a) 画 90°圆弧　　　　　　　　　　　　　　(b) 画任意角圆弧

图 13-20　圆角的画法

13.2.3　绘制椭圆

椭圆的画图步骤是(图 13-21):先用点画线画椭圆长、短轴,定出长、短轴端点;然后过 4 个端点画出矩形;最后徒手作椭圆与此矩形相切。

椭圆的另一画法见图 13-22,该方法是利用椭圆的外接平行四边形绘制而成,具体画法可参见第 8 章中的图 8-7。

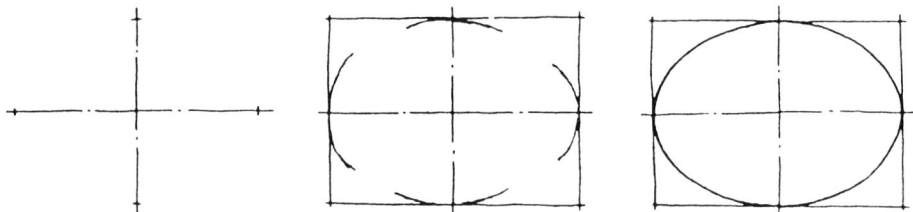

图 13-21　利用矩形画椭圆的方法

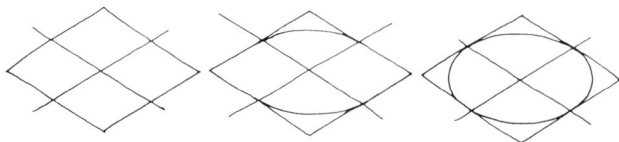

图 13-22　利用外接平行四边形画椭圆的方法

13.2.4　徒手绘制轴测图

在设计构思阶段,设计者常需徒手勾画轴测草图辅助自己的设计思维。在基本设计方案交流中,也常利用徒手的轴测草图进行讨论。徒手绘制轴测图时,要综合考虑直观性好、立体感强和绘图方便的要求。

例 13-1　徒手绘制图 13-23 所示形体的轴测草图。

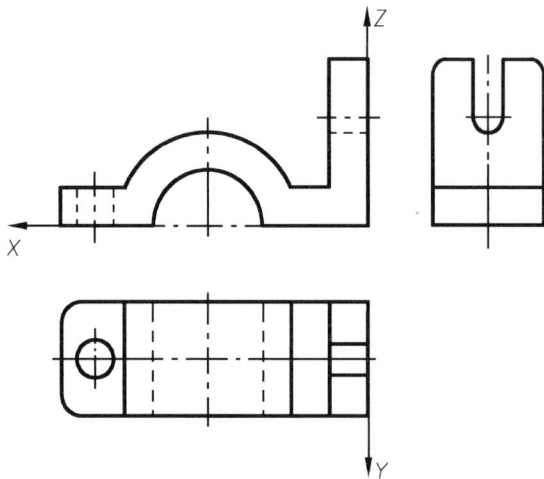

图 13-23　根据三视图徒手绘制轴测图

(1) 分析该形体,在三个互相垂直的表面都有圆或者圆弧,因此较为适宜采用正等轴测图绘制。同时,为了使尽量多的形体能够展现出来,可如图 13-24 所示设定坐标系,将坐标原点置于形体右前角。

(2) 为了绘图方便,可利用简单的立方体作为包容盒,将几个基本形体部分简化,如图 13-24(a)所示,画出这几个立方体。

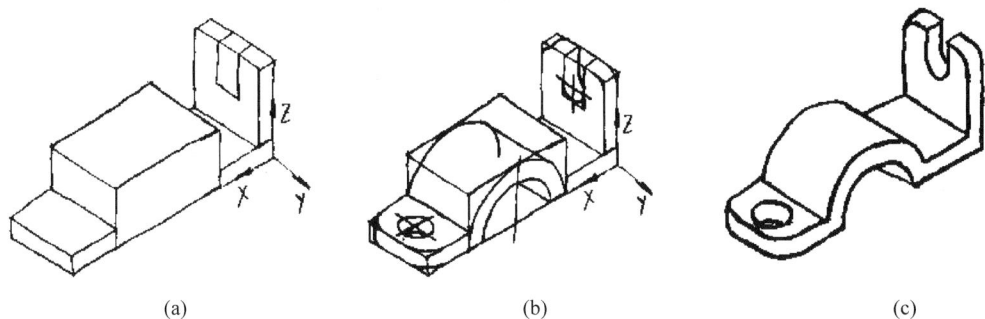

图 13-24　徒手绘制轴测图

（3）如图 13-24（b）所示，分别对几个立方体内的结构进行细化，注意绘制椭圆时确定好椭圆长轴的方向，不要忘记画圆柱表面与椭圆相切的轮廓线。

（4）最后将可见的部分加深，结果如图 13-24（c）所示。

画图过程中，注意目测尺寸尽量准确。

小结

本章主要介绍了尺规作图和徒手绘图的基本方法。在整个课程的学习和练习过程中，应注意不断提高尺规基本几何作图及徒手绘图的技能。在工程图样中的圆弧连接是很多的，因此应熟练掌握圆弧连接的作图方法和步骤。徒手绘图时，要注意目测尺寸尽量准确。

第14章

AutoCAD绘制工程图

计算机辅助绘图与建模包括利用计算机软件交互地绘制二维图样、构造三维模型,以及从三维模型投影生成二维视图及工程图样。

与手工绘图相比,利用计算机绘制二维工程图不仅具有速度快、准确度高的特点,而且通过对大批量电子版图样进行有效的管理,可以方便快捷地对图形进行检索、修改和重用。因此,在设计和生产实际中,计算机绘图应用十分广泛,越来越成为必不可少的基本技能。

目前,有许多软件都能够实现交互式绘制二维图形的功能,其中,AutoCAD 是一种典型的、功能强大的设计软件包,可以方便地绘制二维图形,被广泛地应用于机械、建筑、电子、航天、土木工程等领域。本章以 AutoCAD 2024 为例,简要介绍与本课程相关的计算机绘图的基本概念和基本功能。通过阅读本章内容,读者可以了解计算机绘制二维工程图的基本方式和思路。

14.1 AutoCAD 2024 简介

在使用 AutoCAD 2024 软件交互地绘制二维工程图样时,常用的功能包括:

(1) 二维图线的绘制功能,如绘制直线、圆、圆弧等;

(2) 其他图形对象的绘制功能,如尺寸标注、填充剖面符号、书写文字等;

(3) 图形的修改功能,如移动、旋转、复制、擦除、修剪等;

(4) 辅助绘图功能,包括图层控制、实体捕捉等;

(5) 图形的显示控制功能,如平移、缩放、旋转等;

(6) 输入输出功能,包括图形的导入和输出、对象链接等。

14.1.1 AutoCAD 2024 绘制二维图形的绘图界面

安装 AutoCAD 2024 之后,可从桌面快捷方式或程序组启动该程序。快捷方式图标如图 14-1 所示,双击该图标即可启动 AutoCAD 2024。

启动后,AutoCAD 2024 的工作界面如图 14-2 所示。

图 14-1　AutoCAD 2024
快捷方式图标

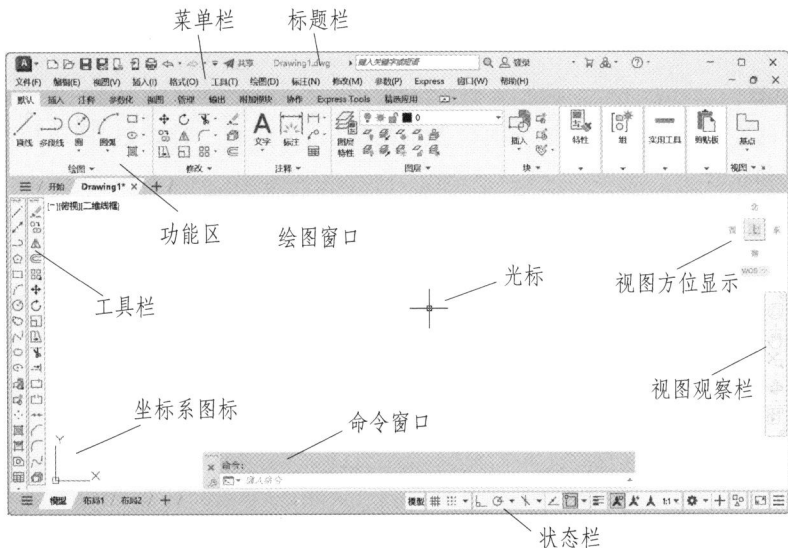

图 14-2　AutoCAD 2024 工作界面

1. 标题栏和菜单栏

AutoCAD 2024 的标题栏显示当前打开的图形文件名。菜单栏提供操作 AutoCAD 2024 的命令，用鼠标单击各个菜单项，可弹出相应的下拉菜单。

2. 功能区

功能区提供包括创建或修改图形所需的所有工具，功能区中有"默认""插入""注释""参数化""视图""管理"和"输出"等多个选项卡，每个选项卡集成了相关的操作工具面板，例如在"默认"选项卡中，排列了"绘图""修改""注释""图层"等多个最常使用的命令组面板。

3. 工具栏

工具栏用图标方式提供执行各种操作命令的快捷方式。当鼠标停留在工具栏上的图标按钮时，出现相应的命令提示。单击按钮，可执行相应的命令。

AutoCAD 2024 中最为常用的工具栏包括："标准"工具栏、"绘图"工具栏、"修改"工具栏、"对象特性"工具栏、"对象捕捉"工具栏和"标注"工具栏等。若要将某个工具栏显示在工作界面中，可在任何一个已经显示出来的工具栏上，右击，在随后出现的工具栏列表中选择所需的工具栏，该工具栏出现在屏幕上。拖动该工具栏到屏幕上适当的位置即可。

4. 绘图窗口

绘图窗口相当于手工绘图时的图纸，所有的绘图和修改操作都在这个窗口中进行。

5. 命令窗口

绘图及修改等操作都是通过输入 AutoCAD 命令并依据提示进一步交互操作而实现的。命令窗口用于通过键盘输入 AutoCAD 的命令或相关的数据。命令开始执行后，命令窗口将显示相应的提示，用户根据提示进行下一步的操作。

　　AutoCAD 2024 中的命令窗口为浮动窗口,可根据绘图需要将其拖动到屏幕的合适位置。

6. 状态栏

状态栏的左端显示的是光标当前位置的坐标值,中间有一排按钮,用以控制辅助绘图工具的设置和状态。

7. 光标

在绘图窗口中可用光标拾取点或选择图形对象。移动鼠标,光标将随之移动。在默认状态下,光标的形式如图 14-3(a)所示。在绘图过程中,当需要输入一个点的时候,光标为图 14-3(b)所示的十字形状,其中十字线的交点即为光标的实际位置;当需要选择图形对象时,光标为图 14-3(c)所示的小方框。

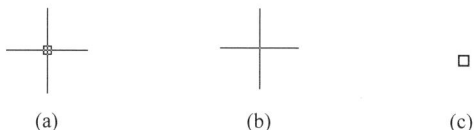

(a) (b) (c)

图 14-3　光标的不同形式

8. 坐标系图标

坐标系图标用来表示当前绘图所使用的坐标系的形式以及坐标方向。AutoCAD 提供世界坐标系(world coordinate system,WCS)和用户坐标系(user coordinate system,UCS)两种坐标系。默认坐标系为世界坐标系。

9. 视图方位显示

利用该工具可以方便地将视图按不同的方位进行显示,以便从不同角度观察,主要用于三维建模过程中。

10. 视图观察栏

利用其中的各种按钮,可以改变视图的缩放、更改观察角度等。

14.1.2　AutoCAD 的基本操作方式

1. 绘图命令的启动和执行

AutoCAD 以输入命令的方式实现交互式操作,通常通过以下 4 种方式启动 AutoCAD 命令:

(1)单击菜单栏中相应的菜单项,如单击"绘图"菜单项下的"直线"项(图 14-4),启动"直线"命令。

(2)单击工具栏中相应的命令按钮,如单击"绘图"工具栏中的按钮 ╱(图 14-5),启动"直线"命令。

(3)单击功能区的相应选项卡中的命令按钮,如单击"默认"选项卡中"绘图"面板的"直线"按钮(图 14-6),启动"直线"命令。

14-2

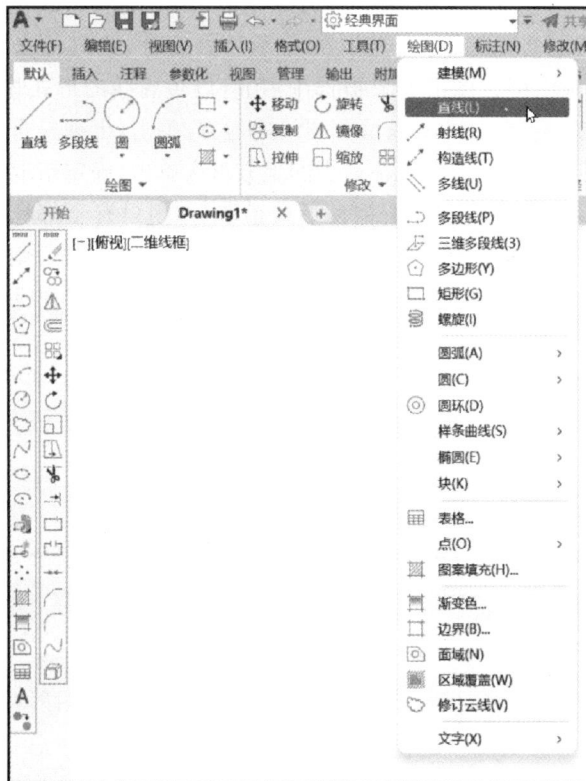

图 14-4　通过菜单启动"直线"命令

图 14-5　通过工具栏启动
"直线"命令

（4）直接通过键盘输入命令（如绘制直线的命令"Line"，或其缩写"L"），此时所输入的命令同时显示在绘图区光标旁边及命令窗口中，然后回车。

命令启动后，命令窗口中、绘图区光标旁边同时显示命令提示，根据提示可进行下一步的操作。如启动"直线"命令后提示为"指定第一点:"。

2. 绘图数据的输入

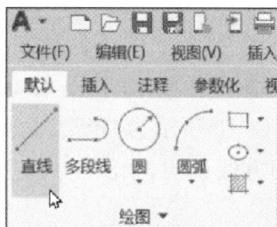

图 14-6　通过功能区启动"直线"命令

在绘图过程中，常常需要输入一个点的位置，如直线的起点、终点，圆的圆心等。点的常用输入方法包括：

（1）用光标拾取。在绘图窗口中移动光标到适当位置，单击，系统自动将十字光标交点的坐标拾取出来。

14-3

（2）通过键盘输入点的坐标，可以输入绝对坐标、相对坐标或极坐标。

绘图时还常常需要输入一些数值，如圆的半径、距离等。可以通过键盘输入数值并回车，也可以在绘图窗口连续拾取两个点，则两点间的距离即作为输入的数值。

14-4

3. 图形对象的选择

在对已绘制的图形进行编辑修改时，常常要选择待修改的图形对象，此时命令窗口一般会

出现提示"选择对象:",同时,光标变成图 14-3(c)所示的一个小方框。常用的选择方式包括:

（1）直接拾取:拖动鼠标,使小方框光标,与要选取的图形对象重合,此时单击即可选中该对象,如图 14-7 所示为直接选中圆。图形对象被选中后,将以短虚线的形式显示。

（2）窗口方式:将小方框光标移动到绘图区域内没有图线的地方,单击,出现一个随鼠标拖动而变化的带颜色的矩形,该矩形即为拾取框。在适当的地方再次单击,确定拾取框的范围,如图 14-8 中矩形阴影框所示。若鼠标从左向右拖动形成拾取框,则只有全部位于拾取框之内的对象才能被选中,如图 14-8 中的矩形;若从右向左拖动鼠标形成拾取框,则位于拾取框之内以及与拾取框边界相交的对象都被选中,如图 14-8 中的矩形、圆和正六边形。

14-5

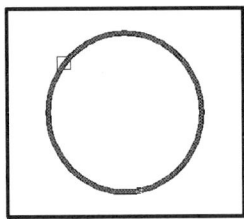

图 14-7 直接选取图形对象

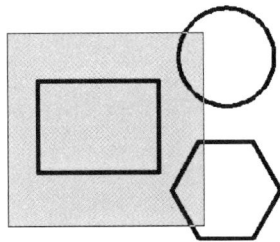

图 14-8 窗口方式选取图形对象

（3）全部选取:若在命令窗口提示"选择对象:"下输入"All",则选中所有的图形对象。

14.2 图线的绘制和修改

14.2.1 图线的绘制

利用 AutoCAD 提供的绘图命令,可以方便地绘制工程图中常见的直线、圆、圆弧、矩形多边形、样条曲线等各种二维图线。主要的绘图命令集中在功能区"默认"选项卡下的"绘图"面板中,如图 14-9 所示。将鼠标放置在某个命令图标上,将显示该命令的功能,例如,图 14-10 所示为"矩形"命令的功能说明。鼠标继续停留在命令图标上,将显示该命令的使用方法说明,如图 14-11 所示为"矩形"命令的使用方法。

14-6

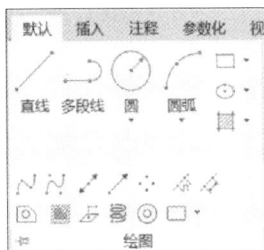

图 14-9 功能区"默认"选项卡下的
"绘图"面板

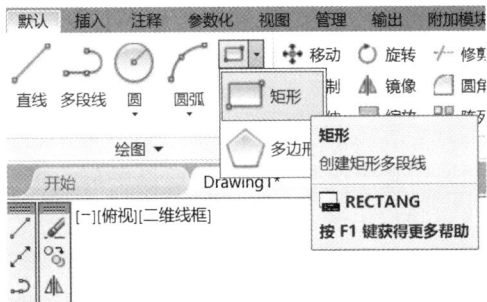

图 14-10 "矩形"命令的功能说明

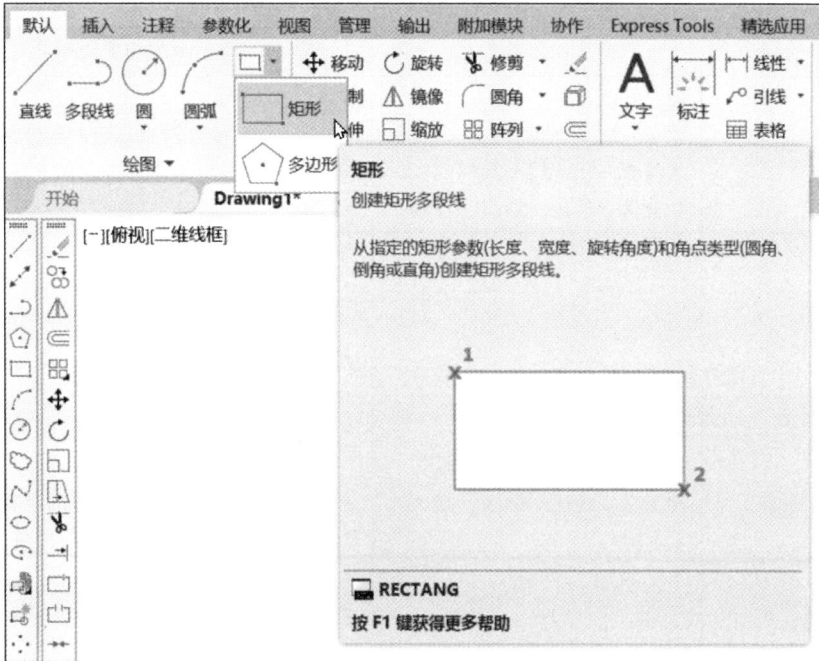

图 14-11 "矩形"命令的使用方法说明

有些图形可以通过多种方式进行绘制，例如单击"圆"命令图标下方的小箭头，将打开绘制圆的不同方式，如图 14-12 所示。

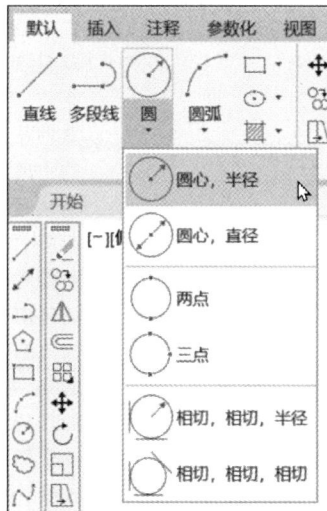

图 14-12 多种方式绘制圆

综合运用各种绘图命令，可以绘制各种图形。表 14-1 中给出了 AutoCAD 2024 中常用二维图线的绘制方法及说明。

表 14-1　常用二维图线的绘制方法及说明

常用图线	绘制命令	命令的启动方式	命令的功能说明
直线	Line	命令：Line 菜单：绘图→直线 工具栏："绘图"工具栏 ╱ 功能区：默认→绘图→直线	用 Line 命令可以创建一系列连续的直线段，每条线段都是可以单独编辑的直线对象
圆	Circle	命令：Circle 菜单：绘图→圆 工具栏："绘图"工具栏 ⊙ 功能区：默认→绘图→圆	可采用以下多种方式绘制圆： • 圆心、半径：输入圆心位置和半径创建圆 • 圆心、直径：输入圆心位置和直径创建圆 • 两点：输入两个点的位置，以这两个点的连线作为直径创建圆 • 三点：输入三个点的位置，所创建的圆将通过这三个点 • 相切、相切、半径：给定圆的半径，并指定另两个图形对象，所创建的圆将与这两个图形对象相切 • 相切、相切、相切：指定三个图形对象，所创建的圆将与这三个图形对象同时相切
圆弧	Arc	命令：Arc 菜单：绘图→圆弧 工具栏："绘图"工具栏 ╱ 功能区：默认→绘图→圆弧	可采用多种方式绘制圆弧，以下为常用的几种方式： • 三点：输入三个点的位置，所创建的圆弧将通过这三个点，且以其中第 1、3 点为圆弧的起点和终点 • 起点、圆心、端点：依次输入 3 个点的位置，分别作为圆弧的起点、圆心和终点，并以起点和圆心的距离作为半径绘制圆弧 • 起点、圆心、角度：依次输入起点和圆心点的位置，并输入角度值，以起点和圆心的距离作为半径绘制圆弧，输入的角度值为该圆弧的圆心角 • 起点、圆心、长度：依次输入起点和圆心点的位置，并输入长度值，以起点和圆心的距离作为半径绘制圆弧，输入的长度值为该圆弧的弦长 • 起点、端点、角度：依次输入起点和终点的位置，并输入角度值，根据角度值自动确定圆弧的圆心和半径 • 连续：创建一个与上次绘制的直线或圆弧相切的圆弧
射线	Ray	命令：Ray 菜单：绘图→射线 工具栏："绘图"工具栏 ╱ 功能区：默认→绘图→射线	创建从一点出发的单向无限长的直线，可用于绘制投影的投射线，或作为创建其他对象的参照

14-0

14-9

续表

常用图线	绘制命令	命令的启动方式	命令的功能说明
构造线	Xline	命令：Xline 菜单：绘图→构造线 工具栏："绘图"工具栏 ↗ 功能区：默认→绘图→构造线	创建一条两端都无限延长的直线，这种构造线常可用来作为保证各视图之间"三等"关系的投射线
多段线	Pline	命令：Pline 菜单：绘图→多段线 工具栏："绘图"工具栏 ⊐ 功能区：默认→绘图→多段线	多段线由一系列直线或圆弧连续构成，各段均可有不同的宽度、不同的线型。用 Pline 命令一次绘制出来的多段线作为一个图形对象
样条曲线	Spline	命令：Spline 菜单：绘图→样条曲线 工具栏："绘图"工具栏 ∿ 或 ∿ 功能区：默认→绘图→样条曲线拟合（或样条曲线控制点）	样条曲线是通过或者接近一组指定点的光滑曲线。可用来绘制非规则形状的曲线，如汽车设计的轮廓曲线，也可以用作制图中的波浪线
矩形	Rectang	命令：Rectang 菜单：绘图→矩形 工具栏："绘图"工具栏 ▢ 功能区：默认→绘图→矩形	通过 Rectang 命令可以绘制矩形，并可以指定矩形的长度、宽度、旋转角度，并可指定矩形的边角为直角、圆角或者倒角
正多边形	Polygon	命令：Polygon 菜单：绘图→正多边形 工具栏："绘图"工具栏 ⬠ 功能区：默认→绘图→多边形	通过 Polygon 命令可以绘制正多边形，并指定多边形的边数，通过输入与正多边形内切或外接的圆的半径，确定正多边形的大小

14-10

14-11

14.2.2 图线的修改

在绘图过程中，常常需要对已经画好的图线进行修改。例如，删除某些不需要的图线，将图线剪短或加长，将尖角处改为圆角等。AutoCAD 2024 提供了许多方便实用的修改命令，既可以对二维图线进行修改，又可以提高绘图效率。主要的修改命令集中在功能区"默认"选项卡下的"修改"面板中，如图 14-13 所示。

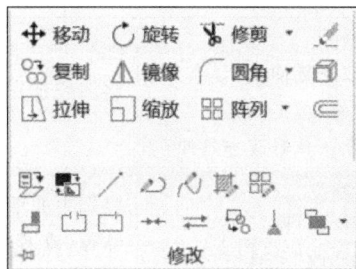

图 14-13 "默认"功能区下的"修改"命令组

常用的修改命令包括"移动""复制""镜像""修剪""延伸""删除"等。表 14-2 中给出了 AutoCAD 2024 中常用二维图线的修改方法说明。综合运用各种修改命令,可以对图形进行修改。如图 14-14(a)所示,利用"镜像"命令将直线对称复制到轴线右侧,利用"打断"命令将点画线过长的部分擦掉,得到图 14-14(b)。然后在图 14-14(b)中利用"修剪"命令剪掉圆弧多余的部分,最终完成如图 14-14(c)所示图形。

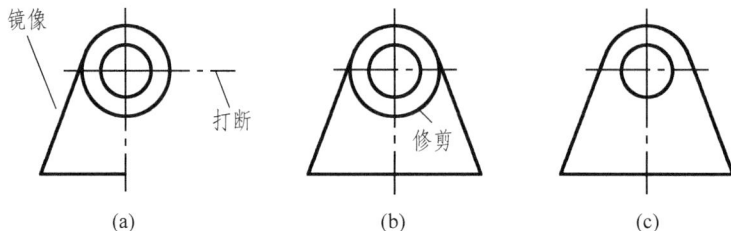

(a)　　　　　　　(b)　　　　　　　(c)

图 14-14　图形修改实例

表 14-2　常用的图线修改方法

修改方法	修改命令	命令的启动方式	命令的功能说明
删除	Erase	命令:Erase 菜单:修改→删除 工具栏:"修改"工具栏 ✎ 功能区:默认→修改→删除	将选中的图形对象完整地删除掉
移动	Move	命令:Move 菜单:修改→移动 工具栏:"修改"工具栏 ✛ 功能区:默认→修改→移动	将选中的图形对象沿着指定的方向,移动指定的距离
旋转	Rotate	命令:Rotate 菜单:修改→旋转 工具栏:"修改"工具栏 ↻ 功能区:默认→修改→旋转	将选中的图形对象围绕指定的基准点,旋转指定的角度
修剪	Trim	命令:Trim 菜单:修改→修剪 工具栏:"修改"工具栏 ✂ 功能区:默认→修改→修剪	将某对象位于由其他对象所确定的修剪边界之外的部分剪切掉
延伸	Extend	命令:Extend 菜单:修改→延伸 → 工具栏:"修改"工具栏 功能区:默认→修改→延伸	将图线延长到其他某个对象的边界
打断	Break	命令:Break 菜单:修改→打断 工具栏:"修改"工具栏 ⚏ 功能区:默认→修改→打断	将选中的图形对象在某两点之间的部分去除掉,或者将对象从某一点处剪断为两个对象

14-12

14-13

14-14

修改方法	修改命令	命令的启动方式	命令的功能说明
复制	Copy	命令：Copy 菜单：修改→复制 工具栏："修改"工具栏 ❀ 功能区：默认→修改→复制	将选中的图形对象沿着指定的方向，复制到指定的距离处。复制过程为平移复制，即：图形对象在复制过程中不发生旋转，也不进行大小的缩放
偏移	Offset	命令：Offset 菜单：修改→偏移 工具栏："修改"工具栏 ⊆ 功能区：默认→修改→偏移	将选中的图形对象沿指定的方向偏移一段指定的距离，原对象可以保留，也可以删除。对直线类对象的偏移产生平行线，对圆和圆弧则是产生同心圆或同心圆弧
阵列	Array	命令：Array 菜单：修改→阵列 工具栏："修改"工具栏 品 功能区：默认→修改→阵列	将选中的图形对象按矩形排列或环形排列的方式进行复制。矩形阵列是将选定的图形对象沿着互相垂直的行、列两个方向进行复制。环形阵列是将选定的图形对象沿着圆周做等距离复制
镜像	Mirror	命令：Mirror 菜单：修改→镜像 工具栏："修改"工具栏 ⚠ 功能区：默认→修改→镜像	将选中的图形对象相对于某条轴线作反射，生成一个与原对象形状和大小相同、但相对于轴线对称的新对象。原对象可以保留，也可以删除
倒角	Chamfer	命令：Chamfer 菜单：修改→倒角 工具栏："修改"工具栏 ◢ 功能区：默认→修改→倒角	将图形的尖角处修改为给定距离的倒角
圆角	Fillet	命令：Fillet 菜单：修改→圆角 工具栏："修改"工具栏 ◻ 功能区：默认→修改→圆角	将图形的尖角处修改为给定半径的圆角

14-15

14-16

14.3　绘图辅助工具

14.3.1　图层

根据制图国家标准的规定，机械制图中不同类型的图线应采用不同的线型和宽度。利用 AutoCAD 绘图时，可以为每一个图形对象设定颜色、线型、线宽等特征属性。在绘制较为复杂的图形时，为了使图形更加清晰，通常可以按照图形的不同类型，将其分布在不同的层上。如将粗实线图形、点画线图形、尺寸标注、文字等各自绘制在一个层上，这些不同的层就叫作图层。可以把图层想象为没有厚度的透明纸，将不同类型的图形内容绘制在不同的透明纸上，然后将这些透明纸重叠在一起就得到完整的图形，如图 14-15 所示。可以对图层进行打开、关闭、冻结、解冻等操作，并可为每个图层设定其颜色、线型、线宽等特征。在"随层"(Bylayer)的情况下，在某一图层中绘制的图形对象都具有这个图层的颜色、线型和线宽特性。如果对图层的这些特性进行修改，则该图层上具有"随层"特性的图形对象都将按照图层中的新的设置,自动修改其颜色、线型和线宽。通过对图层进行有序的管理,可以大大提高绘图效率。

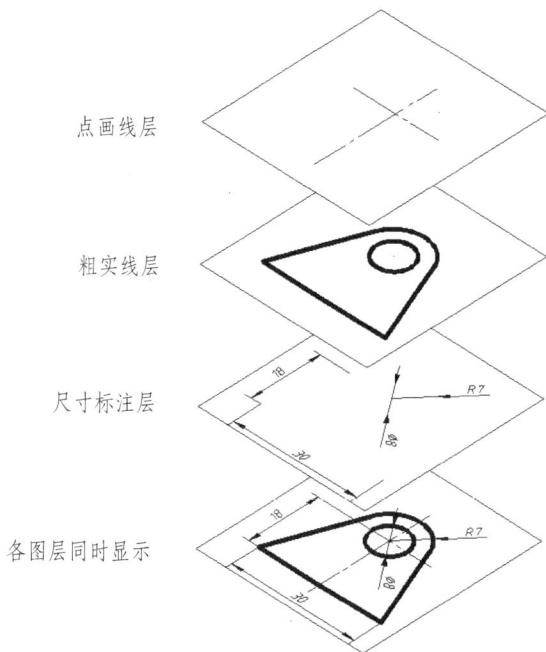

图 14-15　图层示意图

启动 AutoCAD 2024 后,系统自动建立一个名为"0"的图层。用 Layer 命令打开如图 14-16 所示的"图层特性管理器"对话框,可进行如下操作。

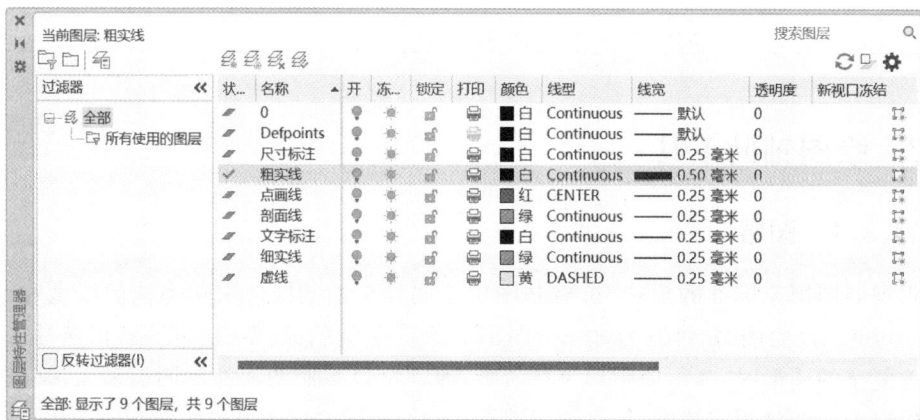

图 14-16　"图层特性管理器"对话框

1. 创建新图层

单击图标 🔳 ,在图层列表中出现一个新图层。可单击该图层的名字进行修改。例如,在图 14-16 中可以看出,创建了 4 个新图层:粗实线、点画线、细实线、虚线,分别用来绘制不同类型的图线。

2. 设置当前层

图形对象只能绘制在当前图层上。选中某一图层后，单击图标 🗗，将选中的图层设置为当前图层。例如，需要绘制粗实线时，需将"粗实线"层设置为当前层。

3. 删除图层

选中某一图层后，单击图标 🗗 将其删除。注意，"0"层及已绘制了图形的图层不能删除。

4. 设置图层的颜色、线型和线宽

图层的颜色、线型和线宽，是指绘制在该图层上的图形对象的颜色、线型和线的粗细。在"图层特性管理器"对话框中选中一个图层，单击该图层的"颜色""线型""线宽"栏，可以分别对这些特性进行设置。

在功能区"常用"选项卡下的"特性"工具栏中有三个下拉框，如图 14-17 所示。如果将图形对象设置为"Bylayer"（随层），则图形对象将与所在图层的设置保持一致。一般情况下，图形的线型、颜色和线宽尽可能与所在图层的设置保持一致，这样，当更改了图层的设置时，该层上所有随层的图形对象会自动更改其特性，提高绘图效率。

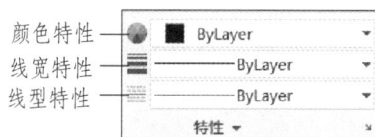

图 14-17　线型、颜色和线宽的设置

14-18

14.3.2　点的精确捕捉

当绘图命令提示要求确定一个点的位置时，常常需要精确地拾取到一些特殊位置的点，如直线的交点、圆的切点等。如图 14-18 所示为"对象捕捉"工具栏，通过其中的按钮，可以精确地捕捉到所需的特殊点，以保证作图的准确性。绘图时，当需要精确捕捉某个特殊位置点时，单击对象捕捉工具栏中相应的按钮，然后将光标移向捕捉点的附近，捕捉框自动捕捉到该特殊点，并在该点上显示相应的提示符号，此时单击即可完成特殊点的拾取。

14-19

14.3.3　正交模式作图

在绘图时常常需要绘制水平线或垂直线。打开正交功能后，系统将限制绘图方向，只能绘制水平线或垂直线。单击状态栏中的"正交"按钮 🖵，或者按 F8 键，可以使正交功能在打开与关闭之间切换。

14.3.4　图形的显示控制

在绘图过程中，常常遇到很大或者很小的图形，因此需要对视图进行缩放、平移等操作。运用显示控制功能，能够方便、迅速地在屏幕上显示图形的不同部分。

图 14-18 "对象捕捉"工具栏

1. 视图的缩放

利用"缩放"命令,可以改变图形显示的比例,但并不改变图形本身的尺寸。图形的缩放有多种方式,常用的包括以下几种。

范围缩放:将所有的图形对象以尽可能大的方式显示在绘图窗口中;

窗口缩放:利用鼠标在绘图区划定一个矩形窗口,将该窗口中的图形以尽可能大的方式显示在绘图窗口中;

实时缩放:通过拖动鼠标左键,动态地将视图缩小或放大显示。

2. 视图的平移

视图的平移是指移动观察图形的不同部分,而不改变图形的显示比例。利用"平移"命令,可以实现视图平移。此时光标变为手形 ✋,按下鼠标左键并拖动,对视图进行移动。右击,在弹出的菜单中单击"退出"按钮,结束视图的平移。

更改视图的显示方式,如缩放、平移视图等操作还可以通过如图 14-19 所示的"视图观察栏"中的按钮实现。

图 14-19 视图观察栏

14-20

14.4 尺寸标注

尺寸标注是工程图中的重要内容,AutoCAD 2024 提供了丰富的尺寸标注功能。例如图 14-20 中的各种线性尺寸、直径、半径、角度等,都是利用 AutoCAD 的尺寸标注功能直接标注的。其中,线性尺寸是指水平方向或者垂直方向的长度尺寸,例如图 14-20 中的水平尺寸 40 和垂直尺寸 6、25。

14-21

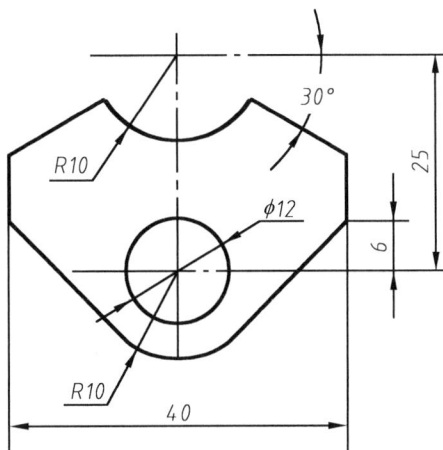

图 14-20 尺寸标注实例

在不同的工程应用中,所要求的尺寸标注样式各不相同。在图 14-21 所示的"标注样式管理器"对话框中,可以创建新的尺寸标注样式,或者修改已有标注样式。从对话框右侧的预览中可以看出,初始的尺寸标注样式在文字字体选择、角度水平注写、小数点形式等方面均与国家标准的相关规定不符。单击"修改"按钮,即可在弹出的图 14-22 所示的对话框中对尺寸线、尺寸界线、尺寸文字、尺寸箭头等一系列内容的形式和大小进行设置,从而标注出符合要求的尺寸。

14-22

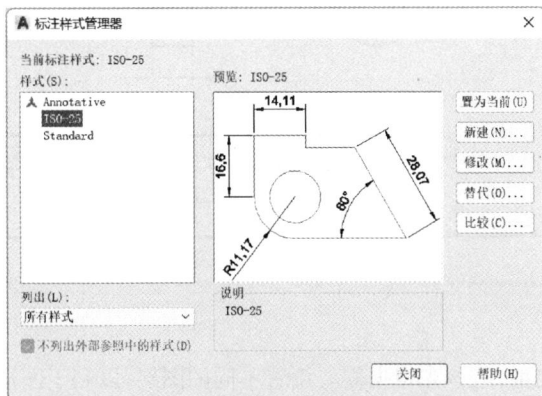

图 14-21 "标注样式管理器"对话框

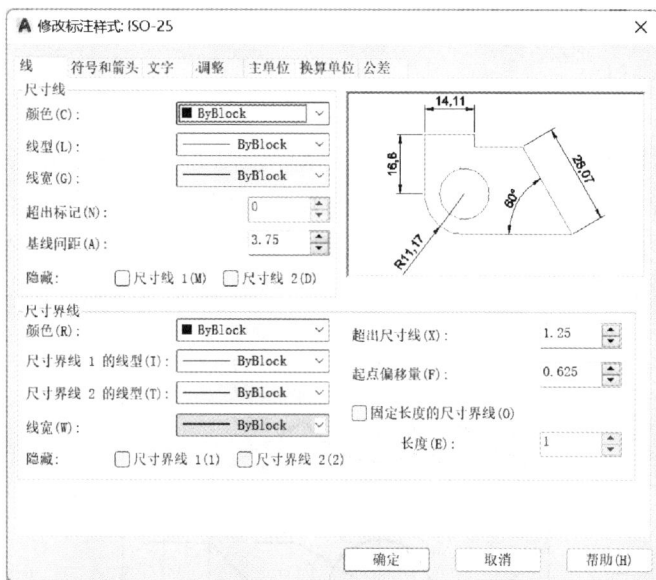

图 14-22 设置尺寸标注样式

14.5 绘制工程图的步骤

综合应用 AutoCAD 2024 的各种命令,可以交互地作出符合国家标准的工程图样,下面以图 14-23 所示零件图为例,说明绘图的基本过程。

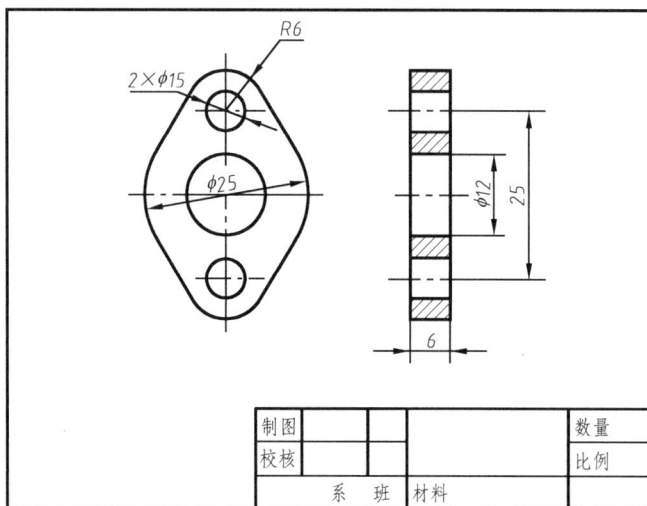

图 14-23 零件图实例

1. 设置图层

在正式绘制图形之前,应该先根据需要设置不同的图层,以利于图形的绘制和集中修改。

在图 14-24 所示的"图层特性管理器",新建名为"粗实线""细实线""点画线"等各个图层,用来绘制不同类型的图形对象。每个图层各自设置相应的线型、线宽和颜色。再将

"点画线"层设置为当前层。

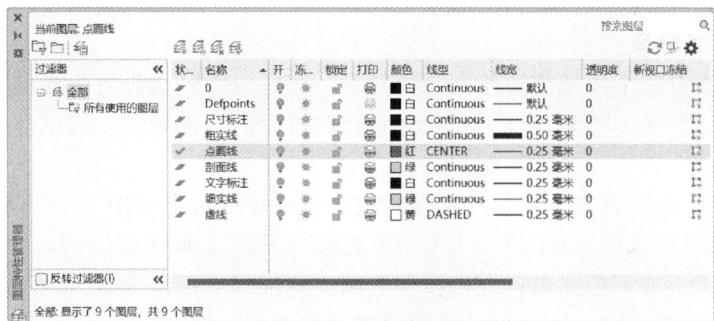

图 14-24 设置图层

2. 绘制视图中的点画线

用"直线"命令在绘图区的合适位置绘制两个视图中的点画线,从而确定两个视图的
位置。绘图结果如图 14-25(a)所示。在绘制点画线的过程中,还可以应用"复制""偏移"
等命令提高作图效率。

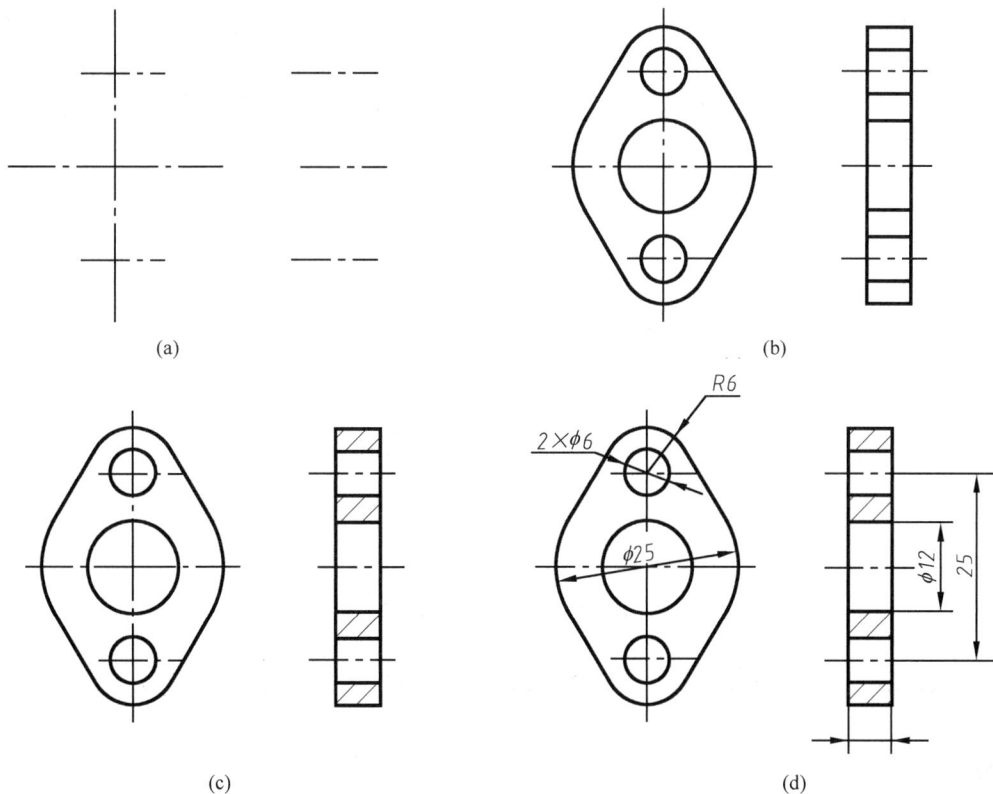

(a)　　　　　　　　　　　　　　(b)

(c)　　　　　　　　　　　　　　(d)

图 14-25 绘制视图及标注尺寸

3. 绘制粗实线

将"粗实线"层置为当前层。利用"直线""圆""圆弧"等命令绘制如图 14-25(b)所示

的粗实线。在绘制过程中,可能会用到"修剪""镜像""复制"等修改命令,并注意利用对象捕捉、正交绘图等功能,以保证作图的准确性。

4. 绘制剖面符号

在左视图中有三个区域需要绘制剖面符号。将"剖面线"层设置为当前层,用"图案填充"命令,选择 ANSI31 图案,以适当的比例填充该区域,结果如图 14-25(c)所示。

5. 标注尺寸

在标注尺寸之前,首先要对尺寸标注样式进行设置。可在如图 14-21 所示的"标注样式管理器"对话框中选中"ISO-25",并单击"新建"按钮,从而创建以 ISO-25 为基础样式的新的标注样式。为了标注出符合机械制图国家标准规定的尺寸,常可在随后出现的"新建标注样式"对话框中做如下的尺寸样式设置和修改:

在"线"选项卡中,将"基线间距"设为 6,将"超出尺寸线"设为 2,将"起点偏移量"设为 0;在"符号和箭头"选项卡中将"箭头大小"设为 4;在"文字"选项卡中,"文字样式"选择"gbeitc";将"从尺寸线偏移"设为 1;在"主单位"选项卡中,"小数分隔符"设为"."(句点)。

将新建的标注样式置为当前样式,并依次标注图中的各个尺寸,结果如图 14-25(d)所示。

6. 绘制图纸边框和标题栏

分别在"粗实线"和"细实线"层绘制直线,完成如图 14-23 中所示的图纸边框和标题栏。

为了填写标题栏中的文字,需先设置文字的样式。从菜单"格式"——"文字格式",可以打开如图 14-26 所示的"文字样式"对话框,从"字体"选项区中的下拉列表框中选择"gbeitc. shx"字体,选中"使用大字体"复选框,在"大字体(B)"下拉列表框中选择 gbcbig. shx,并设置字高。

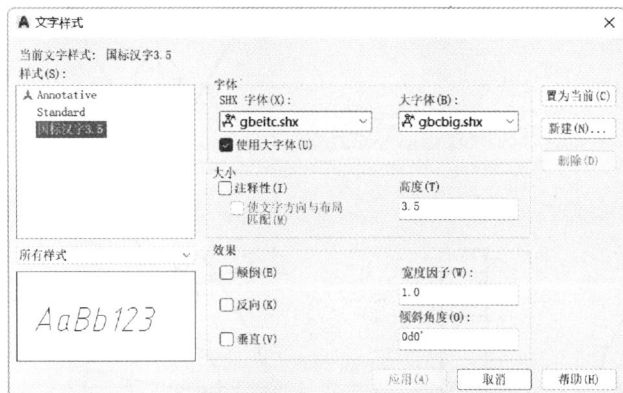

图 14-26　设置文字格式

在标题栏的适当位置书写文字,完成零件图的绘制,结果如图 14-23 所示。

小结

本章以 AutoCAD 2024 软件为例,介绍了计算机绘制二维工程图的基本思路和方法。AutoCAD 绘图的方法和过程并不唯一,软件的具体使用方法和技巧,还需要读者结合软件使用手册,通过更多的绘图实践来逐步掌握,并提高作图技能和效率。

第15章

SolidWorks构造三维模型

利用三维设计软件,设计师能够从参数化的三维构形出发,快速、准确地按照其设计思想绘制草图,运用各种特征结合不同尺寸,生成零件的三维模型并依此制作详细的零件图。也可以生成由零件或子装配体组成的配合零部件,以生成三维装配体,并生成二维的装配图。

由于使用计算机构造的三维模型及由此生成的工程图样便于修改和重用,并易于与后期的加工制造过程相关联,因此,利用计算机构造三维模型是机械设计与表达过程中应该掌握的基本技能。

目前,已有多种成熟的三维设计软件可供使用,本章以 SolidWorks 2024 软件为例,简要介绍构造三维模型并生成二维图样的基本思路和方法。

15.1 SolidWorks 2024 简介

15.1.1 SolidWorks 2024 的基本功能

SolidWorks 是一个功能全面的三维设计软件,其中,与本课程关系密切的功能包括:

(1) 零件的三维造型:草图的绘制、特征生成、模型修改等;

(2) 构造三维装配体;

(3) 生成工程图:由三维模型投影生成二维图。

15.1.2 SolidWorks 2024 的界面

可通过桌面快捷方式或程序组启动 SolidWorks。SolidWorks 2024 的桌面图标如图 15-1 所示,双击该图标即可启动。

启动 SolidWorks 2024 之后,根据设计需要,可打开或新建不同类型的文件,即:零件(.sldprt)、装配(.sldasm)、工程图(.slddrw)。对于不同类型的文件,系统将显示风格相近、但略有不同的操作界面。如图 15-2 所示为进行零件造型时的界面,其中包括 SolidWorks 文档窗口、功能选择和反馈等多种用户界面工具和功能,可以高效率地生成和编辑模型。

图 15-1 SolidWorks 2024
快捷方式图标

菜单

工具栏

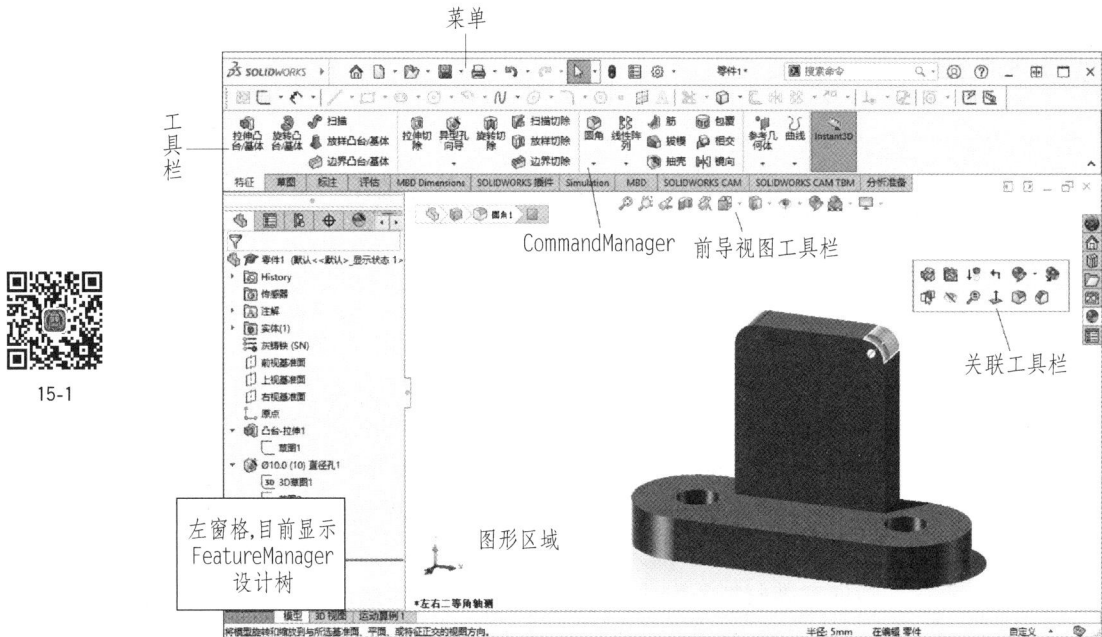

CommandManager　前导视图工具栏

关联工具栏

15-1

左窗格,目前显示
FeatureManager
设计树

图形区域

图 15-2　SolidWorks 2024 界面

1. SolidWorks 文档窗口

SolidWorks 文档窗口分为左、右两个窗格。根据不同的任务操作,左窗格可显示如下内容。

(1) FeatureManager 设计树:显示零件、装配体或工程图的结构,该设计树记录了三维建模的过程,便于模型的修改等操作。例如,从 FeatureManager 设计树中选择一个项目,可以进行编辑基础草图、编辑特征、压缩和解除压缩特征或零部件等操作。

(2) PropertyManager:为草图、圆角特征、装配体配合等诸多功能提供设置。

(3) ConfigurationManager:在文档中生成、选择和查看零件和装配体的多种配置。配置是单个文档内的零件或装配体的变体。例如,可以使用螺栓的配置指定不同的长度和直径。右侧窗格为图形区域,此窗格用于生成和处理零件、装配体或工程图。

2. 功能选择和反馈

SolidWorks 应用程序允许使用不同方法执行任务。当执行某项任务时,例如绘制实体的草图或应用特征,SolidWorks 应用程序还会提供反馈。其中包括:

(1) 菜单:可以通过菜单访问所有 SolidWorks 2024 的命令。SolidWorks 菜单使用 Windows 惯例,包括子菜单、指示项目是否激活的复选标记等。

(2) 工具栏:可以通过工具栏访问 SolidWorks 命令。工具栏按命令进行分类组织,例如草图工具栏或装配体工具栏。可以显示或隐藏工具栏,将它们停放在 SolidWorks 窗口的 4 个边界上,或者使它们浮动在屏幕的任意区域,以方便使用。将鼠标指针悬停在每个图标上方时会显示工具提示。

（3）CommandManager：一个上下文相关工具栏，它可以根据处于激活状态的文件类型进行动态更新。单击位于CommandManager下面的选项卡时，它将更新以显示相关工具。对于每种文件类型，如零件、装配体或工程图，均为其任务定义了不同的选项卡。将鼠标指针停留在每个工具图标上方时会显示该工具的功能说明，如图15-3显示为"拉伸凸台/基体"的功能说明。鼠标继续稍做停留，将出现该功能使用方法的视频演示。

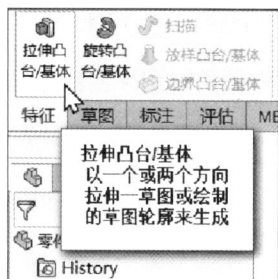

图15-3 工具的功能说明

（4）前导视图工具栏：提供操纵视图所需的普通工具，如视图的缩放、视图定向、显示方式等。

（5）关联工具栏：在图形区域中或在FeatureManager设计树中选中某个项目时，关联工具栏出现。通过它们可以访问在这种情况下经常执行的操作。关联工具栏可用于零件、装配体及草图。

15.2 零件建模

零件是每个SolidWorks模型的基本组件，零件建模是SolidWorks的基础。为了进行零件建模，新建文件时应在"新建SolidWorks文件"窗口中选择"零件"，如图15-4所示。文件保存时以.sldprt为文件扩展名。

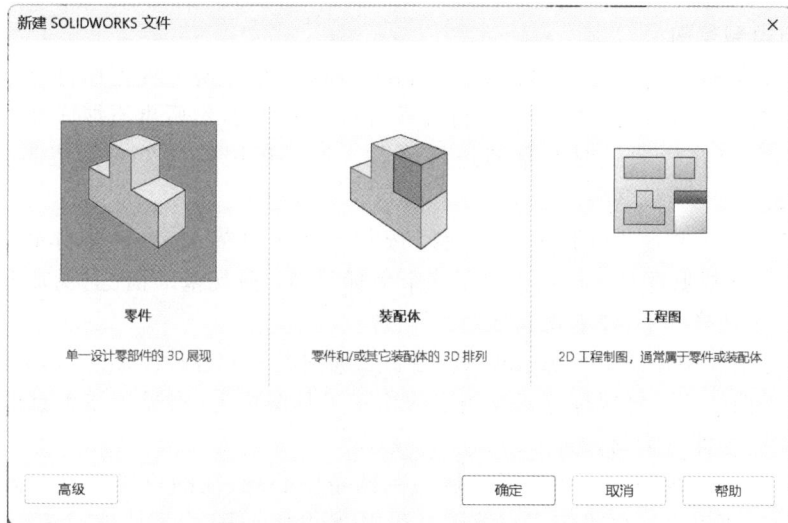

图15-4 "新建SolidWorks文件"对话框

零件建模的基本流程是：首先绘制草图图形，并对图形添加几何约束和尺寸约束，然后通过拉伸、旋转等操作，利用草图形成三维特征，还可添加其他特征（如圆角、倒角等）。草图或特征将记录在FeatureManager设计树中。在零件建模的过程中，可以随时对草图或者特征进行编辑修改。

15.2.1 绘制草图

SolidWorks 零件是基于各种特征的,而特征的创建,则首先要为特征绘制草图。打开图 15-5 左上方 CommandManager 中的"草图"选项卡,该选项卡中列出了绘制草图时常用的各种命令,如图 15-5 所示。

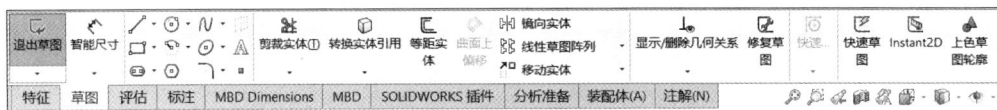

图 15-5 "草图"选项卡

下面以图 15-6 所示的零件为例,介绍零件建模的基本过程。

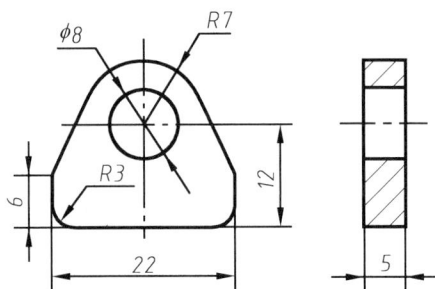

图 15-6 零件图实例

1. 初步绘制草图

与 AutoCAD 绘制二维图不同的是,SolidWorks 三维造型过程更加符合零件设计时的思维规律,即:先进行初步设计并绘制出草图的大致形式,然后再添加详细的几何约束和尺寸约束,并可在后期随时对草图进行修改。为了运用拉伸方式形成零件,先参考图 15-6 中的主视图绘制草图。

单击"草图"选项卡中的"草图绘制"按钮 ,此时需要指定绘制草图的平面。SolidWorks 系统根据现有坐标系给定了三个坐标平面:前视基准面、上视基准面和右视基准面,可从中选择一个,如前视基准面。

"草图"选项卡中提供了与 AutoCAD 绘制二维图类似的各种绘图工具,如绘制直线、矩形、圆、样条曲线等。将鼠标停留在相应的绘图工具图标上,将显示该工具的名称和功能,选择其中一个即可绘图。

首先应用"中心线"命令,在图形区域绘制两条中心线,线的位置和长短大致合适即可,精确的位置可以以后再确定。在绘图过程中,SolidWorks 会智能地捕获绘图意图,例如自动确定直线平行于 X 轴或 Y 轴,自动捕获直线通过坐标原点等等。如图 15-7 所示,在绘制铅垂中心线时,自动捕捉铅垂线的位置,并显示其长度及铅垂方向的约束。

利用"圆"命令,绘制图 15-8 中的两个圆。画圆时注意:在指定圆心时,可以通过移动鼠标到坐标原点附近,系统会自动捕捉坐标原点,从而将圆心约束在坐标原点位置。

利用"直线"命令,绘制图 15-8 中的几条直线。画直线时注意:下方的 3 条直线利用自动捕捉功能画为水平线或铅垂线。

利用"裁剪实体"命令,将大圆下部及直线多余部分修剪掉,结果如图 15-9 所示。

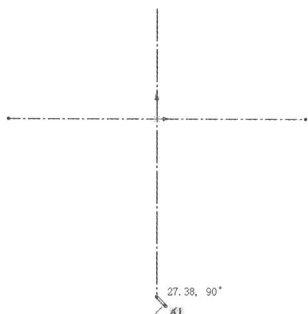
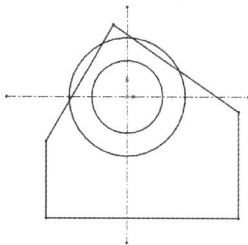
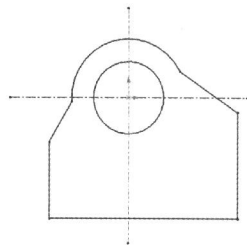

15-2

图 15-7　绘制中心线　　　图 15-8　绘制圆和直线　　　图 15-9　初步完成图线绘制

画图时,可以暂时不考虑尺寸的准确性,先按照设计意图画出大致的图形即可。

2. 添加几何约束

几何约束指的是各个图形对象之间的相对关系,例如,可以定义两条直线之间的平行、垂直、共线、对称或者长度相等,两个圆或圆弧的同心或者直径相等。在施加了几何约束之后,对图形对象的其他操作都将在保持这些关系的条件下进行。

按照本零件要求,草图中两条铅垂线应该相对于铅垂中心线对称。按下"Shift"键,并同时选中左右两条铅垂线和中间的铅垂中心线,在左侧窗格"添加几何关系"栏中选中"对称"(图 15-10(a)),该约束添加后的结果如图 15-10(b)所示。为保证零件的形状左右对称,还应将左右两条铅垂线设置为等长。同时选中这两条直线,添加"相等"几何关系,结果如图 15-10(c)所示。

两侧斜线应与大圆弧相切。同时选中一条斜线和大圆弧,添加"相切"几何关系,即可实现图 15-11 所示相切。

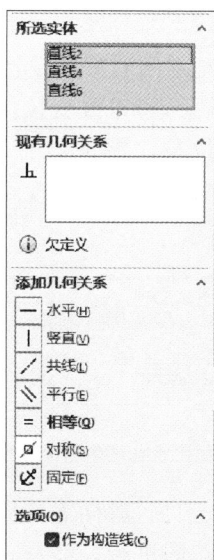
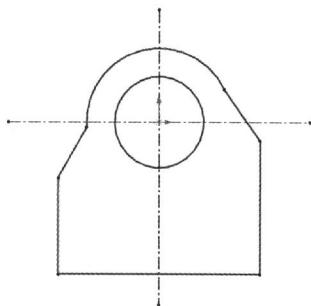
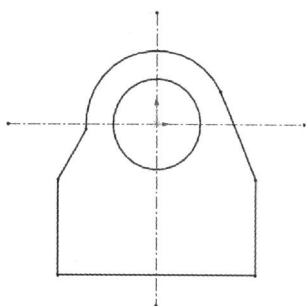

　　　　(a)　　　　　　　　　　　(b)　　　　　　　　　　　(c)

图 15-10　添加"对称"和"相等"约束

3．添加尺寸约束

在设计零件的草图绘制过程中，最初可能并没有非常精确的尺寸，只是根据零件的功能要求先画出大致的结构，然后再逐步添加尺寸约束。在"草图"选项卡中，"智能尺寸"最为常用。

选中"智能尺寸"工具 ，SolidWorks 能根据随后所选择的图形类型和鼠标放置位置，自动地确定所标注尺寸的类型，从而自动测量并标注直线的水平尺寸、垂直尺寸或者对齐尺寸，以及半径、直径、角度尺寸等。如果尺寸数值不合适，也可以直接进行修改。

尺寸标注完毕如图 15-12 所示。草图完成后，单击"退出草图"按钮。

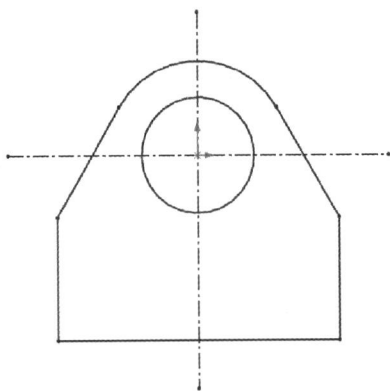

图 15-11　为斜线与圆添加"相切"关系之后　　　　　　图 15-12　完成后的草图

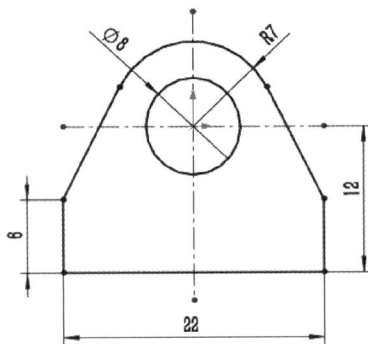

15.2.2　从草图创建特征

每个零件模型都至少有一个特征，多数零件都是由许多个特征组合而成的。对绘制的草图进行特征操作，可以创建特征。

打开图 15-13"特征"选项卡，选中其中"拉伸凸台/基体"工具，对刚刚画好的草图进行拉伸，如图 15-14 所示，其中的控标箭头表示拉伸的方向，拖动该箭头，可以改变拉伸的深度或者拉伸方向。也可以在左窗格中输入拉伸深度或反向拉伸。完成拉伸后，FeatureManager 设计树中新增"凸台-拉伸 1"一项，单击其左侧的"＋"号，可以发现刚才绘制的"草图 1"被作为父特征列在"凸台-拉伸 1"下面，如图 15-15 所示。

图 15-13　"特征"选项卡

除了拉伸草图的特征操作之外，"特征"选项卡中还提供了旋转、扫描、放样等其他方式，能够利用草图生成三维实体特征。例如可对如图 15-16(a)所示草图进行"旋转凸台/基体"操作，沿点画线将草图旋转 360°，即可创建旋转特征，如图 15-16(b)所示。旋转特征适合于构造各种回转形体。

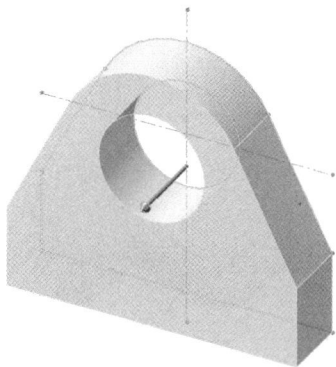

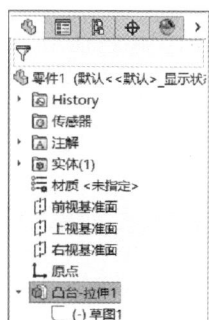

15-4

图 15-14　拉伸草图生成特征　　　　　图 15-15　设计树

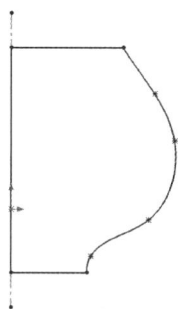

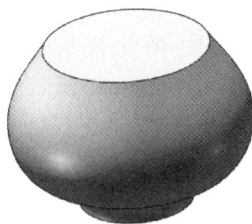

(a)　　　　　　　　　　　　(b)

图 15-16　旋转草图创建特征

　　放样是通过在不同的草图轮廓之间进行过渡生成特征。例如图 15-17(a)中,在 3 个草图平面上分别绘制了圆、椭圆和矩形 3 个草图轮廓。通过"放样凸台/基体"操作,依次以这 3 个草图为截面,生成如图 15-17(b)所示的放样特征。放样特征特别适合于创建由几个特征截面控制的光滑过渡的表面。

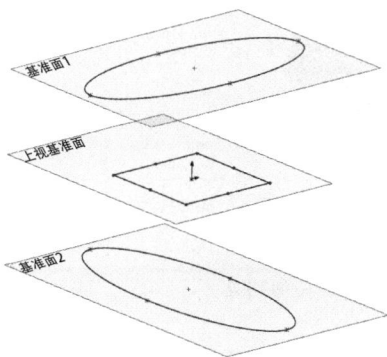

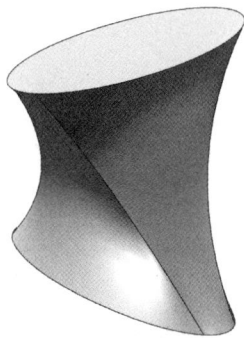

(a)　　　　　　　　　　　　　　(b)

图 15-17　创建放样特征

扫描是通过沿着一条路径来移动轮廓(截面),从而生成实体特征。如利用"扫描"工具,以图 15-18(a)中右视基准面上的圆为轮廓,以前视基准面上的草图为路径,即可生成如图 15-18(b)所示的扫描特征。扫描特征特别适合于创建管路类型的、由一个特征截面沿指定路径形成的实体特征。

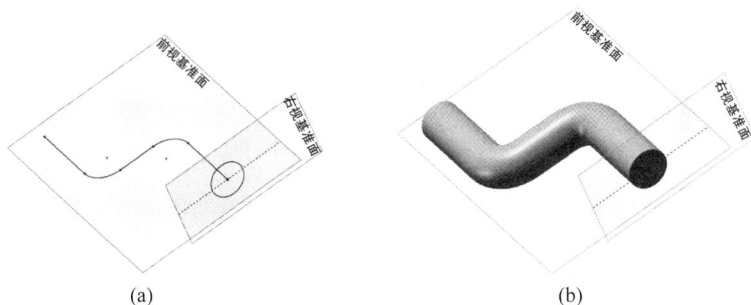

(a)　　　　　　　　　　　　　(b)

图 15-18　创建放样特征

拉伸、旋转、放样、扫描等利用草图创建的特征,既可以是凸台特征,也可以是切除特征。例如在图 15-19(a)中,在上视基准面绘制了草图圆,既可以通过"拉伸凸台/基体"工具,将这个圆拉伸生成图 15-19(b)所示的另一段圆柱体凸台;也可以通过"拉伸切除"工具,拉伸切除出一个圆柱孔,如图 15-19(c)所示。

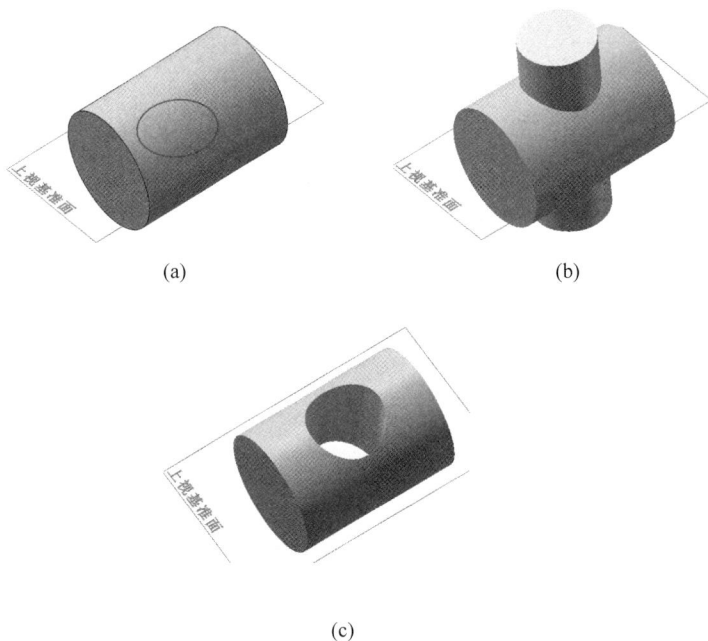

(a)　　　　　　　　　　　　　(b)

(c)

图 15-19　拉伸凸台和拉伸切除

15.2.3　添加应用特征

应用特征是一些常用的结构特征,如圆角、倒角、抽壳等。系统已经将其参数化,因此无需绘制草图,直接在已经构造好的零件上添加这些特征即可。

例如,将图 15-14 的零件模型下部添加 $R3$ 圆角,完成零件的造型,如图 15-20 所示。对图 15-16(b)添加"抽壳"特征,结果如图 15-21 所示。

图 15-20 添加"圆角"特征   图 15-21 添加"抽壳"特征

15.3 装配建模

多数产品是由多个零部件装配在一起构成的。在 SolidWorks 的装配过程中,需添加零部件到装配体模型中,并定义零部件之间的相对位置关系。对零部件所做的更改将自动反映在装配体中。

新建装配体体模型时,在图 15-4 所示的"新建 SolidWorks 文件"对话框中,选择"装配体",文件保存时以. sldasm 为文件扩展名。新建或打开一个装配体文件之后,SolidWorks 界面的 CommandManager 部分将显示与装配相关的选项卡和工具栏,如图 15-22 所示。

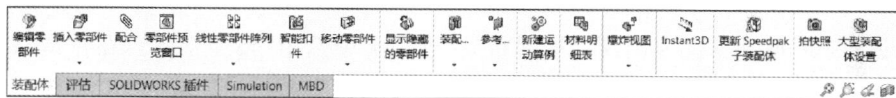

图 15-22 装配环境下的 CommandManager

通过"插入零部件"按钮,选择装配所需的零部件,即如图 15-23 所示的两个零件。根据装配体的功能要求,需为这些零部件之间添加位置约束,如平行、垂直、相切、同轴等。可以通过"配合"工具实现约束的添加。如图 15-24 为添加零件"同轴心"关系后,两个零件的轴、孔同轴,此时拖动其中一个零件,只能沿着轴线移动。如图 15-25 所示为添加"重合"约束,使两个零件相关的表面贴合在一起。

图 15-23 插入零件   图 15-24 添加"同轴心"约束之后   图 15-25 添加"重合"约束之后

15.4　生成工程图

在构造了三维的零件模型或装配体的模型之后,可以通过投影生成二维图,再通过对二维图进行必要的修改,如标注尺寸、添加标题栏和零件编号等,生成符合制图标准的零件图和装配图。零件模型、装配体模型和工程图是互相关联的文件,对零件模型或装配体模型所做的任何修改都会导致工程图文件的相应变更。

新建工程图时,在图15-4所示的"新建 SolidWorks 文件"对话框中,选择"工程图",文件保存时以. slddrw 为文件扩展名。新建或打开一个工程图文件之后,SolidWorks 界面的 CommandManager 部分将显示与工程图相关的选项卡和工具栏,如图15-26所示。"视图布局"选项卡中集中了各种生成视图的工具。其中,在第一角投影设置下,"标准三视图"相当于主视图、俯视图和左视图;"模型视图"是根据 SolidWorks 系统预先定义的投影方向生成的标准视图;"投影视图"是相对于某个已经生成的视图,从任何正交方向投影生成的视图;"辅助视图"用于生成斜视图;"剖面视图"工具可以生成剖视图。

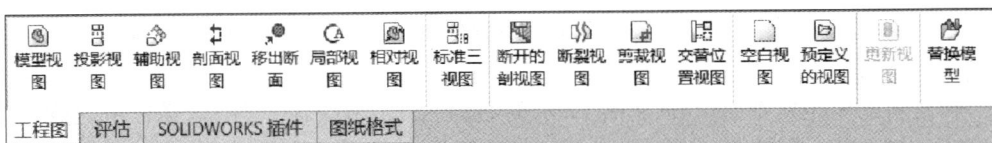

图 15-26　工程图环境下的 CommandManager

15.4.1　投影生成视图

以图15-20所示零件为例,在"视图布局"选项卡中选中"模型视图",在左窗格的"模型视图"PropertyManager 中打开该零件的模型文件。在随后弹出的"工程图视图1"PropertyManager 的"标准视图"下单击"前视"(类似于我国制图标准中的主视图)按钮，移动鼠标将视图放置在图纸适当的位置,即可投影生成如图15-27中的主视图。此时移动鼠标,可以围绕刚刚生成的主视图,在其周围生成相应的其他标准视图。

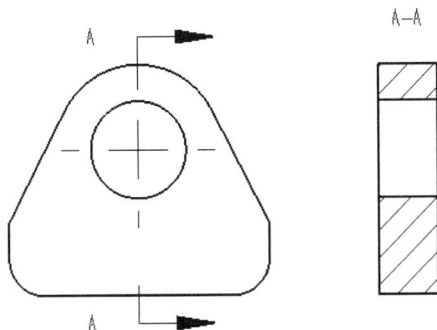

图 15-27　投影生成视图

若要生成全剖视图形式的左视图,在"视图布局"选项卡中选中"剖面视图",在刚刚生成的主视图上,过大孔中心画出剖切面位置。此时显示在此位置剖切时产生的剖视图,拖动该剖视图到合适位置,即可生成图 15-27 中的左视图。如有必要,也可以生成半剖视图、局部剖视图等。

15.4.2　添加注释

通过投影生成视图之后,还需要对视图进行必要的修改,从而生成符合国家标准规定的工程图样。

如图 15-28 所示,"注解"选项卡中集中了与工程图标注相关的各种命令,如尺寸标注、文字的注写、表面结构标注、零件编号等。"草图"选项卡可用于对视图、尺寸等进行修改。

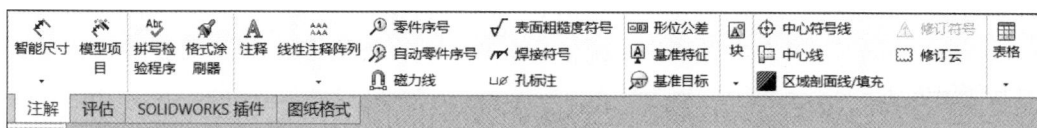

图 15-28　"注解"选项卡

利用"注释"选项卡中的"中心线"命令,或者利用"草图"选项卡中的"中心线"命令,补全左视图中孔的中心线。然后进行尺寸的标注。

标注尺寸之前,一般需要先对尺寸的标注样式进行设置。从菜单"工具"—"选项"打开"系统选项"对话框,在"文档属性"选项卡下选中"尺寸",在随后的对话框中对尺寸文本样式(字体和大小)、箭头的样式和大小等内容进行设置。既可以对整个尺寸的标注样式进行统一设置,也可以针对角度、弧长、半径等各类尺寸进行独立设置。

接下来可以使用"注解"选项卡中的"模型项目"命令,将现有的模型尺寸自动标注在图中,结果如图 15-29 所示。这些自动标注的尺寸,常常不能反映零件的设计要求,或者不符合"完全、正确、清晰、合理"的尺寸标注要求,因此,常常需要对它们进行手工调整。例如,可以将尺寸拖动到合适的位置,甚至将尺寸拖动到其他视图中,也可以隐藏尺寸或者编辑其属性。最终完成如图 15-6 所示的零件图。

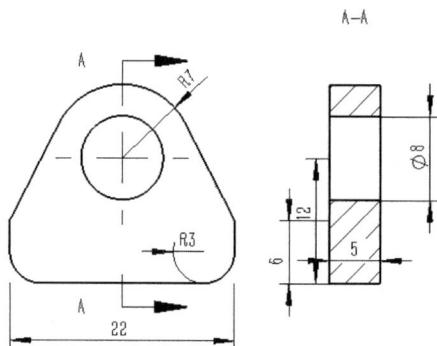

图 15-29　自动标注模型尺寸

小结

　　SolidWorks 是一个围绕产品设计和制造的功能丰富的应用软件,本章仅仅结合与本课程相关的功能,介绍利用 SolidWorks 2024 软件进行产品设计和表达的流程,旨在使读者了解利用 SolidWorks 软件进行产品设计和表达过程中的思路,掌握三维建模和生成工程图的基本思路和方法,以方便进一步的学习。软件的具体使用方法和技巧,还需要读者结合软件使用手册,在实际的建模与绘图练习中不断熟悉,以提高操作技能。

　　除了本章所介绍的与本课程关系较为紧密的功能以外,SolidWorks 还有许多其他与设计及表达相关的功能,例如生成装配体的爆炸视图以更清晰地表达装配体构成、使用动画功能模拟装配体的运动、使用完整的运动学建模来计算零部件运动……。这些功能在后续的设计课程或设计实践中可能会用到。其他类似软件,如常用的 Pro/Engineer、Catia、SolidEdge 等,其基本思路和方法与 SolidWorks 有类似之处,需要时读者可自行学习其使用方法。

参 考 文 献

［1］　冯涓，杨惠英，王玉坤.机械制图：机类、近机类［M］.4 版.北京：清华大学出版社，2018.

［2］　刘朝儒，吴志军，高政一，等.机械制图［M］.5 版.北京：高等教育出版社，2006.

［3］　贝尔托林，维贝.图形信息表达基础教程：第 5 版［M］.影印本.北京：清华大学出版社，2007.

［4］　蒋丹，杨培中，赵新明.现代机械工程图学［M］.3 版.北京：高等教育出版社，2015.

［5］　孙毅，李俊源，舒欣.图学原理与工程制图教程［M］.2 版.北京：清华大学出版社，2020.

［6］　全国技术产品文件标准化技术委员会 中国标准出版社第三编辑室.技术产品文件标准汇编：机械制图卷［M］.2 版.北京：中国标准出版社，2009.

［7］　中国机械工业联合会.1 型六角螺母：GB/T 6170—2015［S］.北京：中国标准出版社，2016.

［8］　中国机械工业联合会.开槽沉头螺钉：GB/T 68—2016［S］.北京：中国标准出版社，2016.

［9］　中国机械工业联合会.开槽圆柱头螺钉：GB/T 65—2016［S］.北京：中国标准出版社，2016.

［10］　中国机械工业联合会.滚动轴承 深沟球轴承 外形尺寸：GB/T 276—2013［S］.北京：中国标准出版社，2014.

［11］　中国机械工业联合会.开槽长圆柱端紧定螺钉：GB/T 75—2018［S］.北京：中国标准出版社，2019.

［12］　中国机械工业联合会.开槽锥端紧定螺钉：GB/T 71—2018［S］.北京：中国标准出版社，2019.

［13］　中国机械工业联合会.开槽平端紧定螺钉：GB/T 73—2017［S］.北京：中国标准出版社，2017.

［14］　中国机械工业联合会.六角头螺栓 C 级：GB/T 5780—2016［S］.北京：中国标准出版社，2016.

［15］　全国技术产品文件标准化技术委员会.机械制图 剖面区域的表示法：GB/T 4457.5—2013［S］.北京：中国标准出版社，2014.

［16］　全国产品几何技术规范标准化技术委员会.产品几何技术规范(GPS)线性尺寸公差 ISO 代号体系：第 2 部分 标准公差带代号和孔、轴的极限偏差表：GB/T 1800.2—2020［S］.北京：中国标准出版社，2020.

［17］　全国产品几何技术规范标准化技术委员会.产品几何技术规范(GPS)线性尺寸公差 ISO 代号体系：第 1 部分 公差、偏差和配合的基础：GB/T 1800.1—2020［S］.北京：中国标准出版社，2020.

附　　录

附录 A　常用螺纹及螺纹紧固件

A1　普通螺纹

直径与螺距系列和基本尺寸(GB/T 193—2003,GB/T 196—2003)

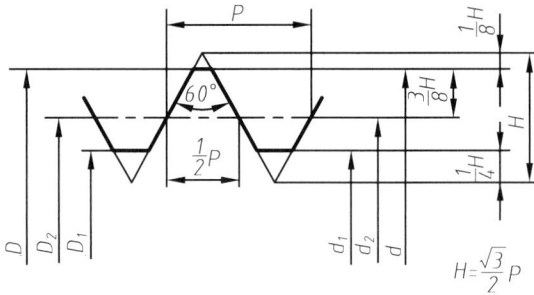

标记示例

公称直径 $d=10$,螺距 $P=1$,中径、顶径公差带代号 7H,中等旋合长度,单线细牙普通内螺纹:

$$M10 \times 1 - 7H$$

表　A1　　　　　　　　　　　　　　　　　　　　　　　　　　　　　　mm

公称直径(大径)D、d		螺距 P		小径 D_1、d_1
第一系列	第二系列	粗牙	细牙	粗牙
3		0.5	0.35	2.459
	3.5	0.6		2.850
4		0.7		3.242
	4.5	0.75	0.5	3.688
5		0.8		4.134
6		1	0.75	4.917
	7			5.917
8		1.25	1,0.75	6.647
10		1.5	1.25,1,0.75	8.376
12		1.75	1.25,1	10.106
	14	2	1.5,1.25ᵃ,1	11.835
16			1.5,1	13.835
	18			15.294
20		2.5		17.294
	22		2,1.5,1	19.294
24		3		20.752
	27			23.752
30		3.5	(3),2,1.5,1	26.211
	33		(3),2,1.5	29.211
36		4	3,2,1.5	31.670

注：1.螺纹公称直径应优先选用第一系列,第三系列未列入。

　　2.括号内的尺寸尽量不用。

　　3.a 仅用于发动机的火花塞。

A2 非密封管螺纹(GB/T 7307—2001)

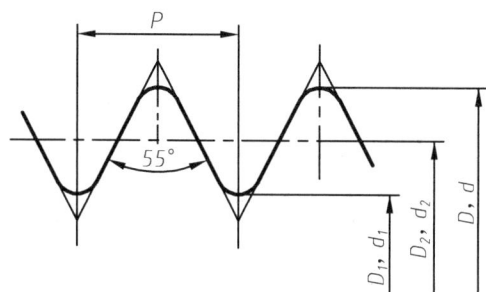

表 A2   mm

尺寸代号	每 25.4mm 内所包含的牙数 n	螺距 P	基本直径	
			大径 $D=d$	小径 $D_1=d_1$
1/8	28	0.907	9.728	8.566
1/4	19	1.337	13.157	11.445
3/8	19	1.337	16.662	14.950
1/2	14	1.814	20.955	18.631
5/8	14	1.814	22.911	20.587
3/4	14	1.814	26.441	24.117
7/8	14	1.814	30.201	27.887
1	11	2.309	33.249	30.291
$1\frac{1}{8}$	11	2.309	37.897	34.939
$1\frac{1}{4}$	11	2.309	41.910	38.952
$1\frac{1}{2}$	11	2.309	48.803	44.845
$1\frac{3}{4}$	11	2.309	53.746	50.788
2	11	2.309	59.614	56.656
$2\frac{1}{4}$	11	2.309	65.710	62.752
$2\frac{1}{2}$	11	2.309	75.184	72.226
$2\frac{3}{4}$	11	2.309	81.534	78.576
3	11	2.309	87.884	84.926

A3　螺栓

六角头螺栓—C级(GB/T 5780—2016)、六角头螺栓—A 和 B级(GB/T 5782—2016)

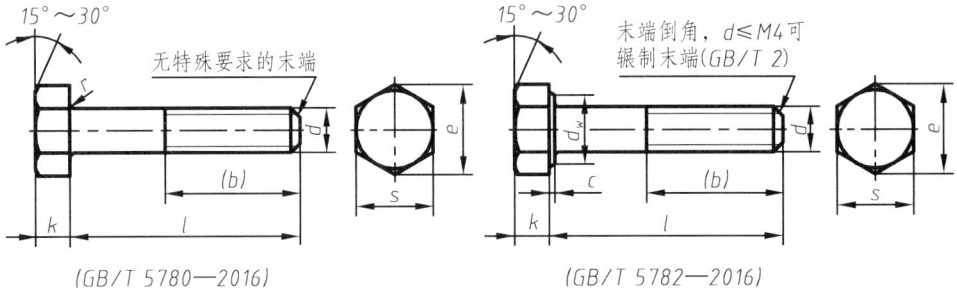

15°～30°　无特殊要求的末端

d　(b)　k　l

e　s

(GB/T 5780—2016)

15°～30°　末端倒角，$d≤M4$可辗制末端(GB/T 2)

d_w　c　(b)　d　k　l

e　s

(GB/T 5782—2016)

标 记 示 例

螺纹规格 d＝M12、公称长度 l＝80、性能等级为 4.8 级、表面不经处理、产品等级为 C 级的六角头螺栓：

螺栓　GB/T 5780　M12×80

表　A3　　　　　　　　　　　　　　　　　　　　　　　　　　　　　　　mm

螺纹规格 d			M3	M4	M5	M6	M8	M10	M12	M16	M20	M24	M30
q 参考	$l≤125$		12	14	16	18	22	26	30	38	46	54	66
	$125<l≤200$		18	20	22	24	28	32	36	44	52	60	72
	$l>200$		31	33	35	37	41	45	49	57	65	73	85
c(max)			0.40	0.40	0.50	0.50	0.60	0.60	0.60	0.80	0.80	0.80	0.80
d_w (min)	产品等级	A	4.57	5.88	6.88	8.88	11.63	14.63	16.63	22.49	28.19	33.61	—
		B、C	4.45	5.74	6.74	8.74	11.47	14.47	16.47	22	27.7	33.25	42.75
e (min)	产品等级	A	6.01	7.66	8.79	11.05	14.38	17.77	20.03	26.75	33.53	39.98	—
		B、C	5.88	7.50	8.63	10.89	14.20	17.59	19.85	26.17	32.95	39.55	50.85
k 公称			2.00	2.80	3.50	4.00	5.30	6.40	7.50	10.00	12.50	15.00	18.70
r(min)			0.10	0.20	0.20	0.25	0.40	0.40	0.60	0.60	0.80	0.80	1.00
s 公称			5.50	7.00	8.00	10.00	13.00	16.00	18.00	24.00	30.00	36.00	46.00
l	产品等级	A、B	20～30	25～40	25～50	30～60	40～80	45～100	50～120	65～160	80～200	90～240	110～300
		C							55～120			100～240	120～300
l 系列			12,16,20,25,30,35,40,45,50,55,60,65,70,80,90,100,110,120,130,140,150,160,180,200,220,240,260,280,300,320,340,360,380,400,420,460,480,500										

注：1. A 级用于 $d≤24$ 和 $l≤10d$ 或≤150 的螺栓；B 级用于 $d>24$ 和 $l>10d$ 或>150 的螺栓。

2. 螺纹规格 d 范围：GB/T 5780 为 M5～M64；GB/T 5782 为 M1.6～M64。

3. 公称长度 l 范围：GB/T 5780 为 25～500；GB/T 5782 为 12～500。

A4　双头螺柱

双头螺柱—$b_m = 1d$（GB/T 897—1988）、双头螺柱—$b_m = 1.25d$（GB/T 898—1988）、
双头螺柱—$b_m = 1.5d$（GB/T 899—1988）、双头螺柱—$b_m = 2d$（GB/T 900—1988）

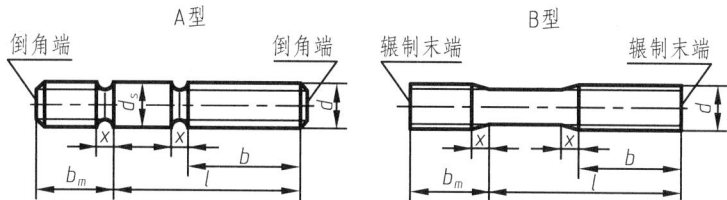

标 记 示 例

两端均为粗牙普通螺纹、$d = 10$、$l = 50$、性能等级为 4.8 级、B 型、$b_m = 1d$ 的双头螺柱：

螺柱　GB/T 897　M10×50

旋入机体一端为粗牙普通螺纹、旋螺母一端为螺距 $P = 1$ 的细牙普通螺纹、$d = 10$、$l = 50$、性能等级
为 4.8 级、A 型、$b_m = 1d$ 的双头螺柱：

螺柱　GB/T 897　AM10－M10×1×50

表　A4　　　　　　　　　　　　　　　　　　　　　　　　　　　　　　　　　　　　　　mm

螺纹规格 d		M5	M6	M8	M10	M12	M16	M20	M24	M30	M36	M42
b_m（公称）	GB/T 897	5	6	8	10	12	16	20	24	30	36	42
	GB/T 898	6	8	10	12	15	20	25	30	38	45	52
	GB/T 899	8	10	12	15	18	24	30	36	45	54	65
	GB/T 900	10	12	16	20	24	32	40	48	60	72	84
d_s(max)		5	6	8	10	12	16	20	24	30	36	42
x(max)							2.5P					
$\dfrac{l}{b}$		$\dfrac{16\sim22}{10}$	$\dfrac{20\sim22}{10}$	$\dfrac{20\sim22}{12}$	$\dfrac{25\sim28}{14}$	$\dfrac{25\sim30}{16}$	$\dfrac{30\sim38}{20}$	$\dfrac{35\sim40}{25}$	$\dfrac{45\sim50}{30}$	$\dfrac{60\sim65}{40}$	$\dfrac{65\sim75}{45}$	$\dfrac{65\sim80}{50}$
		$\dfrac{25\sim50}{16}$	$\dfrac{25\sim30}{14}$	$\dfrac{25\sim30}{16}$	$\dfrac{30\sim38}{16}$	$\dfrac{32\sim40}{20}$	$\dfrac{40\sim55}{30}$	$\dfrac{45\sim65}{35}$	$\dfrac{55\sim75}{45}$	$\dfrac{70\sim90}{50}$	$\dfrac{80\sim110}{60}$	$\dfrac{85\sim110}{70}$
			$\dfrac{32\sim75}{18}$	$\dfrac{32\sim90}{22}$	$\dfrac{40\sim120}{26}$	$\dfrac{45\sim120}{30}$	$\dfrac{60\sim120}{38}$	$\dfrac{70\sim120}{46}$	$\dfrac{80\sim120}{54}$	$\dfrac{95\sim120}{60}$	$\dfrac{120}{78}$	$\dfrac{120}{90}$
					$\dfrac{130}{32}$	$\dfrac{130\sim180}{36}$	$\dfrac{130\sim200}{44}$	$\dfrac{130\sim200}{52}$	$\dfrac{130\sim200}{60}$	$\dfrac{130\sim200}{72}$	$\dfrac{130\sim200}{84}$	$\dfrac{130\sim200}{96}$
										$\dfrac{210\sim250}{85}$	$\dfrac{210\sim300}{91}$	$\dfrac{210\sim300}{109}$
l 系列												

l 系列：16,(18),20,(22),25,(28),30,(32),35,(38),40,45,50,(55),60,(65),70,(75),
80,(85),90,(95),100,110,120,130,140,150,160,170,180,190,200,210,220,
230,240,250,260,280,300

注：P 是粗牙螺纹的螺距。

A5　螺钉

A5.1　开槽圆柱头螺钉(GB/T 65—2016)

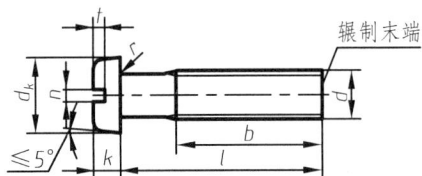

标 记 示 例

螺纹规格 $d=$ M5、公称长度 $l=20$、性能等级为4.8级、表面不经处理的 A 级开槽圆柱头螺钉：

螺钉　GB/T 65　M5×20

表　A5　　　　　　　　　　　　　　　　　　　　　　　　　　　　　　　mm

螺纹规格 d	M4	M5	M6	M8	M10
P(螺距)	0.70	0.80	1.00	1.25	1.50
b(min)	38	38	38	38	38
d_k(公称)	7.00	8.50	10.00	13.00	16.00
k(公称)	2.60	3.30	3.90	5.00	6.00
n(公称)	1.20	1.20	1.60	2.00	2.50
r(min)	0.20	0.20	0.25	0.40	0.40
t(min)	1.10	1.30	1.60	2.00	2.40
公称长度 l	5~40	6~50	8~60	10~80	12~80
l 系列	5,6,8,10,12,(14),16,20,25,30,35,40,45,50,(55),60,(65),70,(75),80				

注：1. 公称长度 $l \leqslant 40$ 的螺钉,制出全螺纹。

　　2. 螺纹规格 $d=$M1.5~M10,公称长度 $l=2$~80。

　　3. 括号内的规格尽可能不采用。

A5.2　开槽沉头螺钉(GB/T 68—2016)

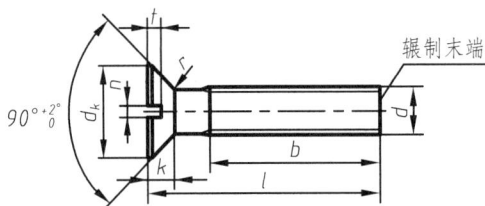

标 记 示 例

螺纹规格 $d=$ M5、公称长度 $l=20$、性能等级为4.8级、表面不经处理的 A 级开槽沉头螺钉：

螺钉　GB/T 68　M5×20

表　A6　　　　　　　　　　　　　　　　　　　　　　　　　　　　　　　　mm

螺纹规格 d	M1.6	M2	M2.5	M3	M4	M5	M6	M8	M10
P(螺距)	0.35	0.40	0.45	0.50	0.70	0.80	1.00	1.25	1.50
b(min)	25	25	25	25	38	38	38	38	38
d_k(理论值)	3.60	4.40	5.50	6.30	9.40	10.40	12.60	17.30	20.00
k(公称)	1.00	1.20	1.50	1.65	2.70	2.70	3.30	4.65	5.00
n(公称)	0.40	0.50	0.60	0.80	1.20	1.20	1.60	2.00	2.50
r(max)	0.40	0.50	0.60	0.80	1.00	1.30	1.50	2.00	2.50
t(max)	0.50	0.60	0.75	0.85	1.30	1.40	1.60	2.30	2.60
公称长度 l	2.5~16	3~20	4~25	5~30	6~40	8~50	8~60	10~80	12~80
l 系列	2.5,3,4,5,6,8,10,12,(14),16,20,25,30,35,40,45,50,(55),60,(65),70,(75),80								

注：1. M1.6~M3 的螺钉,公称长度 $l \leqslant 30$ 的,制出全螺纹；M4~M10 的螺钉,公称长度 $l \leqslant 45$ 的,制出全螺纹。

　　2. 括号内的规格尽可能不采用。

A5.3　内六角圆柱头螺钉（GB/T 70.1—2008）

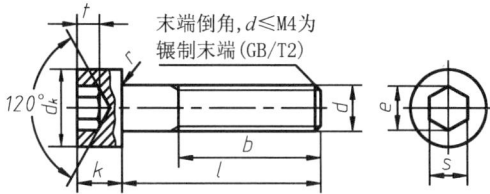

末端倒角，d≤M4为辗制末端(GB/T2)

标 记 示 例

螺纹规格 d＝M5、公称长度 l＝20、性能等级为 8.8 级、表面氧化的 A 级内六角圆柱头螺钉：

螺钉　GB/T 70.1　M5×20

表　A7　　　　　　　　　　　　　　　　　　　　　　　　　　　　　　　　　　　mm

螺纹规格 d	M3	M4	M5	M6	M8	M10	M12	(M14)	M16	M20
P（螺距）	0.50	0.70	0.80	1.00	1.25	1.50	1.75	2.00	2.00	2.50
b（参考）	18	20	22	24	28	32	36	40	44	52
d_k（max）	5.50	7.00	8.50	10.00	13.00	16.00	18.00	21.00	24.00	30.00
k（max）	3.00	4.00	5.00	6.00	8.00	10.00	12.00	14.00	16.00	20.00
t（min）	1.30	2.00	2.50	3.00	4.00	5.00	6.00	7.00	8.00	10.00
s（公称）	2.50	3.00	4.00	5.00	6.00	8.00	10.00	12.00	14.00	17.00
e（min）	2.873	3.443	4.583	5.723	6.863	9.149	11.429	13.716	15.996	19.437
r（min）	0.10	0.20	0.20	0.25	0.40	0.40	0.60	0.60	0.60	0.80
公称长度 l	5～30	6～40	8～50	10～60	12～80	16～100	20～120	25～140	25～160	30～200
l≤表中数值时制出全螺纹	20	25	25	30	35	40	45	55	55	65
l 系列	2.5,3,4,5,6,8,10,12,16,20,25,30,35,40,45,50,55,60,65,70,80,90,100,110,120,130,140,150,160,180,200,220,240,260,280,300									

注：螺纹规格 d＝M1.6～M64。

A5.4　开槽锥端紧定螺钉　　　开槽平端紧定螺钉　　　开槽长圆柱端紧定螺钉
　　　　（GB/T 71—2018）　　　　（GB/T 73—2017）　　　　（GB/T 75—2018）

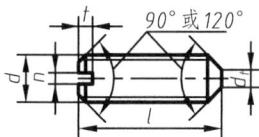

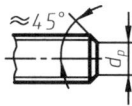

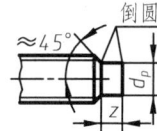

标 记 示 例

螺纹规格 d＝M5、公称长度 l＝12、钢制、硬度等级为 14H 级、表面不经处理、产品等级 A 级的开槽长圆柱端紧定螺钉：

螺钉　GB/T 75　M5×12

表　A8　　　　　　　　　　　　　　　　　　　　　　　　　　　　　　　　　　　mm

螺纹规格 d		M1.6	M2	M2.5	M3	(M3.5)	M4	M5	M6	M8	M10	M12
P（螺距）		0.35	0.40	0.45	0.50	0.60	0.70	0.80	1.00	1.25	1.50	1.75
n（公称）		0.25	0.25	0.40	0.40	0.50	0.60	0.80	1.00	1.20	1.60	2.00
t（max）		0.74	0.84	0.95	1.05	1.21	1.42	1.63	2.00	2.50	3.00	3.60
d_t（max）		0.16	0.20	0.25	0.30	0.35	0.40	0.50	1.50	2.00	2.50	3.00
d_p（max）		0.80	1.00	1.50	2.00	2.20	2.50	3.50	4.00	5.50	7.00	8.50
z（max）		1.05	1.25	1.5	1.75	2.00	2.25	2.75	3.25	4.30	5.30	6.30
l	GB/T 71	2～8	3～10	3～12	4～16	5～20	6～20	8～25	8～30	10～40	12～50	14～60
	GB/T 73	2～8	2～10	2.5～12	3～16	5～20	4～20	5～25	6～30	8～40	10～50	12～60
	GB/T 75	2.5～8	3～10	4～12	5～16	5～20	6～20	8～25	8～30	10～40	12～50	14～60
l 系列		2,2.5,3,4,5,6,8,10,12,(14),16,20,25,30,35,40,45,50,55,60										

注：1. l 为公称长度。

　　2. 括号内的规格尽可能不采用。

附录 B 常用滚动轴承

深沟球轴承(GB/T 276—2013)

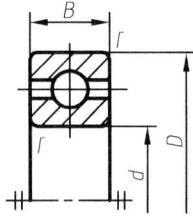

标 记 示 例

内径 $d=30$,尺寸系列为 02 的深沟球轴承:

滚动轴承 6206 GB/T 276—2013

表 B1

轴承代号	基本尺寸/mm				轴承代号	基本尺寸/mm			
	d	D	B	r_{min}		d	D	B	r_{min}
10 系列					03 系列				
6000	10	26	8	0.3	6300	10	35	11	0.6
6001	12	28	8	0.3	6301	12	37	12	1
6002	15	32	9	0.3	6302	15	42	13	1
6003	17	35	10	0.3	6303	17	47	14	1
6004	20	42	12	0.6	6304	20	52	15	1.1
6005	25	47	12	0.6	6305	25	62	17	1.1
6006	30	55	13	1	6306	30	72	19	1.1
6007	35	62	14	1	6307	35	80	21	1.5
6008	40	68	15	1	6308	40	90	23	1.5
6009	45	75	16	1	6309	45	100	25	1.5
6010	50	80	16	1	6310	50	110	27	2
6011	55	90	18	1.1	6311	55	120	29	2
6012	60	95	18	1.1	6312	60	130	31	2.1
6013	65	100	18	1.1	6313	65	140	33	2.1
6014	70	110	20	1.1	6314	70	150	35	2.1
6015	75	115	20	1.1	6315	75	160	37	2.1
6016	80	125	22	1.1	6316	80	170	39	2.1
02 系列					04 系列				
6200	10	30	9	0.6	6403	17	62	17	1.1
6201	12	32	10	0.6	6404	20	72	19	1.1
6202	15	35	11	0.6	6405	25	80	21	1.5
6203	17	40	12	0.6	6406	30	90	23	1.5
6204	20	47	14	1	6407	35	100	25	1.5
6205	25	52	15	1	6408	40	110	27	2
6206	30	62	16	1	6409	45	120	29	2
6207	35	72	17	1.1	6410	50	130	31	2.1
6208	40	80	18	1.1	6411	55	140	33	2.1
6209	45	85	19	1.1	6412	60	150	35	2.1
6210	50	90	20	1.1	6413	65	160	37	2.1
6211	55	100	21	1.5	6414	70	180	42	3
6212	60	110	22	1.5	6415	75	190	45	3
6213	65	120	23	1.5	6416	80	200	48	3
6214	70	125	24	1.5	6417	85	210	52	4
6215	75	130	25	1.5	6418	90	225	54	4
6216	80	140	26	2	6419	95	240	55	4
6217	85	150	28	2	6420	100	250	58	4
6218	90	160	30	2	6422	110	280	65	4
6219	95	170	32	2.1					

附录 C　极限偏差

表 C1　常用及优先轴公差带极限偏差（摘自 GB/T 1800.2—2020）　　mm

公称尺寸/mm 大于	至	a 11	b 11	b 12	c 9	c 10	c ⑪	d 8	d ⑨	d 10	d 11	e 7	e 8	e 9
—	3	−270 −330	−140 −200	−140 −240	−60 −85	−60 −100	−60 −120	−20 −34	−20 −45	−20 −60	−20 −80	−14 −24	−14 −28	−14 −39
3	6	−270 −345	−140 −215	−140 −260	−70 −100	−70 −118	−70 −145	−30 −48	−30 −60	−30 −78	−30 −105	−20 −32	−20 −38	−20 −50
6	10	−280 −370	−150 −240	−150 −300	−80 −116	−80 −138	−80 −170	−40 −62	−40 −76	−40 −98	−40 −130	−25 −40	−25 −47	−25 −61
10	14	−290 −400	−150 −260	−150 −330	−95 −138	−95 −165	−95 −205	−50 −77	−50 −93	−50 −120	−50 −160	−32 −50	−32 −59	−32 −75
14	18													
18	24	−300 −430	−160 −290	−160 −370	−110 −162	−110 −194	−110 −240	−65 −98	−65 −117	−65 −149	−65 −195	−40 −61	−40 −73	−40 −92
24	30													
30	40	−310 −470	−170 −330	−170 −420	−120 −182	−120 −220	−120 −280	−80 −119	−80 −142	−80 −180	−80 −240	−50 −75	−50 −89	−50 −112
40	50	−320 −480	−180 −340	−180 −430	−130 −192	−130 −230	−130 −290							
50	65	−340 −530	−190 −380	−190 −490	−140 −214	−140 −260	−140 −330	−100 −146	−100 −174	−100 −220	−100 −290	−60 −90	−60 −106	−60 −134
65	80	−360 −550	−200 −390	−200 −500	−150 −224	−150 −270	−150 −340							
80	100	−380 −600	−220 −440	−220 −570	−170 −257	−170 −310	−170 −390	−120 −174	−120 −207	−120 −260	−120 −340	−72 −107	−72 −126	−72 −159
100	120	−410 −630	−240 −460	−240 −590	−180 −267	−180 −320	−180 −400							
120	140	−460 −710	−260 −510	−260 −660	−200 −300	−200 −360	−200 −450	−145 −208	−145 −245	−145 −305	−145 −395	−85 −125	−85 −148	−85 −185
140	160	−520 −770	−280 −530	−280 −680	−210 −310	−210 −370	−210 −460							
160	180	−580 −830	−310 −560	−310 −710	−230 −330	−230 −390	−230 −480							
180	200	−660 −950	−340 −630	−340 −800	−240 −355	−240 −425	−240 −530	−170 −242	−170 −285	−170 −355	−170 −460	−100 −146	−100 −172	−100 −215
200	225	−740 −1030	−380 −670	−380 −840	−260 −375	−260 −445	−260 −550							
225	250	−820 −1110	−420 −710	−420 −880	−280 −395	−280 −465	−280 −570							
250	280	−920 −1240	−480 −800	−480 −1000	−300 −430	−300 −510	−300 −620	−190 −271	−190 −320	−190 −400	−190 −510	−110 −162	−110 −191	−110 −240
280	315	−1050 −1370	−540 −860	−540 −1060	−330 −460	−330 −540	−330 −650							
315	355	−1200 −1560	−600 −960	−600 −1170	−360 −500	−360 −590	−360 −720	−210 −299	−210 −350	−210 −440	−210 −570	−125 −182	−125 −214	−125 −265
355	400	−1350 −1710	−680 −1040	−680 −1250	−400 −540	−400 −630	−400 −760							
440	450	−1500 −1900	−760 −1160	−760 −1390	−440 −595	−440 −690	−440 −840	−230 −327	−230 −385	−230 −480	−230 −630	−135 −198	−135 −232	−135 −290
450	500	−1650 −2050	−840 −1240	−840 −1470	−480 −635	−480 −730	−480 −880							

续表

公称尺寸/mm 大于	至	f 5	f 6	f ⑦	f 8	f 9	g 5	g ⑥	g 7	h 5	h ⑥	h ⑦	h 8	h ⑨	h 10	h ⑪	h 12
—	3	-6/-10	-6/-12	-6/-16	-6/-20	-6/-31	-2/-6	-2/-8	-2/-12	0/-4	0/-6	0/-10	0/-14	0/-25	0/-40	0/-60	0/-100
3	6	-10/-15	-10/-18	-10/-22	-10/-28	-10/-40	-4/-9	-4/-12	-4/-16	0/-5	0/-8	0/-12	0/-18	0/-30	0/-48	0/-75	0/-120
6	10	-13/-19	-13/-22	-13/-28	-13/-35	-13/-49	-5/-11	-5/-14	-5/-20	0/-6	0/-9	0/-15	0/-22	0/-36	0/-58	0/-90	0/-150
10	14	-16/-24	-16/-27	-16/-34	-16/-43	-16/-59	-6/-14	-6/-17	-6/-24	0/-8	0/-11	0/-18	0/-27	0/-43	0/-70	0/-110	0/-180
14	18	-16/-24	-16/-27	-16/-34	-16/-43	-16/-59	-6/-14	-6/-17	-6/-24	0/-8	0/-11	0/-18	0/-27	0/-43	0/-70	0/-110	0/-180
18	24	-20/-29	-20/-33	-20/-41	-20/-53	-20/-72	-7/-16	-7/-20	-7/-28	0/-9	0/-13	0/-21	0/-33	0/-52	0/-84	0/-130	0/-210
24	30	-20/-29	-20/-33	-20/-41	-20/-53	-20/-72	-7/-16	-7/-20	-7/-28	0/-9	0/-13	0/-21	0/-33	0/-52	0/-84	0/-130	0/-210
30	40	-25/-36	-25/-41	-25/-50	-25/-64	-25/-87	-9/-20	-9/-25	-9/-34	0/-11	0/-16	0/-25	0/-39	0/-62	0/-100	0/-160	0/-250
40	50	-25/-36	-25/-41	-25/-50	-25/-64	-25/-87	-9/-20	-9/-25	-9/-34	0/-11	0/-16	0/-25	0/-39	0/-62	0/-100	0/-160	0/-250
50	65	-30/-43	-30/-49	-30/-60	-30/-76	-30/-104	-10/-23	-10/-29	-10/-40	0/-13	0/-19	0/-30	0/-46	0/-74	0/-120	0/-190	0/-300
65	80	-30/-43	-30/-49	-30/-60	-30/-76	-30/-104	-10/-23	-10/-29	-10/-40	0/-13	0/-19	0/-30	0/-46	0/-74	0/-120	0/-190	0/-300
80	100	-36/-51	-36/-58	-36/-71	-36/-90	-36/-123	-12/-27	-12/-34	-12/-47	0/-15	0/-22	0/-35	0/-54	0/-87	0/-140	0/-220	0/-350
100	120	-36/-51	-36/-58	-36/-71	-36/-90	-36/-123	-12/-27	-12/-34	-12/-47	0/-15	0/-22	0/-35	0/-54	0/-87	0/-140	0/-220	0/-350
120	140	-43/-61	-43/-68	-43/-83	-43/-106	-43/-143	-14/-32	-14/-39	-14/-54	0/-18	0/-25	0/-40	0/-63	0/-100	0/-160	0/-250	0/-400
140	160	-43/-61	-43/-68	-43/-83	-43/-106	-43/-143	-14/-32	-14/-39	-14/-54	0/-18	0/-25	0/-40	0/-63	0/-100	0/-160	0/-250	0/-400
160	180	-43/-61	-43/-68	-43/-83	-43/-106	-43/-143	-14/-32	-14/-39	-14/-54	0/-18	0/-25	0/-40	0/-63	0/-100	0/-160	0/-250	0/-400
180	200	-50/-70	-50/-79	-50/-96	-50/-122	-50/-165	-15/-35	-15/-44	-15/-61	0/-20	0/-29	0/-46	0/-72	0/-115	0/-185	0/-290	0/-460
200	225	-50/-70	-50/-79	-50/-96	-50/-122	-50/-165	-15/-35	-15/-44	-15/-61	0/-20	0/-29	0/-46	0/-72	0/-115	0/-185	0/-290	0/-460
225	250	-50/-70	-50/-79	-50/-96	-50/-122	-50/-165	-15/-35	-15/-44	-15/-61	0/-20	0/-29	0/-46	0/-72	0/-115	0/-185	0/-290	0/-460
250	280	-56/-79	-56/-88	-56/-108	-56/-137	-56/-186	-17/-40	-17/-49	-17/-69	0/-23	0/-32	0/-52	0/-81	0/-130	0/-210	0/-320	0/-520
280	315	-56/-79	-56/-88	-56/-108	-56/-137	-56/-186	-17/-40	-17/-49	-17/-69	0/-23	0/-32	0/-52	0/-81	0/-130	0/-210	0/-320	0/-520
315	355	-62/-87	-62/-98	-62/-119	-62/-151	-62/-202	-18/-43	-18/-54	-18/-75	0/-25	0/-36	0/-57	0/-89	0/-140	0/-230	0/-360	0/-570
355	400	-62/-87	-62/-98	-62/-119	-62/-151	-62/-202	-18/-43	-18/-54	-18/-75	0/-25	0/-36	0/-57	0/-89	0/-140	0/-230	0/-360	0/-570
440	450	-68/-95	-68/-108	-68/-131	-68/-165	-68/-223	-20/-47	-20/-60	-20/-83	0/-27	0/-40	0/-63	0/-97	0/-155	0/-250	0/-400	0/-630
450	500	-68/-95	-68/-108	-68/-131	-68/-165	-68/-223	-20/-47	-20/-60	-20/-83	0/-27	0/-40	0/-63	0/-97	0/-155	0/-250	0/-400	0/-630

公称尺寸/mm		常用及优先轴公差带(带圈者为优先公差带)														
		js			k			m			n			p		
大于	至	5	6	7	5	⑥	7	5	6	7	5	⑥	7	5	⑥	7
—	3	±2	±3	±5	+4/0	+6/0	+10/0	+6/+2	+8/+2	+12/+2	+8/+4	+10/+4	+14/+4	+10/+6	+12/+6	+16/+6
3	6	±2.5	±4	±6	+6/+1	+9/+1	+13/+1	+9/+4	+12/+4	+16/+4	+13/+8	+16/+8	+20/+8	+17/+12	+20/+12	+24/+12
6	10	±3	±4.5	±7	+7/+1	+10/+1	+16/+1	+12/+6	+15/+6	+21/+6	+16/+10	+19/+10	+25/+10	+21/+15	+24/+15	+30/+15
10	14	±4	±5.5	±9	+9/+1	+12/+1	+19/+1	+15/+7	+18/+7	+25/+7	+20/+12	+23/+12	+30/+12	+26/+18	+29/+18	+36/+18
14	18	±4	±5.5	±9	+9/+1	+12/+1	+19/+1	+15/+7	+18/+7	+25/+7	+20/+12	+23/+12	+30/+12	+26/+18	+29/+18	+36/+18
18	24	±4.5	±6.5	±10	+11/+2	+15/+2	+23/+2	+17/+8	+21/+8	+29/+8	+24/+15	+28/+15	+36/+15	+31/+22	+35/+22	+43/+22
24	30	±4.5	±6.5	±10	+11/+2	+15/+2	+23/+2	+17/+8	+21/+8	+29/+8	+24/+15	+28/+15	+36/+15	+31/+22	+35/+22	+43/+22
30	40	±5.5	±8	±12	+13/+2	+18/+2	+27/+2	+20/+9	+25/+9	+34/+9	+28/+17	+33/+17	+42/+17	+37/+26	+42/+26	+51/+26
40	50	±5.5	±8	±12	+13/+2	+18/+2	+27/+2	+20/+9	+25/+9	+34/+9	+28/+17	+33/+17	+42/+17	+37/+26	+42/+26	+51/+26
50	65	±6.5	±9.5	±15	+15/+2	+21/+2	+32/+2	+24/+11	+30/+11	+41/+11	+33/+20	+39/+20	+50/+20	+45/+32	+51/+32	+62/+32
60	80	±6.5	±9.5	±15	+15/+2	+21/+2	+32/+2	+24/+11	+30/+11	+41/+11	+33/+20	+39/+20	+50/+20	+45/+32	+51/+32	+62/+32
80	100	±7.5	±11	±17	+18/+3	+25/+3	+38/+3	+28/+13	+35/+13	+48/+13	+38/+23	+45/+23	+58/+23	+52/+37	+59/+37	+72/+37
100	120	±7.5	±11	±17	+18/+3	+25/+3	+38/+3	+28/+13	+35/+13	+48/+13	+38/+23	+45/+23	+58/+23	+52/+37	+59/+37	+72/+37
120	140	±9	±12.5	±20	+21/+3	+28/+3	+43/+3	+33/+15	+40/+15	+55/+15	+45/+27	+52/+27	+67/+27	+61/+43	+68/+43	+83/+43
140	160	±9	±12.5	±20	+21/+3	+28/+3	+43/+3	+33/+15	+40/+15	+55/+15	+45/+27	+52/+27	+67/+27	+61/+43	+68/+43	+83/+43
160	180	±9	±12.5	±20	+21/+3	+28/+3	+43/+3	+33/+15	+40/+15	+55/+15	+45/+27	+52/+27	+67/+27	+61/+43	+68/+43	+83/+43
180	200	±10	±14.5	±23	+24/+4	+33/+4	+50/+4	+37/+17	+46/+17	+63/+17	+54/+31	+60/+31	+77/+31	+70/+50	+79/+50	+96/+50
200	225	±10	±14.5	±23	+24/+4	+33/+4	+50/+4	+37/+17	+46/+17	+63/+17	+54/+31	+60/+31	+77/+31	+70/+50	+79/+50	+96/+50
225	250	±10	±14.5	±23	+24/+4	+33/+4	+50/+4	+37/+17	+46/+17	+63/+17	+54/+31	+60/+31	+77/+31	+70/+50	+79/+50	+96/+50
250	280	±11.5	±16	±26	+27/+4	+36/+4	+56/+4	+43/+20	+52/+20	+72/+20	+57/+34	+66/+34	+86/+34	+79/+56	+88/+56	+108/+56
280	315	±11.5	±16	±26	+27/+4	+36/+4	+56/+4	+43/+20	+52/+20	+72/+20	+57/+34	+66/+34	+86/+34	+79/+56	+88/+56	+108/+56
315	355	±12.5	±18	±28	+29/+4	+40/+4	+61/+4	+46/+21	+57/+21	+78/+21	+62/+37	+73/+37	+94/+37	+87/+62	+98/+62	+119/+62
355	400	±12.5	±18	±28	+29/+4	+40/+4	+61/+4	+46/+21	+57/+21	+78/+21	+62/+37	+73/+37	+94/+37	+87/+62	+98/+62	+119/+62
400	450	±13.5	±20	±31	+32/+5	+45/+5	+68/+5	+50/+23	+63/+23	+86/+23	+67/+40	+80/+40	+103/+40	+95/+68	+108/+68	+131/+68
450	500	±13.5	±20	±31	+32/+5	+45/+5	+68/+5	+50/+23	+63/+23	+86/+23	+67/+40	+80/+40	+103/+40	+95/+68	+108/+68	+131/+68

续表

公称尺寸/mm		常用及优先公差带(带圈者为优先公差带)														
		r			s			t			u		v	x	y	z
大于	至	5	6	7	5	⑥	7	5	6	7	⑥	7	6	6	6	6
—	3	+14/+10	+16/+10	+20/+10	+18/+14	+20/+14	+24/+14	—	—	—	+24/+18	+28/+18	—	+26/+20	—	+32/+26
3	6	+20/+15	+23/+15	+27/+15	+24/+19	+27/+19	+31/+19				+31/+23	+35/+23		+36/+28	—	+43/+35
6	10	+25/+19	+28/+19	+34/+19	+29/+23	+32/+23	+38/+23				+37/+28	+43/+28		+43/+34		+51/+42
10	14	+31/+23	+34/+23	+41/+23	+36/+28	+39/+28	+46/+28				+44/+33	+51/+33		+51/+40		+61/+50
14	18	+31/+23	+34/+23	+41/+23	+36/+28	+39/+28	+46/+28				+44/+33	+51/+33	+50/+39	+56/+45		+71/+60
18	24	+37/+28	+41/+28	+49/+28	+44/+35	+48/+35	+56/+35	—	—	—	+54/+41	+62/+41	+60/+47	+67/+54	+76/+63	+86/+73
24	30	+37/+28	+41/+28	+49/+28	+44/+35	+48/+35	+56/+35	+50/+41	+54/+41	+62/+41	+61/+48	+69/+48	+68/+55	+77/+64	+88/+75	+101/+88
30	40	+45/+34	+50/+34	+59/+34	+54/+43	+59/+43	+68/+43	+59/+48	+64/+48	+73/+48	+76/+60	+85/+60	+84/+68	+96/+80	+110/+94	+128/+112
40	50	+45/+34	+50/+34	+59/+34	+54/+43	+59/+43	+68/+43	+65/+54	+70/+54	+79/+54	+86/+70	+95/+70	+97/+81	+113/+97	+130/+114	+152/+136
50	65	+54/+41	+60/+41	+71/+41	+66/+53	+72/+53	+83/+53	+79/+66	+85/+66	+96/+66	+106/+87	+117/+87	+121/+102	+141/+122	+163/+144	+191/+172
60	80	+56/+43	+62/+43	+73/+43	+72/+59	+78/+59	+89/+59	+88/+75	+94/+75	+105/+75	+121/+102	+132/+102	+139/+120	+165/+146	+193/+174	+229/+210
80	100	+66/+51	+73/+51	+86/+51	+86/+71	+93/+71	+106/+71	+106/+91	+113/+91	+126/+91	+146/+124	+159/+124	+168/+146	+200/+178	+236/+214	+280/+258
100	120	+69/+54	+76/+54	+89/+54	+94/+79	+101/+79	+114/+79	+119/+104	+126/+104	+139/+104	+166/+144	+179/+144	+194/+172	+232/+210	+276/+254	+332/+310
120	140	+81/+63	+88/+63	+103/+63	+110/+92	+117/+92	+132/+92	+140/+122	+147/+122	+162/+122	+195/+170	+210/+170	+227/+202	+273/+248	+325/+300	+390/+365
140	160	+83/+65	+90/+65	+105/+65	+118/+100	+125/+100	+140/+100	+152/+134	+159/+134	+174/+134	+215/+190	+230/+190	+253/+228	+305/+280	+365/+340	+440/+415
160	180	+86/+68	+93/+68	+108/+68	+126/+108	+133/+108	+148/+108	+164/+146	+171/+146	+186/+146	+235/+210	+250/+210	+277/+252	+335/+310	+405/+380	+490/+465
180	200	+97/+77	+106/+77	+123/+77	+142/+122	+151/+122	+168/+122	+186/+166	+195/+166	+212/+166	+265/+236	+282/+236	+313/+284	+379/+350	+454/+425	+549/+520
200	225	+100/+80	+109/+80	+126/+80	+150/+130	+159/+130	+176/+130	+200/+180	+209/+180	+226/+180	+287/+258	+304/+258	+339/+310	+414/+385	+499/+470	+604/+575
225	250	+104/+84	+113/+84	+130/+84	+160/+140	+169/+140	+186/+140	+216/+196	+225/+196	+242/+196	+313/+284	+330/+284	+369/+340	+454/+425	+549/+520	+669/+640
250	280	+117/+94	+126/+94	+146/+94	+181/+158	+190/+158	+210/+158	+241/+218	+250/+218	+270/+218	+347/+315	+367/+315	+417/+385	+507/+475	+612/+580	+742/+710
280	315	+121/+98	+130/+98	+150/+98	+193/+170	+202/+170	+222/+170	+263/+240	+272/+240	+292/+240	+382/+350	+402/+350	+457/+425	+557/+525	+682/+650	+822/+790
315	355	+133/+108	+144/+108	+165/+108	+215/+190	+226/+190	+247/+190	+293/+268	+304/+268	+325/+268	+426/+390	+447/+390	+511/+475	+626/+590	+766/+730	+936/+900
355	400	+139/+114	+150/+114	+171/+114	+233/+208	+244/+208	+265/+208	+319/+294	+330/+294	+351/+294	+471/+435	+492/+435	+566/+530	+696/+660	+856/+820	+1036/+1000
400	450	+153/+126	+166/+126	+189/+126	+259/+232	+272/+232	+295/+232	+357/+330	+370/+330	+393/+330	+530/+490	+553/+490	+635/+595	+780/+740	+960/+920	+1140/+1100
450	500	+159/+132	+172/+132	+195/+132	+279/+252	+292/+252	+315/+252	+387/+360	+400/+360	+423/+360	+580/+540	+603/+540	+700/+660	+860/+820	+1040/+1000	+1290/+1250

表 C2　常用及优先孔公差带极限偏差(摘自 GB/T 1800.2—2020)　　　　μm

常用及优先孔公差带(带圈者为优先公差带)

大于	至	A 11	B 11	C 12	C ⑪	D 8	D ⑨	D 10	D 11	E 8	E 9	F 6	F 7	F ⑧	F 9
—	3	+330 +270	+200 +140	+240 +140	+120 +60	+34 +20	+45 +20	+60 +20	+80 +20	+28 +14	+39 +14	+12 +6	+16 +6	+20 +6	+31 +6
3	6	+345 +270	+215 +140	+260 +140	+145 +70	+48 +30	+60 +30	+78 +30	+105 +30	+38 +20	+50 +20	+18 +10	+22 +10	+28 +10	+40 +10
6	10	+370 +280	+240 +150	+300 +150	+170 +80	+62 +40	+76 +40	+98 +40	+130 +40	+47 +25	+61 +25	+22 +13	+28 +13	+35 +13	+49 +13
10	18	+400 +290	+260 +150	+330 +150	+205 +95	+77 +50	+93 +50	+120 +50	+160 +50	+59 +32	+75 +32	+27 +16	+34 +16	+43 +16	+59 +16
18	24	+430 +300	+290 +160	+370 +160	+240 +110	+98 +65	+117 +65	+149 +65	+195 +65	+73 +40	+92 +40	+33 +20	+41 +20	+53 +20	+72 +20
24	30														
30	40	+470 +310	+330 +170	+420 +170	+280 +120	+119 +80	+142 +80	+180 +80	+240 +80	+89 +50	+112 +50	+41 +25	+50 +25	+64 +25	+87 +25
40	50	+480 +320	+340 +180	+430 +180	+290 +130										
50	65	+530 +340	+380 +190	+490 +190	+330 +140	+146 +100	+174 +100	+220 +100	+290 +100	+106 +60	+134 +60	+49 +30	+60 +30	+76 +30	+104 +30
65	80	+550 +360	+390 +200	+500 +200	+340 +150										
80	100	+600 +380	+440 +220	+570 +220	+390 +170	+174 +120	+207 +120	+260 +120	+340 +120	+126 +72	+159 +72	+58 +36	+71 +36	+90 +36	+123 +36
100	120	+630 +410	+460 +240	+590 +240	+400 +180										
120	140	+710 +460	+510 +260	+660 +260	+450 +200	+208 +145	+245 +145	+305 +145	+395 +145	+148 +85	+185 +85	+68 +43	+83 +43	+106 +43	+143 +43
140	160	+770 +520	+530 +280	+680 +280	+460 +210										
160	180	+830 +580	+560 +310	+710 +310	+480 +230										
180	200	+950 +660	+630 +340	+800 +340	+530 +240	+242 +170	+285 +170	+355 +170	+460 +170	+172 +100	+215 +100	+79 +50	+96 +50	+122 +50	+165 +50
200	225	+1030 +740	+670 +380	+840 +380	+550 +260										
225	250	+1110 +820	+710 +420	+880 +420	+570 +280										
250	280	+1240 +920	+800 +480	+1000 +480	+620 +300	+271 +190	+320 +190	+400 +190	+510 +190	+191 +110	+240 +110	+88 +56	+108 +56	+137 +56	+186 +56
280	315	+1370 +1050	+860 +540	+1060 +540	+650 +330										
315	355	+1560 +1200	+960 +600	+1170 +600	+720 +360	+299 +210	+350 +210	+440 +210	+570 +210	+214 +125	+265 +125	+98 +62	+119 +62	+151 +62	+202 +62
355	400	+1710 +1350	+1040 +680	+1250 +680	+760 +400										
400	450	+1900 +1500	+1160 +760	+1390 +760	+840 +440	+327 +230	+385 +230	+480 +230	+630 +230	+232 +135	+290 +135	+108 +68	+131 +68	+165 +68	+223 +68
450	500	+2050 +1650	+1240 +840	+1470 +840	+880 +480										

续表

公称尺寸 /mm		常用及优先公差带(带圈者为优先公差带)																	
		G		H							JS			K			M		
大于	至	6	⑦	6	⑦	⑧	⑨	10	⑪	12	6	7	8	6	⑦	8	6	7	8
—	3	+8 +2	+12 +2	+6 0	+10 0	+14 0	+25 0	+40 0	+60 0	+100 0	±3	±5	±7	0 -6	0 -10	0 -14	-2 -8	-2 -12	-2 -16
3	6	+12 +4	+16 +4	+8 0	+12 0	+18 0	+30 0	+48 0	+75 0	+120 0	±4	±6	±9	+2 -6	+3 -9	+5 -13	-1 -9	0 -12	+2 -16
6	10	+14 +5	+20 +5	+9 0	+15 0	+22 0	+36 0	+58 0	+90 0	+150 0	±4.5	±7	±11	+2 -7	+5 -10	+6 -16	-3 -12	0 -15	+1 -21
10	18	+17 +6	+24 +6	+11 0	+18 0	+27 0	+43 0	+70 0	+110 0	+180 0	±5.5	±9	±13	+2 -9	+6 -12	+8 -19	-4 -15	0 -18	+2 -25
18	24	+20 +7	+28 +7	+13 0	+21 0	+33 0	+52 0	+84 0	+130 0	+210 0	±6.5	±10	±16	+2 -11	+6 -15	+10 -23	-4 -17	-0 -21	+4 -29
24	30	+20 +7	+28 +7	+13 0	+21 0	+33 0	+52 0	+84 0	+130 0	+210 0	±6.5	±10	±16	+2 -11	+6 -15	+10 -23	-4 -17	-0 -21	+4 -29
30	40	+25 +9	+34 +9	+16 0	+25 0	+39 0	+62 0	+100 0	+160 0	+250 0	±8	±12	±19	+3 -13	+7 -18	+12 -27	-4 -20	0 -25	+5 -34
40	50	+25 +9	+34 +9	+16 0	+25 0	+39 0	+62 0	+100 0	+160 0	+250 0	±8	±12	±19	+3 -13	+7 -18	+12 -27	-4 -20	0 -25	+5 -34
50	65	+29 +10	+40 +10	+19 0	+30 0	+46 0	+74 0	+120 0	+190 0	+300 0	±9.5	±15	±23	+4 -15	+9 -21	+14 -32	-5 -24	0 -30	+5 -41
65	80	+29 +10	+40 +10	+19 0	+30 0	+46 0	+74 0	+120 0	+190 0	+300 0	±9.5	±15	±23	+4 -15	+9 -21	+14 -32	-5 -24	0 -30	+5 -41
80	100	+34 +12	+47 +12	+22 0	+35 0	+54 0	+87 0	+140 0	+220 0	+350 0	±11	±17	±27	+4 -18	+10 -25	+16 -38	-6 -28	0 -35	+6 -48
100	120	+34 +12	+47 +12	+22 0	+35 0	+54 0	+87 0	+140 0	+220 0	+350 0	±11	±17	±27	+4 -18	+10 -25	+16 -38	-6 -28	0 -35	+6 -48
120	140	+39 +14	+54 +14	+25 0	+40 0	+63 0	+100 0	+160 0	+250 0	+400 0	±12.5	±20	±31	+4 -21	+12 -28	+20 -43	-8 -33	0 -40	+8 -55
140	160	+39 +14	+54 +14	+25 0	+40 0	+63 0	+100 0	+160 0	+250 0	+400 0	±12.5	±20	±31	+4 -21	+12 -28	+20 -43	-8 -33	0 -40	+8 -55
160	180	+39 +14	+54 +14	+25 0	+40 0	+63 0	+100 0	+160 0	+250 0	+400 0	±12.5	±20	±31	+4 -21	+12 -28	+20 -43	-8 -33	0 -40	+8 -55
180	200	+44 +15	+61 +15	+29 0	+46 0	+72 0	+115 0	+185 0	+290 0	+460 0	±14.5	±23	±36	+5 -24	+13 -33	+22 -50	-8 -37	0 -46	+9 -63
200	225	+44 +15	+61 +15	+29 0	+46 0	+72 0	+115 0	+185 0	+290 0	+460 0	±14.5	±23	±36	+5 -24	+13 -33	+22 -50	-8 -37	0 -46	+9 -63
225	250	+44 +15	+61 +15	+29 0	+46 0	+72 0	+115 0	+185 0	+290 0	+460 0	±14.5	±23	±36	+5 -24	+13 -33	+22 -50	-8 -37	0 -46	+9 -63
250	280	+49 +17	+69 +17	+32 0	+52 0	+81 0	+130 0	+210 0	+320 0	+520 0	±16	±26	±40	+5 -27	+16 -36	+25 -56	-9 -41	0 -52	+9 -72
280	315	+49 +17	+69 +17	+32 0	+52 0	+81 0	+130 0	+210 0	+320 0	+520 0	±16	±26	±40	+5 -27	+16 -36	+25 -56	-9 -41	0 -52	+9 -72
315	355	+54 +18	+75 +18	+36 0	+57 0	+89 0	+140 0	+230 0	+360 0	+570 0	±18	±28	±44	+7 -29	+17 -40	+28 -61	-10 -46	0 -57	+11 -78
355	400	+54 +18	+75 +18	+36 0	+57 0	+89 0	+140 0	+230 0	+360 0	+570 0	±18	±28	±44	+7 -29	+17 -40	+28 -61	-10 -46	0 -57	+11 -78
400	450	+60 +20	+83 +20	+40 0	+63 0	+97 0	+155 0	+250 0	+400 0	+630 0	±20	±31	±48	+8 -32	+18 -45	+29 -68	-10 -50	0 -63	+11 -86
450	500	+60 +20	+83 +20	+40 0	+63 0	+97 0	+155 0	+250 0	+400 0	+630 0	±20	±31	±48	+8 -32	+18 -45	+29 -68	-10 -50	0 -63	+11 -86

续表

公称尺寸/mm		常用及优先孔公差带（带圈者为优先公差带）											
		N			P		R		S		T		U
大于	至	6	⑦	8	6	⑦	6	7	6	⑦	6	7	⑦
—	3	-4 -10	-4 -14	-4 -18	-6 -12	-6 -16	-10 -16	-10 -20	-14 -20	-14 -24	—	—	-18 -28
3	6	-5 -13	-4 -16	-2 -20	-9 -17	-8 -20	-12 -20	-11 -23	-16 -24	-15 -27	—	—	-19 -31
6	10	-7 -16	-4 -19	-3 -25	-12 -21	-9 -24	-16 -25	-13 -28	-20 -29	-17 -32	—	—	-22 -37
10	18	-9 -20	-5 -23	-3 -30	-15 -26	-11 -29	-20 -31	-16 -34	-25 -36	-21 -39	—	—	-26 -44
18	24	-11 -24	-7 -28	-3 -36	-18 -31	-14 -35	-24 -37	-20 -41	-31 -44	-27 -48	—	—	-33 -54
24	30										-37 -50	-33 -54	-40 -61
30	40	-12 -28	-8 -33	-3 -42	-21 -37	-17 -42	-29 -45	-25 -50	-38 -54	-34 -59	-43 -59	-39 -64	-51 -76
40	50										-49 -65	-45 -70	-61 -86
50	65	-14 -33	-9 -39	-4 -50	-26 -45	-21 -51	-35 -54	-30 -60	-47 -66	-42 -72	-60 -79	-55 -85	-76 -106
65	80						-37 -56	-32 -62	-53 -72	-48 -78	-69 -88	-64 -94	-91 -121
80	100	-16 -38	-10 -45	-4 -58	-30 -52	-24 -59	-44 -66	-38 -73	-64 -86	-58 -93	-84 -106	-78 -113	-111 -146
100	120						-47 -69	-41 -76	-72 -94	-66 -101	-97 -119	-91 -126	-131 -166
120	140						-56 -81	-48 -88	-85 -110	-77 -117	-115 -140	-107 -147	-155 -195
140	160	-20 -45	-12 -52	-4 -67	-36 -61	-28 -68	-58 -83	-50 -90	-93 -118	-85 -125	-127 -152	-119 -159	-175 -215
160	180						-61 -86	-53 -93	-101 -126	-93 -133	-139 -164	-131 -171	-195 -235
180	200						-68 -97	-60 -106	-113 -142	-105 -151	-157 -186	-149 -195	-219 -265
200	225	-22 -51	-14 -60	-5 -77	-41 -70	-33 -79	-71 -100	-63 -109	-121 -150	-113 -149	-171 -200	-163 -209	-241 -287
225	250						-75 -104	-67 -113	-131 -160	-123 -169	-187 -216	-179 -225	-267 -313
250	280	-25 -57	-14 -66	-5 -86	-47 -79	-36 -88	-85 -117	-74 -126	-149 -181	-138 -190	-209 -241	-198 -250	-295 -347
280	315						-89 -121	-78 -130	-161 -193	-150 -202	-231 -263	-220 -272	-330 -382
315	355	-26 -62	-16 -73	-5 -94	-51 -87	-41 -98	-97 -133	-87 -144	-179 -215	-169 -226	-257 -293	-247 -304	-369 -426
355	400						-103 -139	-93 -150	-197 -233	-187 -244	-283 -319	-273 -330	-414 -471
400	450	-27 -67	-17 -80	-6 -103	-55 -95	-45 -108	-113 -153	-103 -166	-219 -259	-209 -272	-317 -357	-307 -370	-467 -530
450	500						-119 -159	-109 -172	-239 -279	-229 -292	-347 -387	-337 -400	-517 -580